Ästhetik und Naturwissenschaften

Bildende Wissenschaften –
Zivilisierung der Kulturen

Herausgegeben von
Bazon Brock

Bettina Heintz

Die Innenwelt
der Mathematik

Zur Kultur und Praxis
einer beweisenden Disziplin

SpringerWienNewYork

Prof. Dr. Bettina Heintz
Institut für Soziologie, Universität Mainz,
Bundesrepublik Deutschland

Publiziert mit Unterstützung
des Schweizerischen Nationalfonds
zur Förderung der wissenschaftlichen Forschung

Satz: Lembens+Maschke, Mainz

Druck und Bindearbeiten:
Manz, A-1050 Wien

Gedruckt auf säurefreiem, chlorfrei gebleichtem Papier – TCF

SPIN: 10572724

Die Deutsche Bibliothek – CIP-Einheitsaufnahme
Ein Titeldatensatz für diese Publikation ist bei
Der Deutschen Bibliothek erhältlich

ISSN 1430-5321
ISBN 3-211-82961-X Springer-Verlag Wien New York

Inhalt

Einleitung 9

Kapitel 1
«IN DER MATHEMATIK IST EIN STREIT MIT SICHERHEIT ZU
ENTSCHEIDEN». DIE MATHEMATIK ALS TESTFALL FÜR DIE
WISSENSCHAFTSSOZIOLOGIE... 17

Kapitel 2
KEIN ORT, NIRGENDS. PROBLEME UND
FRAGEN DER MATHEMATIKPHILOSOPHIE 33

2.1. Gibt es mathematische Objekte und wie sind sie
     beschaffen? 36
     2.1.1. Platonismus und Physikalismus 38
     2.1.2. Formalismus 47

2.2. Wie ist mathematisches Wissen möglich und wie wird es
     gerechtfertigt? 52
     2.2.1. Wahrheit und Beweis 55
     2.2.2. Grundlagenkrise und die Begründung der
            Mathematik 60

2.3. Quasi-Empirismus und die Praxis der Mathematik 70
     2.3.1. Imre Lakatos: Beweise und Widerlegungen 71
     2.3.2. Quasi-empiristische Epistemologie 81
     2.3.3. Mathematik als soziales Phänomen 85
     2.3.4. Quasi-Empirismus und Soziologie 89

6

Kapitel 3

OBJEKTE, TATSACHEN UND VERFAHREN. KONZEPTE UND
FRAGESTELLUNGEN DER KONSTRUKTIVISTISCHEN
WISSENSCHAFTSSOZIOLOGIE 93

3.1. «Naturalisierter» Positivismus:
Die Wissenschaftssoziologie Otto Neuraths......................... 96

3.2. Wissenschaft als Wissen.. 104

3.3. Wissenschaft als Handeln... 108
3.3.1. Die Fabrikation von Erkenntnis:
Objekte und Fakten 110
3.3.2. Kontexualität vs. Universalität:
der context of persuasion............................. 119
3.3.3. Boundary work – die Separierung des
Wissenschaftlichen vom Sozialen................ 124
3.3.4. Experimentelles Handeln als Umgang mit Dingen 127

Kapitel 4

EXPERIMENTIEREN UND BEWEISEN................................ 137

4.1. Studying Up –
Die Mathematik als ethnographisches Feld......................... 139

4.2. Schönheit und Experiment:
Wahrheitsfindung in der Mathematik................................... 144
4.2.1. Schönheit... 145
4.2.2. Quasi-empirische Evidenz............................ 150
4.2.3. Experimentelle vs. theoretische Mathematik 154

4.3. Das «Aufschreiben» 162

Kapitel 5

BEWEISEN UND ÜBERPRÜFEN. DIE ROLLE DER
MATHEMATISCHEN GEMEINSCHAFT................................ 177

5.1. Kontrolle und Vertrauen... 178

5.2. Die Mathematik im disziplinären Vergleich –
Arbeitsformen und Kooperationsbeziehungen 188

5.3. Kulturkontakt und die normative Struktur der
Mathematik.. 195

Kapitel 6

BEWEIS UND KOMMUNIKATION 209

6.1. Mathematik ohne Beweis? 210

6.2. Der Beweis als Kommunikationsmedium 218

6.3. Kommunikation als Ressource 226

Kapitel 7

KONSENS UND KOHÄRENZ. ÜBERLEGUNGEN ZU EINER
SOZIOLOGIE DER MATHEMATIK 233

7.1. Gibt es in der Mathematik Revolutionen? 235

7.2. Regelbefolgung 238

7.3. Kommunikation und Formalisierung 246
    7.3.1. Differenzierung und Integration 246
    7.3.2. Zur Geschichte des Objektivitätsbegriffs 252
    7.3.3. *Technologies of trust* in der Mathematik 259

7.4. Noch einmal: Ist eine Soziologie der
    Mathematik möglich? 272

Literaturverzeichnis 277

Namensregister 309

Sachregister 313

Einleitung

> Jeder Satz der Soziologie schlägt eine neue Methode vor, und jeder neu
> auftretende Gelehrte hütet sich, die Sätze seiner Vorgänger anzuwen-
> den; somit ist die Soziologie jene Wissenschaft, welche die meisten Me-
> thoden und die wenigsten Resultate aufzuweisen hat.
>
> *Henri Poincaré*[1]

Das Verhältnis zwischen Soziologie und Mathematik ist, gelinde gesagt, ein
ambivalentes. Dem Urteil von Henri Poincaré würden sich vermutlich nicht
wenige Mathematiker anschliessen, und umgekehrt begegnet die Soziologie
der Mathematik mit einer eigentümlichen Mischung von Devotion und Desinteresse. Niemand, so stellte Bruno Latour vor einigen Jahren mit Erstaunen
fest, habe bislang den Mut gehabt, «the Holy of Holies» zu betreten, um dort
zu tun, was er und andere für die Naturwissenschaften geleistet hätten, nämlich vor Ort zu untersuchen, wie mathematisches Wissen konkret entsteht (Latour 1987: 245f.). Latours Empfehlung in die Praxis umzusetzen, braucht allerdings nicht nur Mut (und Beharrlichkeit), was die Mathematik anbelangt,
sondern Courage auch in der eigenen Disziplin. Aus der Sicht der Zentrums-
Soziologie liegt eine Studie zur Mathematik ganz am Rande der ‹eigentlichen›
Soziologie und trägt zu den brennenden Fragen der Zunft schlechterdings gar
nichts bei. Ich denke, dieses Urteil wäre in verschiedener Hinsicht zu revidieren.

Die konstruktivistische Wissenschaftssoziologie lässt zwar keinen Zweifel daran, dass sich ihr Programm auch auf die Mathematik übertragen lässt,
der empirische Test dafür steht bislang aber noch aus. Die empirische Basis
der konstruktivistischen Wissenschaftssoziologie mag zwar dicht sein, sie ist
gleichzeitig aber auch sehr schmal. Faktisch hat sie ihre Begrifflichkeit anhand
von zwei Disziplinen entwickelt: der Biologie und der Physik. Bereits das Beispiel der Physik hat deutlich gemacht, dass Kategorien, die für die Beschreibung der Biologie tauglich sind, sich nur beschränkt für die Analyse der Physik eignen. Im Rahmen einer komparativen empirischen Epistemologie, wie
sie vor allem Karin Knorr Cetina verfolgt (Knorr Cetina 1999), kommt der
Mathematik als einer beweisenden Wissenschaft besondere Bedeutung zu. Im
Anschluss an die anti-positivistische Wende in der Wissenschaftsphilosophie
hat die konstruktivistische Wissenschaftssoziologie den Nachweis zu er-

---

1. Poincaré 1908: 10.

bringen versucht, dass auch die Naturwissenschaften einer wissenssoziologischen Analyse zugänglich sind. Aus konstruktivistischer Sicht sind die Resultate der Naturwissenschaften bis zu einem gewissen Grade verhandelbar, und die Entscheidung für oder gegen eine Theorie folgt nicht ausschliesslich rationalen Kriterien. «The reality», so Bruno Latours und Steve Woolgars bündige Formulierung, «is the *consequence* of a settlement of a dispute rather than its *cause*» (Latour/Woolgar 1979: 236). Auch wenn diese Sicht für die Naturwissenschaften zutreffen mag (und auch darüber kann man sich streiten), so ist damit noch keineswegs ausgemacht, dass sie auch auf die Mathematik anwendbar ist. Die Mathematik zeichnet sich durch epistemische Besonderheiten aus, die es fraglich machen, ob sie sich dem konstruktivistischen Programm tatsächlich nahtlos fügt. Insofern stellt die Mathematik für die konstruktivistische Wissenschaftssoziologie einen besonders instruktiven Testfall dar.

Die Mathematik ist aber nicht nur für die Wissenschaftssoziologie von Belang. Ihr Beispiel vermittelt Einsichten, die sich auch für die allgemeine Soziologie als relevant erweisen könnten. Zu den klassischen Problemen der Soziologie gehört die Frage, wie soziale Ordnung möglich ist. Die Soziologie hat seit ihren Anfängen ein ganzes Arsenal von ordnungsstiftenden Mechanismen identifiziert, die von gemeinsamen Normen und Werten über verständigungsorientierte Kommunikation bis hin zu funktionalen Interdependenzen reichen. Soziale Ordnung kann über intendierte Handlungsabstimmung zustande kommen oder aber «sozial verselbständigt» sein (Peters 1993: 229ff.). Intendierte Integration setzt Konsens voraus. Unter den Bedingungen der Moderne beruht Konsens immer weniger auf gegebenen Normen und Werten, sondern muss kommunikativ hergestellt werden. Das Idealmodell einer Konsensfindung über Kommunikation ist die Wissenschaft. Sie hat im Verlaufe ihrer Entwicklung die institutionellen Voraussetzungen für eine argumentative Auseinandersetzung geschaffen, die nicht nur die Resultate, sondern auch die Begründung in die Konsensbildung einbezieht.[2]

Das universalpragmatische Konsensmodell, das sich nicht nur in der Wissenschaftssoziologie, sondern auch in der allgemeinen Soziologie grosser Beliebtheit erfreut, ist teilweise auf heftige Kritik gestossen: ein noch so herrschaftsfreies Argumentieren reicht nicht aus, um Konsens zu erzielen, Verständigung erfordert einen Bezug auf die Sachdimension (vgl. dazu pointiert Döbert 1992). Wie die konstruktivistische Wissenschaftssoziologie zeigt, sind jedoch beide Modelle defizitär. Konsens in der Wissenschaft verdankt sich nicht allein kommunikativer und/oder sachlicher Rationalität, sondern ist bis zu einem gewissen Grad durch die technische Infrastruktur prädeterminiert und wird durch subtile Machtstrategien gefestigt (vgl. als Überblick Knorr Ce-

---

2. Vgl. zu dieser Unterscheidung Giegel 1992a sowie Shapin 1988a zur historischen Entstehung dieses diskursiven Settings.

tina/Amann 1992). Dennoch reichen diese Zusatzmechanismen offenbar nicht aus, um langfristig Übereinstimmung zu garantieren. Obschon ein grosser Teil wissenschaftlichen Wissens durchaus konsensuellen Charakter hat, kommt es immer wieder zu Kontroversen, die die soziale Integration der wissenschaftlichen Gemeinschaft infrage stellen und auf der Ebene des Wissenssystems zu konkurrierenden Theorien führen. Dies scheint in der Mathematik anders zu sein.

Die Mathematik ist ein soziales Produkt – ein «Netz von Normen», wie Wittgenstein schreibt (Wittgenstein 1956: 431). Im Gegensatz aber zu anderen Institutionen – Verkehrsregeln, Rechtssystemen oder Tischsitten –, die intern oft widersprüchlich sind und kaum jemals uneingeschränkt akzeptiert werden, zeichnet sich die Mathematik durch Kohärenz und Konsens aus.[3] Obschon die Mathematik vermutlich jene Disziplin ist, die intern am stärksten differenziert ist, bildet der mathematische Wissenskorpus ein kohärentes Ganzes. Die Widerspruchsfreiheit der Mathematik kann zwar nicht bewiesen werden, bislang sind jedoch keine Widersprüche aufgetreten, die die Einheit der Mathematik infrage stellen. Gleichzeitig zeichnet sich die mathematische Gemeinschaft durch hohe Konsensualität aus. Auf der metamathematischen Ebene kommt es zwar immer wieder zu unentscheidbaren Kontroversen, *in* der Mathematik selbst treten Meinungsverschiedenheiten jedoch nur temporär auf und können in der Regel rasch und konfliktfrei beigelegt werden. Insofern stellt die Mathematik einen instruktiven Testfall dar, an dem sich die Voraussetzungen eines «rationalen Dissenses» (Miller 1992) exemplarisch untersuchen lassen: ergibt sich die mathematische Ordnung aus dem ‹Sachzwang der Logik›, ist sie das Ergebnis von Sozialstrategien, die «kompetitive Widersprüche» (Archer) besonders effektiv eindämmen, oder sind die Konstitutionsbedingungen kommunikativer Rationalität in der Mathematik in besonderem Masse erfüllt und was wäre der Grund dafür?

Das Ordnungsproblem in der Mathematik lässt sich noch aus einer anderen Perspektive betrachten. Die moderne Mathematik ist ein kulturenüberspannendes Unternehmen, in der es kaum Variationsspielräume gibt. Überall auf der Welt werden dieselben Regeln auf dieselbe Weise angewendet. Ist unter dieser Bedingung eine soziologische Erklärung überhaupt möglich? Oder umgekehrt formuliert: setzt Soziologie nicht Variation voraus? Die Frage nach dem Verhältnis von Soziologie und Universalität wurde in jüngster Zeit vor allem in der Geschlechtersoziologie gestellt und folglich von der allgemeinen Soziologie kaum zur Kenntnis genommen. Ist die Sortierung der Menschen in zwei Geschlechter eine Naturtatsache, ist sie ein «moral fact» (Garfinkel 1967: 122) mit universellem Charakter oder ist sie eine bloss statistisch verbreitete

---

3. Zur Unterscheidung zwischen kognitiver Kohärenz und sozialem Konsens vgl. Archer 1988. Ich komme in Kapitel 7 auf diese wichtige Unterscheidung zurück.

Erscheinung, zu der es immer auch Ausnahmen gibt? Und lässt sich ein universelles Phänomen überhaupt soziologisch erklären?

Ein ähnliches Problem stellt sich auch für die Mathematik. Die konstruktivistische Wissenschaftssoziologie hat ihre Rechtfertigung aus der Unterdeterminiertheitsthese bezogen. Eine Soziologie der Wissenschaft ist überall dort möglich, wo es Kontingenz gibt – «interpretative Flexibilität», wie der Schlüsselbegriff der konstruktivistischen Wissenschaftssoziologie heisst. Was aber, wenn es keine interpretative Flexibilität, keine Variation gibt? Wenn, wie im Falle der Mathematik, der Lauf der Gedanken zwingend erscheint? Ist eine soziologische Erklärung unter dieser Bedingung überhaupt möglich und wie müsste sie aussehen? Bislang war die Diskussion um die Mathematik zwischen zwei Polen aufgespannt: entweder man billigte der Mathematik einen Sonderstatus zu und verzichtete dafür auf eine soziologische Erklärung, oder man hielt am Programm einer Soziologie der Mathematik fest und stellte dafür die Universalität des mathematischen Wissens in Frage. Karl Mannheim und praktisch die gesamte Mathematikphilosophie haben den ersten Weg gewählt, Soziologen wie David Bloor oder Sal Restivo den zweiten. Möglicherweise liegt der richtige Weg aber irgendwo dazwischen. Festzustellen, wo er genau verläuft, scheint mir für die Soziologie eine zentrale Herausforderung zu sein. Denn für eine ‹Kritik› der Soziologie ist die Mathematik vermutlich der härteste Test. An kaum einem anderen Beispiel lässt sich so genau prüfen, wie weit der soziologische Interpretationsraum reicht und wo seine mögliche Grenze liegt.

Calculemus, lasst uns rechnen – Leibniz' berühmte Aufforderung steht für das Ideal, Palaver in Rechnen zu überführen. Wo es Formeln gibt, braucht nicht mehr gesprochen werden, was formalisiert ist, bedarf keiner Interpretation. Der Erfolg der Mathematik beruht auf der Trennung von Syntax und Semantik. Im Gegensatz zu einem alltäglichen Gespräch, bei dem wir nicht davon abstrahieren können, was ein Wort bedeutet, vollzieht sich in der Mathematik die Manipulation der Zeichen losgelöst von deren Interpretation. «Wir bedürfen eines Ganzen von Zeichen, aus dem jede Vieldeutigkeit verbannt ist», heisst es bei Gottlob Frege in einem Zusatz zu seiner *Begriffsschrift*, ein Zeichensystem, das mit seiner «Starrheit» dafür sorgt, dass sich das Ungenaue der natürlichen Sprache nicht mehr «unbemerkt durchschleicht» (Frege 1882: 94, 93). Die Mathematik ist so gesehen ein grossangelegtes Säuberungsunternehmen, in dessen Verlauf alles Ambigue und Schillernde, alles Weiche und Veränderliche getilgt wird, bis am Ende nur noch das Eisfeld der mathematischen Formeln da steht. Und Kay spielte im Palast der Eiskönigin das «Verstandeseisspiel», heisst es in Andersens Märchen.

Mathematik als «Verstandeseisspiel» – das ist die vorherrschende Aussensicht auf die Mathematik. Es ist eine blinde Welt ohne Farben und Formen, eine mechanische Welt, in der Mathematiker auf ähnlich reglose Weise mit ih-

ren Zeichen hantieren wie Kay im Palast der Eiskönigin mit seinen Eisstück-
chen. Von innen betrachtet, aus der Perspektive der Mathematiker, sieht diese
Welt allerdings beträchtlich anders aus. Die Innenwelt der Mathematik ist kei-
neswegs so eindeutig und formal, so starr und so blind, wie es die Aussensicht
unterstellt. Dies möchte ich in dieser Arbeit zeigen. Die empirische Grundlage
bildet eine Feldstudie am *Max-Planck-Institut für Mathematik* in Bonn. Im
Mittelpunkt steht die Frage, wie Mathematiker und Mathematikerinnen zu
Wissen gelangen und unter welchen Bedingungen es von der mathematischen
Gemeinschaft akzeptiert wird. Die Studie selbst orientiert sich an den sog.
«Laborstudien» der konstruktivistischen Wissenschaftssoziologie und an der
Frage, wie aus situativen Praktiken allgemein akzeptiertes Wissen entsteht.

Im einzelnen gliedert sich die Arbeit in folgende Kapitel:

In Kapitel 1 führe ich die theoretische Leitfrage dieser Arbeit weiter aus,
indem ich die konventionelle aprioristische Sicht der Mathematik mit zwei
Antworten konfrontiere, die in der Soziologie auf diese Frage gegeben wurden. Beide Antworten sind aus meiner Sicht unzureichend. Ich werde sie deshalb in Kapitel 7 wieder aufgreifen und ein alternatives Erklärungsprogramm
vorschlagen.

Kapitel 2 vermittelt über eine Exkursion in die Mathematikphilosophie
eine erste Annäherung an die Mathematik. Was sind mathematische Objekte
und wo sind sie lokalisiert? Was heisst Wahrheit in der Mathematik und wie
gelangt man zu ihr? Worauf gründet sich die Sicherheit mathematischen Wissens und worin unterscheidet sich die Mathematik von den empirischen Wissenschaften? Einige Antworten, die in der Mathematikphilosophie auf diese
Fragen gegeben wurden, stelle ich in diesem Kapitel vor. In der Mathematikphilosophie zeichnet sich augenblicklich ein Umbruch ab, der einige Ähnlichkeiten aufweist mit der sog. «anti-positivistischen» Wende in der Wissenschaftsphilosophie und vielleicht wie diese zu einem vermehrten
Zusammenschluss von Philosophie, Geschichte und Soziologie im Bereich
der Mathematik führen könnte. Was der Mathematiker Reuben Hersh für die
Mathematikphilosophie fordert, nämlich «to look what mathematics really is
(…) That is, reflect honestly what we do when we use, teach, invent, or discover mathematics – by studying history, by introspection, and by observing
ourselves and each other with the unbiased eye of Martians or anthropolo-
gists» (Hersh 1979: 21f.), deckt sich weitgehend mit dem Forschungsprogramm der konstruktivistischen Wissenschaftssoziologie.

Die konstruktivistische Wissenschaftssoziologie versteht sich als empirische Epistemologie. Obschon sie erst in den 70er Jahren entstanden ist, in
deutlicher Abgrenzung zur klassischen Auffassung von Wissenschaft als Institution, reichen ihre Wurzeln bis zum logischen Empirismus des Wiener Kreises. Der logische Empirismus war um einiges vielfältiger, als er im «Positivismusstreit» der 60er Jahre dargestellt wurde, und enthielt durchaus

Überlegungen, an die eine Soziologie wissenschaftlichen Wissens anschliessen kann. Heute ist die konstruktivistische Wissenschaftssoziologie in verschiedene Ansätze aufgefächert. Anhand eines Überblicks über die beiden Hauptrichtungen der konstruktivistischen Wissenschaftssoziologie werde ich in Kapitel 3 die wichtigsten Konzepte vorstellen, auf die ich mich in der empirischen Studie beziehe.

In den folgenden drei Kapiteln präsentiere ich das empirische Material und versuche einen Einblick zu geben in die «Innenwelt» der Mathematik. Kapitel 4 befasst sich mit dem individuellen Entdeckungs- und Validierungsprozess. Im Mittelpunkt steht die Frage, wie der einzelne Mathematiker, die einzelne Mathematikerin zu Wissen gelangt. Woher beziehen Mathematiker in ihrer praktischen Arbeit die Gewissheit, auf dem richtigen Weg zu sein? Ist der Beweis tatsächlich der einzige Garant für die Wahrheit einer mathematischen Aussage oder gibt es aus der Sicht des *working mathematician* noch andere «Wahrheitssymptome» – Schönheit beispielsweise oder quasi-empirische Evidenz? Wie wird der Computer in der Mathematik eingesetzt, und inwieweit verändert sie sich durch ihn? Wie verläuft der Produktionsprozess einer mathematischen Arbeit, angefangen von der ersten Idee bis hin zur fertigen Publikation?

Mit dem Aufschreiben eines Beweises wird ein Geltungsanspruch erhoben, der anschliessend durch die mathematische Gemeinschaft geprüft werden muss. Kapitel 5 beschäftigt sich mit diesem externen Validierungsprozess und der Rolle, die der mathematischen Gemeinschaft dabei zukommt. Trotz enormer Spezialisierung ist die Mathematik eine geschlossene Disziplin mit ausgeprägter Binnenorientierung. Auf der Basis einer vergleichenden Untersuchung werde ich in diesem Kapitel beschreiben, worin sich die Arbeits- und Kommunikationsformen in der Mathematik von anderen Disziplinen unterscheiden. Ausgehend von Mertons «ethos of science» soll zudem der Frage nachgegangen werden, inwieweit Mertons Normen für die Mathematik Gültigkeit besitzen.

Kapitel 6 beschäftigt sich mit der Rolle des Beweises in der Mathematik. Der Beweis ist für die Mathematik identitätskonstitutiv. Dennoch gibt es heute einige Mathematiker, die die Zentralität des Beweises für die Mathematik infrage stellen. Ich werde die Kontroverse um die Rolle des Beweises darstellen und anschliessend die These vertreten, dass der Beweis neben seiner epistemischen auch eine wichtige kommunikative Funktion hat.

Im Kapitel 7 greife ich die im Kapitel 1 gestellte Frage nach der Möglichkeit einer Soziologie der Mathematik wieder auf und präsentiere ein Erklärungsprogramm, das vielleicht eine Alternative sein könnte zu einem überzogenen Kontingenzdenken auf der einen Seite und einem vorschnellen Soziologieverzicht auf der anderen. Es verbindet den Regelbegriff von Ludwig Wittgenstein mit differenzierungstheoretischen Überlegungen und Luhmanns Medientheorie und plausibilisiert diese Zusammenführung über eine Geschichte des Objektivitätsbegriffs in den Naturwissenschaften und in der Mathematik.

Diese Arbeit ist das Ergebnis eines Kulturkontaktes, der nicht immer ganz einfach war. Ich hatte das Glück, Menschen zu treffen, die mir den Zugang zur Welt der Mathematik wesentlich erleichtert haben. Mit den Vorarbeiten zu dieser Arbeit habe ich im Herbst 1992 am Wissenschaftskolleg Berlin begonnen. Die interdisziplinäre Atmosphäre und die Unterstützung am Kolleg haben mich darin bestärkt, den Schritt in die «Innenwelt» der Mathematik zu wagen. Wolf Lepenies, der mir den Kontakt zum *Max-Planck-Institut für Mathematik* vermittelt hat, möchte ich an dieser Stelle ganz besonders danken. Dass ich die Studie dort durchführen konnte, verdanke ich dem damaligen Leiter, Friedrich Hirzebruch, der mich in sein Institut eingeladen hat und mir bei meinem mitunter etwas verstörten Gang durch den Innenraum der Mathematik immer mit Herzlichkeit und Offenheit begegnet ist. Besonders danken möchte ich auch Ruth Kellerhals, die am Institut meine ‹Mentorin› war und meine naiven Fragen über Stunden hinweg mit Präzision und einer erstaunlichen Geduld beantwortet hat.

Ohne die Hilfe von Mathematikern wäre diese Arbeit nicht zustande gekommen. Sie haben meine Überlegungen freundlich-erstaunt zur Kenntnis genommen und sie in eine für mich oft produktive Richtung korrigiert. Besonders möchte ich mich bei Janos Makowsky, Britta Schinzel, Malte Sieveking und meinem Bruder Joos Heintz bedanken, die die Arbeit gelesen und kritisch kommentiert haben.

Eine erste Fassung des Buches habe ich im Rahmen einer Oberassistenz am Institut für Soziologie der Universität Bern geschrieben, die über die Sondermassnahmen des Bundes zur Förderung des wissenschaftlichen Nachwuchses finanziert war. Ohne diese Förderung wäre es mir nicht möglich gewesen, die Arbeit in nützlicher Frist zu Ende zu bringen. Die Arbeit wurde im Wintersemester 1995/96 vom Fachbereich Philosophie und Sozialwissenschaften I an der FU Berlin als Habilitationsschrift angenommen. Wichtige Anregungen für die Überarbeitung erhielt ich von Werner Rammert, Holm Tetens und Wolfgang van den Daele, die die Arbeit begutachteten. Auf Initiative von Alois Rust wurde die Arbeit in einer kleinen Gruppe von Philosophen diskutiert. Peter Schulthess, Georg Brun und Alois Rust haben mir wertvolle Hinweise gegeben, auch wenn ich nicht alle Anregungen berücksichtigen konnte. Meinen soziologischen Kollegen und Kolleginnen war dieses Thema manchmal nicht weniger fremd als den Mathematikern. Danken möchte ich vor allem Bernward Joerges, der mir Mut gemacht hat, das Thema tatsächlich anzugehen, und Theresa Wobbe, die mir nicht nur intellektuell eine grosse Hilfe war.

Mein grösster Dank aber gilt, wie immer, Schimun Denoth. Er hat mich zu dieser Arbeit inspiriert, sie intellektuell und emotional unterstützt, und vor

allem hat er mich davor bewahrt, mit seiner Kultur allzu leichtfertig umzugehen. Ihm ist dieses Buch gewidmet.

Kapitel 1

«IN DER MATHEMATIK IST EIN STREIT MIT SICHERHEIT ZU ENTSCHEIDEN». DIE MATHEMATIK ALS TESTFALL FÜR DIE WISSENSCHAFTSSOZIOLOGIE

> Zweimal-zwei-ist-vier – das ist meiner Meinung nach nichts als eine Frechheit! Zweimal-zwei-ist-vier steht wie ein unverschämter Bengel, die Hände in die Seiten gestemmt, mitten auf unserem Wege und spuckt bloss nach rechts und links. Ich gebe ja widerspruchslos zu, dass dieses Zweimal-zwei-ist-vier eine ganz vortreffliche Sache ist; aber wenn man schon einmal alles loben soll, dann ist auch ein Zweimal-zwei-ist-*fünf* mitunter ein allerliebstes Sächelchen.
>
> *Fjodor M. Dostojewski*[1]

Die konstruktivistische Wissenschaftssoziologie ist mit dem Anspruch angetreten, auch die Wissensstrukturen der ‹harten› Wissenschaften einer soziologischen Analyse zu erschliessen. Während sie diesen Anspruch für die Naturwissenschaften zumindest teilweise eingelöst hat, gibt es für die Mathematik kaum entsprechende Studien. Von wenigen Ausnahmen abgesehen ist die konstruktivistische Wissenschaftssoziologie eine Soziologie der Naturwissenschaft. Die Gründe, weshalb die Soziologie um die Mathematik bislang einen Bogen gemacht hat, sind vielfältig. Neben den inhaltlichen Schwierigkeiten, die die Beschäftigung mit einer so komplexen Materie wie der Mathematik mit sich bringt, liegt ein wesentlicher Grund in der verbreiteten *aprioristischen* Auffassung der Mathematik, die mit einer wissenssoziologischen Perspektive nicht vereinbar ist. Die aprioristische Auffassung der Mathematik lässt sich in vier Basispostulaten formulieren, auf die ich in Kapitel 2 ausführlicher eingehen werde: (1) Mathematisches Wissen ist ein Wissen *a priori*. Es gründet nicht in Erfahrung, sondern beruht auf reinem Denken. (2) Mathematisches Wissen ist *sicheres* Wissen im Gegensatz zu dem immer mit Unsicherheit be-

---

1. Dostojewski 1864: 467.

hafteten Wissen der empirischen Wissenschaften. (3) Validierungsbasis der Mathematik ist nicht die Empirie, sondern der *Beweis*. (4) Die Referenzobjekte der Mathematik haben keinen physikalischen Charakter, sondern existieren *ausserhalb von Zeit und Raum* (Platonismus).

Die aprioristische Auffassung der Mathematik schreibt der Mathematik einen epistemischen Sonderstatus zu. Im Gegensatz zum empirischen Wissen der Naturwissenschaften (und erst recht der Sozialwissenschaften) gilt das mathematische Wissen als unfehlbar. In der Mathematik gibt es keine Falsifikationen und keine Revolutionen. Was einmal bewiesen ist, ist wahr für *immer* und wahr für *alle*. Diese Sicht wird nicht bloss von Mathematikern geteilt. Als Karl Mannheim in den 20er Jahren die Wissenssoziologie begründete, hat er die Mathematik explizit aus seinem Programm ausgeschlossen. Der «Wissenstypus nach dem Paradigma 2 x 2 = 4» bilde «eine Wahrheit-an-sich-Sphäre, die vom historischen Subjekt völlig abgelöst ist» (Mannheim 1931: 251). Als apriorisches Wissen ist die Mathematik ein Wissen, das einer soziologischen Erklärung prinzipiell nicht zugänglich ist. Oder wie es Larry Laudan stellvertretend für viele formuliert: «There is an enormous amount of evidence which shows that certain doctrines and ideas bear no straightforward relation to the exigencies of social circumstances: to cite but two examples, the principle that ‹2 + 2 = 4› or the idea that ‹most heavy bodies fall downwards when released› are beliefs to which persons from a wide variety of cultural and social situations subscribe. Anyone who would suggest that such beliefs were socially determined or conditioned would betray a remarkable ignorance on the ways in which such beliefs were generated and established» (Laudan 1977: 199f.).

Diese Einschätzung der Mathematik wurde lange Zeit nicht weiter in Frage gestellt. Während mit der anti-positivistischen Wende in der Wissenschaftsphilosophie Raum geschaffen wurde für eine Historisierung (und damit auch für eine Soziologisierung) der Naturwissenschaften, hat sich in der Mathematikphilosophie die Vorstellung einer prinzipiellen Kontextunabhängigkeit mathematischen Wissens sehr viel länger gehalten. Dies hat sich, wie ich in Kapitel 2 zeigen werde, in den letzten Jahren geändert. Heute werden in der Mathematikphilosophie Auffassungen vertreten, die mit einer Soziologie der Mathematik sehr viel verträglicher sind als die konventionelle aprioristische Sicht. Den Anfang hat Imre Lakatos bereits in den 60er Jahren gemacht, aber erst heute ist der von ihm begründete Quasi-Empirismus zu einer anerkannten Position in der Mathematikphilosophie geworden. Die quasi-empiristischen Varianten, die gegenwärtig diskutiert werden, reichen von der weichen (methodologischen) These, dass sich die Mathematik nach einem ähnlichen Muster entwickelt wie die empirischen Wissenschaften (das ist die These, die Lakatos vertreten hat), bis hin zur harten (ontologischen) These, dass auch die Mathematik eine empirische Wissenschaft ist und sich nur durch ihren höheren Abstraktionsgrad von der Physik unterscheidet.

Mit der Verabschiedung der Idee, dass mathematisches Wissen prinzipiell sicheres Wissen ist, hat sich in der Mathematikphilosophie eine ähnliche Öffnung gegenüber sozialwissenschaftlichen Fragestellungen vollzogen, wie es im Zuge der anti-positivistischen Wende in der Wissenschaftsphilosophie bereits geschehen ist (vgl. 3.1.). Die Soziologie hat auf diese «quasi-empiristische» Wende bislang allerdings noch kaum reagiert. Wissenschaftssoziologische Arbeiten zur Entwicklung und Validierung mathematischen Wissens sind immer noch an einer Hand abzuzählen. Die beiden prononciertesten Vertreter einer Soziologie der Mathematik sind David Bloor und Eric Livingston. Ihre Arbeiten, die ich in diesem Kapitel vorstellen werde, haben allerdings weitgehend programmatischen Charakter. Die wenigen empirischen Untersuchungen, die es in der Soziologie zur Mathematik gibt, beschäftigen sich mit Einzelaspekten, vornehmlich anhand von Beispielen aus der Mathematikgeschichte. [2]

Eine wissenssoziologische Analyse der Mathematik ist mit Problemen konfrontiert, die sich bei der Physik oder Biologie nicht in gleichem Masse stellen. Sie hat, um nur zwei Beispiele aus der Forschungsagenda der konstruktivistischen Wissenschaftssoziologie zu erwähnen, nicht nur die Bedeutung unterschiedlicher Repräsentationsformen zu untersuchen oder den Umgang mit widersprüchlichen Resultaten, sondern zusätzlich der epistemischen Besonderheit der Mathematik Rechnung zu tragen. Dazu gehören insbesondere der konsensuale Charakter der Mathematik und ihre begriffliche Kohärenz. Mit begrifflicher *Kohärenz* ist die kognitive Einheit der Mathematik gemeint. Im Gegensatz zu anderen Disziplinen, die in verschiedene und teilweise widersprüchliche Theorien zerfallen, bildet das Gebäude der Mathematik nach wie vor ein zusammenhängendes Ganzes. Angesichts der enormen Spezialisierung der Mathematik – die *Mathematical Reviews* unterscheiden mehr als 6.000 Spezialgebiete – ist diese Kohärenz keineswegs selbstverständlich. Die Mathematik ist ein kollektives Produkt, aber kein zentral koordiniertes. Es gibt keine Instanz, die dafür sorgen würde, dass die einzelnen Ergebnisse zueinander passen. Doch obschon Mathematiker relativ vereinzelt arbeiten und sich ihr Arbeitsfeld in der Regel auf ein winziges Territorium beschränkt, werden immer wieder Verbindungen zwischen Gebieten entdeckt, die unabhängig voneinander entwickelt wurden. Der Beweis der Fermatschen Vermutung durch Andrew Wiles, in dem Ergebnisse aus weit auseinanderliegenden Gebieten der Mathematik zusammengeführt wurden, ist dafür ein anschauliches Beispiel und in den Augen vieler Mathematiker ein klares Indiz für die kognitive Einheit der Mathematik (vgl. 4.2.3.). Neben ihrer begrifflichen Kohärenz

---

2. Vgl. etwa Fisher 1972, 1974; Heintz 1993a; MacKenzie 1981, 1993, 1995; Maaß 1988; Pickering/Stephanides 1992. Die empirisch aufschlussreicheren Überlegungen zur Mathematik stammen denn auch nicht von Soziologen, sondern von Mathematikern, vgl. u.a. Borel 1981; Davis/Hersh 1985; Hersh 1991a; Wilder 1981; Markowitsch 1997.

zeichnet sich die Mathematik auch durch ein hohes Mass an *Konsens* – oder besser: durch die Fähigkeit zu «rationalem Dissens» (Miller 1992) – aus.[3] In der Mathematik, so Ludwig Wittgenstein in einem berühmten Passus, gibt es kaum Streit, und wenn es einen gibt, dann ist er «‹mit Sicherheit› zu entscheiden» (Wittgenstein 1953: 571). Im Gegensatz zu anderen Wissenschaften scheint es in der Mathematik keine interpretative Flexibilität zu geben. Die Schlussfolgerungen der Mathematik sind zwingend. Wer sich an die Regeln der mathematischen Methode hält, wird unweigerlich zum selben Resultat gelangen.

Der zwingende Charakter der Mathematik, ihre «Unerbittlichkeit», wie Wittgenstein schreibt, lässt sich an einem einfachen Beispiel veranschaulichen: am Lehrsatz des Pythagoras. Pythagoras' Lehrsatz besagt, dass das Quadrat über der Hypotenuse die gleiche Fläche hat wie die Summe der Quadrate über den beiden Katheten:

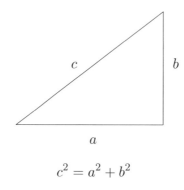

$$c^2 = a^2 + b^2$$

3. Miller (1992) unterscheidet zwischen drei Formen von Dissens, die sich durch ein unterschiedliches Rationalitätsniveau auszeichnen: (1) Konflikte, bei denen bereits der Streitgegenstand strittig ist; (2) Konflikte, bei denen ein Konsens über den Streitgegenstand besteht, nicht jedoch hinsichtlich der Lösungsstrategien; (3) Konflikte, bei denen eine Verständigung sowohl über den Konfliktgegenstand wie auch über seine Beilegung möglich ist (S. 37).

Um den Beweis zu führen, geht man Schritt für Schritt vor. Ausgangspunkt für den hier gewählten Beweisgang (es gibt hunderte) ist die Feststellung, dass die Fläche eines Rechtecks das Produkt aus den beiden Seiten a und b ist:

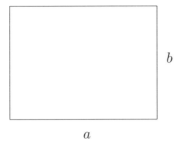

Fläche Rechteck $= ab$

Wenn man durch das Rechteck eine Diagonale zieht, erhält man zwei Dreiecke mit gleicher Fläche:

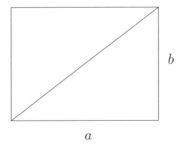

wobei die Fläche eines Dreiecks die Hälfte der Fläche des Rechtecks ist:

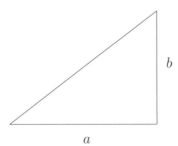

Fläche Dreieck $= \dfrac{ab}{2}$

Nun beginnt der eigentliche Beweis. Man zeichnet in ein Quadrat, dessen Seiten die Summe der beiden Katheten a und b sind, ein anderes Quadrat. Dieses zweite Quadrat wird so eingezeichnet, dass seine Ecken die Seiten in zwei Abschnitte unterteilen, von denen einer die Länge a, der andere die Länge b hat:

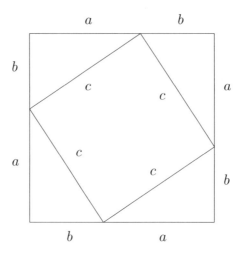

Wie man sieht, hat das eingezeichnete Quadrat die gleiche Fläche wie das umgebende Quadrat minus die Fläche der vier Dreiecke:

$$c^2 = (a+b)^2 - \frac{ab}{2} - \frac{ab}{2} - \frac{ab}{2} - \frac{ab}{2}$$
$$= (a+b)^2 - 2ab$$

Diese Formel lässt sich nun Schritt für Schritt umrechnen, bis man am Ende auf den Lehrsatz des Pythagoras stösst:

$$c^2 = (a+b)^2 - 2ab$$
$$= a^2 + 2ab + b^2 - 2ab$$
$$= a^2 + b^2 \qquad \text{QED!}$$

Wer wollte an diesem Resultat zweifeln? Die Argumentation ist zwingend, intersubjektiv nachvollziehbar und lässt für Abweichungen keinen Raum. Wer ihr Schritt für Schritt folgt, wird am Ende zum gleichen Resultat gelangen: Quod erat demonstrandum![4] Karl Mannheim hat mit seiner Formulierung, die Mathematik sei frei von «Spuren menschlicher Herkunft», diesen Sachverhalt prägnant auf den Punkt gebracht (Mannheim 1931: 256). Was hier an einem elementaren Beispiel demonstriert wurde, gilt ähnlich auch für die höhere Mathematik. In der Geschichte der Mathematik kam es zwar immer wieder zu

Kontroversen über die Zulässigkeit von neuen Beweisverfahren – die Kontroverse um die Legitimität von Computerbeweisen ist dafür das jüngste Beispiel (vgl. 5.1.) –, die Durchführung des Beweises selbst ist aber nicht kontrovers: über das Vorhandensein von Fehlern oder Beweislücken können sich Mathematiker in der Regel rasch einigen.[5]

Die konstruktivistische Wissenschaftsforschung hat eindrücklich demonstriert, in welchem Ausmass die wissenschaftliche Wissensproduktion durch lokale und situative Faktoren geprägt ist. Entsprechend stellt sich die Frage, wie es gelingt, lokal produziertes Wissen in Faktizitätsbehauptungen mit universellem Anspruch zu transformieren. Für die Mathematik stellt sich diese Frage in besonderer Schärfe: Woher kommt die Überzeugungskraft der Mathematik? Wie ist zu erklären, dass es in der Mathematik seltener als in anderen Disziplinen zu unentscheidbaren Kontroversen kommt? Über welche Mechanismen wird die Kluft zwischen lokaler Produktion und universellem Anspruch geschlossen? Während die Mathematikphilosophie dazu neigt, den zwingenden Charakter der Mathematik auf ihre Beweisstruktur und das Vorhandensein einer verbindenden (formalen) Sprache zurückzuführen, sucht die Soziologie nach sozialen Faktoren. Doch was heisst «sozial»? Und wie könnte eine soziologische Erklärung mathematischen Wissens aussehen?

In der Soziologie wurden auf diese Frage bislang zwei Antworten gegeben. Die eine stammt von David Bloor (und Sal Restivo) und steht für eine wissenssoziologische Perspektive; die andere wurde von Eric Livingston (und Michael Lynch) formuliert und orientiert sich am praxisorientierten Ansatz der konstruktivistischen Wissenschaftssoziologie (vgl. Kap. 3). Aus meiner Sicht sind beide Positionen nicht überzeugend. Ich werde deshalb im Schlusskapitel dieses Buches ein drittes Erklärungsmodell vorstellen.

Mit seinem *strong programme* zählt David *Bloor* zu den Begründern der wissenssoziologischen Perspektive auf die Wissenschaft (Bloor 1991). Ausgangspunkt ist die These einer prinzipiellen Unterdeterminiertheit von Theorien durch die Daten. Daten sind keine objektiven Instanzen, sondern vieldeutig – interpretativ flexibel – und zudem mit verschiedenen, auch untereinander widersprüchlichen Theorien kompatibel. Es ist diese empirische Unterdeterminiertheit theoretischer Aussagen, von der die konstruktivistische Wissenschaftssoziologie ihren Ausgangspunkt nimmt. Denn wenn die Empirie nicht die ultimative Entscheidungsinstanz ist für die Beurteilung von Theorien,

---

4. Diese schrittweise Herleitung des Beweises entspricht dem, was Eric Livingston als «lived-work of proving» bezeichnet und von dem «proof account» unterscheidet (in diesem Beispiel die letzte Figur). Beides zusammen macht den «Beweis» aus (s. unten). Beim gewählten Beweisgang handelt es sich um einen Beweis, der teilweise auf anschaulichen Argumenten beruht, vgl. dazu 6.1.

5. Das ist jedenfalls der Normalfall. Mir ist nur ein Beispiel bekannt, bei dem die Beweisführung selbst umstritten war (vgl. Kap. 7).

dann wird Raum frei für den Einfluss sozialer Faktoren. Diese Basisprämisse der konstruktivistischen (Natur-)Wissenschaftssoziologie übertragen David Bloor (und Sal Restivo) nun auf die Mathematik.[6]

In einem ersten Schritt ist zu zeigen, dass es auch in der Mathematik interpretative Flexibilität gibt, d.h. die Unterdeterminiertheitsthese auch für die Mathematik gilt. Bloor bezieht sich hier auf Ludwig Wittgensteins Kritik am Kausalmodell der Regelbefolgung. Wittgensteins Erörterungen zum Regelbegriff richten sich gegen eine deterministische Auffassung von Regelbefolgung (vgl. ausführlicher 7.2.). Regeln sind keine quasi-kausalen Grössen, die ihre Anwendung von vornherein festlegen. Im Prinzip kommt in jedem Moment Kontingenz ins Spiel. Bei jedem Schritt ist es möglich, die Regel zu ändern oder sie anders anzuwenden. Regeln legen ihre Anwendung m.a.W. ebenso wenig fest wie Daten ihre Interpretation. In beiden Fällen ist das Verhalten ‹unterdeterminiert›, bleibt Spielraum für den Einfluss anderer Faktoren. Praktisch sieht es bekanntlich anders aus. Wer einmal gelernt hat, 10 + 10 + 10 … zu addieren, wird dies weiterhin tun und nicht von einem Moment zum anderen 40, 60, 80 … schreiben.

Was ist der Grund dafür? Genau an dieser Stelle kommt für Bloor die Soziologie ins Spiel. Mathematische Regeln (Definitionen, Schlussregeln, Notationen etc.) sind für ihn soziale Konventionen, die sich von anderen sozialen Konventionen nicht grundsätzlich unterscheiden. Die Mathematik bildet, so Bloor im Anschluss an Wittgenstein, ein «Netzwerk von Normen» (Bloor 1973: 189). Die Tatsache, dass mathematische Regeln zwingender erscheinen als ein moralisches Gebot, ist nicht in ihnen selbst begründet, sondern ergibt sich aus ihrer kollektiven Akzeptanz. «The compelling force of mathematical procedures does not derive from their being transcendent, but from their being accepted and used by a group of people. The procedures are not accepted because they are correct, or correspond to an ideal; they are deemed correct because they are accepted» (Bloor 1983: 92). Der Grund dafür, dass logische Gesetze zwingender sind als moralische (und umgekehrt: moralische Gebote von uns als ‹logisch› interpretiert werden, sobald sie uns als zwingend erscheinen), liegt darin, dass wir zu ihnen keine Alternative kennen. Oder wie es Wittgenstein formuliert: «Ist es nicht so: Solange man denkt, es kann nicht anders sein, zieht man logische Schlüsse. Das heisst wohl: solange das und das gar nicht in Frage gezogen wird. Die Schritte, welche man nicht in Frage zieht, sind logische Schlüsse» (Wittgenstein 1956: 96).

Wenn aber mathematische Regeln soziale Konventionen sind, dann sind Abweichungen prinzipiell denkbar. «Are we saying that if we had so desired we could have had an arithmetic in which 2+2 does not equal 4 but equals, say

---

6. Ich gehe im folgenden vor allem auf die Argumentation von David Bloor ein, da seine Arbeiten theoretisch um einiges differenzierter sind als jene von Sal Restivo.

5? (…) The reply is that this allegedly outrageous consequence does indeed follow from the approach adopted here» (Barnes u.a. 1996: 184). Empirisch gilt es also zu zeigen, dass es auch in der Mathematik Aushandlungsprozesse und Alternativen gibt. Um den kontingenten Charakter auch des mathematischen Wissens zu belegen, durchforsten Bloor (und Sal Restivo) die Mathematikgeschichte nach Beispielen alternativer Mathematiken. Der Zahlbegriff der Griechen (Bloor 1991: Kap. 5) oder die Mathematik der Inder (Restivo 1992: Kap. 5) dient als Support für die alte Spenglersche These, dass verschiedene Kulturen verschiedene Mathematiken hervorbringen.[7] Nun ist sicher nicht zu bestreiten, dass der Zahlbegriff eine Geschichte hat, ebenso unbestreitbar ist allerdings, dass sich im Verlauf der Zeit *eine* Mathematik durchgesetzt hat.[8]

Ein anderer Beleg für Bloors Kontingenzannahme ist der Nachweis, dass es auch in der Mathematik Spielraum gibt für Aushandlungsprozesse (Bloor 1991: Kap. 7). Sein Kronzeuge hier ist Imre Lakatos, der in seinem berühmten Buch *Beweise und Widerlegungen* gezeigt hat, dass Begriffe und Beweise auch in der Mathematik nicht ein für allemal feststehen, sondern Gegenstand sind von Kontroversen und Aushandlungsprozessen (Bloor 1978). Ob die Argumentation von Lakatos als Rechtfertigung für eine wissenssoziologische Auffassung verwendet werden kann, ist allerdings selbst kontrovers (vgl. dazu 2.3.1.). Aber auch wenn man konzediert, dass in der Mathematik Alternativen prinzipiell denkbar sind, ist damit noch nicht erklärt, weshalb in der Mathematik ein Streit in der Regel «mit Sicherheit» zu entscheiden ist. Denn auch wenn es verschiedene ‹Proto-Mathematiken› geben mag, und niemand wird dies bestreiten, so gibt es heute in der Wissenschaft offensichtlich nur noch *eine* Mathematik, und nicht mehrere alternative Versionen. Weshalb also kommt es in der Mathematik zu einer Konvergenz der Regelbefolgung trotz prinzipieller Offenheit und Variabilität?

Für Bloor sind es primär soziale Gründe, die Konsens und Kohärenz in der Mathematik erklären. «A number of cases», so Bloor in einem Kapitel mit der Überschrift *An Alternative Mathematics?*, «have now been presented which can be read as examples of alternative forms of mathematical thought to our own. (…) It is plausible to suppose that these variations may be illuminated by looking for social causes» (Bloor 1991: 129). Die Tatsache, dass in

---

7. Oswald Spengler hat im Rahmen seiner Zivilisationskritik die These vertreten, dass jede Kultur ein in sich geschlossenes, inkommensurables Ganzes bildet. Das gilt aus seiner Sicht auch für die Mathematik. «Eine Zahl an sich gibt es nicht und kann es nicht geben. Es gibt mehrere Zahlenwelten, weil es mehrere Kulturen gibt» (Spengler 1923: 79). Der Umstand, dass ausgerechnet Spengler zum Kronzeugen einer Soziologie mathematischen Wissens avanciert, belegt aufs Trefflichste den misslichen Stand der Mathematiksoziologie.

8. Zur Genese und zur historischen Entwicklung des Zahlbegriffs vgl. Ifrah 1991 sowie den informativen Aufsatz von Damerow 1994.

der Mathematik Kontroversen entscheidbar sind und mathematische Regeln konsensual befolgt werden, hat aus seiner Sicht nichts mit der epistemischen Struktur der Mathematik zu tun, sondern erfordert soziologische Zusatzerklärungen.[9] Die Mathematik ist ein Netzwerk von Normen – eine Institution, die sozial jedoch sehr viel stabiler verankert ist als andere Institutionen: «The compelling character of our reasoning is a form of social compulsion» (Bloor 1991: 131). Folglich gilt es zu erklären, weshalb mathematische Regeln einhelliger gestützt werden als moralische Konventionen, weshalb m.a.W. die (heutige) Mathematik eine kollektive Praxis ist, zu der es keine Alternativen gibt. Genau an diesem Punkt unterscheiden sich die Erklärungsprogramme von David Bloor und Eric Livingston.

Im Gegensatz zu Livingston, der die uneingeschränkte Akzeptanz von Beweisen über die konkrete Praxis des Mathematikbetreibens zu plausibilisieren versucht, wird sie von Bloor auf mathematikexterne Faktoren zurückgeführt: um die bindende Kraft der mathematischen Normen zu sichern, bedarf es ähnlich wie bei anderen sozialen Regelungen externer Massnahmen. Sein rigoroser soziologischer Reduktionismus scheint ihm allerdings selbst nicht ganz geheuer zu sein. Während er im Falle der Naturwissenschaften unbesehen soziale Interessen ins Spiel bringt (vgl. 3.2.), ist davon im Falle der Mathematik nirgends die Rede. Ausser einigen Bemerkungen zum Einfluss von Sozialisation, Macht und Tradition findet man keine Hinweise auf handfeste soziale Faktoren, die die uneingeschränkte Akzeptanz mathematischer Regeln erklären. Auch empirisch bleibt Bloor reichlich vage, wenn es darum geht, die sozialen Faktoren zu benennen, die in der Mathematik für Konsens sorgen. Die Erläuterungen beschränken sich auf die These, dass konsensual akzeptierte Konventionen Koordinationsvorteile mit sich bringen (Barnes u.a. 1996: 185) und alternative Zugänge in der Regel als unwissenschaftlich stigmatisiert werden (Bloor 1991: 114).

Bloors Ausführungen zur Mathematik sind nicht unbestritten geblieben (vgl. etwa Bunge 1992; Lynch 1992a/b, 1993; Triplett 1986; Worrall 1979).[10] Während ihm von philosophischer Seite soziologischer Reduktionismus vorgeworfen wird, richtet sich die soziologische Kritik vor allem gegen seinen ‹Externalismus›.

(1) Für David Bloor – und dies gilt ähnlich auch für Sal Restivo – lässt sich das Projekt einer Soziologie der Mathematik nur dann rechtfertigen, wenn

---

9. Bloor konzediert allerdings, dass soziologische Erklärungen allein nicht ausreichen. Die Tatsache, dass elementare logische Gesetze wie etwa der *modus ponens* den Charakter mentaler Evidenzen haben, wird von ihm zusätzlich auf die spezifische neurophysiologische Ausstattung des Menschen zurückgeführt, vgl. Bloor 1991: 109 sowie Barnes u.a. 1996: 197.

10. Im Nachwort der Neuauflage seines Buches *Knowledge and Social Imagery* (Bloor 1991) hat Bloor zu einigen Einwänden seiner Kritiker Stellung genommen.

es zu zeigen gelingt, dass es auch in der Mathematik Alternativen gibt: «To show that a sociological account of mathematical knowledge was possible I argued that an alternative mathematics was conceivable» (Bloor 1991: 179). Dahinter steht die unausgesprochene These, dass universelle Phänomene einer soziologischen Analyse nicht zugänglich sind. Diese Annahme ist in der Soziologie weit verbreitet und wird in der Regel nicht weiter reflektiert. Anstatt die Mathematikgeschichte mühsam nach Hinweisen auf ‹alternative› Mathematiken zu durchforsten, würde es sich jedoch empfehlen, die Universalität der Mathematik zur Kenntnis zu nehmen und nach den Mechanismen zu suchen, die dafür verantwortlich sind (vgl. Kap. 7).

(2) Die zweite Schwäche besteht in der Vermengung von alltäglicher und wissenschaftlicher Mathematik, von ‹Ethnomathematik› und Mathematik als Wissenschaft.[11] Ohne viel Federlesen springen Bloor und Restivo von der babylonischen Mathematik zu George Boole und Ernst Zermelo und von dort aus wieder zurück zu den Pythagoräern und zappen damit ähnlich zwischen den Kulturen hin und her wie ehedem Oswald Spengler. Aus der Tatsache, dass die Mathematik ursprünglich in einen Alltagskontext eingebettet war und sich aus Alltagspraktiken wie Zählen, Gruppieren oder Messen entwickelt hat, wird der Schluss gezogen, dass die Mathematik auch heute noch sozial imprägniert ist. Zwischen der Mathematik der Babylonier und der modernen Mathematik steht jedoch die Ausdifferenzierung des Wissenschaftssystems und die Entstehung der Mathematik als autonome wissenschaftliche Disziplin. Es macht deshalb wenig Sinn, Befunde aus der Ethnomathematik unbesehen auf die wissenschaftliche Mathematik zu übertragen.

(3) Abgesehen davon, dass Bloor sein Programm empirisch nicht einlöst, gelingt es ihm auch auf theoretischer Ebene nicht, seine Erklärungsstrategie zu plausibilisieren. Bloor interpretiert mathematische Regeln als soziale Konventionen, die sich von anderen Konventionen nicht grundsätzlich unterscheiden. «Mathematics and logic are collections of norms. The ontological status of logic and mathematics is the same as that of an institution. They are social in nature. An immediate consequence of this idea is that the activities of calculation and inference are amenable to the same processes of investigation, and are illuminated by the same theories, as any other body of norms» (Bloor 1973: 189). Im Gegensatz aber zu Tischsitten, Begrüssungsritualen und ästhetischen Konventionen scheinen mathematische Konventionen weitgehend universellen Charakter zu haben. Es genügt nicht, das mathematische Regelwerk als

---

11. «Ethnomathematik» ist der Sammelbegriff für alltägliche mathematische Aktivitäten in verschiedenen Kulturen und Zeiten. Seit den 80er Jahren sind eine Reihe von ethnologischen Arbeiten zur mathematischen Praxis in schriftlosen Kulturen entstanden. Sie bilden eine wichtige Ergänzung zu der bestehenden mathematikhistorischen Literatur, vgl. u.a. Ascher 1991 sowie den Literaturüberblick von Sizer 1991.

«Netz von Normen» zu definieren, der entscheidende Schritt besteht darin, zu erklären, weshalb mathematische Konventionen im Gegensatz zu allen anderen verbindlichen Charakter haben. Welcher Art sind m.a.W. die Reproduktionsmechanismen, die für die hohe Universalität der Mathematik sorgen? Genau hier scheitert Bloor mit seinem «naturalistischen Programm». Die vagen Hinweise auf Sozialisation, Tradition oder Macht reichen als Erklärung bei weitem nicht aus, und insofern ist Bloor durchaus zuzustimmen, wenn er schreibt: «Answering questions of the form: why do we have convention X rather than Y? is notoriously difficult and, in practice, frequently impossible» (Barnes u.a. 1996: 184). Wohl wahr, aber es ist genau diese Frage, die eine Soziologie der Mathematik zu beantworten hätte.

Eric *Livingston*, der den praxisorientierten Ansatz der konstruktivistischen Wissenschaftssoziologie vertritt, schlägt einen ganz anderen Weg ein (Livingston 1986). Auch bei Livingston steht die Frage nach dem zwingenden Charakter der Mathematik im Vordergrund, seine Argumentation rekuriert aber nicht auf mathematikexterne Faktoren, sondern sucht die Erklärung in der konkreten Arbeit der Mathematiker. Livingstons Studie ist so etwas wie eine Demonstration. Er nimmt uns bei der Hand und führt uns durch zwei Beweise, zunächst durch einen einfachen Beweis der euklidischen Geometrie, anschliessend und anspruchsvoller durch Gödels Unvollständigkeitsbeweis. Indem wir das Buch lesen, werden wir zu Mathematikern, die Schritt für Schritt einen Beweis rekonstruieren. Irgendwann ‹haben› wir den Beweis – und er hätte nicht anders sein können. Im Laufe der Rekonstruktion erscheint – ‹enthüllt sich› – der Beweis als zwingende Wahrheit, als etwas, das immer schon da war und von uns nur entdeckt zu werden brauchte. Obschon der Beweis durch die Praxis des Beweisens *erzeugt* wird, erscheint er uns im nachhinein als ein von uns unabhängiges, transzendentes Faktum. «On one hand, we have seen that the properties of a schedule of proofs are essentially tied to the local work of a schedule's production and review; on the other, it is nevertheless the case that over the course of that local work, that work retains its *sense* as the working out of an objectively and transcendentally ordered course of work that that self-same work exhibits» (Livingston 1986: 125). Oder wie Bruno Latour und Steve Woolgar diese Transformation von subjektivem in objektiven Sinn beschreiben: «The result of the construction of a fact is that it appears unconstructed by anyone» (Latour/Woolgar 1979: 240).

Theoretisch schliesst Livingston an die ethnomethodologische Unterscheidung zwischen praktischer Handlung (practical action) und ihrer Formulierung (formulation), d.h. Explizierung an (vgl. u.a. Garfinkel/Sacks 1976). Handlung und Formulierung bilden aus ethnomethodologischer Sicht ein zusammengehöriges «Paar». Beispiele für eine solche Beziehung sind die Paare Schachspielen/Erklärung der Spielstrategie, Durchführen eines Experiments/ schriftliche Darstellung des Experiments, Interview/Datenmatrix, Problemdarstellung durch den Klienten/administrative Akte oder auch Durchführen eines Beweises/publizierter Beweis (vgl. Lynch 1993: 184ff.). In der Regel – und das gilt für Alltagssituationen wie auch für die Sozialwissenschaften – kommt es zu einer Verselbständigung der rekonstruierenden und explizierenden Seite: der Bericht, das Dokument kann nicht mehr in die Handlung rückübersetzt werden. Deshalb spricht Harold Garfinkel von einer «asymmetrical alternation». Im Falle von Mathematik und Naturwissenschaft sieht das Verhältnis anders aus: der Beweis, d.h. die Rekonstruktion bzw. Explikation steht zur praktischen Handlung des Beweisens in einer symmetrischen Beziehung. Oder wie es Michael Lynch formuliert: «The lived work of proving (…) generates the proof statement's *precise description* of that selfsame activity» (Lynch 1992: 245f., Hervorhebung B.H.). Beweisen und Beweis bilden in Garfinkels Terminologie ein «Lebenswelt-Paar» (Livingston 1987: 116ff.; Lynch 1993: 287ff.). Im Gegensatz zu einer Verwaltungsakte oder einer Tabelle in der Soziologie besteht im Falle der Mathematik (und der Naturwissenschaften) eine direkte Entsprechung zwischen praktischer Handlung und ihrer Explizierung: der Beweis – bzw. der «proof account» – ‹kondensiert› gewissermassen die praktische Arbeit des Beweisens, die zu ihm in einer symmetrischen Entsprechung steht. «What is written or said is not really the ‹whole› proof. It is a proof-account. The proof – as one coherent, social object – consists of a pair: a proof-account/the lived-work of proving to which that proof-account is essentially and irremediably tied. The pairing – as one integral object, not as two distinct ‹parts› circumstantially joined – is the ‹proof› in and as the details of its own accomplishments» (Livingston 1987: 112).[12]

Im Gegensatz zur konstruktivistischen Wissenschaftssoziologie zieht Garfinkel eine deutliche Trennlinie zwischen den Sozialwissenschaften als «talking sciences» und der Mathematik sowie (einigen) Naturwissenschaften als «discovering sciences» (Garfinkel u.a. 1981). Während sich die wissenschaftliche Praxis in den Sozialwissenschaften oft auf der Ebene von Texten bewegt und Konsens, wenn überhaupt, vor allem auf dieser Ebene zustandekommt, ist die naturwissenschaftliche und mathematische Praxis für Garfinkel eine Art ‹Rätsellösen› (im Kuhnschen Sinn) mit klaren Kriterien für Erfolg und Scheitern: «an issue can be settled». Obschon diese Einteilung auf den ersten Blick eine konventionell-realistische Position nahezulegen scheint, bleibt Garfinkel im Gegensatz zu Mannheim epistemologisch neutral. Das Interesse gilt ausschliesslich den Praktiken, mit denen ein Beweis oder eine naturwissenschaftliche «Entdeckung» hervorgebracht wird. Das gleiche gilt auch für Livingston, der hinsichtlich der Kontroverse Realismus vs. Relativismus keine Position bezieht. «Livingston is saying neither that the transcendental ‹truth› of the proof account is the ‹cause› of the lived work of proving nor that it is

---

12. Vgl. als Beispiel den Beweis des Satzes von Pythagoras in diesem Kapitel.

merely a retrospective illusion that the proof account appears to be ‹the cause and source of all inquiries concerning it›. Instead, he is insisting that both elements of the Lebenswelt pair – the proof account and the lived work of proving – are necessary for an adequate understanding of the proof as such. Otherwise, the proof becomes an empty textual figure» (Lynch 1993: 294).

Livingston ist ein Vertreter der Ethnomethodologie, und entsprechend orientiert sich seine Untersuchung an der klassisch ethnomethodologischen Frage, wie aus situativen Praktiken Ordnung – im Falle der Wissenschaft: Übereinstimmung – entstehen kann. Im Gegensatz zu Bloor, der den zwingenden Charakter der Mathematik kausal über mathematikexterne Faktoren zu erklären versucht, plausibilisiert ihn Livingston über eine Rekonstruktion der mathematischen Praxis und Garfinkels Begriff des «Lebenswelt-Paares». Das Konzept der «Paarstruktur des Beweises» unterscheidet zwischen Beweis und Beweisen, beide sind jedoch untrennbar miteinander verbunden. Die «standard experience of mathematics» (Bloor), d.h. der Eindruck einer subjektfreien Existenz mathematischer Objekte ist das Ergebnis der praktischen Handlungen der Mathematiker: «The proofs that fill mathematics are ‹naturally accountable proofs› – their objectivity or rigor is a produced feature and accomplishment of the lived work of their production. (…) In this way, the consequences of the discovered pair structure of proofs is that the proofs of mathematics are recovered as witnessably social objects. This is not because some type of extraneous, non-proof-specific element like a theory of ‹socialization› needs to be added to a proof, but because the natural accountability o f a proof is integrally tied to its production and exhibition *as* a proof» (Livingston 1987: 126).

Livingstons Analyse liefert keine Theorie, sondern ist eine Rekonstruktion, deren Empirie ein praktischer Test ist: die Argumentation bezieht ihre Plausibilität aus der Erfahrung des Lesers. Was haben wir nun aus diesem ‹Test› gelernt? Wir haben (1) gelernt – bzw. selbst *erfahren* –, dass die Mathematik zwingend ist. Es gibt keine interpretative Flexibilität, keine Möglichkeit, einen anderen Schluss zu ziehen. Quod erat demonstrandum. Und wir haben (2) gelernt, wie aus lokalen Praktiken (Verwendung von Notationen, Zeichnungen, Definitionen, Ableitungen etc.) ein Objekt hergestellt wird, das, wie es Mannheim formulierte, frei ist von den «Spuren menschlicher Herkunft». Was wir aber immer noch nicht wissen, ist, *weshalb* die Mathematik zwingend ist, weshalb alle Mathematiker, wenn sie denselben Beweis durcharbeiten, zwangsläufig zum selben Schluss kommen. Auch wenn Bloors Vorwurf, die Argumentation von Livingston sei zirkulär, etwas zu harsch sein mag (Bloor 1987), lässt sich doch mit guten Gründen fragen, was aus Livingstons Studie *soziologisch* zu lernen ist. Livingston versucht nicht, die Strenge der Mathematik zu erklären – er führt sie vor (und würde damit vermutlich den ungeteilten Beifall der Mathematiker finden). Damit hat es aber sein Bewenden.

Es ist Michael Lynch, der Livingstons Arbeit an die Soziologie anschliesst. Brückenhilfe leisten wiederum – nun jedoch in einer anderen Lesart als bei Bloor – Wittgensteins Überlegungen zur Regelbefolgung. Ich werde auf diese Kontroverse und ihre Implikationen für eine Soziologie der Mathematik in Kapitel 7 zurückkommen.

Was ist der Grund für den (weitgehend) universellen Charakter des mathematischen Wissens? Weshalb werden sich Mathematiker über das Vorhandensein von Fehlern und Beweislücken in der Regel sofort einig? Lässt sich die hohe Universalität der Mathematik restlos auf soziale Faktoren zurückführen oder bleibt ein soziologisch unerklärbarer Rest und wie sähe dieser aus? Wer die Mathematik aus einer soziologischen Perspektive beschreiben will, muss entweder ihren epistemischen Besonderheiten Rechnung tragen oder aber nachweisen, dass sie Fiktionen sind. Eric Livingston hat den ersten Weg gewählt, David Bloor den zweiten. Beide Antworten sind aus meiner Sicht unzureichend, und das gilt auch für die wissenschaftssoziologischen Positionen, die sie repräsentieren. Während Bloor die epistemische Besonderheit der Mathematik infrage stellt, ohne dies hinreichend zu begründen, geschweige denn empirisch zu belegen, akzeptiert Livingston den epistemischen Sonderstatus der Mathematik, verzichtet aber darauf, ihn zu erklären. Sein Buch ist, überspitzt formuliert, ein Mathematikbuch für Laien, keine wissenschaftssoziologische Studie. Was aber ist die Alternative? Ist es möglich, den universellen Charakter der Mathematik anzuerkennen und dennoch nach einer soziologischen Erklärung zu suchen, die über Livingston hinausgeht?

Der Umstand, dass in der Mathematik ein Streit in der Regel «mit Sicherheit zu entscheiden» ist, bedeutet nicht, dass eine soziologische Erklärung von vornherein ausgeschlossen ist. Er stellt die Soziologie aber vor die Aufgabe, die Mechanismen aufzudecken, die dafür sorgen, dass in der Mathematik, anders als in anderen Wissenschaften, Kontroversen relativ rasch und konfliktfrei entschieden werden. Ich werde am Schluss dieses Buches auf die in diesem Kapitel skizzierten Fragen und Probleme zurückkommen und ein Erklärungschema vorstellen – eine «Beweisskizze», wie Mathematiker sagen würden –, die zwischen Bloors soziologischem Reduktionismus und Livingstons deskriptivem Rationalismus einen dritten Weg einzuschlagen versucht.

Kapitel 2

Kein Ort, Nirgends.
Probleme und Fragen der Mathematikphilosophie

> 2 Heringe + 2 Heringe = 4 Heringe. Scheint ein ewiges Gesetz zu sein,
> das stets unerschüttert bleibt. 2 Gelb + 2 Gelb = ? Manchmal = 0.
> *Wassily Kandinsky* [1]

Was ist Mathematik? Die Antworten, die auf diese Frage gegeben werden, haben einen eigentümlich schillernden Charakter. Für die einen ist Mathematik eine Art Kunst, die anderen ordnen sie den Geisteswissenschaften zu, und die dritten zählen sie zu den Naturwissenschaften. Die ansonsten so präzisen Mathematiker werden reichlich vage und mitunter auch beträchtlich metaphorisch, wenn es um die Beschreibung ihrer eigenen Disziplin geht. Philip J. Davis und Reuben Hersh definieren die Mathematik auf der einen Seite als Geisteswissenschaft. Ähnlich wie diese beschäftige sich die Mathematik mit geistigen Objekten – mit kulturellen Artefakten, die sie selber hergestellt hat (Davis/Hersh 1985: 422). Gleichzeitig sehen sie die Mathematik aber auch als eine Art Naturwissenschaft. In diesem Fall wird die Zuordnung nicht mehr ontologisch begründet (über die Beschaffenheit der mathematischen Gegenstandswelt), sondern epistemologisch, über den objektiven Charakter des mathematischen Wissens: «Die Folgerungen der Mathematik sind zwingend wie jene der Naturwissenschaften. Sie sind nicht das Produkt von Ansichten und Meinungen und darum auch nicht einem dauernden Meinungsstreit unterworfen wie die Ideen der Literaturkritik» (Davis/Hersh 1985: 435).

Philip J. Davis und Reuben Hersh sind nicht die einzigen Mathematiker, die sich mit einer klaren Einordnung der Mathematik schwer tun. Ähnlich oszillierend ist auch die Beschreibung, die der französische Mathematiker Henri Poincaré von der Mathematik gibt: «Die Mathematik hat ein dreifaches Ziel. Sie soll ein Instrument zum Studium der Natur liefern. Sie hat aber auch ein philosophisches und, ich möchte sagen, ein ästhetisches Ziel. Sie soll dem

---

1. Kandinsky 1937: 204.

Philosophen helfen, die Begriffe der Zahl, des Raumes und der Zeit zu vertiefen. Überdies bereitet sie ihren Jüngern ähnliche Genüsse, wie die Malerei und die Musik. Sie bewundern die zarte Harmonie der Zahlen und der Formen; sie bewundern eine neue Entdeckung, die ihnen eine unerwartete Aussicht eröffnet; und hat die Freude, die sie empfinden, nicht einen ästhetischen Charakter, obgleich die Sinne daran gar nicht beteiligt sind? Wenige Auserwählte sind berufen, sie vollständig zu geniessen, aber ist es nicht ebenso bei den edelsten Künsten?» (Poincaré 1905: 105). Mathematik zwischen Kunst und Wissenschaft, Schönheit als Kriterium für die Wahrheit und die Relevanz einer mathematischen Aussage – das ist ein Topos, der in den Texten über Mathematik häufig auftaucht.[2] Der Mathematiker Armand Borel hat in einem lesenswerten Aufsatz die Stellung der Mathematik im Spannungsfeld von Kunst, Geisteswissenschaft und Naturwissenschaft zu umreissen versucht (Borel 1981). Ich möchte am Beispiel seiner Argumentation darstellen, wie – und vor allem: als *was* – sich die Mathematik aus der Perspektive des praktizierenden Mathematikers präsentiert.

Wie lässt sich die Relevanz mathematischer Aussagen beurteilen? Wie ist es möglich, unter den 200.000 mathematischen Sätzen, die jedes Jahr veröffentlicht werden (Davis/Hersh 1985: 17), jene auszuwählen, die für die Entwicklung der Mathematik wichtig sein könnten? Wahrheit allein reicht offensichtlich nicht aus; es braucht Zusatzkriterien, um das Wesentliche vom Unwichtigen zu trennen. Doch welcher Art sind diese Zusatzkriterien? Während die angewandte Mathematik empirische Testmöglichkeiten besitzt, sind es im Falle der reinen Mathematik häufig ästhetische Urteile, die den Selektionsprozess leiten: schönere Mathematik ist bessere Mathematik. Für Borel sind die Gegenstände der Mathematik «intellektuelle Schöpfungen», kulturelle Artefakte. Mathematiker erschaffen neue symbolische Welten, ähnlich wie es Musikerinnen, Schriftstellerinnen und Maler tun: «We weave patterns of certain ideas, as a painter weaves patterns of forms or colors, a composer of sounds, a poet of words, and we are acutely sensitive to elegance, harmony in proofs, in statements, and the handsome development of a theory» (Borel 1994: 2).[3] In diesem Zitat scheinen bereits einige der Elemente auf, die wesentlich zum Selbstbild der modernen Mathematik gehören – Harmonie, ästhetisches Empfinden, Nähe zur Kunst. Ein zweites Merkmal, das die (moderne) Mathematik mit der (modernen) Kunst teilt, ist, so Borel, ihre Autonomie. Ähnlich wie die Kunst hat sich auch die Mathematik von jeglichem Gegenstands- und Anwendungsbezug frei gemacht. Die ‹reine› Mathematik – die «wirkliche» Mathematik, wie G.H. Hardy sie nannte – findet ähnlich wie die Malerei der Moderne ihre Problemstellungen und ihre Beurteilungskriterien ausschliesslich in sich selbst. Im Gegensatz allerdings zur Kunst, die minde-

---

2. Vgl. u.a. Hardy 1940; Knopp 1928; Krull 1930; LeLionnais 1962.

stens partiell auf einen Markt und eine externe Rezeption angewiesen ist, sind Mathematiker gleichzeitig Produzenten *und* Publikum: «We write only for our peers» (Borel 1994: 3).

Neben den Eigenschaften, die die Mathematik mit der Kunst teilt, zählt Borel aber auch eine Reihe von Merkmalen auf, die sie in die Nähe der Naturwissenschaften rücken. Zum einen zeichnet sich die Mathematik durch Konsens und Kohärenz aus. Es gibt heute nur eine Mathematik und nicht, wie in der Kunst oder auch der Soziologie, verschiedene konkurrierende Richtungen (vgl. Kap. 1). Während es in der modernen Kunst keine verbindlichen Beurteilungskriterien gibt, nach denen sich die verschiedenen Richtungen und Produkte entlang einer hierarchischen Skala einordnen lassen, scheint es in der Mathematik einen Mechanismus zu geben, der eine hohe Übereinstimmung der Meinungen garantiert und längere Kontroversen selten macht. Im Gegensatz zur ästhetischen Moderne, deren Kennzeichen gerade umgekehrt die permanente Neuerung und der Bruch mit Traditionen ist, zeichnet sich die Mathematik durch Stetigkeit und Kumulativität aus. Die meisten Mathematikhistoriker und -historikerinnen vertreten übereinstimmend die Ansicht, dass es in der Mathematik keine Revolutionen gibt, so wie sie Thomas Kuhn für die Naturwissenschaften beschrieben hat: «A new mathematical theory may lead to the abandonment of an older one by making it appear uninteresting or perhaps superfluous, but never wrong», so Leo Corry stellvertretend für viele (Corry 1989: 419). Die Mathematik ist beides: Kunst und Wissenschaft. Mit der Kunst teilt sie die Eigenschaft, eine in gewissem Sinne ‹freie› kulturelle Konstruktion zu sein, während ihr objektiver Charakter und ihre Verbundenheit mit der Physik sie in die Nähe der Naturwissenschaften rücken. Oder in Borels schillernder Formulierung: Die Mathematik ist eine «geistige Naturwissenschaft» (Borel 1981: 697).

Ob man die Mathematik in die Nähe der Kunst rückt oder sie den Geistes- bzw. Naturwissenschaften zuordnet, hängt entscheidend von den getroffenen ontologischen und epistemologischen Vorannahmen ab, und über diese

---

3. Diese Passage ist ein hübsches Beispiel für die Genealogie von Metaphern. Sie lässt sich zurückführen auf ein Zitat des englischen Mathematikers G.H. Hardy und von dort weiter zurückverfolgen bis zu Lady Ada Lovelace, die in den 40er Jahren des letzten Jahrhunderts die mathematische Leistung der analytischen Maschine von Charles Babbage folgendermassen beschrieben hat: «Wir können höchst zutreffend sagen, dass die analytische Maschine algebraische Muster webt, gerade ebenso, wie der Jacquardsche Webstuhl Blumen und Blattwerk webt» (zit. in Hyman 1987: 299). Diese Formulierung scheint Hardy inspiriert zu haben, der in seiner *Apology* – einem Manifest des mathematischen Ästhetizismus – bei der Beschreibung der menschlichen Mathematik auf eine ähnliche Metapher zurückgreift: «A mathematician, like a painter or a poet, is a maker of patterns. If his patterns are more permanent than theirs, it is because they are made with ideas. A painter makes patterns with shapes and colours, a poet with words» (Hardy 1940: 24).

herrscht in der Mathematikphilosophie keineswegs Einigkeit. Was ist Mathematik? Gibt es mathematische Objekte? Wie sind sie beschaffen und wo sind sie lokalisiert? Sind sie Teil der physikalischen Welt, existieren sie bloss im Kopf der einzelnen Mathematiker oder sind sie soziale Objekte vergleichbar mit anderen kulturellen Artefakten? Aufgrund welcher Kriterien werden bestimmte Entitäten als mathematische Objekte definiert und andere nicht? Wo verläuft die Grenzlinie zwischen Mathematik und theoretischer Physik? Wie gelangen Mathematiker zu mathematischem Wissen – durch eine spezifisch mathematische Intuition, durch Generalisierung empirischer Sachverhalte oder durch blosse Setzung? Aufgrund welcher Kriterien entscheiden sie, ob eine mathematische Aussage wahr ist oder falsch? Weshalb, so eine weitere Frage, erweist sich ein Wissen, das autonom und völlig losgelöst von empirischen Bezügen entwickelt wurde, immer wieder als brauchbar für die Beschreibung der empirischen Wirklichkeit? Und weshalb kommt es umgekehrt dennoch nie dazu, dass mathematische Aussagen durch empirische Fakten falsifiziert werden? Man braucht zwar Mathematik, um die Bewegung von Wassertropfen wissenschaftlich zu beschreiben, aber umgekehrt ändert die Tatsache, dass aus je zwei zusammenfliessenden Tropfen einer wird, nichts an der Überzeugung, dass die Aussage «2 + 2 = 4» wahr ist. Ist mathematisches Wissen tatsächlich sicheres Wissen, und falls ja, was ist der Grund dafür?

Dies sind einige Fragen, die in der Philosophie der Mathematik diskutiert werden und die ich in diesem Kapitel vorstelle, wenn auch nicht immer abschliessend beantworten werde. Die Hauptfragen sind: Gibt es mathematische Objekte und wie sind sie beschaffen (2.1.)? Wie gelangen wir zu mathematischem Wissen und aufgrund welcher Kriterien entscheiden wir, ob es wahr ist oder nicht (2.2.)? Ist mathematisches Wissen sicheres Wissen und worin liegt der Unterschied zwischen Mathematik und Naturwissenschaft (2.3.)?

2.1. Gibt es mathematische Objekte und wie sind sie beschaffen?

> Beauty is the first test: there is no permanent place in the world for ugly mathematics.
>
> *G.H. Hardy*[4]

Die Überschrift dieses Kapitels suggeriert, dass die Mathematik von Objekten handelt, diese gegeben sind und bloss entdeckt zu werden brauchen. Diese Annahme ist jedoch in zweierlei Hinsicht zu ergänzen. Gemessen an der Strukturauffassung der modernen Mathematik stellt der Begriff des mathematischen

---

4. Hardy 1940: 24.

Objekts, der in der Mathematikphilosophie nach wie vor gebräuchlich ist, eine unzulässige Vereinfachung dar. Für Mathematiker und Mathematikerinnen besteht die mathematische Gegenstandswelt nicht aus Objekten, sondern aus Relationen zwischen Objekten, d.h. aus *Strukturen*, wobei die Elemente dieser Strukturen inhaltlich nicht spezifiziert sind. «Die Mathematiker», so Henri Poincaré 1902, «studieren nicht Objekte, sondern Beziehungen zwischen den Objekten; es kommt ihnen deshalb nicht darauf an, diese Objekte durch andere zu ersetzen, wenn dabei nur die Beziehungen ungeändert bleiben. Der Gegenstand ist für sie gleichgültig, die Form allein hat ihr Interesse» (Poincaré 1902: 20). Diese strukturalistische Auffassung wurde im 20. Jahrhundert von Bourbaki[5] weiter ausgebaut und in ihren *Eléments de Mathématique* konsequent umgesetzt.[6]

Zudem besteht keineswegs Einigkeit darüber, ob und in welcher Form mathematische Objekte existent sind. Die Kontroverse um den ontologischen Status mathematischer Objekte wird in der Regel im Kontext des Universalienproblems geführt. Der Universalienstreit dreht sich, einfach formuliert, um die Frage nach dem ontologischen Status von Universalien. Während der Universalienrealismus die Existenz von subjektunabhängigen allgemeinen Dingen postuliert (Bsp. ‹Dreieckigkeit›, ‹Röte› etc.), negieren Konzeptualismus und Nominalismus die Möglichkeit von Universalien auf der Objektebe-

---

5. Nicolas Bourbaki ist das Pseudonym für eine Gruppe von französischen Mathematikern, die sich in den 30er Jahren zusammenfanden mit dem Ziel, ein umfassendes Grundlagenwerk zu publizieren, in dem die verschiedenen Gebiete der Mathematik systematisch aus einem kleinen Grundbestand von mengentheoretischen Axiomen aufgebaut werden sollten. «Nous nous proposons en ce Livre», so Bourbaki in seiner Einleitung zum ersten Band dieses Gesamtwerks, «de donner d'abord la description d'un tel langage, et même l'exposé de principes généraux qui pourraient s'appliquer à beaucoup d'autres semblables. Un seul de ces langages suffira toutefois à notre object. En effet (...) on sait aujourd'hui qu'il est possible, logiquement parlant, de faire dériver toute la mathématique actuelle d'une source unique, la Théorie des Ensembles» (Bourbaki 1939: E I.9). In Allusion an Euklids *Elemente* nannten sie ihre seit Ende der 30er Jahre regelmässig erscheinenden Grundlagenbücher zur Mengenlehre, Topologie, Algebra etc. *Eléments de Mathématique* (nicht zu verwechseln mit dem *Séminaire Bourbaki*, das eine ganz andere Politik verfolgte). Zu den ursprünglichen Schöpfern des «polykefalen Mathematikers», wie Imre Toth Nicolas Bourbaki nennt (Toth 1987), gehörten Henri Cartan, Claude Chevalley, Jean Delsarte, Jean Dieudonné, Szolem Mandelbrojt, René de Possel und André Weil. Die Bourbakisten haben auf die Mathematik (und auf den Mathematikunterricht) einen so grossen Einfluss ausgeübt, dass Professor Nicolas Bourbaki, Nancago, heute als vollwertiges Mitglied in die mathematische Gemeinschaft aufgenommen ist. In den Indizes der mathematischen Lexika und Enzyklopädien wird Bourbaki, Nicolas jedenfalls offiziell aufgeführt. Zur Geschichte von Bourbaki vgl. u.a. Aubin 1997; Beaulieu 1993; Guedj 1985; Weil 1993.

6. Zur strukturalistischen Position in der Mathematikphilosophie vgl. u.a. Bourbaki 1948; Parsons 1990; Resnik 1988; Shapiro 1983; Thiel 1995: Kap. 12 und zum Strukturbegriff von Bourbaki speziell Corry 1997: 269ff.

ne: in der Wirklichkeit gibt es nur Einzeldinge. Für den Konzeptualismus existiert das Allgemeine nur auf der Begriffsebene, der Nominalismus bestreitet beides: es gibt weder ein allgemeines Sein noch allgemeine Begriffe. Der Eindruck von Allgemeinheit wird über die Sprache erzeugt (vgl. als Überblick Stegmüller 1956; 1957). Dieser Disput, der in der Antike seinen Anfang nahm, reicht bis in die Gegenwart hinein. Obschon die Positionen heute um vieles verästelter sind und neue hinzu kamen, lassen sich die mathematikphilosophischen Positionen grob danach unterteilen, ob sie mathematischen Objekten eine allgemeine unabhängige Existenz attestieren (Platonismus) oder sie als mentale Konstruktionen (Intuitionismus) bzw. sprachliche Konventionen behandeln (Nominalismus). Ich gehe im folgenden nur auf den Platonismus sowie auf den Formalismus als einer Spielart nominalistischer Positionen ein. Auf den Intuitionismus (als mathematikphilosophische Variante des Konzeptualismus) komme ich im Zusammenhang mit der Grundlagenkrise und den mit ihr verbundenen grundlagentheoretischen Programmen zu sprechen (vgl. 2.2.2.).

2.1.1. Platonismus und Physikalismus

Es gibt kaum Behauptungen, die so vorbehaltlos als wahr akzeptiert werden wie die elementaren Aussagen der Schulmathematik. «2 + 2 = 4» hat für das Alltagsverständnis einen vermutlich nicht minder evidenten Charakter wie die Behauptung, dass Menschen sterblich sind. Was aber ist der Gegenstand mathematischer Aussagen? Worauf beziehen sie sich? Was macht sie wahr? Eine zumindest auf den ersten Blick naheliegende Antwort ist die, dass es offensichtlich Dinge gibt, die wir «2» und «4» nennen, und eine Relation, die wir als Addition bezeichnen und die die Aussage «2 + 2 = 4» wahr macht. Dasselbe gilt für die Geometrie. Geometrische Sätze handeln von Dingen, die unabhängig von uns existieren. Es sind die Eigenschaften dieser Dinge, die darüber entscheiden, ob unsere Aussagen wahr sind oder nicht. Oder anders formuliert: ähnlich wie die Aussage «Der Hund bellt» genau dann wahr ist, wenn der Hund bellt, ist die Aussage «2 + 2 = 4» genau dann wahr, wenn es Dinge gibt, die den Begriffen «2» und «4» entsprechen und in der postulierten Relation zueinander stehen.

Auf den ersten Blick mag diese Sicht unproblematisch erscheinen, zumal sie unserem alltagstheoretischen Realismus entspricht. Die beste Erklärung für unser Gefühl, dass es eine von uns unabhängige Aussenwelt gibt, ist immer noch die anzunehmen, dass eine solche tatsächlich existiert. Schaut man jedoch näher hin, dann tauchen eine Reihe von Problemen auf. Welcher Art sind die mathematischen ‹Gegenstände›, auf die sich mathematische Aussagen beziehen? Gibt es in einer wie auch immer gearteten Welt ‹Dinge› wie Polynome, Zahlen, Mannigfaltigkeiten, Räume, Funktionen, Körper? Wo sind sie lokalisiert und wie sehen sie aus? Je nachdem, welche Antwort auf diese Frage gegeben wird, lassen sich zwei Hauptvarianten einer realistischen Ontologie unterscheiden: eine platonistische und eine physikalistische. Während der Platonismus vermutlich immer noch die Mehrheitsmeinung der Mathematiker wiedergibt, ist der Physikalismus (oder Naturalismus) eine Minderheitsmeinung in der Mathematikphilosophie, die allerdings in letzter Zeit einen beträchtlichen Aufschwung erfahren hat.[7]

Beide Varianten des mathematischen Realismus – Platonismus wie Physikalismus – gehen von einer bewusstseinsunabhängig gegebenen mathematischen Wirklichkeit aus. Während der Physikalismus die Objekte der Mathematik in gewisser Weise raum-zeitlich verortet, geht der *Platonismus* davon aus, dass sie unabhängig von Raum und Zeit existieren. «The relevant facts about how the platonist conceives of mathematical objects include their mind-independence and language-independence; the fact that they bear no spatio-temporal relations to us; the fact that they do not undergo any physical interactions (exchanges of energy-momentum and the like) with us or anything w e can observe» (Field 1989: 27). Der ontologische Platonismus, so wie er hier von Hartry Field, einem erklärten Kritiker, definiert wird, ist in der Regel mit einer Reihe von epistemologischen Annahmen gekoppelt. Wenn in der Literatur von «Platonismus» die Rede ist, ist diese epistemologische Komponente meistens mitgemeint.[8] Zusammengenommen lässt sich der (ontologische und epistemologische) Platonismus in fünf Thesen zusammenfassen (vgl. Irvine 1990: xviii):

(1)   Die Objekte der Mathematik existieren unabhängig von uns und unserem Bewusstsein.

(2)   Die Objekte der Mathematik sind nicht physikalischer Natur. Sie existieren ausserhalb von Zeit und Raum und sind uns über unsere Sinne nicht zugänglich.

(3)   Mathematische Aussagen sind entweder wahr oder falsch, und zwar unabhängig von unserer Kenntnis des jeweiligen Wahrheitswertes.

(4)   Der Wahrheitswert einer mathematischen Aussage ergibt sich aus der Beschaffenheit der mathematischen Objekte, auf die sich die Aussage bezieht.

(5)   Es ist uns möglich, mathematische Objekte zu erkennen.[9]

---

7. Ich spreche im folgenden von Physikalismus und nicht von Naturalismus. Den Begriff «Naturalismus» reserviere ich für Philip Kitchers historischen Empirismus. Meines Wissens hat sich bislang noch keine einheitliche Terminologie durchgesetzt. Vgl. z.B. die von Brigitte Falkenburg (1994) herausgegebene Sondernummer der *Dialektik* zur Mathematikphilosophie, die sich terminologisch ähnlich schwer tut.

8. Die Unterscheidung zwischen einem «ontologischen» und einem «epistemologischen» Platonismus geht auf Mark Steiner (1973) zurück.

Die Differenz zwischen Platonismus und Physikalismus bezieht sich auf die zweite These. Im Gegensatz zum Physikalismus, der diese These ablehnt, behauptet der Platonismus, dass die mathematischen Objekte jenseits von Zeit und Raum existieren. Trotz dieser schwer nachvollziehbaren Behauptung, zumal für jemanden, der in der Tradition des naturwissenschaftlichen Weltbildes aufgewachsen ist, ist der Platonismus die Standardphilosophie des *working mathematician*. Der Mathematiker sei, so Philip Davis und Reuben Hersh, am Sonntag Formalist und im Alltag Platonist (Davis/Hersh 1985: 337). Die Bedeutung, die der Platonismus für die praktizierenden Mathematiker besitzt, hat nicht zuletzt praktische Gründe. Er liefert eine praktikable Erklärung für die Erfahrung, es mit einer eigenständigen – und manchmal auch widerständigen – Wirklichkeit zu tun zu haben. Wenn Mathematiker von ihrer Arbeit sprechen, dann reden sie häufig von «untersuchen», «entdecken», «finden» etc., als ob es sich bei ihrem Gegenstand um eine eigenständige, quasi-natürliche Realität handeln würde.[10] Fast alle Mathematiker und Mathematikerinnen, mit denen ich gesprochen habe, sehen sich selbst als Forscher, als Entdecker einer eigenen faszinierenden Welt, die gekennzeichnet ist durch Harmonie, Ordnung und Einheit. Mathematik betreiben heisst, die Beschaffenheit dieser Welt zu untersuchen, ganz ähnlich wie eine Geologin Gesteinsformationen oder ein Physiker die subatomare Welt der Teilchen untersucht. Man kann, so der französische Mathematiker Alain Connes, ein erklärter Platonist, «den Mathematiker in seiner Arbeit mit einem Forscher vergleichen, der die Welt entdeckt. Diese Tätigkeit deckt harte Tatsachen auf. Man findet zum Beispiel mit einfachen Rechnungen, dass die Folge der Primzahlen kein Ende zu haben scheint. Die Arbeit des Mathematikers besteht dann darin zu beweisen, dass es unendlich viele Primzahlen gibt. (…) Man stösst also auf eine ebenso unbestrittene Realität wie die der Physik» (Changeux/Connes 1992: 8f.).

Der Platonismus vermag die Arbeitserfahrungen des praktizierenden Mathematikers vielleicht am besten wiederzugeben, für die Mathematikphilosophie wirft er aber zwei Probleme auf. Das erste ist erkenntnistheoretischer Natur, das zweite bezieht sich auf das Verhältnis von Mathematik und empirischer Naturwissenschaft.

(1) Den ersten Einwand hat am pointiertesten Paul Benacerraf in seinem einflussreichen Aufsatz *Mathematical Truth* formuliert (Benacerraf 1973). Wie kann es uns als irdisch-physikalische Wesen je möglich sein, Objekte zu erkennen, die jenseits von Raum und Zeit existieren? Aus der Sicht einer Kau-

---

9. Mit Ausnahme der zweiten These beschreiben die angeführten Thesen nicht nur die platonistische Auffassung, sondern stehen generell für eine realistische Position, vgl. als Überblick Franzen 1992.

10. Dies zeigt eine Durchsicht der Arbeitsberichte, die die Gäste des *Max-Planck-Instituts für Mathematik* zwischen 1988 und 1991 geschrieben haben (MPI für Mathematik 1992).

saltheorie der Wahrnehmung ist die platonistische Position jedenfalls reine Metaphysik. Ich komme in Abschnitt 2.2.1. auf die epistemologischen Probleme des Platonismus zurück.

(2) Die zweite Schwierigkeit, die der Platonismus zu meistern hat, ist die Erklärung der augenfälligen Nützlichkeit der Mathematik. Wie lässt sich erklären, dass Theorien, die sich auf eine nicht-physikalische Wirklichkeit beziehen und wahr sind in Hinblick auf diese, sich immer wieder als brauchbar erweisen für die Modellierung der physikalischen Wirklichkeit? Oder wie es die Mathematikphilosophin Penelope Maddy formuliert: «What do the inhabitants of the non-spatio-temporal mathematical realm have to do with the ordinary physical things of the world we live in?» (Maddy 1990a: 21). Die Antworten, die Platonisten auf diese Frage geben, sind in der Regel eher hilflos. Die meisten begnügen sich damit, auf das berühmte Diktum von Eugene Wigner zu verweisen, der in einem vielzitierten Aufsatz von der «unreasonable effectiveness» der Mathematik gesprochen hat (Wigner 1960). Mathematische und physikalische Welt sind zwei verschiedene Wirklichkeiten, die aus unerklärlichen Gründen – oder einer nicht minder mirakulösen «prästabilierten Harmonie» (Hilbert 1930) – zueinander passen. [11]

Wie das Gespräch zwischen dem Mathematiker Alain Connes und dem Neurobiologen Jean-Pierre Changeux zeigt, gerät auch der reflektierteste Platonist in Schwierigkeiten, wenn er diese nicht-materielle Welt im einzelnen beschreiben und sie in Beziehung setzen soll zu seinem ansonsten naturwissenschaftlich geprägten Weltbild. «Deine Thesen über die Natur der mathematischen Objekte scheinen mir ein wenig paradox zu sein», wirft Jean-Pierre Changeux seinem Gesprächspartner Alain Connes vor, der sich verzweifelt bemüht, Platonismus und wissenschaftliches Weltbild unter einen Hut zu bringen. «Die Frage nach der Existenz einer mathematischen Welt ist unser grösster Streitpunkt. Ich versuche, mich in Deine Rolle zu versetzen, und habe mich gefragt, wo sich diese Welt befindet und welche Spur sie in der Natur hinterlässt. Wenn Du die Hypothese aufstellst, dass die mathematische Welt ausserhalb von uns existiert, und wenn Du Dich einen Materialisten nennst, dann musst Du ihr eine materielle Grundlage geben» (Changeux/Connes 1992: 34). Genau darin liegt das Dilemma des modernen Platonismus.

Der *Physikalismus* kennt solche Probleme nicht. In der Wissenschaftsphilosophie bezeichnet «Physikalismus» die reduktionistische Doktrin, dass alle Erscheinungen auf physikalische Gesetzmässigkeiten reduzierbar sind – «that if something is made of matter, its behavior must have a physical explanation» (Putnam 1975a: 296). In der Mathematikphilosophie ist mit «Physikalismus» die Annahme gemeint, dass die mathematischen Objekte letztlich

---

11. Das Anwendungsproblem stellt sich allerdings nicht nur für den Platonismus, sondern auch für den Formalismus und den Intuitionismus.

physikalischer Natur sind – dass sie, wie es Peter Simons in angemessener Vagheit formuliert, «zwar noch in irgendeinem Sinne abstrakt sind, aber nicht in einem von der physischen Welt getrennten Bereich existieren, sondern irgendwie darin und dazugehörig sind» (Simons 1994: 19). Der mathematikphilosophische Physikalismus tritt in einer starken und einer schwachen Variante auf. Die schwache Variante wird von Hilary Putnam in seinem Aufsatz *What Is Mathematical Truth?* vertreten (Putnam 1975b). Insbesondere in seiner schwachen Variante ist der mathematische Physikalismus eine in gewissem Sinne negative Argumentation, indem aus der Unentbehrlichkeit der Mathematik für die Physik auf die empirische Existenz mathematischer Objekte geschlossen wird. Wir wissen zwar nicht, wie die mathematische Welt beschaffen ist. Die Tatsache aber, dass es Mathematik braucht, um physikalische Phänomene zu erklären oder Menschen auf den Mond zu schicken, legt die Annahme nahe, dass die Objekte, von denen die Mathematik handelt, in irgendeiner Form real existieren. In der Mathematikphilosophie wird diese Argumentation als *Indispensability*-Argument bezeichnet.

Dieses Argument schliesst an den wissenschaftlichen Realismus in der Wissenschaftsphilosophie an. Die Kontroverse zwischen wissenschaftlichem Realismus (nicht zu verwechseln mit dem ontologischen und epistemologischen Realismus) und wissenschaftlichem Anti-Realismus dreht sich um die Frage nach dem Status von theoretischen Entitäten in den empirischen Wissenschaften. Als theoretische Entitäten werden jene Objekte oder Ereignisse bezeichnet, die theoretisch postuliert werden, dem Auge jedoch aus prinzipiellen Gründen nicht zugänglich sind – «that ragbag or stuff postulated by theories but which we cannot observe» (Hacking 1983: 26). Gibt es Elektronen oder Top-Quarks oder sind sie bloss nützliche Fiktionen? Während der wissenschaftliche Realismus, wie ihn W.V.O Quine oder auch Hilary Putnam vertreten, von der Existenz theoretischer Entitäten ausgeht, vertreten wissenschaftliche Anti-Realisten die Auffassung, dass es zwar sinnvoll sein mag, Elektronen *theoretisch* zu postulieren, ihnen jedoch keine physikalische Existenz zukommt. Da theoretische Entitäten nicht direkt beobachtbar sind, sollte man sie als nützliche, aber fiktive Konstruktionen behandeln. «The scientific realist's most conspicuous opponent is the instrumentalist, who holds that unobservables are a mere ‹useful fiction› that helps us predict the behavior of the observable. Thus the instrumentalist denies just what the scientific realist asserts – that there are electrons etc. – but continues to use the same theories the realist does to predict the behaviour of the observables» (Maddy 1990a: 10).

Aus der Sicht des *Indispensability*-Arguments haben mathematische Objekte im Prinzip den gleichen Status wie die theoretischen Entitäten der Physik. Angesichts der Durchdringung von Mathematik und Naturwissenschaften macht es, so das Argument, keinen Sinn, im einen Fall Realistin zu sein und an die Existenz von Elektronen zu glauben und im anderen Fall Konstruktivistin zu sein und mathematische Objekte als fiktive Grössen zu behandeln. Oder wie es Hilary Putnam formuliert: «I argued in detail that mathematics and physics are integrated in such a way that it is not possible to be a realist with respect to physical theory and a nominalist with respect to mathematical theory (…) In short – a reasonable interpretation of the application of mathematics to the physical world requires a realistic interpretation of mathematics» (Putnam 1975b: 61). Wer Realist ist in Hinblick auf die Physik, aber Anti-Realist, was die Mathematik anbelangt, macht sich, so Quine, einer «Doppelmoral» schuldig (Quine 1951: 45).[12]

Physik und Mathematik sind so stark miteinander verwoben, dass die empirische Bestätigung physikalischer Theorien gleichzeitig als Bestätigung der in ihnen verwendeten mathematischen Theorien gesehen werden kann. «Mathematics is part of the theory we test against experience, and a successful test supports the mathematics as much as the science» (Maddy 1990a: 27). Insofern gehören die in den Natur- und Ingenieurwissenschaften verwendeten mathematischen Sätze zu den am besten getesteten Aussagen der Wissenschaft. Wie aber steht es mit dem Umkehrschluss? Wenn mathematische Aussagen empirisch bestätigt werden können, dann müssten sie im Prinzip auch empirisch falsifizierbar sein. Dies ist eine Folgerung, die sich auch aus Quines Kritik an der kategorialen Trennung von analytischen und synthetischen Sätzen ziehen lässt: «It becomes folly to seek a boundary between synthetic statements, which hold contingently on experience, and analytic statements, which hold come what may. Any statement can be held true come what may, if we make drastic enough adjustments elsewhere in the system. (…) Conversely, by the same token, no statement is immune to revision. Revision even of the logical law of the excluded middle has been proposed as a means of symplifying quantum mechanics» (Quine 1951: 43).[13]

Damit ist allerdings noch nicht beantwortet, weshalb wir im Falle von Beobachtungen, die unseren theoretischen Annahmen widersprechen, immer nur die realwissenschaftlichen Annahmen aufgeben, nie aber die mathematischen: Experimente falsifizieren (wenn überhaupt) die Physik, nicht die Mathematik. Diese Tatsache hat viele Mathematikphilosophen in ihrer Meinung bestärkt, dass mathematisches Wissen ein Wissen *a priori* ist, d.h. ein Wissen,

---

12. Die Durchdringung von Physik und Mathematik lässt sich an einem Schulbeispiel illustrieren. Wer das zweite Newtonsche Gesetz anwendet, z.B. um die Geschwindigkeit oder den Weg einer mit der Kraft P gestossenen Kugel mit der Masse m zu berechnen, braucht einiges an Mathematik, von einfacher Arithmetik bis zu Integral- und Differentialrechnung.

13. Vgl. ähnlich auch Putnam, der sich in diesem Zusammenhang zu einer radikalen Äusserung vorwagt: «I then want to raise the question: could some of the ‹necessary truths› of logic ever turn out to be false *for empirical reasons*? I shall argue that the answer to this question is affirmative, and that logic is, in a certain sense, a natural science» (Putnam 1968: 174).

das durch Erfahrung nicht falsifizierbar ist. Eine Position, die die Mathematik als aposteriorisches Wissen betrachtet, hat es ungleich schwerer, plausibel zu erklären, weshalb die Mathematik empirischen Widerlegungen gegenüber so resistent ist.[14]

Das *Indispensability*-Argument von Quine und Putnam läuft letztlich auf eine Aufhebung der Unterscheidung von apriorischem und aposteriorischem Wissen hinaus. Denn sobald man davon ausgeht, dass mathematisches Wissen gerechtfertigt wird über die empirische Plausibilität der naturwissenschaftlichen Theorien, in denen es verwendet wird, kann es nicht mehr umstandslos als ein Wissen a priori behandelt werden. Das ist auch die Folgerung, die Putnam zieht. «The reader will not be surprised to learn that my expectation is (…) that we will have to face the fact that ‹empirical› versus ‹mathematical› is only a relative distinction; in a looser and more indirect way than the ordinary ‹empirical› statement, much of mathematics too is ‹empirical›. In a sense, this final collapse of the notion of the a priori has already begun» (Putnam 1975b: 63f.; vgl. ähnlich auch Quine 1954: 367). In den letzten Jahren scheint Putnam seine frühere Position allerdings wieder etwas zurückgenommen zu haben. Der Grund dafür liegt in den unangenehmen empiristischen Konsequenzen, zu denen das *Indispensability*-Argument letztlich führt. «Wenn uns», so Putnam in einem Interview, «die Zurückweisung des Apriorismus zu einer Annahme verleitet, wonach alle Fragen einfach empirischer Natur seien, befinden wir uns auf dem Holzweg. Wir müssen vielmehr davon ausgehen, dass es Wahrheiten gibt, welche in einem schwächeren Sinne des Wortes a priori sind, für die wir also keine Garantien – zum Beispiel in Form einer kantischen Theorie der Strukturen der Vernunft – besitzen. Es gibt mit anderen Worten Wahrheiten, die insofern a priori sind, als wir gegenwärtig nicht einmal verstehen würden, was es hiesse, sie seien falsch. (…) Wir besitzen in der Tat keine philosophische Garantie dafür, dass wir die Arithmetik nicht doch einmal revidieren werden; das Fehlen einer derartigen Garantie impliziert indessen nicht, dass ich jetzt in der Lage bin, die Bedeutung der Behauptung zu verstehen, ‹5 + 5 = 10› sei falsch» (Putnam in Burri 1994: 172).

---

14. Beispielhaft dafür ist etwa die Argumentation von Hugh Lehman (1979), der die Möglichkeit einer empirischen Widerlegung mathematischer Sätze zwar theoretisch behauptet, aber nicht in der Lage ist, dafür nur ein einziges (nicht-fiktives) Beispiel anzugeben. Quine begründet die höhere Resistenz der Mathematik gegenüber empirischen Falsifikationen damit, dass eine Revision der mathematischen Sätze ungleich folgenreicher wäre als die Aufgabe der physikalischen Hypothesen (Quine 1951: 43f.). Zudem lehrt die Duhem-Neurath-Quine-These, dass nicht ein einzelner Satz zur Disposition gestellt wird, sondern immer nur das System als Ganzes (vgl. 3.1.). Dies macht verständlich, weshalb man mit der Revision vorzugsweise dort beginnt, wo es am wenigsten schmerzt: bei den Protokollsätzen, den Hilfshypothesen und vielleicht sogar bei den Sätzen der Physik, aber ganz gewiss nicht bei den Sätzen der Mathematik.

Sowohl Putnam wie Quine machen keine Angaben darüber, wie sie sich die Beziehung zwischen mathematischer und physikalischer Wirklichkeit genau vorstellen – ob zwischen beiden Welten ein lockeres Korrespondenzverhältnis besteht oder ob die Mathematik nichts anderes ist als eine Art abstrakte Physik. Nicolas Goodman geht hier einen Schritt weiter, indem er mathematisches Wissen dezidiert als empirisches Wissen behandelt und die Mathematik selbst explizit als Naturwissenschaft definiert: *Mathematics as Natural Science*, so der programmatische Titel eines vor einigen Jahren erschienenen Aufsatzes (Goodman 1990). Goodman unterscheidet zwischen zwei Arten von mathematischen Begriffen: quasi-empirische Begriffe, die als Idealisierungen physikalischer Objekte oder Prozesse verstanden werden können, und theoretische Begriffe, die keinen, wie auch immer indirekten empirischen Bezug haben. Goodman nennt hier als Beispiel die transfiniten Kardinalzahlen der Mengentheorie (Goodman 1991: 124). Ähnlich wie Quine und Putnam vertritt Goodman hinsichtlich dieser zweiten Gruppe von Begriffen einen an die Mathematik adaptierten wissenschaftlichen Realismus. Kardinalzahlen oder Galois-Gruppen haben für ihn den gleichen Status wie die theoretischen Entitäten in der Physik und auch die gleiche Funktion. Sie machen Phänomene und Prozesse verständlich, die sonst nicht oder nur mit erheblichem Aufwand erklärbar wären. «In both cases we are dealing with theoretical entities introduced for the sake of producing a smooth and workable theory of a domain previously introduced. We believe in them because we do not see any other reasonable way to make the theory work, but they are not directly accessible to us» (Goodman 1991: 124).

Um seine physikalistische Perspektive auf die Mathematik zu plausibilisieren, verknüpft Goodman physikalische und mathematische Begriffe zu einem hierarchischen Bedingungszusammenhang. Indem jede nächsthöhere Ebene für die nächstuntere «indispensable» ist, bilden Physik und Mathematik eine Einheit mit einem letztlich gemeinsamen Referenzbereich. Der Unterschied zwischen Physik und Mathematik besteht vor allem in ihrem Abstraktionsgrad. Während sich die Physik auf reale, materielle Phänomene bezieht, beschreibt die Mathematik deren *Form*. «He (der Mathematiker) is not studying material reality, but something else. That something else, which we call the *mathematical form* of the physical phenomenon, is the proper subject matter of mathematics, and its ontological status is the first question we must face in the philosophy of mathematics» (Goodman 1990: 188).[15]

Der Mathematiker Saunders Mac Lane, auf den sich Goodman erstaunlicherweise nicht bezieht, hat anhand eines systematischen Durchgangs durch die Hauptgebiete der Mathematik (Zahlentheorie, Geometrie, Lineare Algebra, Analysis, Topologie etc.) zu begründen versucht, weshalb man die Mathematik als Wissenschaft der *Formen* definieren sollte (Mac Lane 1986). In Anschluss an Philip Kitcher, auf dessen «Naturalismus» ich in Abschnitt 2.3.2.

eingehen werde, vertritt Mac Lane einen ‹historischen› Empirismus. Die Mathematik, so Mac Lane, entstand ursprünglich aus Alltagsaktivitäten wie Zählen, Bewegen, Messen oder Gruppieren. Im Verlauf ihrer Entwicklung hat sie sich sukzessiv von diesem konkreten Bezug gelöst und zunehmend abstraktere Konzepte entwickelt. Es sind diese abstrakten, von ihrem ursprünglichen Entstehungskontext abgelösten Konzepte, die den Gegenstand der wissenschaftlichen Mathematik bilden. «Mathematics started from various human activities which suggest objects and operations (addition, multiplication, comparison of size) and thus lead to concepts (prime number, transformation) which are then embedded in formal axiomatic systems (Peano arithmetic, Euclidean geometry, the real number system, field theory, etc.). These systems turn out to codify deeper and nonobvious properties of the various originating human activities. (…) In this view, mathematics is formal, but not simply ‹formalistic› – since the forms studied in mathematics are derived from human activities and used to understand those activities» (Mac Lane 1981: 463f.). Oder wie er es an einer anderen Stelle formuliert: «Mathematics is not a scientific study of the facts but a developing analysis of the forms which underly the facts» (Mac Lane 1986: 414).

Der Physikalismus, so wie er von Putnam oder Goodman vertreten wird, ist zwar mit einer naturwissenschaftlich fundierten Erkenntnistheorie vereinbar und hat auch keine Schwierigkeiten zu erklären, weshalb sich die Mathematik für die Beschreibung der physikalischen Welt immer wieder als nützlich erweist. Dafür ist er aber mit anderen Problemen konfrontiert, die nicht minder gravierend sind. Die physikalistische Position behandelt mathematisches Wissen letztlich als empirisches Wissen und verabschiedet sich damit von der Auffassung, dass mathematisches Wissen ein Wissen a priori ist. Damit stellt sich die Frage, worin denn überhaupt noch der Unterschied zwischen Mathematik und Physik besteht und weshalb mathematisches Wissen empirisch zwar bestätigt, aber offensichtlich nicht widerlegt werden kann. Die These, dass jede physikalische Theorie immer auch Mathematik voraussetzt, mag zwar als Argument für die Untrennbarkeit von Physik und *angewandter* Mathematik dienen. Daraus aber auf den ‹empirischen› Charakter der gesamten, auch der reinen Mathematik zu schliessen, scheint doch eine unzulässige Extrapolation zu sein. Dies ist jedenfalls die Kritik, die Penelope Maddy am *Indispensability*-Argument anbringt: «Notice that unapplied mathematics is completely with-

---

15. Eine ähnlich radikale Position vertritt auch Michael Resnik. Sein Ausgangspunkt ist allerdings nicht die Anwendbarkeit der Mathematik in der Physik, sondern gerade umgekehrt die Mathematisierung der Physik. «In short, today it is more appropriate to use ‹abstract› mathematical models to describe the ontology of physics and somewhat misleading to use the traditional ‹concrete› models of planets and billard balls. Thus I find no clear ontological or epistemological or methodological boundary between mathematics and the rest of science» (Resnik 1988: 402).

out justification in the Quine/Putnam model; it plays no indispensable role in our best theory, so it need not be accepted» (Maddy 1990a: 30). Dieser Einwand gilt ähnlich auch für Goodman. Es wäre erst noch zu belegen, ob tatsächlich jeder Begriff der reinen Mathematik mit der Physik verknüpft und insofern «indispensable» ist. Und zudem bleibt offen, wie man sich die Beziehung zwischen der *empirischen* Rechtfertigung mathematischer Aussagen und dem Beweis als *innermathematischer* Begründungspraxis genau vorzustellen hat.[16]

2.1.2. Formalismus

Die Schwierigkeiten, in die sich der mathematische Realismus – ob in der einen oder anderen Variante – verfängt, trägt dazu bei, dass in der Mathematikphilosophie andere Positionen immer wieder Auftrieb bekommen. Unter diesen Alternativen nimmt der Nominalismus die offensichtlichste Gegenposition ein. Genau genommen ist der moderne Nominalismus jedoch weder eine einheitliche Doktrin, noch formuliert er eine eigenständige ontologische Position, sondern zeichnet sich gerade umgekehrt durch eine anti-ontologische – oder zumindest a-ontologische – Orientierung aus und umfasst ein breites Spektrum von Positionen (vgl. ausführlicher Rheinwald 1984). Ich werde im folgenden nur auf den Formalismus eingehen, da er innerhalb des nominalistischen Spektrums die bekannteste Position darstellt. Allerdings tritt auch der Formalismus in einer Vielzahl von Varianten auf. Ich werde diese Varianten nicht im einzelnen vorstellen, sondern mich auf die Darstellung der formalistischen Auffassung der Mathematik beschränken, so wie sie von David Hilbert im ersten Drittel dieses Jahrhunderts entwickelt worden ist. Den Formalismus am Beispiel von Hilbert einzuführen, ist allerdings nicht ganz unproblematisch, denn Hilbert war kein erklärter Formalist. Sein Bezugspunkt war die inhaltliche Mathematik, der Formalismus war für ihn bloss Mittel zum Zweck – eine Strategie, um die Widerspruchsfreiheit der Mathematik sicherzustellen. Dennoch hat er mit seiner sog. «Beweistheorie» eine wichtige Grundlage für die heutigen Varianten des Formalismus gelegt.

Hilbert hat seine formalistische Auffassung der Mathematik nicht in einem Zug entwickelt, sondern in zwei, allerdings zusammenhängenden Phasen. Die erste Phase datiert um die Jahrhundertwende. In dieser Zeit entwickelte Hilbert seine *formale Axiomatik* und führte ihre Produktivität am Beispiel der Geometrie vor. Die zweite Phase setzte nach dem Ersten Weltkrieg ein und war motiviert durch den zunehmenden Erfolg seines intuitionistischen Gegenspielers L.E.J. Brouwer. In dieser zweiten Phase entwickelte Hilbert seine *Beweistheorie*, deren Ziel es war, die Widerspruchsfreiheit der

---

16. Der Physikalismus ist ein wichtiger Bestandteil der neuen quasi-empiristischen Bewegung in der Mathematikphilosophie. Ich komme weiter unten darauf zurück (vgl. 2.3.).

Mathematik ein für allemal sicherzustellen.[17] Im Gegensatz zu den im letzten Abschnitt beschriebenen Positionen vermeidet Hilbert ontologische Festlegungen. Diese a-ontologische Position lässt sich am Beispiel seiner formalen Axiomatik, so wie er sie 1899 in seinen *Grundlagen der Geometrie* entwickelt hat, gut veranschaulichen (Hilbert 1899).

In der *inhaltlichen* Axiomatik, das klassische Beispiel ist die euklidische Geometrie, hatte man eine kleine Anzahl unbewiesener, aber für wahr gehaltener Ausgangssätze an den Anfang gestellt und daraus die weiteren Sätze, die Theoreme, durch logisches Schlussfolgern abgeleitet. Die Wahrheit dieser Ausgangssätze – der Axiome – wurde über ihre Evidenz gerechtfertigt. Oder wie es Hilbert in seinen zusammen mit Paul Bernays verfassten *Grundlagen der Mathematik* formulierte: «Die inhaltliche Axiomatik führt ihre Grundbegriffe durch den Hinweis auf bekannte Erlebnisse ein und stellt ihre Grundsätze entweder als evidente Tatsachen dar, die man sich klarmachen kann, oder formuliert sie als Extrakt von Erfahrungskomplexen und gibt damit dem Glauben Ausdruck, dass man Gesetzen der Natur auf die Spur gekommen ist, zugleich in der Absicht, diesen Glauben durch den Erfolg der Theorie zu stützen» (Hilbert/Bernays 1934: 2). Demgegenüber verzichtet die *formale* Axiomatik auf eine inhaltliche Qualifizierung der Axiome. Evidenz oder Anschaulichkeit ist kein Kriterium mehr, um die Wahl der Axiome zu rechtfertigen. Axiome sind Annahmen hypothetischer Art, ‹Satzungen› gewissermassen, deren inhaltliche Wahrheit nicht zur Debatte steht. «Für die logische Abhängigkeit der Lehrsätze von den Axiomen», sei es gleichgültig, so Hilberts Mitarbeiter Paul Bernays, «ob die vorangestellten Axiome wahre Sätze sind oder nicht; sie stellt einen rein hypothetischen Zusammenhang dar: wenn es sich so verhält, wie die Axiome aussagen, dann gelten die Lehrsätze. (...) Indem man nun bei einem Axiomensystem von der Wahrheit der Axiome ganz absieht, wird auch die inhaltliche Auffassung der Grundbegriffe irrelevant, und man kommt so dazu, überhaupt *von allem anschaulichem Inhalt der Theorie zu abstrahieren*» (Bernays 1930: 19f.). Die einzige Anforderung, die an das Axiomensystem gestellt wird, ist die, dass die Axiome vollständig, unabhängig und widerspruchsfrei sind.[18]

---

17. Zu Hilbert und seinen grundlagentheoretischen Arbeiten gibt es heute eine Reihe von auch historisch ausgerichteten Studien, vgl. u.a. Mehrtens 1990; Peckhaus 1990; Smorynski 1988; Toepell 1986. Zu Hilberts Person vgl. die Biographie von Constance Reid 1989 sowie Blumenthal 1935. In der philosophischen Grundlagenliteratur wird in der Regel die Beweistheorie in den Mittelpunkt gestellt und nur am Rande in Zusammenhang gebracht mit Hilberts grundlagentheoretischen Arbeiten zu Beginn des Jahrhunderts. Wie Peckhaus (1990) zeigt, hat Hilbert bereits in seinem 1904 gehaltenen Vortrag *Über die Grundlagen der Logik und der Arithmetik* Überlegungen vorweggenommen, die er dann später im Rahmen seiner Beweistheorie weiter ausgebaut hat (Hilbert 1905).

Wenn aber die Axiome nicht mehr inhaltlich gerechtfertigt werden, sondern im Prinzip beliebig setzbar sind, stellt sich neu die Frage, woran sich nun ihre Wahrheit und die Wahrheit der aus ihnen abgeleiteten Sätze festmachen lässt. Hilbert führt hier das formale Kriterium der *Widerspruchsfreiheit* ein. Wahr sind die Axiome dann, wenn aus ihnen kein Widerspruch resultiert. Oder wie er es 1899 in einem Brief an Gottlob Frege formulierte: «Wenn sich die willkürlich gesetzten Axiome nicht einander widersprechen mit sämtlichen Folgen, so sind sie wahr, so existieren die durch die Axiome definirten Dinge. Das ist für mich das Criterium der Wahrheit und Existenz» (zit. in Frege 1976: 66).

In der formalistischen Auffassung der Mathematik wird die Spannung zwischen Begriff und Anschauung, die sich als heimlicher Riss schon länger durch die Mathematik gezogen hat, zugunsten des Begriffs aufgelöst. «Verstehen heisst Berechnen», wie Walther von Dyck 1908 die moderne, anschauungsskeptische Position knapp resümierte (von Dyck 1908: 227). Mit seinem radikalen Verzicht auf jeglichen Aussenbezug hat Hilbert auf zwei Entwicklungen reagiert, die im 19. Jahrhundert die Anschauung als erkenntnis *begründendes* Prinzip in Misskredit gebracht hatten: zum einen auf die Entdeckung der nicht-euklidischen Geometrien (ich komme darauf noch zu sprechen), zum anderen auf die Konstruktion von «Monsterfunktionen» in der Analysis, die in den Augen der damaligen Mathematiker unmissverständlich demonstrierten, dass zwischen dem Anschaulichen und dem Berechenbaren unter Umständen eine unüberbrückbare Kluft besteht (Volkert 1986; 1992). Der Appell an die Anschauung kann den Beweis nicht ersetzen. Das war die Lehre, die man in der Mathematik aus der Existenz der unanschaulichen (aber offensichtlich beweisbaren) Monsterfunktionen und der Entdeckung der nicht-euklidischen Geometrien gezogen hatte. Hans Hahn hat diese Erfahrung als «Krise der Anschauung» bezeichnet (Hahn 1933).

David Hilbert – der «Euklid unserer Zeit», wie ihn sein Schüler und Göttinger Kollege Richard Courant bewundernd nannte (Courant 1928: 91) – hat auf diese Herausforderung mit seiner formalen Axiomatik reagiert. Die Begriffe, mit denen Mathematiker operieren, verweisen auf nichts mehr ausserhalb des von ihnen selbst geschaffenen kognitiven Universums.[19] Im Hilbertschen Formalismus verschiebt sich die Wahrheitsinstanz von aussen nach innen, vom Gegebenen zur Konstruktion, von der inhaltlichen Übereinstim-

---

18. *Vollständigkeit*: *Alle* Sätze des betreffenden axiomatischen Systems müssen aus den Axiomen ableitbar sein. *Unabhängigkeit*: Die Axiome müssen voneinander unabhängig sein, d.h. es darf nicht vorkommen, dass ein Axiom aus den anderen ableitbar ist. *Widerspruchsfreiheit*: Die Axiome und die daraus ableitbaren Sätze dürfen nicht zueinander in Widerspruch stehen. Bei der Beweistheorie steht das Problem der Widerspruchsfreiheit im Mittelpunkt. Ich komme in Abschnitt 2.2.2. darauf zurück.

mung zum Verfahren. Wahrheit wird nicht mehr über Korrespondenz mit einer wie auch immer gearteten ‹externen› Wirklichkeit definiert, sondern wird gleichgesetzt mit Widerspruchsfreiheit im Rahmen einer vom Mathematiker selbst geschaffenen Ordnung. Oder wie François Lyotard diese ‹Interiorisierung› der Wahrheitsinstanz beschreibt: «Aufgerufen, sich ihrer Gewissheit ohne Rekurs auf eine Andersheit, die als letzter Garant oder absoluter Zeuge dienen würde, zu versichern, muss sich die Erkenntnis auf die einzigen Mittel stützen, die sie selbst autorisiert, auf die einer rational ‹guten› Form oder Konstruktion» (Lyotard 1986: 2).

In gleicher Weise wird auch der Begriff der Existenz von allen ontologischen Bezügen befreit. Existent ist das, was den Axiomen nicht widerspricht: «Wenn man einem Begriffe Merkmale erteilt, die einander widersprechen, so sage ich: der Begriff existiert mathematisch nicht. So existiert z.B. mathematisch nicht eine reelle Zahl, deren Quadrat gleich -1 ist. Gelingt es jedoch zu beweisen, dass die dem Begriffe erteilten Merkmale bei Anwendung einer endlichen Anzahl von logischen Schlüssen niemals zu einem Widerspruche führen können, so sage ich, dass damit die mathematische Existenz des Begriffes (…) bewiesen worden ist» (Hilbert 1900a: 300f.). Existenz und Wahrheit werden bei Hilbert zu systemrelativen Begriffen ohne ontische Qualität. Die moderne Mathematik zeichne sich dadurch aus, so zusammenfassend Paul Bernays, «dass Existenz im mathematischen Sinne nichts anderes bedeutet als Widerspruchsfreiheit. Hiermit ist gemeint, dass für die Mathematik keine philosophische Existenzfrage bestehe» (Bernays 1950: 92).

Hilberts formalistische Auffassung der Mathematik stiess allerdings nicht bei allen Mathematikern auf Gegenliebe. «Die neue, Hilbert eigentümliche Wendung ist die, dass er an den Sätzen der Mathematik ihre inhaltliche Be-

---

19. In der Einleitung zu ihrem Lehrbuch zur Mathematik fassen Richard Courant und Herbert Robbins die Entwicklung von einer inhaltlichen zu einer formalen Sichtweise, die im Endeffekt zu der bereits erwähnten strukturalistischen Konzeption der Mathematik führte, anschaulich zusammen. «Durch die Jahrhunderte hindurch hatten die Mathematiker ihre Objekte, z.B. Zahlen, Punkte usw., als ‹Dinge an sich› betrachtet. Da diese Objekte aber den Versuchen, sie angemessen zu definieren, von jeher getrotzt haben, dämmerte es den Mathematikern des 19. Jahrhunderts allmählich, dass die Frage nach der Bedeutung dieser Objekte als ‹wirkliche Dinge› für die Mathematik keinen Sinn hat (…). Die einzigen sinnvollen Aussagen über sie beziehen sich nicht auf die dingliche Realität; sie betreffen nur die gegenseitigen Beziehungen zwischen undefinierten Objekten und die Regeln, die die Operationen mit ihnen beherrschen. Was Punkte, Linien, Zahlen ‹wirklich› sind, kann und braucht in der mathematischen Wissenschaft nicht erörtert zu werden. Worauf es ankommt (…), ist Struktur und Beziehung, etwa, dass zwei Punkte eine Gerade bestimmen, dass aus Zahlen nach gewissen Regeln andere Zahlen gebildet werden, usw. Eine klare Einsicht in die Notwendigkeit, die elementaren mathematischen Begriffe ihrer Dinglichkeit zu entkleiden, ist eines der fruchtbarsten Ergebnisse der modernen Entwicklung der Axiomatik» (Courant/Robbins 1973: xx).

deutung fahren lässt und sie zu einem reinen Formelspiel entleert», monierte etwa Hermann Weyl (Weyl 1924: 449). Weyl war mit seiner Kritik nicht allein. Der Mathematiker, der die «äussere Welt vergässe», sei einem «Maler vergleichbar, der die Farben und Formen harmonisch zusammenzustellen verstünde, dem aber die Vorbilder fehlten. Seine schöpferische Kraft wäre bald versiegt», schrieb Henri Poincaré 1905, nur wenige Jahre bevor dies in der Malerei tatsächlich geschah (Poincaré 1905: 112). Der Verweis auf die Kunst kommt nicht von ungefähr. Denn die Parallelen sind tatsächlich erstaunlich. Praktisch zur gleichen Zeit, als sich in der Kunst das Bild vom Abbild löst, macht sich auch die moderne Mathematik von jeglichem Gegenstandsbezug frei.[20] Das Moderne an der modernen Mathematik ist ihr radikaler Verzicht auf Repräsentation. In der formalistischen Auffassung der Mathematik sind die Begriffe gewissermassen ‹autark› geworden. Sie verweisen auf nichts mehr ausserhalb des mathematischen Systems, innerhalb dessen sie definiert wurden.

Hilbert hat seine formale Axiomatik zunächst am Beispiel der Geometrie entwickelt, für die er einen sog. *relativen* Widerspruchsfreiheitsbeweis führte. Er bewies, dass die Geometrie widerspruchsfrei ist, *sofern* es die Arithmetik ist. Damit war das Problem für die Geometrie zwar gelöst, nicht aber für die Arithmetik. Der nächste Schritt bestand folglich darin, auch deren Widerspruchsfreiheit zu beweisen. Hilbert hat dies bereits 1900 versucht, aber nicht zu Ende geführt (Hilbert 1900b). In seinem berühmten Pariser Vortrag bezeichnete er jedoch den Widerspruchsfreiheitsbeweis für die (axiomatisierte) Arithmetik als das zweitwichtigste der 23 Probleme, die er den zukünftigen Mathematikern zur Bearbeitung vorlegte (Hilbert 1900a). Damit wird auch deutlich, dass sich das Axiomatisierungsprogramm nicht auf die Geometrie beschränkte, sondern alle Zweige der Mathematik miteinschloss, neben der Arithmetik insbesondere auch die Logik und die Mengenlehre. Eine erste Axiomatisierung der Mengenlehre wurde 1908 von Hilberts Schüler Ernst Zermelo vorgelegt. Es gelang Zermelo jedoch nicht, deren Widerspruchsfreiheit zu beweisen. Es hätte sich in diesem Fall, ähnlich wie bei der Arithmetik, um einen *absoluten* Widerspruchsfreiheitsbeweis gehandelt, da im Gegensatz zur Geometrie eine weitere Rückführungsebene fehlte, ausser man betrachtete, wie es der Logizismus (und mitunter auch Hilbert) tat, die Logik als weitere (und letzte) Rückführungsebene (Hilbert 1918: 8). Kurt Gödel bewies 1931, dass ein absoluter Widerspruchsfreiheitsbeweis prinzipiell nicht möglich ist. Um einen Widerspruchsfreiheitsbeweis für ein formales System S zu führen, genügen die im System selbst formalisierten Mitteln nicht. Oder wie es Gödel formulierte: «Ein Widerspruchsfreiheitsbeweis für eines dieser Systeme S

20. Diese Parallelität ist ein schönes Beispiel für Max Benses These einer «stilistische Koinzidenz» (Bense 1946).

kann nur mit Hilfe von Schlussweisen geführt werden, die in S selbst nicht formalisiert sind. Für ein System, in dem alle finiten (das heisst intuitionistisch einwandfreien) Beweisformen formalisiert sind, wäre also ein finiter Widerspruchsfreiheitsbeweis, wie ihn die Formalisten suchen, überhaupt unmöglich» (Gödel 1931: 204).[21]

2.2. Wie ist mathematisches Wissen möglich und wie wird es gerechtfertigt?

> A mathematical theorem, once proved, is established once and for all.
>
> *Carl C. Hempel[22]*

> Obviously we don't possess, and probably will never possess, any standard of proof that is independent of time, the thing to be proved, or the person or school of thought using it. And under these conditions, the sensible thing to do seems to be to admit that there is no such thing, generally, as absolute truth in mathematics, whatever the public may think.
>
> *Raymond L. Wilder[23]*

Mathematisches Wissen galt (und gilt weitgehend immer noch) als *sicheres* Wissen – im Gegensatz zu dem prinzipiell immer mit Unsicherheit behafteten Wissen der empirischen Wissenschaften. Man kann sich vielleicht vorstellen, dass die Sonne nie mehr aufgeht, dass aber «2 + 2 = 5» sein könnte, liegt ausserhalb unserer Vorstellungskraft. Woher bezieht das mathematische Wissen seine Sicherheit? Die gängige Antwort auf diese Frage verweist auf die unterschiedliche Basis von Mathematik und empirischer Wissenschaft. Während das Wissen der empirischen Wissenschaften auf Erfahrung beruht (und insofern prinzipiell fallibel ist), beruht das Wissen der Mathematik auf Denken (und ist insofern durch Erfahrungen nicht widerlegbar). «Die Gesetze der Logik und der Mathematik», so Hans Hahn, Mathematiker und Mitbegründer des Wiener Kreises, «beanspruchen *absolut allgemeine Gültigkeit.* (…) Dass erwärmte Körper sich ausdehnen, weiss ich durch Beobachtung, schon die nächste Beobachtung kann ergeben, dass ein erwärmter Körper sich nicht ausdehnt; dass aber zweimal zwei vier ist, gilt nicht nur in dem Falle, in dem ich es eben nachzähle, ich weiss bestimmt, dass es immer und überall gilt. Was ich durch Beobachtung weiss, könnte auch anders sein. (…) Also: weil die Sätze der Lo-

---

21. Zu Gödels Widerspruchsfreiheits- und Unvollständigkeitsbeweis vgl. Nagel/Newman (1958) als gut verständliche Einführung.
22. Hempel 1945a: 7.
23. Wilder 1944: 319.

gik und Mathematik absolut allgemein gelten, weil sie apodiktisch sicher sind, weil es so sein muss, wie sie sagen, und nicht anders sein kann, können diese Sätze nicht aus der Erfahrung stammen» (Hahn 1932: 146). Oder in Einsteins bündiger Formulierung: «Insofern sich die Sätze der Mathematik auf die Wirklichkeit beziehen, sind sie nicht sicher, und insofern sie sicher sind, beziehen sie sich nicht auf die Wirklichkeit» (zit. in Freudenthal 1957: 113f.).

Mathematisches Wissen ist also sicheres Wissen, da es nicht auf Erfahrung, sondern auf Denken beruht. Seit Kant wird diese Art von Wissen als *apriorisches* Wissen bezeichnet und vom aposteriorischen Wissen der empirischen Wissenschaften abgegrenzt. Was aber ist mit der Behauptung, dass mathematisches Wissen auf Denken beruht, genau gemeint? Denken meint in diesem Fall Deduktion. Mathematisches Wissen wird über eine deduktive Prozedur – über den Beweis – gewonnen. Oder anders formuliert: Wissen ist *begründetes* Wissen, und die Begründung läuft in der Mathematik über den Beweis.[24] Eine mathematische Aussage gilt dann als begründet, wenn es gelingt, sie anhand einer Reihe von Ableitungsregeln Schritt für Schritt aus einer Menge von als wahr erkannten Ausgangssätzen abzuleiten, d.h. zu beweisen. Oder in der formalistischen Variante: ein formaler Beweis ist eine endliche Folge von Formeln, von denen die erste ein Axiom ist und die letzte das zu beweisende Theorem darstellt. Jede Formel ist mit anderen Worten entweder ein Axiom oder aus den Axiomen bzw. den vorangehenden Formeln Schritt für Schritt nach den geltenden Regeln abgeleitet (Hilbert 1923: 34).

Damit ist das Begründungsproblem allerdings erst zur Hälfte gelöst. Denn der Beweis liefert nur eine Garantie dafür, dass sich das Theorem aus den Ausgangssätzen ableiten lässt; die Wahrheit der Ausgangssätze ist damit nicht erwiesen. Wie aber kann man sich der Wahrheit der Ausgangssätze sicher sein? Eine Antwort auf diese Frage könnte lauten: indem man sie ebenfalls rechtfertigt, d.h. beweist. Damit ist das Problem aber nicht gelöst, sondern bloss verschoben. Denn ein Beweis der Ausgangssätze A setzt neue Ausgangssätze A' voraus, die ihrerseits zu rechtfertigen sind, und so weiter. Im Prinzip gibt es zwei Möglichkeiten, diesen Regress zu stoppen. Die eine Strategie besteht darin, einige Sätze als evident, d.h. von vornherein als wahr auszuzeichnen. Das ist der Weg, den die *inhaltliche* Axiomatik gewählt hat, exemplifiziert durch Euklids Geometrie (vgl. 2.1.2.). Bis zum 19. Jahrhundert galt Euklids Geometrie als Vorzeigebeispiel dafür, wie man durch reines Den-

---

24. Ich halte mich im folgenden an das konventionelle Verständnis von Wissen als *wahres* und als *begründetes* Wissen. Damit man also von A behaupten kann, sie wisse p, müssen drei Bedingungen erfüllt sein: (1) A muss glauben, dass p; (2) p muss wahr sein; und (3) A muss ihre Überzeugung begründen können. Wie ich weiter unten zeigen werde, ist vor allem die Beziehung zwischen der zweiten und der dritten Bedingung nicht unproblematisch.

ken zu absolut sicherem Wissen gelangen kann. Am Beispiel der euklidischen Geometrie liess sich dem interessierten Publikum exemplarisch vorführen, dass man sich durch Denken allein von einer Begründung zur anderen hocharbeiten kann, bis man zuletzt auf Sätze stösst, die so offensichtlich wahr sind, dass kein vernünftiger Mensch je an ihnen zweifeln würde. Ein hübsches Beispiel für diesen Umgang mit Euklids Geometrie ist John Aubreys (1625-1697) Bericht über Thomas Hobbes' Entdeckung seiner Liebe zur Geometrie: «He was 40 yeares old before he looked on Geometry; which happened accidentally. Being in a Gentleman's Library, Euclid's Elements lay open, and 'twas the 47. *El. libri* I. He read the Proposition. *By G–*, sayd he (he would now and then sweare an emphaticall Oath by way of emphasis) *this is impossible*! So he reads the Demonstration of it, which referred him back to such a Proposition; which proposition he read. That referred him back to another; which he also read. *Et sic deinceps* (and so on) that at last he was demonstratively convinced of that trueth. This made him in love with Geometry» (Aubrey 1958: 150).

Mit der Entdeckung der nicht-euklidischen Geometrien stiess der von der inhaltlichen Axiomatik eingeschlagene ‹way out› allerdings auf Schwierigkeiten. Je nachdem, welche Ausgangssätze man an den Anfang stellt – konkret: ob man Euklids Parallelenaxiom annimmt oder nicht –, ergeben sich andere (in sich widerspruchsfreie) Geometrien.[25] Die Entscheidung, welche dieser Geometrien die ‹wahrere› ist, muss entweder zu einer empirischen Frage gemacht werden (dann aber verlässt man genau genommen den Bereich der Mathematik) oder man verzichtet auf einen inhaltlichen Wahrheitsbegriff. Genau dies hat Hilbert mit seiner *formalen* Axiomatik getan (vgl. 2.1.2.). Hilberts formale Axiomatik steht damit für die zweite Strategie. Anstatt die Ausgangssätze als evident zu qualifizieren, werden sie als vorläufige Hypothesen behandelt, deren inhaltliche Wahrheit nicht zur Debatte steht. Wahr sind die Axiome dann, wenn aus ihnen kein Widerspruch resultiert – und nicht umgekehrt, wie es Frege behauptete, der, allerdings nur im Falle der Geometrie, auf die Anschauung nicht ganz verzichten wollte: «Axiome nenne ich Sätze, die wahr sind, die aber nicht bewiesen werden, weil ihre Erkenntnis aus einer von der logischen ganz verschiedenen Erkenntnisquelle fliesst, die man Raum-

---

25. Die ersten Resultate über eine nicht-euklidische Geometrie wurden unabhängig voneinander von Nicolai Lobatschewskij (1829) und Janos Bolyai (1831) publiziert. Die von Lobatschewskij und Bolyai beschriebene Geometrie wird heute als «hyperbolische» Geometrie bezeichnet. Carl Friedrich Gauß scheint allerdings schon einige Jahre zuvor eine nichteuklidische Geometrie ‹entdeckt› zu haben, er hat seine Resultate jedoch nie publiziert. Die zweite wichtige nicht-euklidische Geometrie, die «elliptische» Geometrie, wurde gut zwei Jahrzehnte später von Bernhard Riemann formuliert. Die Widerspruchsfreiheit der nicht-euklidischen Geometrien wurde 1868 von Eugenio Beltrami, jene der euklidischen Geometrie 1899 von David Hilbert bewiesen, vgl. dazu u.a. Gray 1987; Mehrtens 1990: 42ff.; Toth 1980.

anschauung nennen kann. Aus der Wahrheit der Axiome folgt, dass sie einander nicht widersprechen» (Frege 1976: 63). Hilbert sah dies, wie gesagt, genau umgekehrt. Die Tatsache, dass es verschiedene Geometrien mit unterschiedlichen Ausgangssätzen gibt, ist aus formalistischer Sicht unproblematisch. Sofern die Geometrien in sich widerspruchsfrei sind, sind sie auch wahr. Sie besitzen, wie Henri Poincaré es in einer zeitgemässen Metapher formulierte, «die gleichen bürgerlichen Rechte» (zit. in Toth 1987: 112).

2.2.1. Wahrheit und Beweis

Die Mathematik sieht sich also vor ein doppeltes Begründungsproblem gestellt. Um eine mathematische Aussage als wahr zu qualifizieren, braucht es nicht nur einen Beweis, sondern auch eine Begründung dafür, weshalb man die Ausgangssätze als wahr annimmt. Die Begründung kann entweder über den Hinweis auf ihre ‹Evidenz› erfolgen (inhaltliche Axiomatik) oder über den Nachweis ihrer Widerspruchsfreiheit (formale Axiomatik). Davon abgesehen gibt es aber noch ein weiteres Problem, das ich bislang ausgeklammert habe und das nicht weniger voraussetzungsvoll ist. W.W. Tait hat dieses Problem in einem wichtigen Aufsatz als *truth/proof problem* bezeichnet (Tait 1986). Es betrifft den Zusammenhang zwischen *wahrem* und *begründetem* Wissen (vgl. Anm. 24). Bislang habe ich unterstellt, dass Beweis und Wahrheit deckungsgleich sind. Aus formalistischer (beziehungsweise nominalistischer) Sicht ist diese Gleichsetzung unproblematisch, nicht aber aus der Perspektive des Platonismus. Als realistische Philosophie kann sich der Platonismus nicht mit einer Wahrheitsdefinition begnügen, die Wahrheit mit Beweisbarkeit gleichsetzt. Aus seiner Sicht setzt die Wahrheit eines Satzes mehr voraus, nämlich Übereinstimmung mit der mathematischen ‹Wirklichkeit›. Im Gegensatz zum Formalismus (und Intuitionismus) verwendet der Platonismus also *zwei* Wahrheitsdefinitionen gleichzeitig:

(1) Wahr ist ein mathematischer Satz genau dann, wenn er *bewiesen* ist.
(2) Wahr ist ein mathematischer Satz genau dann, wenn die mathematische Wirklichkeit so ist, wie er behauptet. Es ist m.a.W. die *Beschaffenheit* der (mathematischen) Welt, die darüber entscheidet, ob eine Aussage wahr oder falsch ist. «Mathematical theorems are true or false; their truth or falsity is absolute and independent of our knowledge for them» (Hardy 1929: 4).

Das *truth/proof*-Problem besteht nun darin, dass nicht von vornherein klar ist, wie sich diese beiden Wahrheitsdefinitionen zueinander verhalten. Jeder bewiesene Satz erhebt den Anspruch, eine Aussage über einen Ausschnitt der mathematischen Wirklichkeit zu machen. Wie aber stellen wir fest, ob dieser Anspruch berechtigt ist? Wie kann man wissen, ob ein bewiesener Satz tatsächlich eine Wahrheit über die mathematische Wirklichkeit ausdrückt? Oder in den Worten von Tait: «What has what we have learned to count as proof got to do with what obtains in the system of numbers?» (Tait 1986: 341). Die Tatsache, dass sich das *truth/proof*-Problem vor allem für den Platonismus stellt, hängt mit dessen ontologischen Voraussetzungen zusammen, d.h. mit der Annahme, dass die Objekte der Mathematik jenseits von Zeit und Raum existieren (2.1.1.). Wie aber können wir Zugang gewinnen zu einer Wirklichkeit, die jenseits von Zeit und Raum existiert? Wie können wir jemals etwas über Objekte erfahren, die unseren Sinnen nicht zugänglich sind?

Paul Benaceraff hat in seinem bereits erwähnten Aufsatz das erkenntnistheoretische Dilemma des Platonismus klar herausgearbeitet (Benaceraff 1973). Benaceraffs «Syllogismus» (Maddy) geht von zwei Prämissen aus: (1) Wir können nur über jene Objekte etwas wissen, die, direkt oder indirekt, unsere Sinnesorgane affizieren (Kausaltheorie der Wahrnehmung). (2) Im Falle von Objekten, die jenseits von Zeit und Raum existieren, ist dies nicht möglich. Folglich, und dies ist das Dilemma, tun sich für den Platonismus zwei gleichermassen unangenehme Alternativen auf: entweder ist mathematisches Wissen möglich, dann aber ist der Platonismus falsch. Oder der Platonismus ist richtig, dann aber ist mathematisches Wissen nicht möglich (Maddy 1990a: 37).[26] Michael Resnik, ein erklärter Platonist, hat das Erkenntnisproblem, mit dem der Platonismus konfrontiert ist, folgendermassen formuliert: «As a mathematical platonist, I hold that mathematical objects are causally inert and exist independently of us and our mental lives. This obliges me to explain how we can refer to such alien creatures and acquire knowledge and beliefs about them (…) how we make epistemic or information producing ‹contact› with them, since causal avenues to these objects seem to be closed» (Resnik 1990: 41).

Die bekannteste Antwort auf diese Frage stammt von Kurt Gödel (Gödel 1947/63). Aus Gödels Sicht gibt es so etwas wie eine mathematische ‹Wahrnehmung› – eine Art funktionales Äquivalent zur sinnlichen Wahrnehmung in den empirischen Wissenschaften. Gödel bezeichnet diese Wahrnehmungsfähigkeit als *Intuition*. «The objects of transfinite set theory (…) clearly do not belong to the physical world and even their indirect connection with physical experience is very loose (…). But, despite their remoteness from sense experience, we do have something like a perception also of the objects of set theory, as it is seen from the fact that the axioms force themselves upon us as being true. I don't see any reason why we should have less confidence in this kind of perception, i.e., in mathematical intuition, than in sense perception» (Gödel 1947/63: 483f.).[27] Gödels These einer Art ‹aussersinnlichen› Wahrnehmung ist

---

26. Zu Benacerrafs Syllogismus und zur Kausaltheorie der Wahrnehmung allgemein vgl. u.a. Brown 1990; Maddy 1990a: 36ff.; Steiner 1973; Tymoczko 1991.

in der mathematikphilosophischen Literatur oft diskutiert und häufig kritisiert worden (vgl. exemplarisch Chihara 1982). Unter den Mathematikern selbst ist die Vorstellung einer spezifisch mathematischen Wahrnehmung jedoch relativ verbreitet. Auch wenn sie nicht im einzelnen erklären können, wie dieses mathematische ‹Sehen› zustandekommen soll, wird es doch häufig konstatiert. «Ich denke», so etwa Alain Connes in dem bereits erwähnten Gespräch mit Jean-Pierre Changeux, «dass der Mathematiker einen ‹Sinn› entwickelt, den man nicht auf das Sehen, Hören und den Tastsinn zurückführen kann. Dieser erlaubt ihm, eine ebenso zwingende, aber viel stabilere Realität als die physikalische Wirklichkeit wahrzunehmen, da sie nicht in der Raum-Zeit lokalisiert ist. Wenn sich der Mathematiker in der Geographie der Mathematik bewegt, nimmt er nach und nach die Umrisse und die unglaublich reiche Struktur der mathematischen Welt wahr» (Changeux/Connes 1992: 21).[28]

Ebenso wie die sinnliche Wahrnehmung ist auch die mathematische Wahrnehmungsfähigkeit beschränkt. Wir können Äpfel wahrnehmen oder Labormäuse, sind aber nicht in der Lage, Elektronen oder Top-Quarks zu sehen. Das gleiche gilt, so Gödel, auch für die mathematische Intuition. Die mathematische Wahrnehmung ist auf ‹einfache› mathematische Objekte beschränkt, auf Mengen zum Beispiel, während abstraktere und komplexere Konzepte ebensowenig direkt wahrnehmbar sind wie die Elektronen in der Physik. Ihre Verwendung muss entsprechend über ein anderes Kriterium gerechtfertigt werden, und dieses Kriterium ist für Gödel ihre *Nützlichkeit* – «their fruitfulness in mathematics and, one may add, possibly also in physics» (Gödel 1947/ 63: 485). Gödel argumentiert m.a.W. auf zwei Ebenen und auf der Basis von zwei verschiedenen Wahrheitskriterien. Während die ‹einfachen› Konzepte und Axiome korrespondenztheoretisch (und platonistisch) über die mathematische Intuition gerechtfertigt werden, werden die abstrakteren Konzepte in-

---

27. In diesem Zusammenhang ist daran zu erinnern, dass Gödel seit 1926 Mitglied des Wiener Kreises war und unter anderem bei Hans Hahn studierte. Abgesehen davon, dass er den anderen Mathematikern des Kreises weit überlegen war – weder Carnap noch Hahn (noch Wittgenstein) scheinen seine Unvollständigkeitsergebnisse auf den ersten Blick verstanden zu haben –, hat er schon sehr früh in verschiedenen Fragen eine andere Meinung vertreten. Dazu gehört vor allem auch sein Platonismus, der vom offiziellen Credo des Wiener Kreises deutlich abweicht (vgl. 2.2.2.). Zu Gödels Stellung innerhalb des Kreises vgl. Dawson 1988; Wang 1987: 48ff. sowie die Hinweise in Haller 1993. Ich komme im folgenden Abschnitt auf die mathematikphilosophische Position des Wiener Kreises zurück.

28. Die Analogie zwischen sinnlicher Wahrnehmung und mathematischer Intuition hat allerdings eine unangenehme Konsequenz, die von Gödel auch vermerkt wird. Ähnlich wie die sinnliche Wahrnehmung liefert auch die mathematische Intuition niemals vollständig sichere ‹Informationen›. Auch in der Mathematik kann es m.a.W. so etwas wie ‹Sinnestäuschungen› geben. Die mengentheoretischen Antinomien sind für Gödel ein Beispiel dafür (Gödel 1947/63: 484). Vgl. in diesem Zusammenhang auch den aufschlussreichen Aufsatz von Pomian (1998) zur Geschichte der Beziehung zwischen Wahrnehmen und Erkennen.

strumentalistisch über ihren Nutzen für Mathematik und Physik begründet. So gesehen ist Gödel nur im Bereich der ‹basalen› Mathematik Platonist, im Bereich der abstrakten Mathematik nähert er sich bis zu einem gewissem Grade der Position von Putnam und Quine an (vgl. zu dieser Interpretation Maddy 1990a).[29]

Nun wieder zurück zum *truth/proof*-Problem. Wie können wir wissen, ob ein Beweis tatsächlich eine Wahrheit über die mathematische Wirklichkeit ausdrückt? Oder wie es Michael Resnik formuliert: «How can proving a mathematical statement show that it is true?» (Resnik 1992: 7). Als Antwort auf diese Frage sind verschiedene Argumentationsstrategien denkbar. Die erste Strategie habe ich bereits vorgestellt. Sie besteht darin, einen direkten Zugang zur mathematischen Gegenstandswelt zu behaupten, so wie es Gödel mit seiner These einer spezifisch mathematischen Intuition getan hat. Beweise vermitteln uns deshalb Wissen über die mathematische Wirklichkeit, weil ihre axiomatische Basis in einem korrespondenztheoretischen Sinne wahr ist. Nun ist diese Behauptung einer gewissermassen ‹aussersinnlichen› Wahrnehmungsfähigkeit nicht sonderlich plausibel. Denn auch Gödel kann nicht erklären, wie dieser Wahrnehmungsprozess genau verläuft und wie sich die von ihm postulierte mathematische Intuition mit dem wissenschaftlichen Weltbild verträgt. Das ist das Hauptargument, das Benaceraff (1973) gegen den epistemologischen Platonismus vorgebracht hat. Will man der wissenschaftlichen Weltauffassung treu bleiben, so bleibt folglich nichts anderes übrig, als sich vom Platonismus zu verabschieden und zum Lager der Nominalisten überzuwechseln. «That question», so Michael Resnik lakonisch, «drives mathematical realist to despair and makes reluctant nominalists of many sensible people»

---

29. Ich habe hier und im vorangehenden Abschnitt den klassischen Platonismus beschrieben. Es gibt in jüngster Zeit auch Versuche, den Platonismus zu ‹modernisieren› und ihn in Einklang zu bringen mit dem naturwissenschaftlichen Weltbild bzw. einer Kausaltheorie der Wahrnehmung. Eine wichtige Vertreterin eines solchermassen à jour gebrachten Platonismus ist Penelope Maddy, die ihre Version des Platonismus als «physikalistischen» bzw. «naturalisierten» Platonismus bezeichnet (Maddy 1990a; 1990b). Während Gödel die mathematische Intuition nirgends als direkte Wahrnehmung qualifiziert, sondern nur, reichlich vage, von «something *like* a perception» spricht, geht Maddy von der Annahme aus, dass wir (einfache) mathematische Objekte – konkret: Mengen – in einem buchstäblichen Sinne sehen können. Wenn wir eine Schale mit Äpfeln vor uns haben, sehen wir, so Maddys Argumentation, nicht nur Äpfel, sondern gleichzeitig eine (konkrete) Menge, und eine solche Menge ist bereits eine formale, vom «physical stuff» abstrahierende Kategorie (vgl. dazu auch Brown 1990: 101ff.). Maddy entwickelt also eine Mathematikphilosophie, an deren Basis (im Unterschied zu Gödel) die wirkliche Perzeption von Mengen liegt. Das von Gödel konstatierte Gefühl, dass sich die mengentheoretischen Axiome gleichsam als wahr ‹aufdrängen› – «force themselves upon us as being true» –, wird von Maddy auf diese elementare Mengenwahrnehmung zurückgeführt.

(Resnik 1992: 7). Denn das *truth/proof*-Problem stellt sich nur für Platonisten; Formalismus und Intuitionismus haben dieses Problem nicht.

Die dritte Antwort auf das *truth/proof*-Problem ist in ihrer Konsequenz ähnlich radikal wie die zweite, nur ist die Begründung um einiges differenzierter. Der Kern der Argumentation besteht darin, den Benaceraffschen Syllogismus zu unterlaufen (Tait 1986). Das gängige Argument gegen den (epistemologischen) Platonismus beruht erstens auf einer Analogisierung von sinnlicher und mathematischer Wahrnehmung und zweitens auf der – meistens implizit bleibenden – These, dass die sinnliche Wahrnehmung (im Gegensatz zur mathematischen) unproblematisch ist: wir schauen hin und stellen fest. Sinnliche Wahrnehmung ist passives, voraussetzungsloses Registrieren – das ist die naive erkenntnistheoretische Annahme, die in der gängigen Platonismus-Kritik in der Regel implizit vorausgesetzt wird. Wie ich in Kapitel 3 zeigen werde, ist diese Annahme jedoch nicht haltbar. Beobachtung ist ein äusserst voraussetzungsvoller Prozess, der sich nicht auf ein passives Registrieren reduzieren lässt. Zudem ist keineswegs klar, wie sich die Welt der Wahrnehmung zur Welt der Dinge verhält. Rückt man jedoch von der Annahme ab, dass die Wahrnehmung der Dingwelt problemlos möglich ist, dann heben sich die empirischen Wissenschaften auf einmal nicht mehr so vorteilhaft von der Mathematik ab. Ähnlich wie die Mathematik haben auch die empirischen Wissenschaften keinen direkten Zugang zur Objektwelt. Oder wie es Tait (unter Bezugnahme auf Wittgensteins Sprachphilosophie) formuliert: «We do not read the grammatical structure of propositions about sensible objects off the sensible world nor do we read true propositions about sensibles off prelinguistic ‹facts›. Rather, we master language, and *in* language, we apprehend the structure of the sensible worlds and facts» (Tait 1986: 344).

In der Wissenschaftsphilosophie hat diese Erkenntnis zu einer weitgehenden Aufgabe korrespondenztheoretischer Wahrheitstheorien geführt. In der Mathematikphilosophie ist dies bislang kaum geschehen, obschon es im Falle der Mathematik noch einige Gründe mehr dafür gäbe, von einem metaphysischen Realismus, wie ihn der Platonismus repräsentiert, abzurücken. Tait nimmt hier eine Mittelposition ein. Er bezeichnet sich zwar nach wie vor als Platonisten und begründet diese Selbsteinstufung mit seinem Festhalten an einem objektiven Wahrheitsbegriff, gleichzeitig rückt er aber von einer platonistischen Ontologie ab und bestimmt die mathematische Objektwelt intuitionistisch bzw. konstruktivistisch. Die mathematische Wirklichkeit besteht, so Tait, aus Objekten, die von Mathematikern konstruiert und dadurch *gleichzeitig* auch bewiesen wurden. Auf diese Weise wird es möglich, die beiden oben genannten Wahrheitsdefinitionen konvergieren zu lassen: «A is true when there is an object of type A and we prove A by constructing such an object. Here then is the answer to one of our questions: why is proof the ultimate warrant for truth? The answer is of course that the only way to show that there is an object of type A is to present one. To prove that there is an object of type A will mean nothing more than to prove A, and that means to exhibt an object of type A» (Tait 1986: 357). Ich komme auf den Intuitionismus und dessen Auffassung der mathematischen Objektwelt im folgenden Abschnitt zurück.

2.2.2. Grundlagenkrise und die Begründung der Mathematik

Mathematisches Wissen gilt als Inbegriff sicheren Wissens. Weshalb dies so ist, habe ich in den vorhergehenden Abschnitten zu zeigen versucht. Diese Sicherheitsannahme wurde zu Beginn dieses Jahrhunderts grundlegend in Frage gestellt, als man in der Mengenlehre Georg Cantors Widersprüche entdeckte. Als Reaktion auf diese Entdeckung wurden drei grundlagentheoretische Programme entwickelt, die je auf ihre Weise die Gefahr von Widersprüchen zu bannen suchten (Logizismus, Formalismus und Intuitionismus). So jedenfalls stellt sich die sog. «Grundlagenkrise» aus der Perspektive der «Standard-Interpretation» (Mehrtens) dar. Schaut man jedoch näher hin, stellt man fest, dass die Geschichte der Grundlagenkrise um einiges verwickelter war. [30] Denn die Widersprüche, die in Cantors Mengenlehre entdeckt wurden, galten nicht von Anfang als ein gravierendes Problem, und sie waren schon bekannt, bevor Bertrand Russell 1903 seine berühmte Antinomie publizierte, mit der die Grundlagenkrise ihren gewissermassen offiziellen Anfang nahm (Russell 1903: Kap. 10). [31] Georg Cantor hatte bereits Ende der 90er Jahre bemerkt, dass aus seinem Mengenbegriff ein Widerspruch resultiert, und dies in einem Brief auch David Hilbert und Richard Dedekind mitgeteilt, am Rande nur und ohne Zeichen grosser Aufregung (Purkert/Ilgauds 1987: 150ff.). Ernst Zermelo, ein Schüler Hilberts, hatte die «Russellsche Antinomie» bereits 1899 entdeckt, sie aber nicht veröffentlicht (Rang/Thomas 1981). Erst mit der Publikation der Russellschen Antinomie (und der Reaktion Gottlob Freges, dessen Grundlagenprogramm davon betroffen war), wurden den Antinomien eine grössere Bedeutung zugemessen. Die Reaktionen blieben aber weiterhin mehrheitlich pragmatisch ausgerichtet. Bertrand Russell machte sich daran, seine sog. «Ty-

---

30. Zu dieser neuen Interpretation der Grundlagenkrise vgl. u.a. Garciadiego 1986; Mehrtens 1984, Mehrtens 1990: insb. Kap. 2.2. und 4.1.; Moore/Garciadiego 1981.

31. Der problematische Punkt in Cantors Mengenlehre war seine Mengendefinition: «Unter einer ‹Menge› verstehen wir jede Zusammenfassung M von bestimmten wohlunterschiedenen Objekten m in unserer Anschauung oder unserem Denken (welche die ‹Elemente› von M genannt werden) zu einem Ganzen» (zit. in Purkert/Ilgauds 1987: 158). Das Problem liegt darin, dass diese Mengendefinition erlaubt, von einer Menge aller Mengen zu sprechen. Damit wird aber auf eine Gesamtheit Bezug genommen, der die zu definierende Menge selbst angehört. Eine solche sogenannt «imprädikative» Definition führt zu einem logischen Zirkel, und genau darauf macht die Antinomie von Russell aufmerksam. Ich gebrauche im folgenden ‹Antinomie› und ‹Widerspruch› synonym.

pentheorie» zu entwickeln, David Hilbert skizzierte 1904 in einem Vortrag sein beweistheoretisches Programm (Hilbert 1905), liess es dann aber bis Anfang der 20er Jahre liegen, und Ernst Zermelo legte 1908 eine erste axiomatische Fassung der Mengentheorie vor, bei der Cantors problematischer Mengenbegriff ausgeschlossen war (Fraenkel 1924).[32]

Mit Zermelos Axiomatisierung der Mengenlehre war das konkrete Problem an sich gelöst. In ‹quasi-empiristischer› Manier hatte man das theoretische System solange revidiert, bis die ‹Anomalien› ausgeschaltet waren. Damit wurden allerdings nur jene Widersprüche erfasst, die aus Cantors Mengenbegriff resultierten. Die Gefahr, an irgendeiner anderen Stelle auf neue Widersprüche zu stossen, war damit nicht gebannt. Oder in der eingängigen Formulierung von Hans Hahn: «Daraus, dass kein Widerspruch bekannt ist, folgt nicht, dass keiner vorhanden ist, ebensowenig wie daraus, dass im Jahr 1900 noch kein Okapi bekannt war, folgen konnte, dass es kein Okapi gibt» (Hahn 1934: 131). Die meisten Mathematiker schienen durch diese Möglichkeit jedoch nicht weiter beunruhigt zu sein. Dies änderte sich in den frühen 20er Jahren. Was zu Beginn des Jahrhunderts als ein vorwiegend praktisches Problem betrachtet worden war, das die Sicherheit der Mathematik nicht grundlegend in Frage stellt, wurde nun auf einmal als Bedrohung interpretiert, die die Mathematik in ihren Grundfesten erschütterte. Im Zuge dieses Deutungswandels änderte sich auch der Ton, mit dem über die Antinomien gesprochen wurde. «Die Eisdecke war in Schollen zerborsten, und jetzt ward das Element des Fliessenden bald vollends Herr über das Feste», so Hermann Weyl, ein ehemaliger Schüler von Hilbert, mit einigem Pathos (Weyl 1925: 528). Und der ansonsten so nüchterne Hilbert, der zwanzig Jahre zuvor noch ausgesprochen gelassen reagiert hatte, griff auf einmal zu Wendungen, die auf eine beträchtliche Beunruhigung hinwiesen: «Ich möchte der Mathematik den alten Ruf der unanfechtbaren Wahrheit, der ihr durch die Paradoxien der Mengenlehre verloren zu gehen scheint, wiederherstellen» (Hilbert 1922: 15). Denn «wo soll sonst Sicherheit und Wahrheit zu finden sein, wenn sogar das mathematische Denken versagt?» (Hilbert 1925: 88).

Den Auftakt machte ein Aufsatz von Hermann Weyl, in dem das Problem seinen Namen bekam: *Über die neue Gundlagenkrise der Mathematik* (Weyl 1921). Für Hermann Weyl waren die mengentheoretischen Antinomien mehr als blosse «Ruhestörungen» in den «entlegendsten Provinzen des mathematischen Reiches». Sie galten ihm als Indizien für die «innere Haltlosigkeit der Grundlagen, auf denen der Aufbau des Reiches ruht», der nur, so Weyl, mit einer «Revolution» beizukommen sei – mit einer grundsätzlichen Neube-

---

32. Hilbert hat sich zwar in den folgenden Jahren nicht weiter mit seiner Beweistheorie beschäftigt, er hat aber eine Reihe von grundlagentheoretischen Initiativen lanciert, wozu insbesondere auch eine verstärkte Auseinandersetzung mit der Logik gehörte.

gründung der Mathematik, so wie er sie im intuitionistischen Programm L.E.J. Brouwers, dem Gegenspieler von Hilbert, angelegt sah (Weyl 1921: 143, 158). Auf diese Herausforderung reagierte Hilbert mit einem systematischen Ausbau seiner Beweistheorie, die er zu Beginn des Jahrhunderts erst skizziert hatte. Ihren Höhepunkt fand die Auseinandersetzung zwischen Hilbert und Brouwer in den frühen 20er Jahren, danach ebbte sie langsam ab. Bereits 1928 stellte Hermann Weyl fest, dass sich die Hilbertsche Auffassung offensichtlich durchgesetzt habe (Weyl 1928). Als *Krise* war die Grundlagenkrise somit auf die frühen 20er Jahre beschränkt, und sie war eine Krise, die in einem engen Zusammenhang stand zur sozialen Krise dieser Zeit (Heintz 1993a: Kap. 5). Zeitlich parallel zur politischen und sozialen Stabilisierung gewannen auch die Mathematiker ihre Sicherheit wieder zurück. Die Debatte wurde beigelegt, ohne dass sie zu Ende geführt worden wäre. Von nun an beherrschte ein «pragmatischer Formalismus» (Thiel 1972: 128) das Feld, der gekennzeichnet war durch ein allgemeines Desinteresse des mathematischen Normalarbeiters an Begründungsfragen.

Die Grundlagenkrise war also um einiges verwickelter, als es in den konventionellen Darstellungen beschrieben wird, und die grundlagentheoretischen Programme sind nicht nur Programme zur Vermeidung von Widersprüchen. Insbesondere Intuitionismus und Formalismus stehen für zwei grundlegend verschiedene Auffassungen der Mathematik (vgl. dazu ausführlich Mehrtens 1990). Sie sind zwei verschiedene Antworten auf zentrale Fragen der Mathematikphilosophie: Was ist ein mathematisches Objekt? Wodurch definiert sich Existenz und Wahrheit in der Mathematik? Ist die Mathematik sicher – und wie kann man sich dessen sicher sein? Ich möchte im folgenden nicht im Detail auf die verschiedenen grundlagentheoretischen Programme eingehen, sondern sie nur soweit charakterisieren, wie es für meine Argumentation sinnvoll ist.[33]

(1) *Formalismus.* Wie ich bereits dargelegt habe, definiert Hilbert Wahrheit über Widerspruchsfreiheit (2.1.2.). Wahr sind die Axiome dann, wenn aus ihnen kein Widerspruch resultiert. Wie aber kann man das beurteilen? Wie kann man mit Sicherheit wissen, dass aus einem gegebenen axiomatischen System kein Widerspruch resultiert? Das ist die Frage, die sich Hilbert stellte, und seine Beweistheorie ist die Antwort darauf. Ausgangspunkt der Hilbertschen Beweistheorie ist die Idee, die Widerspruchsfreiheit der Mathematik mit mathematischen Mitteln nachzuweisen, sie m.a.W. zu *beweisen.* Wie Henri Poincaré schon früh bemerkte, ist damit jedoch ein grundsätzliches Problem verknüpft. Der Nachweis der Widerspruchsfreiheit erfordert die Verwendung

---

33. In praktisch jeder Darstellung der Mathematikphilosophie findet sich eine mehr oder minder ausführliche Beschreibung der drei gundlagentheoretischen Programme. Vgl. zum folgenden u.a. Körner 1968; Mehrtens 1990; Poser 1988; Thiel 1974.

von mathematischen Mitteln, deren Unbedenklichkeit erst noch zu beweisen wäre (Goldfarb 1988). Um diesen Zirkel zu umgehen, hat der «metamathematische» Nachweis mit einem Instrumentarium zu erfolgen, das auch aus intuitionistischer Sicht unbedenklich ist – mit Methoden also, die finit sind und die, wie Hilbert schreibt, «auf rein anschaulichen Überlegungen» beruhen, «ohne dass dabei eine bedenkliche oder problematische Schlussweise zur Anwendung gelangt» (Hilbert 1922: 26). Hilberts Beweistheorie beinhaltet eine Art Stufenprogramm. Ausgangspunkt ist die inhaltliche Mathematik, inklusive der umstrittenen transfiniten Arithmetik Cantors. Diese inhaltliche Mathematik wird in einem ersten Schritt vollständig axiomatisiert und formalisiert, sodass, wie Hilbert schreibt, «die eigentliche Mathematik oder die Mathematik in engerem Sinne zu einem Bestande an Formeln wird» (Hilbert 1923: 34). Diese formalisierte Mathematik ist nun der Untersuchungsgegenstand der sog. «Metamathematik». Die metamathematische Analyse, die sich, wie gesagt, nur unbedenklicher Begriffe und Schlussweisen bedient, hat die Funktion, das formalisierte System auf seine Struktureigenschaften hin zu untersuchen und dessen Widerspruchsfreiheit zu beweisen (vgl. dazu 7.3.3.).

(2) *Logizismus.* Der Logizismus, so wie er von Gottlob Frege, Bertrand Russell und dem Wiener Kreis vertreten wurde, versucht die Mathematik auf die Logik zurückzuführen und dadurch zu begründen. Den Gesetzen der Logik wird dabei der Status unzweifelhafter Wahrheiten zugeschrieben. Die Aufgabe, die sich dem Logizismus folglich stellt, besteht darin zu zeigen, dass (1) sich die Mathematik tatsächlich auf die Logik zurückführen lässt und (2) eine solchermassen umformulierte Mathematik sicher ist.[34] Bertrand Russell und Alfred North Whitehead haben mit ihren zwischen 1910 und 1913 erschienenen *Principia Mathematica* diese Aufgabe zu lösen versucht, mit allerdings nur beschränktem Erfolg. Um ihr Programm durchzuführen, mussten sie eine Reihe von Annahmen treffen, durch die zwar die Probleme, auf die Frege gestossen war, vermieden werden konnten, die aber ihrerseits nicht unproblematisch waren und längst nicht von allen Mathematikern akzeptiert wurden (Guillaume 1985: 816ff.). So warf etwa Hermann Weyl in seinem ursprünglich 1926 erschienenen Handbuch-Aufsatz *Philosophie der Mathematik und Naturwissenschaften* dem Logiker Russell nicht eben höflich vor, er lasse mit seinem Reduzibilitätsaxiom «die Vernunft Harakiri begehen» (Weyl 1966: 70).

---

34. Hilbert hat zeitweise ein gar nicht so unähnliches Programm vertreten. In seinem Aufsatz *Axiomatisches Denken* vertritt er die Auffassung, dass der Widerspruchsfreiheitsbeweis für Mengenlehre und Arithmetik ein ‹absoluter› sein müsse, da im Gegensatz zur Geometrie der «Weg der Zurückführung auf ein anderes spezielles Wissensgebiet offenbar nicht gangbar (ist), weil es ausser der Logik überhaupt keine Disziplin mehr gibt, auf die alsdann eine Berufung möglich wäre». Da aber der Nachweis der Widerspruchsfreiheit eine dringliche Aufgabe sei, scheine es nötig, «die Logik selbst zu axiomatisieren und nachzuweisen, dass Zahlentheorie sowie Mengenlehre nur Teile der Logik sind» (Hilbert 1918: 8).

Einige dieser Annahmen, insbesondere das umstrittene Reduzibilitätsaxiom, wurden zwar später abgeschwächt oder fallengelassen, dennoch gilt das logizistische Programm allgemein als gescheitert. Das war auch die Konsequenz, die Russell selbst gezogen hat: «I wanted certainty in the kind of way in which people want religious faith. I thought that certainty is more likely to be found in mathematics than elsewhere. But I discovered that many mathematical demonstrations, which my teachers expected me to accept, were full of fallacies, and that, if certainty were indeed discoverable in mathematics, it would be in a new kind of mathematics, with more solid foundations than those that had hitherto been thought secure. But as the work proceeded, I was continually reminded of the fable about the elephant and the tortoise. Having constructed an elephant upon which the mathematical world could rest, I found the elephant tottering, and proceeded to construct a tortoise to keep the elephant from falling. But the tortoise was no more secure than the elephant, and after some twenty years of very arduous toil, I came to the conclusion that there was nothing more that I could do in the way of making mathematical knowledge indubitable» (Russell 1958: 53). Obschon der Logizismus seinen ursprünglichen Anspruch nicht erfüllen konnte, hat er zur Entwicklung der mathematischen Logik entscheidend beigetragen. Die *Principia Mathematica* sind nicht nur ein Versuch, Freges Programm zu retten, sondern gleichzeitig ein wichtiger Meilenstein in der mathematischen Logik.

Die logizistische These, dass sich die Mathematik auf die Logik zurückführen lässt und in diesem Sinn Teil der Logik ist, hat eine wichtige Implikation. Aus ihr liess sich der Schluss ziehen, dass die Sätze der Mathematik analytische Sätze sind. Das war eine Annahme, die insbesondere von den logischen Empiristen des Wiener Kreises energisch vertreten wurde. [35] *Analytische* Sätze sind Sätze, die wahr sind aufgrund der Bedeutung bzw. der Definitionen der in ihnen verwendeten Begriffe. «Alle Junggesellen sind unverheiratet» – so das lebensweltliche Beispiel eines analytischen Satzes, der sich bei Philosophen besonderer Beliebtheit erfreut. Demgegenüber sind *synthetische* Sätze Sätze, die wahr oder falsch sind aufgrund der Beschaffenheit der Welt: «Jeder Philosoph ist ein Junggeselle». Der Logizismus richtet sich damit gegen die Kantsche Auffassung, dass die Sätze der Mathematik synthetische Urteile a priori sind, dass es, wie es Einstein formulierte, möglich ist, «durch rei-

---

35. Einschränkend ist zu sagen, dass nicht alle Mitglieder des Wiener Kreises Anhänger des Logizismus waren – man denke etwa an Kurt Gödel. Zudem wurden auch die anderen beiden grundlagentheoretischen Schulen ausführlich diskutiert (Carnap 1963: 74ff.). Liest man jedoch die Arbeiten, die Hans Hahn zwischen 1930 und 1934 zum Grundlagenproblem der Mathematik geschrieben hat, fällt auf, dass der Formalismus kaum vorkommt und teilweise auch nicht richtig wiedergegeben wird (vgl. z.B. Hahn 1934: 131). Zudem hat Otto Neurath (teilweise) eine Position vertreten, die von allen drei grundlagentheoretischen Schulen abwich und deutlich ‹quasi-empiristische› Züge trug (vgl. 3.1.).

nes Denken sicheres Wissen über die Erfahrungsobjekte zu erlangen» (zit. in Musgrave 1993: 183). Demgegenüber hält der Logizismus – ich beziehe mich im folgenden auf die Variante des Wiener Kreises – unmissverständlich daran fest, dass mathematische Sätze *nichts* über die Welt aussagen, und genau deswegen sind sie auch sicher. Es gibt, wie Moritz Schlick es nannte, kein «materiales Apriori» (Schlick 1930/31). «Die Sätze der Mathematik», so Hans Hahn, im Wiener Kreis Experte in Sache Mathematik, «sind von ganz derselben Art wie die Sätze der Logik: sie sind tautologisch, sie sagen gar nichts über die Gegenstände aus, von denen wir sprechen wollen, sondern sie handeln nur von der Art, wie wir über die Gegenstände sprechen wollen» (Hahn 1932: 158).

Aus der Perspektive des Wiener Kreises hatte die logizistische Position den grossen Vorteil, eine Lösung zu liefern für das leidige Problem, das die Mathematik für den Empirismus seit Anbeginn dargestellt hatte. Bis zum logizistischen ‹way out› hatte sich der Empirismus in der unerfreulichen Situation befunden, entweder auf die empiristische Grundannahme zu verzichten, dass alles Wissen aus der Erfahrung stammt, oder aber in Frage zu stellen, dass mathematisches Wissen sicheres Wissen ist. In seinem (neo-)empiristischen Klassiker *Sprache, Wahrheit und Logik* hat Alfred J. Ayer dieses Dilemma des klassischen Empirismus eingängig formuliert: «Wo der Empirist auf Schwierigkeiten stösst, da ist es im Zusammenhang mit den Wahrheiten von formaler Logik und Mathematik; denn während man von einer naturwissenschaftlichen Verallgemeinerung bereitwillig zugibt, sie könne fehlbar sein, scheinen die Wahrheiten der Mathematik und Logik jedermann notwendig und gewiss. Trifft jedoch der Empirismus zu, dann kann keine Tatsachenproposition notwendig oder gewiss sein. Dementsprechend muss der Empirist die Wahrheiten der Logik und Mathematik in einer der beiden folgenden Weisen behandeln: er muss entweder sagen, sie seien keine notwendigen Wahrheiten – in welchem Falle er erklären muss, weshalb sie es nach allgemeiner Überzeugung doch sind; oder er muss sagen, sie hätten keinen faktischen Inhalt – und dann muss er erklären, wie eine jedes faktischen Inhalts bare Proposition wahr und zweckvoll und unerwartet sein kann» (Ayer 1936: 94f.).

Während der logische Empirismus den zweiten Weg wählte, hat der alte Empirismus, personifiziert in John Stuart Mill, den ersten Weg gewählt und die Auffassung vertreten, dass auch das mathematische Wissen aus der Erfahrung stammt und folglich im Prinzip empirisch widerlegbar ist. Die Tatsache, dass dies in der Praxis nie der Fall ist, hat, so Mill, seinen Grund darin, dass das mathematische Wissen allgemeiner und empirisch besser getestet ist als jedes andere Wissen.[36] Was heute zu einer salonfähigen Position zu werden scheint, stiess früher auf eine eher unfreundliche Aufnahme. Mill hat sich mit seinem (naiven) Empirismus nicht nur die vernichtende Kritik Freges zugezogen (Frege 1884), sondern auch den Spott der logischen Empiristen (vgl. u.a.

Hahn 1932: 146f.). Der Umstand, dass Mill selbst nicht zur Zunft gehörte, mag dazu beigetragen haben, dass seine Thesen schnell und erbarmungslos abgefertigt wurden. Mills missliche akademische Herkunft wird zwar von Frege nirgends explizit erwähnt, dennoch macht er unmissverständlich klar, dass Mill vielleicht etwas von Psychologie verstehe, aber ganz gewiss nichts von Logik und Mathematik. «Es wäre wunderbar», so Frege ironisch und mit der für Mathematiker nicht untypischen Herablassung gegenüber den ‹weichen› Wissenschaften, «wenn die allerexakteste Wissenschaft sich auf die noch zu unsicher tastende Psychologie stützen sollte» (Frege 1884: 60). Was an Mills Argumentation besonders bedenklich erschien, war die Tatsache, dass er seine empiristischen Thesen nicht auf die *Entwicklung* mathematischen Wissens beschränkte, sondern den «context of validation» miteinbezog. Auch ein orthodoxer Platonist wird kaum bestreiten, dass mathematisches Wissen auf induktive Weise entdeckt werden kann; am Ende zählt aber nur die *Rechtfertigung* und diese, so die offizielle Doktrin, gehorcht anderen logischen Gesetzen, d.h. erfolgt deduktiv über den Beweis. Oder wie es Ayer formuliert: «Wir behaupten, sie (die mathematischen Sätze, B.H.) seien erfahrungsunabhängig in dem Sinne, dass sie ihre Geltung keiner empirischen Verifikation verdanken. Wir mögen sie durch ein induktives Verfahren entdecken; haben wir sie aber einmal erfasst, dann sehen wir, dass sie notwendig wahr, dass sie für jeden Fall gültig sind» (Ayer 1936: 97).

Die Sortierung der sinnvollen Sätze in analytische Sätze ohne Erkenntniswert auf der einen Seite und in empirische Sätze mit Erkenntnisgehalt auf der anderen hat den Vorteil, die empiristische Doktrin aufrechterhalten zu können, ohne an der Sicherheit der Mathematik zweifeln zu müssen.[37] Damit ist gleichzeitig impliziert, dass Denken keine Erkenntnisquelle sein kann. «Nein!», so Hans Hahn emphatisch, «keinerlei Realität kann unser Denken erfassen, von keiner Tatsache der Welt kann uns das Denken Kunde bringen, es bezieht sich nur auf die Art, wie wir über die Welt sprechen, es kann nur Gesagtes tautologisch umformen» (Hahn 1932: 160). Erkenntnis kann nur aus Er-

---

36. Vgl. zu Mill den informativen Aufsatz von Kitcher 1980. In modifizierter Form scheint der Empirismus in der Mathematikphilosophie augenblicklich ein gewisses Revival zu erfahren (vgl. 2.3.).

37. Diese Sortierung ist nicht neu. Neu ist nur die Differenziertheit und der systematische Charakter der Argumentation. Schon David Hume hat zwischen Tatsachenbehauptungen (matters of fact) und Begriffsrelationen (relations of ideas) unterschieden, so etwa in seiner bekannten feurigen Abschlusspassage zu seiner *Enquiry Concerning Human Understanding*: «Nehmen wir irgendein Buch zur Hand, z.B. über Theologie oder Schulmetaphysik, so lasst uns fragen: Enthält es eine abstrakte Erörterung über Grösse und Zahl? Nein. Enthält es eine auf Erfahrung beruhende Erörterung über Tatsachen und Existenz? Nein. So übergebe man es den Flammen, denn es kann nichts als Sophisterei und Blendwerk enthalten» (Hume 1759: 207).

fahrung, nur aus Beobachtung gewonnen werden. In der Mathematik werden folglich nicht Erkenntnisse produziert, sondern Sätze umgeformt, ohne dass am Ende mehr Wissen vorhanden wäre als am Anfang. Dies gilt auch für die Anwendung der Mathematik in den empirischen Wissenschaften. Die Mathematik ist, so Carl Hempel in einem drastischen Vergleich, ein «theoretical juice extractor». «The techniques of mathematical and logical theory can produce no more juice of factual information than is contained in the assumptions to which they are applied» (Hempel 1945b: 391).[38]

(3) Intuitionismus. Der Intuitionismus vertritt konsequenter noch als der Formalismus eine anti-realistische Position. Die Dinge, mit denen sich die Mathematik beschäftigt, sind nicht einfach da und werden von ihr entdeckt, sondern werden von ihr selbst erzeugt und nach ausschliesslich internen Kriterien beurteilt. «Mathematics», so L.E.J. Brouwer, der Wortführer des Intuitionismus, «can deal with no other matter than that which it has itself constructed» (Brouwer 1907: 57).[39] Brouwers grundlagentheoretisches Programm war allerdings weniger durch das Problem der Antinomien motiviert als durch seine philosophischen Grundüberzeugungen, die er zuerst 1905 in einer zerquälten modernisierungskritischen Schrift (Brouwer 1905) und zwei Jahre später in seiner Dissertation dargelegt hatte (Brouwer 1907) – einem, wie Walter P. van Stigt in seiner umfassenden Brouwer-Studie schreibt, «manifesto of an angry young man taking on the mathematical establishment on all fronts» (van Stigt 1990: viii). Brouwers grundlagentheoretisches Programm ist vielschichtiger und umfassender als die Programme der anderen beiden Schulen. Es reicht von allgemeinen (lebens-)philosophischen Überlegungen über eine ausgeklügelte Mathematikphilosophie bis hin zum Aufbau einer spezifisch intuitionistischen Mathematik.

Brouwers Programm ist radikal, im wörtlichen und im übertragenen Sinne. Während es Hilbert darum geht, den klassischen Bestand der Mathematik zu bewahren, indem er deren Widerspruchsfreiheit zu beweisen sucht, zielt Brouwers Strategie dahin, die Mathematik von Grund auf neu aufzubauen und nur jene Teile zuzulassen, die sich Schritt für Schritt aus den natürlichen Zahlen herleiten lassen. Am Ursprung der Mathematik, so Brouwers philosophische Basisthese, liegt die Urerfahrung der zeitlichen Ereignisabfolge: «the simple intuition of time, in which repetition is possible in the form: ‹thing in

---

38. Die Erleichterung, für das leidige Problem der Mathematik endlich eine Lösung gefunden zu haben, hielt allerdings nicht lange an. Mit seiner Kritik an der Unterscheidung zwischen analytischen und synthetischen Sätzen hat Quine schon kurz darauf gezeigt, dass sich das «Hauptkreuz des Empirismus» (Hahn 1930/31: 39) doch nicht so leicht ablegen lässt (Quine 1951). Die im Zusammenhang mit dem *Indispensability*-Argument entwickelte ‹quasi-empiristische› Position Quines ist die Konsequenz aus dieser Kritik (vgl. 2.1.1.).

39. Zu Brouwers Leben und Werk vgl. vor allem die umfassende Monographie von Walter P. van Stigt 1990 sowie Mehrtens 1990: 257ff. und van Dalen 1978.

time and again thing›, as a consequence of which moments of life break up into sequences of things which differ qualitatively. These sequences thereupon concentrate in the intellect into mathematical sequences, not sensed but observed» (Brouwer 1907: 53). Was im Leben als durch die Zeit geschiedene Verschiedenheit, im elementaren Fall als Zweiheit, erfahren wird, verdichtet sich im mathematischen Denken zur Ur-Intuition des «eins-zwei», des «eins-nach-dem-Anderen». Aus dieser mathematischen Grundintuition – «the intuition of two-oneness» (Brouwer 1912: 127) – lassen sich die natürlichen Zahlen aufbauen, die aus intuitionistischer Sicht die Grundlage für alle weiteren Konstruktionen bilden.[40]

Was sich aus dieser Grundintuition der «two-ity» nicht konstruktiv herleiten lässt, muss aus dem Fundus der Mathematik ausgeschlossen werden. Dazu gehört insbesondere, und darum drehte sich denn auch der Streit zwischen Intuitionisten und ‹klassischen› Mathematikern, die Vorstellung eines Aktual-Unendlichen und die Anwendung des Prinzips des *tertium non datur* auf unendliche Gesamtheiten.[41] Und umgekehrt: nur jene Gegenstände sind als mathematisch existent anzusehen, die unter Angabe eines effektiven Verfahrens aus den natürlichen Zahlen aufgebaut werden können – eine Forderung, die der Hilbertschen Konzeption mathematischer Existenz diametral entgegengesetzt ist (vgl. 2.1.2.). Beweise sind folglich immer *konstruktive* Beweise. Gelingt es, ein Objekt Schritt für Schritt aus den natürlichen Zahlen aufzubauen, so ist damit der Beweis für dessen Existenz geliefert. Oder wie es Michael Resnik formuliert: «Proving has an ontic dimension for most constructivist; to them proving p establishes its truth in the sense of *making* p true» (Resnik 1992: 10).

L.E.J. Brouwer und David Hilbert haben zwei grundlegend verschiedene Auffassungen der Mathematik vertreten, und beide entwarfen zwei ganz unterschiedliche Strategien, um Widersprüche ein für allemal auszuschliessen. Beide Programme wiesen jedoch erhebliche Defizite auf. Während niemand

---

40. Abgesehen davon, dass man an Letztbegründungsprogrammen generell Zweifel anmelden kann, wirft dieser Fundierungsversuch die Frage auf, weshalb die Grundintuition der «two-oneness» – und nicht irgendeine andere Intuition oder Handlung – das autoritative Letzt- bzw. Erstelement der Erkenntnis sein soll, vgl. dazu u.a. Mittelstraß 1988.

41. Das Prinzip des *tertium non datur* gehört zum Grundrüstzeug der klassischen Mathematik und liegt insbesondere auch einer gängigen mathematischen Beweisstrategie, der *reductio ad absurdum*, zugrunde. Der Satz vom ausgeschlossenen Dritten behauptet, dass wenn sich die Negation einer Aussage als falsch erweist, die Aussage selbst wahr sein muss. Damit wird aber nur die Negation einer Aussage konstruktiv erzeugt, nicht aber deren Affirmation. Auf sie wird bloss über den Satz des ausgeschlossenen Dritten geschlossen, und dies widerspricht dem intuitionistischen Prinzip, dass jeder mathematische Gegenstand konstruktiv hergeleitet werden muss, bevor seine Existenz als gegeben angenommen werden kann.

daran zweifelte, dass sich mit Brouwers Programm die Gefahr von Antinomien bannen liess, befürchteten viele, dass die intuitionistische Mathematik
vom «stolzen Bau» der Mathematik nur noch eine «trübselige Ruine» übrig
liesse (Fraenkel 1924: 88). Ganz anders bei Hilbert. Da Hilberts Strategie darauf zielte, den klassischen Bestand der Mathematik zu bewahren, hatte er vor
allem zu belegen, dass sich mit seiner Beweistheorie die Widerspruchsfreiheit
der klassischen Mathematik tatsächlich nachweisen lässt. Letztlich ist es weder Hilbert noch Brouwer (noch den Logizisten) gelungen, die Zweifel an ihren Programmen endgültig auszuräumen. Dennoch flachte die Auseinandersetzung Ende der 20er Jahre ab. Der Hilbertsche Formalismus setzte sich als
offizielle Philosophie durch, während Brouwers Intuitionismus zu einer Randerscheinung in der Geschichte der Mathematik wurde. Daran konnten auch die
verschiedenen limitativen Beweise nichts ändern, die einige Jahre später
Schlag für Schlag vorführten, dass das Hilbertprogramm nicht realisierbar ist,
angefangen mit dem Unvollständigkeits- und Widerspruchsfreiheitsbeweis
von Kurt Gödel 1931 bis hin zu Turings Unentscheidbarkeitsbeweis fünf Jahre
später (vgl. Heintz 1993a: Kap. 2).

Obschon die Begrenztheit des Hilbertprogramms damit klar bewiesen
war und die Mathematik im Prinzip ungesicherter war denn je, kam es nicht zu
einer Wiederbelebung der grundlagentheoretischen Debatte. Die Diskussion
von Grundlagenfragen wurde zu einer Spezialdisziplin, die vom mathematischen Betrieb weitgehend abgekoppelt ist. *«Die Gödel-Sätze sind mir völlig
egal!»* Das ist eine Haltung, die von vielen Mathematikern und Mathematikerinnen geteilt wurde, mit denen ich gesprochen habe. *«Ich bin sehr komforta-
bel mit dem Gedanken, dass man nie imstande sein wird, die Widerspruchslo-
sigkeit der Mathematik zu beweisen. Wir haben etwas geschaffen, die
Mathematik. Wir können nicht beweisen, dass sie widerspruchsfrei ist. Das bedeutet: da ist etwas mächtiger als wir. Und das geht. Es könnte natürlich auch
fehlgehen, einmal. Das können wir nicht sagen. Ich habe völliges Vertrauen,
aber ich kann es nicht beweisen. Niemand kann es beweisen. Niemand wird je
fähig dazu sein, das zu beweisen – denn ich glaube an den Beweis der Gödelschen Sätze!»*

2.3. Quasi-Empirismus und die Praxis der Mathematik

> The philosopher's job is to give an account of mathematics as it is practised, not to recommend sweeping reform of the subject on philosophical grounds.
>
> *Penelope Maddy*[42]

Obschon alle drei grundlagentheoretischen Programme letztlich gescheitert sind, blieb die Mathematikphilosophie weiterhin am «Prinzip der Unfehlbarkeit» orientiert. Mathematik ist sicheres Wissen, und es ist Aufgabe der Mathematikphilosophie, diese Sicherheit theoretisch zu begründen. Dies unterscheidet den «foundational approach» in der Mathematikphilosophie von der *quasi-empiristischen* Position, die ich in diesem Abschnitt vorstelle.[43] Während die grundlagenorientierte Mathematikphilosophie am Postulat der absoluten Sicherheit trotz aller Misserfolge nicht weiter rüttelte, scheinen die Mathematiker selbst eine eher pragmatische – um nicht zu sagen: quasi-empiristische – Haltung eingenommen zu haben. Exemplarisch für diese Haltung ist John von Neumann, der aus der Grundlagendebatte (an der er übrigens mit seinen Arbeiten zur Axiomatisierung der Mengenlehre massgeblich beteiligt war) den Schluss zog, dass die Mathematik vermutlich nicht sicherer ist als die – allerdings weithin als äusserst vertrauenswürdig eingeschätzten – Naturwissenschaften. «The main hope of a justification of classical mathematics (…) being gone, most mathematicians decided to use that system anyway. After all, classical mathematics was producing results which were both elegant and useful, and, even though one could never again be absolutely certain of its reliability, it stood on at least as sound a foundation as, for example, the existence of the electron. Hence, if one was willing to accept the sciences, one might as well accept the classical system of mathematics. (…) I have told the story of this controversy in such detail, because I think that it constitutes the best caution against taking the immovable rigor of mathematics too much for granted» (von Neumann 1947: 6).

László Kalmár, ein ungarischer Mathematiker und Grundlagentheoretiker, hat an einer von Imre Lakatos organisierten Konferenz die deployable Lage der Grundlagenforschung in drei provokanten Thesen zusammengefasst: (1) Die Annahme, dass mathematisches Wissen prinzipiell sicheres Wissen ist, wurde bisher nicht bewiesen. (2) Das Vertrauen darauf, dass die verwendete Mathematik widerspruchsfrei ist, beruht zum grossen Teil auf empirischen Überlegungen, d.h. auf Erfahrungswerten. Bislang sind kaum gravierende Wi-

---

42. Maddy 1990a: 23.
43. Zur Terminologie: Wenn ich mich auf die *philosophische* Doktrin beziehe, spreche ich von ‹quasi-*empiristisch*›. Wenn ich mich auf die entsprechende *Praxis* der Mathematik beziehe, spreche ich von ‹quasi-*empirisch*› (vgl. auch 4.2.).

dersprüche aufgetreten, und wenn es doch dazu kam, wie z.B. im Anschluss an Cantors Mengenlehre, konnten sie relativ leicht korrigiert werden. (3) Es gibt ein mathematisches Wissen, das aus prinzipiellen Gründen nicht beweisbar ist und dennoch als wahr akzeptiert wird. Soweit der Zustandsbericht von Kalmár, den er mit der provokanten Frage schliesst: «Why do we not confess that mathematics, like other sciences, is ultimately based upon, and has to be tested, in practice?» (Kalmár 1967: 193).

Interessanterweise stiessen Kalmárs Thesen bei den anwesenden Mathematikern nicht auf Kritik. Paul Bernays, Stephen Kleene und Arend Heyting kommentierten Kalmárs Vortrag äusserst freundlich, nur Yoshua Bar-Hillel, der einzige Philosoph der Runde, äusserte scharfe Kritik. Allerdings blieb auch nach der Diskussion offen, was Kalmár mit seiner Formulierung: «Why do we not confess that mathematics, like other sciences, is ultimately based upon, and has to be tested, in practice?» genau gemeint hatte. [44] Von heute aus gesehen oszilliert Kalmárs Haltung zwischen einer empiristischen Haltung à la Mill und einer ‹quasi-empiristischen› Position, so wie sie Imre Lakatos in den 60er Jahren formuliert hatte. Imre Lakatos war einer der ersten Mathematikphilosophen, die aus dem Scheitern der Grundlagenprogramme den Schluss gezogen haben, dass die Mathematik vielleicht doch nicht so sicher ist, wie es der «foundational approach» unterstellt, sondern sich ähnlich entwickelt wie die empirischen Wissenschaften. Im damaligen Kontext war dies eine revolutionäre Behauptung. Darauf weist auch John Worrall hin, der in seiner Einleitung zu dem 1976 erschienenen Gedenkband für Lakatos schreibt: « Implicit in *Proofs and Refutations* is a new approach to the philosophy of mathematics completely transcending the three ‹foundational› schools of logicism, intuitionism and formalism, which despite known difficulties have so far dominated 20th century philosophy of mathematics» (Worrall 1976: 3).

2.3.1. Imre Lakatos: Beweise und Widerlegungen

In seiner Monographie *Beweise und Widerlegungen* hat Imre Lakatos die im «foundational approach» vertretene «Unfehlbarkeitsphilosophie» (Lakatos) der Mathematik radikal in Frage gestellt. Die Arbeit entstand als Dissertation bei Karl Popper und wurde 1963/64 in Form von vier Artikeln in *The British Journal for the Philosophy of Science* veröffentlicht (Lakatos 1963). *Beweise und Widerlegungen* ist keine konventionelle Monographie. Lakatos greift in

---

44. Kalmár plädiert an verschiedenen Stellen für eine Art «experimentelle» Mathematik und macht in diesem Zusammenhang schon sehr früh auf den möglichen Einsatz des Computers als Beweisinstrument wie auch als ‹Daten›-Produzent aufmerksam. Ich komme in den folgenden Kapiteln auf diese beiden Einsatzformen des Computers in der Mathematik zurück.

diesem Buch einen berühmten Beweis aus der Geschichte der Mathematik auf, den Beweis der Eulerschen Polyederformel durch Augustin L. Cauchy (1813), und gibt ihm und seiner Vor- und Folgegeschichte die Form einer Auseinandersetzung in einer fiktiven Schulklasse. Lakatos' Buch ist eine Ehrenrettung der inhaltlichen Mathematik und gleichzeitig eine fulminante Kritik am Formalismus. Es richtet sich gegen die Annahme einer Unfehlbarkeit mathematischer Schlüsse und damit ganz direkt gegen das grundlagentheoretische Projekt, der Mathematik ein für allemal eine sichere Basis zu geben.

Mit seinem Buch eröffnet Lakatos einen neuen Zugang zur Philosophie (und Soziologie) der Mathematik, indem er dem Glauben an die prinzipielle Sicherungsfähigkeit der Mathematik eine quasi-empiristische Konzeption entgegenstellt. Im Gegensatz zur Auffassung, wie sie Bertrand Russell, David Hilbert und L.E.J. Brouwer trotz aller Differenzen gemeinsam war, rekonstruiert Lakatos die Geschichte der Mathematik als eine Geschichte von Vermutungen, Behauptungen und Widerlegungen – ganz im Sinne von Poppers kritischem Rationalismus.[45] «Der Kern dieser Fallstudie», so Lakatos' Absichtserklärung im Vorwort zu seiner Arbeit, «wird den mathematischen Formalismus herausfordern, aber er wird nicht unmittelbar die letzten Positionen des mathematischen Dogmatismus angreifen. Ihr bescheidenes Ziel ist es herauszuarbeiten, dass inhaltliche, quasi-empirische Mathematik nicht durch die andauernde Vermehrung der Zahl unbezweifelbar begründeter Sätze wächst, sondern durch die unaufhörliche Verbesserung von Vermutungen durch Spekulation und Kritik, durch die Logik der Beweise und Widerlegungen» (Lakatos 1963: xii).[46]

Das mathematische Wissen ist ebenso fehlbar wie das Wissen in den empirischen Wissenschaften. Dies ist die Kernaussage von Lakatos' Auffassung der Mathematik. Ein Beweis ist im Prinzip immer nur wahr auf Zeit. Er verkörpert keine ewige Wahrheit, sondern einen (komplexen) Geltungsanspruch, der bestritten werden kann, mit Hilfe von Gegenbeweisen und vor allem mit Hilfe von Gegenbeispielen. In Lakatos' fiktiver Schulklasse sind Beweise nicht zweifelsfreie Fakten, sondern sie sind Gegenstand von Kontroversen.

---

45. Popper selbst ist nicht so weit gegangen, und dies wirft Lakatos ihm auch vor. Popper habe trotz seiner «fehlbaren Philosophie» den Fehler begangen, «der Mathematik einen bevorrechtigten Rang der Unfehlbarkeit einzuräumen» (Lakatos 1963: 131).

46. Zu Lakatos' Auffassung der Mathematik vgl. vor allem die umfassende Darstellung von Koetsier 1991. Kurze Darstellungen geben auch Glas 1995; Hersh 1978; Thiel 1981 sowie diverse Aufsätze in Cohen u.a. 1976. Georg Pólya hat schon früher an vielen Beispielen gezeigt, dass Mathematiker längst nicht so deduktiv vorgehen, wie es im allgemeinen unterstellt wird, sondern über weite Strecken induktiv operieren (Pólya 1945; 1954a). Während sich Pólya aber ganz explizit auf den «context of discovery» beschränkt – auf «mathematics in the making» –, beziehen sich Lakatos' Ausführungen auf den «context of validation» und sind aus diesem Grunde um einiges brisanter.

Die Schüler nehmen verschiedene Positionen ein, bringen unterschiedliche Interpretationen vor und versuchen einander durch Gegenbeweise und Gegenbeispiele zu überzeugen. Neue Beweise erklären alte Gegenbeispiele; neue Gegenbeispiele stellen alte Beweise in Frage. Gegenbeispiele können sich entweder auf einzelne Beweisschritte beziehen oder aber die Schlussfolgerung insgesamt in Frage stellen. Im einen Fall spricht Lakatos von «lokalen», im anderen Fall von «globalen» Gegenbeispielen.[47]

Lakatos stellt in diesem Zusammenhang eine Reihe von Verhaltensweisen vor, zu denen Mathematiker und Mathematikerinnen greifen, wenn sie mit Gegenbeispielen konfrontiert sind: Monstersperre, Monsteranpassung, Ausnahmesperre, Kapitulation und natürlich auch Lernen, d.h. die Revision der ursprünglichen Vorstellung. Ich möchte diesen unterschiedlichem Umgang mit ‹Anomalien› an einem Beispiel illustrieren. Ausgangspunkt ist die Eulersche Vermutung, dass für alle Polyeder die Formel gilt: E - K + F = 2 (E = Ecken, K = Kanten, F = Flächen). In einem ersten Schritt kann diese Vermutung, so wie es Euler zunächst auch tat, an einer Reihe von Beispielen überprüft werden (vgl. dazu auch Pólya 1954a: 66ff.). Dies ist ein ‹experimentelles› Vorgehen, wie es in der Mathematik häufig ist (vgl. 4.2.). Gewinnt man auf diese Weise Vertrauen in die Vermutung, wird man versuchen, sie zu beweisen. Gelingt ein Beweis, so ist aus der ursprünglichen Vermutung ein Theorem bzw. ein mathematischer Satz geworden. Aus konventioneller Sicht ist das Problem damit gelöst: «A mathematical theorem, once proved, is established once and for all» (Hempel 1945a: 7).

Lakatos versucht nun zu zeigen, dass die Praxis der Mathematik eine andere ist. Zu jedem Beweis können Gegenbeispiele gefunden werden, ganz ähnlich wie in den empirischen Wissenschaften, wo jede Hypothese immer nur wahr ist auf Zeit, d.h. durch eine neue Beobachtung prinzipiell widerlegbar ist. Ein solches Gegenbeispiel sind die sog. Zwillingstetraeder. Zwillingstetraeder sind Tetraeder, die eine Kante oder eine Ecke gemeinsam haben. Für dieses neue Polyeder trifft die Eulersche Formel nicht mehr zu. E - K + F ergibt in diesem Fall 3 und nicht 2 (wie man leicht sieht, wenn man es an einem konkreten Fall durchrechnet). Damit ist der vermeintlich korrekte Beweis der Eulerschen Vermutung widerlegt – könnte man meinen. Dies braucht aber nicht immer so zu sein. Denn genau an diesem Punkt kommen die erwähnten Gegenstrategien zum Zug. Anstatt den ursprünglichen Satz aufzugeben, kann das Gegenbeispiel auch als «irregulär» qualifiziert werden. Das Zwillingste-

---

47. Lakatos illustriert seine fallibilistische These an einem Fallbeispiel aus der Mathematikgeschichte. Das ist zwar anschaulich, gleichzeitig aber auch gefährlich. Gefährlich deswegen, weil sich die Art und Weise, wie Mathematik zu Eulers Zeiten betrieben wurde, nicht umstandslos generalisieren und auf die moderne Mathematik des 20. Jahrhunderts übertragen lässt.

traeder, so das Gegenargument, ist gar kein «richtiges» Polyeder. Dies ist die Strategie der «Monstersperrung». Eine andere Immunisierungsstrategie – Lakatos nennt sie «Monsteranpassung» – besteht darin, das Gegenbeispiel solange umzudeuten, bis es dem ursprünglichen Satz nicht mehr widerspricht. Dies würde in diesem Fall bedeuten, das Zwillingstetraeder nicht mehr als *ein* Polyeder, sondern als zwei (wenn auch an einer Stelle miteinander verknüpfte) Polyeder anzusehen. Eine dritte Strategie besteht darin, das Gegenbeispiel ausdrücklich als solches zu akzeptieren – anstatt es zu verschweigen, zu verbannen, umzudeuten oder als irrelevante Ausnahme abzuqualifizieren. Diese Strategie – die von Lakatos favorisierte «dialektische Methode *Beweis und Widerlegungen*» – lässt den ursprünglichen Satz allerdings nicht unberührt. Im Gegensatz zu den anderen Strategien, deren Funktion vor allem darin besteht, den Satz vor Revisionen zu schützen, muss er in diesem Fall geändert werden (indem man z.B. die bislang implizit gebliebenen Annahmen explizit macht und sie als Randbedingungen beziehungsweise Axiome in die Argumentation einführt).

Ein Beweis – das soll Lakatos' Klassenzimmer-Diskussion demonstrieren – ist keine unverrückbare Wahrheit, sondern ein *Begründungsversuch*. Seine Funktion ist primär Rechtfertigung und Erklärung, nicht das Aufdecken einer ewigen Wahrheit. Auch wenn Lakatos eine Reihe von Strategien vorführt, mittels derer bestehende Sätze vor Revisionen geschützt werden können, ist seine Überzeugung doch die, dass sich langfristig die Dialektik von Beweis und Widerlegung durchsetzt. Was Lakatos am Beispiel seiner fiktiven Schulklasse vorführt, kennzeichnet seiner Meinung nach die Entwicklung der Mathematik generell. Mathematik entsteht und verändert sich in einem Hin und Her von Vermutung und Kritik, von Beweis und Widerlegung. Was einmal als gesichert galt, kann zu einem späteren Zeitpunkt angezweifelt oder zumindest auf seine Randbedingungen hin befragt werden. Falsifikation in der Mathematik, das macht Lakatos mit seiner doppelten[48] Rekonstruktion der Beweisgeschichte der Eulerschen Formel deutlich, bezieht sich allerdings weniger auf den Inhalt mathematischer Sätze als vielmehr auf deren Gültigkeitsbereich. Oder wie es Teun Koetsier formuliert: «Mathematical theories are weakly fallible in the sense that one can never exclude the occurrence of unintended possible interpretations of fundamental notions that require a restriction of universality claims by means of conceptual refinement. Because only the range of validity of theories is restricted weak fallibility implies far going continuity» (Koetsier 1991: 278).

---

48. ‹Doppelt› insofern, als Lakatos die Beweisgeschichte der Eulerschen Formel am Beispiel seiner Klassenzimmer-Diskussion darstellt und sie gleichzeitig in den Fussnoten auf konventionelle Weise rekonstruiert.

Mathematik ist in den Augen von Lakatos eine «quasi-empirische» Wissenschaft. Als «quasi-empirisch» bezeichnet er jene Theorien, bei denen die Basissätze über Wahrheit bzw. Falschheit entscheiden, im Gegensatz zu axiomatisch-deduktiven Theorien – Lakatos nennt diese Theorien «Euklidische Theorien» –, bei denen die Axiome die «Wahrheitsträger» sind: «Ob ein deduktives System Euklidisch oder quasi-empirisch ist, entscheidet die Art des Wahrheitswertflusses in dem System. Das System ist Euklidisch, wenn der kennzeichnende Fluss der Übertragung der Wahrheit von den Axiomen ‹nach unten› auf das übrige System ist – die Logik ist hier ein Beweisinstrument; das System ist quasi-empirisch, wenn der kennzeichnende Fluss die Rückübertragung der Falschheit von falschen Basisaussagen ‹nach oben› auf die ‹Hypothese› zu ist – die Logik ist hier ein Kritikinstrument» (Lakatos 1978: 27f.).

«Quasi-empirisch» meint freilich nicht empirisch im üblichen Sinn. Wie das Beispiel der Mathematik zeigt, muss das Fundament quasi-empirischer Theorien nicht aus raum-zeitfixierten Basissätzen bestehen. Quasi-empirische Theorien können auch nicht-empirische Theorien sein. Allerdings muss in diesem Fall angegeben werden, was in der Mathematik das Äquivalent sein könnte für die Basis- bzw. Protokollsätze der empirischen Wissenschaften. Poppers Falsifikationsdoktrin setzt eine äussere, objektive Welt voraus, die, wie es Otto Neurath formulierte, bei der Beurteilung von Hypothesen als eine Art «Richter» fungieren kann (Neurath 1934). Während sich diese Aussenwelt im Falle der Naturwissenschaft relativ problemlos als ‹Natur› bestimmen lässt (zumindest in den Augen eines kritischen Rationalisten), ist es im Falle der Mathematik keineswegs ausgemacht, was hier die «potentiellen Falsifikatoren» sein könnten. In seiner Monographie spricht Lakatos dieses für seine These zentrale Problem nicht explizit an. Und ähnlich bekundet auch Kalmár einige Mühe, seine These, dass die Mathematik «in practice» getestet werden solle, zu konkretisieren: «What are the ‹observables› in empirical mathematics, i.e. what kind of proposition can be tested directly in practice?» (Kalmár 1967: 194). Als Antwort schlägt er «numerical propositions» vor, ohne allerdings auszuführen, was er genau damit meint.

In seiner Antwort auf Kalmárs Aufsatz skizzierte Lakatos eine eigene Theorie, die er zwei Jahre später zu einem Aufsatz ausarbeitete, der allerdings erst nach seinem Tode veröffentlicht wurde (Lakatos 1978). In diesem Aufsatz versucht Lakatos eine Interpretation der Mathematik als einer ‹quasi-empirischen› Wissenschaft zu geben, die kompatibel ist mit Poppers Falsifikationsdoktrin. «Wenn Mathematik und Realwissenschaft beide quasi-empirisch sind, so muss der entscheidende Unterschied zwischen ihnen – falls es überhaupt einen gibt – in der Beschaffenheit der ‹Basisaussagen› oder ‹möglichen Falsifikatoren› liegen. Die Beschaffenheit einer quasi-empirischen Theorie bestimmt sich nach der Beschaffenheit der Wahrheitswertbestimmung ihrer möglichen Falsifikatoren. Nun wird niemand behaupten wollen, die Mathematik sei empirisch in dem Sinne, dass ihre möglichen Falsifikatoren singuläre Raum-Zeit-Aussagen wären. Doch was ist die Mathematik dann? Oder: wie sind die möglichen Falsifikatoren mathematischer Theorien beschaffen?» (Lakatos 1978: 34).

Was also sind die «Basissätze» der Mathematik? Was sind ihre potentiellen Falsifikatoren? Lakatos' Antwort auf diese Frage fällt nicht ganz eindeutig aus. Im Falle einer formalisierten Mathematik, so wie sie Hilbert im Sinn gehabt hatte, sind genau genommen nur *logische* Falsifikationen denkbar. Im Hilbertschen Formalismus gibt es keine Aussenwelt, anhand derer die Formeln auf ihren Wahrheitsgehalt hin beurteilt werden könnten (2.1.2.). Dies ist der Grund, weshalb als potentielle Falsifikatoren nur logische Widersprüche in Frage kommen – «Aussagen von der Form p & ¬ p», nicht aber systemunabhängige ‹Fakten› wie im Falle der Naturwissenschaft» (Lakatos 1978: 34). Dennoch, trotz dieses geschlossenen Charakters der formalistischen Mathematik, führt Lakatos noch ein zweites Falsifikationskriterium ein, nämlich die Sätze der inhaltlichen Mathematik. «Geht man von der Auffassung aus, dass eine formale axiomatische Theorie ihren Gegenstand implizit definiert, dann gibt es keine mathematischen Falsifikatoren ausser den erwähnten logischen. Geht man aber davon aus, dass eine formale Theorie die Formalisierung einer informalen Theorie sein soll, dann kann man die formale Theorie ‹widerlegt› nennen, wenn einer ihrer Sätze von dem entsprechenden Satz der informalen Theorie negiert wird. Letzteren könnte man einen *heuristischen Falsifikator* der formalen Theorie nennen» (Lakatos 1978: 34f.).[49]

Aus Lakatos' Sicht sind es also die Theoreme der inhaltlichen Mathematik, die für die formalisierte Mathematik den Status von (potentiell falsifizierenden) ‹Fakten› haben. Dies lässt sich an einem Beispiel veranschaulichen. Man stelle sich vor, eine mathematische Theorie sei vollständig formalisiert. Nun ist es im Prinzip denkbar, dass irgendwann ein mathematischer Satz bewiesen wird, der einer Formel der formalen Theorie widerspricht. Wenn der Beweis formalisiert werden kann, ist die formale Theorie offensichtlich widersprüchlich: sie wurde durch den formalisierten Beweis *logisch* falsifiziert. Falls sich der Beweis nicht formalisieren lässt, ist die formale Theorie in den Augen von Lakatos falsch: sie wurde durch den inhaltlichen Beweis *heuristisch* falsifiziert (Lakatos 1978: 35). Damit ist das Problem allerdings nicht gelöst, sondern bloss verschoben, nämlich auf die Frage: was sind die poten-

---

49. Ich bezeichne hier und im folgenden die nicht vollständig formalisierte Mathematik – die «eigentliche» Mathematik, wie Hilbert sie nannte – als inhaltliche bzw. informale Mathematik. Entsprechend unterscheide ich zwischen formalisierten Beweisen (à la Hilbert) und informalen Beweisen. Ein informaler Beweis enthält heute selbstverständlich auch formalisierte Elemente und bedient sich einer formalen Sprache, er ist aber nicht durchgängig formalisiert. Ich komme in Abschnitt 4.3. darauf zurück.

tiellen Falsifikatoren einer *inhaltlichen* mathematischen Theorie? Das offensichtliche Unvermögen von Lakatos, ‹objektive› mathematische Falsifikatoren anzugeben, könnte darauf hinweisen, dass es diese nicht gibt. Zu diesem Schluss scheint Lakatos auch selbst gekommen zu sein. Er hat seinen 1967 geschriebenen Aufsatz jedenfalls nie publiziert. Stattdessen begann er im Anschluss daran seine «Methodologie der Forschungsprogramme» auszuarbeiten, mit der er der Kuhnschen Herausforderung zu begegnen suchte (Lakatos 1970). Die in diesem Zusammenhang entwickelten Vorstellungen, mit denen er gleichzeitig auch etwas vom Popperschen Falsifikationsmodell abrückte, hat er allerdings nie systematisch auf die Mathematik übertragen. Möglicherweise, das ist zumindest die Ansicht von Teun Koetsier (1991), hätte er damit einige Probleme lösen können, die ihm sein früherer, relativ rigider Falsifikationismus eingetragen hatte.

Lakatos ist von zwei ganz verschiedenen Seiten (um-)interpretiert worden – einerseits von der konventionellen Mathematikphilosophie, repräsentiert durch die beiden Herausgeber John Worrall und Elie Zahar, andererseits von der Soziologie, für die stellvertretend David Bloor steht. Vergleicht man diese beiden Interpretationen miteinander (und mit Lakatos selbst), rücken die Meinungsverschiedenheiten in den Blick, die zwischen Mathematikphilosophen, Mathematikern und Soziologen häufig auftreten.

Die Sicht der offiziellen Mathematikphilosophie lässt sich den (kritischen) Anmerkungen entnehmen, die die Herausgeber der Monographie von Lakatos beigefügt haben (vgl. u.a. S. 93, 138 und 130), sowie einer Replik von John Worrall auf David Bloors soziologische Variante der Lakatos-Rezeption (Worrall 1979). Die Kommentare von Worrall und Zahar beziehen sich vor allem auf Lakatos' fallibilistische Argumentation. Aus der Sicht des «foundational approach», wie ihn Worrall und Zahar vertreten, mag Lakatos' Argumentation für die informale Mathematik berechtigt sein, nicht aber für die formalisierte Mathematik. Sobald ein Beweis formalisiert ist, sind Gegenbeispiele nicht mehr möglich, d.h. der Beweis ist nicht mehr widerlegbar. Es mag zwar sein, dass der Beweis kleinere Fehler enthält, aber solche Flüchtigkeitsfehler sind epistemologisch gesehen belanglos und ändern nichts an der prinzipiellen Korrektheit eines formalen Beweises. «There is thus no serious sense in which such a proof is fallible. And, because these rules of proof are ‹sound›, no counterexample to the proof can be found, no matter how the descriptive terms are stretched; that is, we can make the descriptive terms mean what we like and still never find an interpretation in which the axioms are true and the theorem false» (Worrall 1979: 72). Nur die Axiome können Gegenstand von Kritik oder Zweifel sein. Dies braucht den Formalismus allerdings nicht weiter zu kümmern, da die Axiome nicht (mehr) den Status von inhaltlichen (und entsprechend anzweifelbaren) Wahrheiten haben, sondern als Hypothesen betrachtet werden, die im Prinzip problemlos veränderbar sind (vgl. 2.1.2.).

Von einer ganz anderen Warte aus argumentiert David Bloor. Während Lakatos' Thesen aus der Sicht von Worrall und Zahar über das Ziel hinausschiessen, gehen sie für Bloor zu wenig weit. Entsprechend versucht er, Lakatos' Argumentation soziologisch zu erweitern. Der Weg dazu führt über eine Verbindung von Mary Douglas' *grid/group*-Schema mit den von Lakatos eingeführten Strategien im Umgang mit Gegenbeispielen (Bloor 1978; 1983: 138ff.). Die Hauptthese ist dabei die, dass die Art und Weise, wie Mathematiker und Mathematikerinnen mit Gegenbeispielen umgehen – ob sie z.B. zur Strategie der Monstersperrung greifen oder die «dialektische Methode» favorisieren –, von sozialen Voraussetzungen abhängig ist, konkret: von der Struktur und der Beschaffenheit der sozialen Gruppe, der sie angehören. Die Argumentation von Bloor beruht auf zwei Annahmen, die über Lakatos' Intentionen weit hinausgehen. Die erste Annahme ist von Emile Durkheim und Marcel Mauss (1903) inspiriert und beinhaltet die These, dass die Art und Weise, wie Mathematiker ihre Welt ordnen, prinzipiell kontingent ist. Es gibt kein externes Kriterium, das die geschaffene Ordnung zu einer notwendigen macht. Dies hat Lakatos (in der Interpretation von Bloor) am Beispiel der Geschichte der Eulerschen Formel eindrücklich gezeigt. Die Auseinandersetzungen in Lakatos' Schulklasse (und in der wirklichen Mathematik) drehen sich zunächst einmal um die Frage, was ein Polyeder ist. Ist ein Zwillingstetraeder ein echtes Polyeder oder ist es ein «Monster»? Je nachdem, mit welcher Strategie man auf diese Frage reagiert, werden die Grenzen anders gezogen. Darauf bezieht sich Bloor, wenn er vom gemachten Charakter der Grenzziehung spricht: «*We* draw the boundary lines. Classification is our achievement and our problem» (Bloor 1978: 248; Hervorhebung B.H.). Es können jederzeit Gegenbeispiele auftauchen, die es notwendig machen, die Grenzen neu zu ziehen. Aus der Sicht eines Nicht-Platonisten, wie es (Bloor zufolge) auch Lakatos war, gibt es keine ‹natürliche› Ordnung, die unseren Einteilungen objektive Grenzen setzt.[50]

Damit stellt sich aber die Frage, wie unter diesen Bedingungen stabile und allgemein akzeptierte Klassifikationen überhaupt möglich sind – wie der prinzipiell endlose Prozess von Beweis und Widerlegung jemals zu einem, wenn auch nur vorläufigen Ende kommen kann. An dieser Stelle kommt die zweite Annahme ins Spiel und mit ihr die *grid/group*-Typologie von Mary Douglas. Es sind, so Bloor, *soziale* Faktoren, die die getroffenen Klassifikationen stabilisieren. «Lakatos has shown us that mathematics is something that has to be ‹negotiated›. Logically it is totally underdetermined, but if it is to be real knowledge (...) then it must be determined somehow. The answer is that it is *socially* determined in the course of negotiations» (Bloor 1978: 251; Hervorhebung B.H.). In der Folge versucht Bloor zu plausibilisieren, dass die Art

---

50. Zu Bloors Mathematiksoziologie vgl. ausführlich Kap. 1.

und Weise, wie Mathematiker und Mathematikerinnen mit Gegenbeispielen umgehen, von ihrem sozialen Umfeld abhängig ist. Zur Charakterisierung dieses Umfeldes bedient er sich der *grid/group*-Typologie von Mary Douglas.[51] Um dies an einem Beispiel zu verdeutlichen: Wer einer sozialen Gruppe bzw. einer Kultur angehört, die sich durch eine rigide Binnen-/Aussendifferenzierung (high group) und eine relativ schwache interne Differenzierung (low grid) auszeichnet, wird auf Anomalien – seien das nun mathematische Gegenbeispiele, Fremde oder Tabuverletzungen – mit Abwehr und Ausstossung reagieren. Die Idee, Douglas' *grid/group*-Typologie und die von Lakatos beschriebenen Strategien im Umgang mit Gegenbeispielen aufeinander zu beziehen, ist zwar hübsch, in der Ausführung aber nicht sonderlich überzeugend. Dazu bräuchte es eine feinkörnige Analyse unterschiedlicher mathematischer Kulturen, die Bloor aber nicht leistet.

Beide Interpretationen, die formalistische der Herausgeber und die soziologische à la Bloor, weisen Schwächen auf. Die Kritik von Worrall und Zahar beruht wesentlich auf der Annahme, dass sich jeder informale Beweis im Prinzip formalisieren lässt. «We now *do* have systems within which absolute rigour is possible. This important victory is, of course, in no way diminished by the fact that mathematicians will not standardly present their proofs in such cast iron, rigorous form. The point is that present day proofs *could be* formalized in this way if desired» (Worrall 1979: 73). Das ist eine Argumentation, die meiner Ansicht nach an der Pointe von Lakatos' Buch vorbeizielt. Denn in *Beweise und Widerlegungen* geht es gerade nicht um die ideale, sondern um die reale Mathematik – darum, was Mathematiker und Mathematikerinnen tatsächlich tun, wenn sie Mathematik betreiben. In einem zwei Jahre vor dem Erscheinen von *Beweise und Widerlegungen* geschriebenen Vortrag konzediert Lakatos zwar, dass ein formalisierter Beweis innerhalb des entsprechenden formalen Systems durch ein Gegenbeispiel nicht widerlegbar ist, fügt aber sogleich hinzu, dass sein Problem damit nicht gelöst sei: «Does this mean that for instance if we prove Euler's theorem in Steenrod's and Eilenberg's fully formalized postulate system it is impossible to have any counterexample? Well, it is certain that we won't have any counterexample formalizable in the system (assuming the system is consistent); but we have no guarantee at all

---

51. Mary Douglas hat bereits in ihrem ersten Buch *Reinheit und Gefährdung* herausgearbeitet, wie sehr der jeweilige kulturelle Kontext den Umgang mit Anomalien prägt (Douglas 1966). Diese Überlegungen hat sie später weiter ausformuliert und im Rahmen ihrer *grid/group*-Typologie systematisiert (Douglas 1973). Vereinfacht formuliert, unterscheidet Mary Douglas zwischen zwei Dimensionen. Die eine Dimension bezieht sich auf das Ausmass der internen sozialen Differenzierung (grid), die andere misst die Abgrenzung gegen aussen und die damit einhergehende interne Kohäsion (group). Dichotomisiert man diese beiden Dimensionen, so ergibt sich eine Vierfelder-Typologie, die auch Bloor seiner Argumentation zugrunde legt.

that our formal system contains the full empirical or quasi-empirical stuff in which we are really interested and with which we dealt in the informal theory» (Lakatos 1961: 66f.).

Wo John Worrall und Elie Zahar Lakatos' Argumentation zu entschärfen versuchen, macht Bloor aus ihm einen Ziehvater der Mathematiksoziologie. Es ist zwar richtig, wenn Bloor schreibt: «*Proofs and Refutations* opens the door to a sociological approach to mathematics» (Bloor 1978: 270), aber der Weg dahin ist länger und verzweigter als der von Bloor vorgeschlagene. Lakatos hat nur behauptet, dass auch das mathematische Wissen fehlbar ist und sich in einem dialektischen Prozess von Behauptungen und Widerlegungen entwickelt, genauso wie es Karl Popper für die empirischen Wissenschaften behauptet hatte. Bloors These, dass bei diesem Prozess auch soziale Faktoren am Werk sind, wäre Lakatos vermutlich ein Greuel gewesen. Wie kaum ein anderer hat Lakatos das Rationalitätsideal der Wissenschaft gegen die ‹destruktiven› Tendenzen der neueren Wissenschaftsgeschichte zu verteidigen versucht. Lakatos war ein kritischer Rationalist und folglich ein entschiedener Gegner relativistischer Auffassungen. Aus seiner Sicht schliesst eine fallibilistische Orientierung auch im Bereich der Mathematik die Annahme von Kumulativität und Rationalität keineswegs aus. Auch wenn sich die Abwehrstrategien kurzfristig durchsetzen mögen – Gegenbeispiele umdefiniert, abqualifiziert oder schlicht verdrängt werden –, langfristig gesehen wird sich, das ist Lakatos' meta-philosophisches Credo, in jedem Fall das ‹bessere› Wissen behaupten. In diesem Sinne hat Lakatos zwar den Weg bereitet für eine soziologische Betrachtung der Mathematik, er selbst wäre ihn aber sicher nie gegangen.

Bloors soziologischer Unterbau hängt wesentlich von der Annahme ab, dass die Art und Weise, wie Mathematiker ihr symbolisches Universum ordnen, prinzipiell kontingent ist. Die Grenzlinien können immer wieder aufs neue verschoben werden, es gibt keine natürliche oder platonische Weltordnung, die der menschlichen Einteilung Grenzen setzt.[52] In der Praxis der Mathematik sieht dies allerdings deutlich anders aus. Mathematiker arbeiten nicht in einem luftleeren Raum, sondern mit Objekten und Strukturen, die sie zwar selber geschaffen haben, die ihnen aber dennoch beträchtlichen Widerstand entgegensetzen. Demarkationslinien lassen sich nicht beliebig ziehen, und der relativ stabile und konsensuale Charakter von Klassifikationen hat vor allem mit dem ‹objektiven› Charakter der mathematischen Welt zu tun, die von den Mathematikern zwar produziert wurde, ihnen aber später als unabhängiges Produkt entgegentritt. Das Gegenstück zu einem wolkigen Kontingenzdenken

---

52. Nur an einer Stelle hat Bloor seine Kontingenzthese etwas zurückgenommen: «There are limits to the amount and direction of concept-stretching and reclassification. The exact character of these constraints is indeed an unsolved problem, but one thing is clear; the constraints can be seen as relative, not absolute» (Bloor 1978: 150f.).

ist nicht ein metaphysischer Platonismus, sondern die Erkenntnis, dass auch ein kulturelles Artefakt wie die Mathematik eine Eigengesetzlichkeit und Widerständigkeit aufweist, die für die Betroffenen einen nicht minder harten und unabhängigen Charakter haben kann wie Gesteinsformationen für eine Geologin (vgl. 2.3.3.).

2.3.2. Quasi-empiristische Epistemologie

20 Jahre nach dem Erscheinen von *Beweise und Widerlegungen* konstatierte Christian Thiel, dass die Anregungen von Lakatos bislang kaum aufgegriffen worden seien (Thiel 1981). Dies hat sich in der Zwischenzeit geändert. Der Quasi-Empirismus ist heute zu einer breit diskutierten Richtung in der Mathematikphilosophie geworden und hat teilweise Formen angenommen, die mit Lakatos' ursprünglicher Version nur noch wenig zu tun haben. Lakatos hat vor allem ein *methodisches* Argument verfochten: die Mathematik entwickelt sich nach dem gleichen Muster wie die empirischen Wissenschaften. Wenn heute von «Quasi-Empirismus» die Rede ist, so ist damit in der Regel mehr als eine methodologische These gemeint. Auf eine wichtige Variante quasi-empiristischer Philosophie, den *Physikalismus*, bin ich bereits eingegangen (2.1.1.). Davon abgesehen ist es in letzter Zeit auch zu einem Revival des ‹klassischen› Empirismus gekommen, allerdings in modifizierter und modernisierter Form. Der prominenteste Vertreter eines solchermassen modernisierten Empirismus ist Philip Kitcher. Kitcher hat mit seinem historischen Empirismus (bzw. «Naturalismus», wie er ihn heute nennt) die wohl ausgearbeitetste Gegenposition zur aprioristischen Auffassung der Mathematik vorgelegt (Kitcher 1983; 1988). Im Gegensatz zum Physikalismus ist Kitchers Naturalismus eine primär erkenntnistheoretische Position. Er befasst sich weniger mit der Beschaffenheit des mathematischen Objektbereiches, sondern legt den Akzent auf die Frage nach dem Ursprung und der Natur mathematischen Wissens. [53]

 Kitcher vertritt eine empiristische Position. Aus seiner Sicht ist das Wissen der Mathematik letztlich erfahrungsbegründet. Im Gegensatz aber zu einem Empirismus à la Mill steht bei Kitcher nicht die individuelle Erfahrungsbasis im Mittelpunkt, sondern die historischen Transformationsprozesse, die die ursprüngliche, noch unmittelbar empirische «Protomathematik» in die heutige abstrakte Mathematik übergeführt haben. Kitcher begreift diese Entwicklung, d.h. die Geschichte der Mathematik als eine Sequenz rationaler Übergänge. Jede Phase ist, so Kitcher, durch eine spezifische «Praxis» gekennzeichnet, die ihrerseits verschiedene Komponenten umfasst: eine gemein-

---

53. Kitchers Buch *Mathematical Knowledge*, in dem er seine anti-aprioristische Position ausführlich begründet, ist auf breites Interesse gestossen, vgl. etwa die ausführlichen Rezensionen von Grosholz 1985; Parsons 1986; Steiner 1984.

same Sprache, ein gemeinsamer Bestand an Wissen, als wichtig erachtete Fragen, allgemein akzeptierte Rechtfertigungspraktiken und ein metamathematisches Weltbild, wozu auch die vorherrschenden mathematikphilosophischen Überzeugungen gehören (Kitcher 1983: 163ff.). Die Entwicklung der Mathematik vollzieht sich über einen Wandel der bislang herrschenden Praxis, d.h. über Änderungen in jeder der fünf Komponenten. Im Gegensatz zu relativistischen Ansätzen postuliert Kitcher, dass die Übergänge von einem Praxisfeld zum anderen *rational* sind, es in der Mathematik m.a.W. Fortschritt gibt und man diesen auch operational fassen kann. «I claim that we can regard the history of mathematics as a sequence of changes in mathematical practices, that most of these changes are rational, and that contemporary mathematical practice can be connected with the primitive, empirically grounded practice through a chain of interpractice transitions, all of which are rational» (Kitcher 1988: 299).[54]

Das Elementarwissen, aus dem die moderne Mathematik entstanden ist, bestand, so Kitcher, zunächst einmal aus Verallgemeinerungen empirischer Beobachtungen, ganz ähnlich wie es John Stuart Mill postuliert hat. Aus diesem protomathematischen Wissen entwickelte sich die heutige Mathematik über eine stufenweise Abstraktion und Symbolisierung, indem die empirischen Gegenstände (Mills Kieselsteine oder Freges Pfeffernüsse) symbolisch (z.B. mit Zahlzeichen) gekennzeichnet und die Operationen nicht mehr an den Objekten selbst, sondern an ihren symbolischen Stellvertretern ausgeführt wurden. In einem nächsten Schritt wurden die Operationen selbst (zum Beispiel das Zählen oder Addieren) symbolisch gekennzeichnet und zum Gegenstand von Operationen höherer Ordnung gemacht, undsoweiter.[55] Damit löst sich die Mathematik mit der Zeit faktisch, wenn auch nicht genetisch, von dem Erfahrungskontext, aus dem sie ursprünglich entstanden ist, und schafft sich ihren eigenen, nunmehr rein geistigen Gegenstandsbereich. «The ultimate subject matter of mathematics is the way in which human beings structure the world, either through performing crude physical manipulations or through the operations of thought. We idealize the science of human physical and mental operations by considering all the ways in which we could collect and order the constituents of our world if we were freed from various limitations of time, energy, and ability» (Kitcher 1988: 313; vgl. ähnlich auch Mac Lane 1981; 1986).[56]

---

54. Kitchers Rationalitäts- und Kumulativitätsannahme richtet sich gegen die Inkommensurabilitätsthese in der Wissenschaftsphilosophie (Kitcher 1983: 165ff.; 1988). Diese Rationalitätsannahme ist gleichzeitig aber auch der Angelpunkt, mit dem Kitchers Argumentation steht und fällt. Kitcher plausibilisiert sie empirisch über historische Beispiele, nicht aber, wie er selbst konzediert, systematisch (vgl. u.a. Kitcher 1988: 300f.).

55. Sybille Krämer hat in ihrer Geschichte der Formalisierung einen zentralen Aspekt dieser sukzessiven Innenwendung der Mathematik beschrieben (Krämer 1988).

Aprioristische Mathematikphilosophien gehen in der Regel vom Bild eines Mathematikers aus, der isoliert einer von ihm unabhängigen mathematischen Wirklichkeit gegenübersteht. Demgegenüber führt Kitcher als zusätzliches drittes Element die mathematische Gemeinschaft und das jeweils verfügbare mathematische Wissen ein, ganz ähnlich übrigens, wie es Ludwig Fleck mit seiner Idee des «Denkkollektivs» angeregt hatte (Fleck 1935a: 54ff.). Diese Erweiterung hat Folgen für das Begründungsproblem. Während sich Platonisten bei der Frage, wie mathematisches Wissen gerechtfertigt wird, auf den Beweis und die mathematische ‹Intuition› beziehen, verweist Kitcher, um einiges pragmatischer, auf Bücher, Wandtafeln und wissenschaftliches Ansehen. «Most cases of warranted mathematical beliefs are cases in which an individual's belief is warranted in virtue of its being explicitly taught to him by a community authority or in virtue of his deriving it from explicitly taught beliefs using types of inferences which were explicitly taught» (Kitcher 1983: 225). Entsprechend verschiebt sich das Begründungsproblem für Kitcher auf die Frage, wie *neues* Wissen gerechtfertigt wird. Die Antwort, die Kitcher auf diese Frage gibt, knüpft an seine entwicklungslogische These an. Während das ursprüngliche protomathematische Wissen empirisch begründet wurde, wird das Wissen der höheren Mathematik über dessen Beziehung zum bestehenden Wissenskorpus gerechtfertigt. «Our present body of mathematical beliefs is justified in virtue of its relation to a prior body of beliefs; that prior body of beliefs is justified in virtue of its relation to a yet earlier corpus; and so it goes (…) What naturalism has to show is that contemporary mathematical knowledge results from this primitive state through a sequence of rational transitions» (Kitcher 1988: 299).[57]

Wahrheit ist bei Kitcher nicht mehr korrespondenztheoretisch gefasst, sondern wird zu einem relativen und prozedural definierten Begriff. Was als wahr gilt, bestimmt sich in Relation zur jeweiligen mathematischen Praxis: «There is no independent notion of mathematical truth (…) Truth is what rational inquiry will produce, in the long run» (Kitcher 1988: 314). D.h. Wahrheit wird nicht mehr, wie etwa im Platonismus, über Korrespondenz definiert, sondern in Relation gesetzt zur mathematischen Gemeinschaft und den dort geltenden Rechtfertigungsverfahren. Dies ist eine Verschiebung, wie sie ähnlich auch in der Wissenschaftsphilosophie stattgefunden hat: an die Stelle ei-

---

56. Kitchers Theorie mathematischer Entwicklung ist nicht unwidersprochen geblieben. Kontrovers ist insbesondere die Frage, wie wir aufgrund unserer endlichen Erfahrungen zu einer Mathematik des Unendlichen gelangen können, vgl. dazu Emödy 1994.

57. In diesem Zusammenhang stellt sich auch die Frage, ob beim individuellen Lernen von Mathematik die kulturhistorische Entwicklung in gewissem Sinne wiederholt wird. Ist es vorstellbar, dass jemand, der nie mit Murmeln oder Pfeffernüssen gespielt hat, sie nie gezählt, verschoben oder geordnet hat, rechnen lernt und mit der Zeit das abstrakte Konzept der Zahl versteht?

ner gegebenen Welt, die als unabhängige Wahrheitsinstanz fungiert, tritt das Verfahren. In der Wissenschaftsphilosophie herrscht allerdings keineswegs Einigkeit darüber, was unter einem «rationalen Verfahren» genau zu verstehen ist. Charles S. Peirce, der schon sehr früh, wenn auch mit einiger Ambivalenz, für einen prozeduralen Wahrheitsbegriff plädiert hat, identifiziert «rationales Verfahren» mit der wissenschaftlichen Methode (Peirce 1877). Wahr sind für Peirce jene Sätze, zu denen die Gemeinschaft der Wissenschaftler unter Anwendung der wissenschaftlichen Methode in einem zeitlich prinzipiell unbegrenzten Prozess gelangt.[58]

Ähnlich vertritt auch Hilary Putnam im Rahmen seines «internen Realismus» einen prozeduralen Wahrheitsbegriff, allerdings in etwas liberalisierterer Form (Putnam 1990: insb. Kap. III, sowie eine Reihe von Aufsätzen in Putnam 1993). Während Peirce die wissenschaftliche Methode als historisch invariant setzt, geht Putnam davon aus, dass sich die Regeln ändern können. Wissenschaftliche Verfahren sind, so Putnam, Ausdruck unserer Weltauffassung und wandeln sich mit dieser (Putnam 1990: 10; Putnam 1988/90: 241ff.).[59] Während Peirce, Putnam (und natürlich auch Habermas) darum bemüht sind, einen gewissermassen objektiven Ersatz für den korrespondenztheoretischen Wahrheitsbegriff zu finden und dies über die Zusatzannahme eines zeitlich unbefristeten Forschungsprozesses (Peirce), «idealer» Erkenntnisbedingungen (Putnam) oder eines «herrschaftsfreien Diskurses» (Habermas) zu realisieren versuchen, vertritt Richard Rorty eine stark subjektivistisch gefärbte Variante: wahr ist, wozu eine Gruppe vernünftiger Leute nach eingehender Diskussion gelangt (Rorty 1987: 343ff.). Damit wird der Wahrheitsbegriff gewissermassen ‹kontextualisiert›. Es gibt, und hier bezieht Rorty eine explizite Gegenposition zur Annahme einer universellen Rationalität, keine kontextübergreifenden Erkenntnisprinzipien.

Im Gegensatz zur Wissenschaftsphilosophie sind in der Mathematikphilosophie konsenstheoretische Argumentationen immer noch die Ausnahme. Kitcher gehört zu den wenigen Mathematikphilosophen, die Wahrheit in Beziehung setzen zur wissenschaftlichen Gemeinschaft und den jeweils geltenden Rechtfertigungspraktiken. «The accepted reasonings are the sequences of statements mathematicians advance in support of the statements they assert» (Kitcher 1983: 180). Das prominenteste Beispiel solcher «accepted reasonings» ist natürlich der Beweis. Es ist aber wichtig zu sehen, dass der Beweis

---

58. Peirce hat nicht eine durchgängig konsenstheoretische Position vertreten, sondern sein Vertrauen auf die rationale Kraft der wissenschaftlichen Methode mit einer korrespondenztheoretischen Auffassung von Wahrheit kombiniert. Der am Ende erzielte Konsens konvergiert mit dem objektiv Wahren (vgl. auch 5.1.).

59. In jüngster Zeit scheint sich Putnam allerdings wieder von diesem prozeduralen Wahrheitsbegriff zu distanzieren, vgl. exemplarisch das Interview in Burri 1994: 179f.

nicht die einzige Rechtfertigungsstrategie ist und seine Bedeutung historisch variiert. Wandelbar sind aber nicht nur die geltenden Rechtfertigungspraktiken – Kitchers «accepted reasonings» –, wandelbar sind auch die Anforderungen, die an einen Beweis gestellt werden. Die Beweisanforderungen selbst gehören für Kitcher in den Bereich des metamathematischen Weltbildes. Was in einer Epoche als Beweis zählt, gilt in einer anderen vielleicht nur noch als plausible Begründung, nicht aber als Beweis. Für einen solchen Wandel der Beweiskriterien gibt es in der Mathematikgeschichte eine Reihe von Beispielen (vgl. dazu ausführlicher 7.3.3.). Sobald man jedoch konzediert, dass die Beweisanforderungen historisch wandelbar sind, muss auch die Vorstellung einer absoluten Wahrheit verabschiedet werden. Oder wie Raymond Wilder diese skeptische Sicht formuliert: «At any given time, there exist cultural norms for what constitutes an acceptable proof in mathematics. And what is acceptable in one period may not be acceptable at a later period» (Wilder 1981: 40).

2.3.3. Mathematik als soziales Phänomen

Wo ist der ‹Ort› der mathematischen Wirklichkeit? Wie ich in diesem Kapitel ausgeführt habe, fallen die Antworten auf diese Frage unterschiedlich aus. Für den Platonismus liegt der Ort der mathematischen Objektwelt ausserhalb von Raum und Zeit, für den Physikalismus, zumindest in seiner radikalen Variante, ist die Mathematik eine – allerdings sehr abstrakte – empirische Wissenschaft, für den Formalismus und den Intuitionismus sind mathematische Objekte Konstruktionen. Der Formalismus verortet sie auf der Ebene einer formalen Zeichensprache, der Intuitionismus im menschlichen Geist. Während der Formalismus Mathematik als formale (Schrift-)Sprache denkt, ist sie für den Intuitionismus ein rein gedankliches Phänomen: die wirkliche Mathematik findet im Geiste statt, ihre sprachliche Formulierung ist ein sekundärer Akt und der eigentlichen Mathematik äusserlich. Die Sprache (und dies gilt für die alltägliche wie für die formale Sprache) kommt für L.E.J. Brouwer erst dann zum Zuge, nachdem die mathematischen Gegenstände, sprachlos, im Geiste erschaffen wurden, und sie dient ausschliesslich deren Übermittlung. Diese strikte Trennung zwischen Denken und Sprechen hat zur Folge, dass Brouwer auf die Frage nach der Intersubjektivität der Mathematik keine oder eine nur sehr unzulängliche Antwort geben kann. Intersubjektivität ist für ihn nur vorstellbar als Resultat eines «Zwangsaktes», der entweder über «Suggestion» oder über «Vernunftdressur» läuft (Brouwer 1928: 419). Da Brouwer die Sprache, auch die formale Sprache, als etwas der Mathematik Äusserliches betrachtet, fehlt ihm ein Instrumentarium, um zu erklären, wie die einzelnen Geister zu einer Verständigung über ihre individuell erzeugten Schöpfungen kommen können. «Numbers do not exist in space, and I agree with those who say that they are to be found in our minds. This, however, implies that my 3 is not your 3, since my 3 is in my mind, while your 3 is in your mind. How then are different mathematicians able to communicate?» (Snapper 1988: 53). Genau auf dieses Problem hat Frege mit seiner harschen Kritik am Psychologismus in der Mathematik aufmerksam gemacht. «Wäre die Zahl eine Vorstellung, so wäre die Arithmetik Psychologie. Das ist sie so wenig, wie etwa die Astronomie es ist. (…) Wäre die Zwei eine Vorstellung, so wäre es zunächst nur die meine. Die Vorstellung eines Anderen ist schon als solche eine andere. Wir hätten dann vielleicht viele Millionen Zweien. Man müsste sagen: meine Zwei, deine Zwei, eine Zwei, alle Zweien. (…) Wir sehen, zu welchen Wunderlichkeiten es führt, wenn man den Gedanken etwas weiter ausspinnt, dass die Zahl eine Vorstellung sei. Und wir kommen zu dem Schlusse, dass die Zahl weder räumlich noch physikalisch ist, wie Mills Haufen von Kieselsteinen und Pfeffernüssen, noch auch subjektiv wie die Vorstellungen, sondern unsinnlich und objektiv» (Frege 1884: 60).[60]

Dennoch lässt sich Brouwers mentalistische These zu einer kulturalistischen ausbauen, ohne seine Position im Einzelnen teilen zu müssen. Die meisten Mathematikphilosophen, die diesen Weg gehen, orientieren sich an Poppers Drei-Welten-Theorie. «Pure mathematics studies man-made structures in World 3 of abstract artefacts», so etwa Ilkka Niiniluoto, der Brouwers Intuitionismus mit Poppers Drei-Welten-Konzeption zu verbinden sucht (Niiniluoto 1992: 62; vgl. ähnlich auch Isaacson 1993).[61] Popper selbst hat in seiner Brouwer-Interpretation eine solche Verbindung nahegelegt (Popper 1994: 132ff.). Anstatt, wie Brouwer es getan hat, mathematische Objekte als geistige Produkte anzusehen, die nur in der Welt 2 des subjektiven Bewusstseins existieren, werden sie von Popper zu «Bürgern» (Popper) der Welt 3 ernannt. «Sie wurden zwar ursprünglich von uns konstruiert – die Welt 3 entsteht ja als unser Erzeugnis –, doch die Gedankeninhalte führen ihre eigenen unbeabsichtigten Konsequenzen mit sich» (Popper 1994: 142). Damit diese «Umbürgerung» möglich ist, muss die scharfe Trennung zwischen Denken und Sprache, auf der Brouwer bestanden hatte, aufgehoben werden. Denn zu einem kulturellen Artefakt können die individuellen Schöpfungen des Geistes erst dann werden, wenn es ein Medium gibt, in dem sie sich ausdrücken und objektivieren können.[62]

Aus soziologischer Sicht braucht man nicht auf Poppers Drei-Welten-Theorie zurückzugreifen, um zwischen sozialen Tatbeständen und individuel-

---

60. Zu Freges Vorstellung eines «dritten Reiches» objektiver Gedanken, die einige Ähnlichkeit mit Poppers Welt 3 aufweist, vgl. Dummett 1988: 32ff.
61. Popper (1994) unterscheidet zwischen drei Welten – zwischen der physikalischen Welt 1, der psychischen Welt 2 des individuellen Bewusstseins und der ‹objektiven› Welt 3 der kulturellen Artefakte.

lem Bewusstsein zu unterscheiden. Es gibt bekanntlich eine Reihe von alternativen Angeboten, um die Differenz zwischen verinnerlichter und objektivierter Mathematik angemessen zu beschreiben. Die Mathematik ist nicht bloss als geistiges Produkt in den individuellen Köpfen vorhanden, sondern Teil der «objektiven Kultur». Die Konstruktion der mathematischen Wirklichkeit folgt den gleichen Gesetzen wie die Produktion anderer sozialer Tatsachen und lässt sich ähnlich wie diese zwischen den drei Dimensionen Externalisierung, Objektivation und Verinnerlichung aufspannen (Berger/Luckmann 1970). Die Bestimmung der Mathematik als soziale Konstruktion schliesst die Möglichkeit von Entdeckungen keineswegs aus. «Even if cultural objects are social constructions, they are not entirely transparent to us. We can, in an objective sense, discover new truths about our own creations» (Niiniluoto 1992: 64).

Wie das Beispiel der mengentheoretischen Antinomien augenfällig zeigt, können Definitionen Implikationen enthalten, die nicht von Anfang an bekannt sind, sondern erst mit der Zeit entdeckt werden. Das Betreiben von Mathematik besteht wesentlich im ‹Entdecken› solcher ungeahnter Implikationen. Oder wie es Armand Borel formuliert: «Some of the properties of this (new) mathematical object derive easily from the definitions, but others not at all. It may require tremdendous efforts, over a long time, to pry them out, and then how we can escape the feeling that this object was there before and we just stumbled upon it? If moreover, the interest in those problems and the efforts to solve them are shared by others, the feeling of an objective existence becomes practically irresistible» (Borel 1994: 12). Die Tatsache, dass mathematische Objekte konstruiert und nicht gefunden werden, bedeutet allerdings nicht, dass diese Konstruktionen so kontingent sind, wie David Bloor unterstellt (vgl. 2.3.1). Die Minimalanforderung ist Kohärenz – und das ist faktisch eine maximale Forderung. Zulässig sind nur jene Objekte, die zu den bereits eingeführten Konstruktionen nicht im Widerspruch stehen. So gesehen schliessen sich kulturalistische Position und objektivistischer Wahrheitsbegriff keineswegs aus. Nur ist in diesem Fall die Wahrheitsinstanz nicht eine externe Wirklichkeit, sondern das im Verlauf der mathematischen Entwicklung geschaffene kulturelle Netz von Definitionen, Begriffen, Sätzen und Beweisen.

---

62. Für Popper stellt die Verankerung der Mathematik in der Welt 3 eine Möglichkeit dar, eine an sich radikal anti-platonistische Position, wie es der Intuitionismus ist, mit «einer Art von Platonismus» zu verbinden (Popper 1994: 139). Ilkka Niiniluoto bezeichnet Poppers These einer objektiven Welt geistiger Sachverhalte als «poor man's platonism» (Niiniluoto 1992: 64), Daniel Isaacson spricht in diesem Zusammenhang von «concept platonism» (Isaacson 1993). Diese Formulierungen sind jedoch insofern missverständlich, als sie die Differenz zwischen dem klassischen Platonismus und einer kulturalistischen Position zu sehr verwischen.

In einem vielzitierten Aufsatz hat der Anthropologe Leslie White die Mathematik als kulturelles Artefakt beschrieben (White 1947). Seine Anregungen wurden von Raymond Wilder, einem Mathematiker, aufgenommen und weiter ausgebaut (Wilder 1981). Die (von Durkheim inspirierte) Grundthese ist dabei die, dass die Mathematik eine soziale Institution ist, die Objektivität der Mathematik m.a.W. den gleichen Charakter hat wie die Objektivität von Verkehrsregeln, moralischen Geboten oder Grammatikregeln. Ähnlich wie die Sprache oder die Moral ist auch die Mathematik ein *fait social* – ein sozialer Tatbestand, der dem Individuum von aussen entgegentritt, obwohl er von ihm geschaffen wurde. Sie bildet eine Realität *sui generis*, die für den einzelnen Mathematiker den Status einer objektiven, äusseren Welt besitzt und die er sich in kleinen Ausschnitten und in einem langjährigen Lern- und Verinnerlichungsprozess zu eigen macht. «Mathematics does have objective reality. And this reality (…) is not the reality of the physical world. But there is no mystery about it. Its reality is cultural: the sort of reality possessed by a code of etiquette, traffic regulations, the rules of baseball, the English language or rules of grammar» (White 1947: 302). Während jedoch die Verkehrsregeln in der Regel als menschliche Hervorbringungen wahrgenommen werden, besitzt die Welt der Mathematik in den Augen vieler Mathematiker eine aussermenschliche Existenz.

White hat mit seinem Aufsatz zwar einen neuen Weg eingeschlagen, seine Argumentation bleibt aber ähnlich wie jene von Bloor auf halber Strecke stehen. Die Mathematik ist zwar ein soziales Produkt, im Vergleich zu anderen kulturellen Artefakten und Institutionen weist sie jedoch eine Reihe von Besonderheiten auf, die White nicht weiter erklärt. Im Gegensatz zu Verkehrsregeln oder Tischsitten, die in vielfältiger und häufig widersprüchlicher Form existieren und kaum jemals uneingeschänkt akzeptiert sind, zeichnet sich die Mathematik durch Kohärenz und Konsens aus (vgl. Kap. 1). Mathematiker mögen sich zwar über Beweisanforderungen oder die Relevanz eines Beweises streiten, sie werden sich jedoch rasch einig, wenn es um die Korrektheit eines Resultats oder das Vorhandensein von Beweislücken geht. Wie lässt sich erklären, dass ein Gebilde, an dessen Entwicklung viele Menschen unabhängig voneinander arbeiten, nicht in unverbundene und inkompatible Teile zerfällt? Was ist der Grund dafür, dass Kontroversen in der Mathematik relativ rasch und rational entschieden werden? Welcher Art sind m.a.W. die Mechanismen, die dafür sorgen, dass in der Mathematik der «Mythos kultureller Integration» (Archer) tatsächlich Realität ist? Wie ich im Eingangskapitel ausgeführt habe, sind dies die Hauptfragen, die eine Soziologie der Mathematik zu beantworten hat, und auf die ich Schlusskapitel dieses Buches ausführlich zurückkommen werde.

2.3.4. Quasi-Empirismus und Soziologie

Der Quasi-Empirismus tritt heute in verschiedenen Varianten auf. Sie reichen von der von Lakatos vertretenen These, dass sich die Mathematik nach einem grundsätzlich ähnlichen Muster entwickelt wie die empirischen Wissenschaften, bis hin zu der sehr viel radikaleren Behauptung, dass auch die Mathematik eine Art empirische Wissenschaft sei. Die Philosophie der Mathematik mache gegenwärtig eine «rather dramatic transformation and reorientation» durch, schreiben die Herausgeber eines Sammelbandes zur Mathematikphilosophie, in dem dieser Perspektivenwechsel breit dokumentiert wird (Echeverria u.a. 1992: ix). Obschon der Quasi-Empirismus keine einheitliche Doktrin darstellt, sondern verschiedene Facetten und Varianten aufweist, möchte ich die Hauptpunkte noch einmal kurz zusammenfassen.[63]

(1) *Fallibilismus vs. Unfehlbarkeit*. Die Mathematik galt lange Zeit als Inbegriff sicheren Wissens. Während das Scheitern der grundlagentheoretischen Programme die Mathematiker selbst an der absoluten Sicherheit der Mathematik zweifeln liess, hat sich die Mathematikphilosophie weiterhin mit Begründungsfragen beschäftigt. Lakatos war der erste Mathematikphilosoph, der die fallibilistische Position konsequent auf die Mathematik übertragen hat. Der Anspruch auf absolute Sicherheit ist eine Fiktion; mathematisches Wissen ist, wenn auch aus anderen Gründen, ähnlich fehlbar wie das Wissen der empirischen Wissenschaften. Das ist die Basisthese des Quasi-Empirismus.

(2) *Historisierung vs. Invarianz*. Damit verbunden ist eine Historisierung der Mathematik und ein Einbezug der Mathematikgeschichte in die Mathematikphilosophie, ganz ähnlich wie es im Zuge der anti-positivistischen Wende auch in der Wissenschaftsphilosophie geschehen ist (vgl. 3.1.). Aus konventioneller Sicht ist die Mathematik ein Wissenskorpus, der zwar quantitativ anwächst, niemals aber einen qualitativen Wandel durchmacht. Oder wie es Michael Otte in kritischer Absicht formuliert: «Mathematics seems to be an intellectual field in which historical development is swallowed up by the latest state of the art, at the same time preserving what remains worthwile» (Otte 1992: 296). Demgegenüber betont der Quasi-Empirismus die Historizität der Mathematik und nähert sie damit den empirischen Naturwissenschaften an.[64] Die konsequente Historisierung der Mathematik schliesst auch den Beweis mit ein. Mit dem Nachweis, dass sich die Beweisanforderungen über die Zeit hin-

---

63. In jüngster Zeit sind eine Reihe von Sammelbänden erschienen, die – neuerdings auch unter der Bezeichnung «humanist approach» – einen guten Überblick über die quasi-empiristische Wende geben: Aspray/Kitcher 1988; van Bendegem 1988 und 1989; Echeverria u.a. 1992; Hersh 1991b; Restivo u.a. 1993; Tymoczko 1985. Als Einführung in die quasi-empiristische Mathematikphilosophie lässt sich auch der erste Teil von Ernest 1991 lesen; einen knappen Überblick geben Crowe 1988 aus der Perspektive der Mathematikgeschichte sowie Hersh 1995 aus der Sicht der Mathematik.

weg ändern, muss auch der Anspruch auf absolute Wahrheit verabschiedet werden. Was als wahr gilt, ist abhängig von den jeweils akzeptierten Beweisanforderungen und in diesem Sinne kontextabhängig.

(3) *Konsens vs. Korrespondenz.* Die konventionellen Mathematikphilosophien gehen in der Regel mit einem korrespondenztheoretischen (Platonismus) oder kohärenztheoretischen Wahrheitsbegriff (Formalismus) einher. Demgegenüber tendiert der Quasi-Empirismus zu einem konsenstheoretischen Wahrheitsbegriff, ohne dass damit allerdings gleichzeitig der Anspruch auf Objektivität aufgegeben wird. Die Arbeiten von Philip Kitcher sind dafür ein gutes Beispiel.

(4) *Mathematische Gemeinschaft vs. idealer Mathematiker.* Während die grundlagentheoretischen Programme vom Bild eines ‹idealen› Mathematikes ausgehen, der isoliert und von allen irdischen Restriktionen befreit Mathematik betreibt, lenkt der Quasi-Empirismus den Blick auf die Rolle der mathematischen Gemeinschaft. Auf die epistemologische Bedeutung der mathematischen Gemeinschaft haben insbesondere Philip Kitcher und Thomas Tymoczko aufmerksam gemacht (Kitcher 1983; Tymoczko 1986).

(5) *Mathematik vs. empirische Naturwissenschaft.* Im Gegensatz zur traditionellen Mathematikphilosophie, die eine grundlegende Differenz zwischen Mathematik und Naturwissenschaft behauptet, hebt der Quasi-Empirismus deren Gemeinsamkeiten hervor. «The results of mathematics are no more certain or everlasting than the results of any other science, even though, for sociological reasons, our histories of mathematics tend to disguise that fact. Indeed, I suggest that once we apply the insights of modern analytic philosophy to mathematics, we shall see that mathematics is no more different from physics than physics is from biology. There is no such thing as non-trivial a priori truth, and mathematics is our richest and deepest science of nature» (Goodman 1991: 125). Die Betonung der Gemeinsamkeiten zwischen Mathematik und empirischen Naturwissenschaften geht in der Regel mit einer Ablehnung des mathematischen Apriorismus einher. Quasi-Empirismus ist über weite Strekken gleichbedeutend mit der Auffassung, dass mathematisches Wissen ein Wissen a posteriori ist.

(6) *Kulturalismus vs. Platonismus.* Allen Richtungen des Quasi-Empirismus ist eine entschiedene Ablehnung des klassischen Platonismus gemeinsam. Anstatt die Objekte der Mathematik jenseits von Zeit und Raum zu lokalisieren, werden sie entweder physikalistisch interpretiert oder als kulturelle

---

64. Dies bedeutet nicht, dass die Geschichte der Mathematik als eine diskontinuierliche, durch wissenschaftliche Revolutionen geprägte Entwicklung betrachtet werden muss, wie dies seit Kuhn für die empirischen Wissenschaften postuliert wird. Die These einer grundlegenden Historizität der Mathematik schliesst die Annahme einer kumulativen Entwicklung nicht aus (vgl. 7.1.)

Konstruktionen aufgefasst, oft im Sinne von Poppers Welt 3. Eine solche kulturalistische Auffassung der Mathematik kennzeichnet auch den historischen Empirismus, wie er von Philip Kitcher oder Saunders Mac Lane vertreten wird. Obschon die Mathematik ursprünglich aus dem alltäglichen Umgang mit Dingen entstanden ist, haben sich ihre Konstruktionen im Verlauf der Zeit soweit verselbständigt, dass die Mathematik heute nicht mehr von Dingen handelt, sondern von Formen, die sie selber geschaffen hat.

(7) *Naturalismus vs. normative Begründungsphilosophie*. Aus quasi-empiristischer Sicht zielt die konventionelle Mathematikphilosophie an den interessanten Fragen der Mathematik vorbei – sie ist, wie es Philip Kitcher an die Adresse seiner Kollegen gerichtet formuliert, «a subject noted as much for its irrelevance as for its vaunted rigor, carried out with minute attention to a small number of atypical parts of mathematics and with enormous neglect of what most mathematicians spend most of their time doing» (Kitcher 1988: 293). Anstatt sich weiterhin mit Begründungsfragen abzugeben und die Mathematik auf die Basissätze der Mengenlehre zu reduzieren (Mac Lane 1992: 3), sollte, so die Empfehlung, der Komplexität der wirklichen Mathematik Rechnung getragen werden. «Let us clear our minds by turning away from the philosophical alternatives we are accustomed to, and turning instead to our actual experience. (…) We can try to describe mathematics, not as our inherited prejudices imagine it to be, but as our actual experience tells us it is» (Hersh 1979: 18, 22). Dahinter steht die Annahme, dass weniger die Beschäftigung mit den Grundlagen der Mathematik als vielmehr die Analyse ihrer *Praxis* eine Antwort auf die grundlegenden Fragen der Mathematikphilosophie verspricht. Die Untersuchung der Praxis der Mathematik lenkt die Aufmerksamkeit auf Phänomene, die in der Mathematikphilosophie lange Zeit nicht thematisiert wurden: auf die Rolle der mathematischen Gemeinschaft; auf informelle Validierungsstrategien und die Bedeutung der Kommunikation; auf die Möglichkeit von Irrtum und Widerlegung und damit auf den falliblen Charakter auch der Mathematik.

Es scheinen vor allem Mathematiker zu sein, die der Mathematikphilosophie eine thematische Verarmung vorwerfen und für einen grundlegenden Perspektivenwechsel votieren. Heute ist es sicher noch verfrüht, von einer «quasi-empiristischen» Wende in der Mathematikphilosophie zu sprechen. Dennoch gibt es einige Anzeichen dafür, dass sich in der Mathematikphilosophie ein Umbruch abzeichnet, der beträchtliche Ähnlichkeiten aufweist mit der antipositivistischen Wende in der Wissenschaftsphilosophie und vielleicht auch ähnliche Folgen hat, was die Zusammenführung von Philosophie, Geschichte und Soziologie anbelangt. Eine solche Zusammenführung würde sich auch aus inhaltlichen Gründen anbieten. Denn in den letzten Jahren wurden in der Wissenschaftssoziologie und in der Mathematikphilosophie Forschungsprogramme formuliert, die eine erstaunliche Übereinstimmung aufweisen. Was Reuben Hersh für die Mathematikphilosophie fordert: «to look what mathematics really is (…). That is, reflect honestly on what we do when we use, teach, invent, or discover mathematics – by studying history, by introspection, and by observing ourselves and each other with the unbiased eye of Martians or anthropologist» (Hersh 1979: 21f.), deckt sich weitgehend mit dem Forschungsprogramm des pragmatischen Ansatzes der konstruktivistischen Wissenschaftssoziologie (vgl. 3.3.). Diese Konvergenz wurde allerdings weder von der einen noch von der anderen Seite zur Kenntnis genommen. Die quasi-empiristische Diskussion findet ohne Bezugnahme auf die Wissenschaftssoziologie statt, und diese selbst hat um die Mathematik bislang einen grossen Bogen gemacht. Es ist das Ziel der vorliegenden Arbeit, diese beiden Perspektiven zumindest punktuell zusammenzuführen.

Kapitel 3

OBJEKTE, TATSACHEN UND VERFAHREN.
KONZEPTE UND FRAGESTELLUNGEN DER
KONSTRUKTIVISTISCHEN WISSENSCHAFTSSOZIOLOGIE

> Es ist ja wohl heute in den Kreisen der Jugend die Vorstellung sehr verbreitet, die Wissenschaft sei ein Rechenexempel geworden, das in Laboratorien oder statistischen Kartotheken mit dem kühlen Verstand allein und nicht mit der ganzen ‹Seele› fabriziert werde, so wie ‹in einer Fabrik'. Wobei vor allem zu bemerken ist: dass dabei meist weder über das, was in einer Fabrik, noch was in einem Laboratorium vorgeht, irgendwelche Klarheit besteht.
>
> *Max Weber[1]*

1932 veröffentlichte Erwin Schrödinger eine kleine Schrift mit dem Titel *Ist die Naturwissenschaft milieubedingt?* Der Physiker Schrödinger vertrat darin die Auffassung, dass auch das naturwissenschaftliche Wissen «standortgebunden» sei, und nahm damit eine Position ein, die der Soziologe Karl Mannheim ein Jahr zuvor noch kategorisch ausgeschlossen hatte. «Wir alle sind Mitglieder unseres Kulturmilieus. Sobald bei einer Sache die Einstellung unseres Interesses überhaupt eine Rolle spielt, muss das Milieu, der Kulturkreis, der Zeitgeist oder wie man es sonst nennen will, seinen Einfluss üben. Es werden sich auf allen Gebieten einer Kultur gemeinsame weltanschauliche Züge und, noch sehr viel zahlreicher, gemeinsame stilistische Züge vorfinden, in der Politik, in der Kunst, in der Wissenschaft. Wenn es gelingt, sie auch in der exakten Naturwissenschaft aufzuweisen, wird eine Art Indizienbeweis für Subjektivität und Milieubedingtheit erbracht sein» (Schrödinger 1932: 308). Dass ein solcher Indizienbeweis durchführbar ist, stand für Schrödinger ausser Frage.

Schrödinger war mit dieser Einschätzung nicht allein. Die epochalen Entdeckungen der Quantenphysik haben viele damalige Physiker dazu geführt, am hergebrachten objektivistischen Wissenschaftsverständnis zu zweifeln. In-

---

1. Weber 1919: 589.

dem wir die Wirklichkeit messend beobachten, verändern wir sie – dies war das erkenntnistheoretische Fazit, das aus der Heisenbergschen Interpretation des quantenmechanischen Formalismus gezogen wurde (Beller 1988). Zumindest im Mikrobereich der Atomphysik ist eine scharfe Trennung zwischen Subjekt und Objekt nicht mehr möglich. Was immer wir wahrnehmen, ist das Ergebnis einer, wie es Werner Heisenberg formulierte, «Wechselwirkung zwischen Beobachter und Gegenstand, die den Gegenstand verändert» (Heisenberg 1928: 26). Niels Bohr gelangte aufgrund der quantenmechanischen Ergebnisse zu erkenntnistheoretischen Überlegungen, die der Wissenssoziologie von Karl Mannheim erstaunlich nahekamen, in ihrer Konsequenz aber um einiges radikaler waren. Seit den Umbrüchen in der Quantentheorie sei die «Vorstellung einer objektiven Realität der zur Beobachtung gelangenden Phänomene» nicht mehr aufrechtzuerhalten. Was beobachtet wird, ist immer relativ – abhängig vom «Bezugssystem des Beobachters». Auch in der Physik kann derselbe Gegenstand auf verschiedene Weise gesehen werden. Erst aus dem Zusammenfügen dieser unterschiedlichen Bilder und Beschreibungsweisen ergibt sich, das lehrt das Bohrsche «Komplementaritätsprinzip», eine «allseitige Beleuchtung» des Gegenstandes (Bohr 1929: 205).[2]

Die Soziologie hat diese Gedanken nicht aufgenommen, im Gegenteil. Im Sinne eines vorauseilenden Gehorsams hat sie sich selbst der «Standortgebundenheit» bezichtigt, den Naturwissenschaften aber umstandslos den Anspruch auf Objektivität zugebilligt. Die Mannheimsche Formel, dass es sich im Falle von Naturwissenschaft und Mathematik um eine «Wahrheit-an-sich-Sphäre» handle, die «vom historischen Subjekt völlig abgelöst» sei, wurde als unwiderrufliches Dogma in den soziologischen Kanon aufgenommen (Mannheim 1931: 251). Die Folge davon war eine Aufspaltung von *Wissen*soziologie und *Wissenschafts*soziologie. Während sich die Wissenssoziologie mit der Analyse des ‹weichen› Wissens begnügte, enthielt sich die Wissenschaftssoziologie jeglicher erkenntnistheoretischen Reflexion und beschränkte sich stattdessen auf die Analyse der Wissenschaft als soziale Institution (Heintz 1998). Mit Robert Mertons Aufsatz zur Wissenssoziologie, in dem er 1945 deren Territorium präzise vermass, wurde die Trennung von Wissenssoziologie und (institutionalistischer) Wissenschaftssoziologie für die nächsten Jahre besiegelt (Merton 1945).

Es dauerte mehrere Jahrzehnte, bis Schrödingers Anregung aufgenommen wurde, auch die Inhalte der Naturwissenschaften einer soziologischen Betrachtung zu unterziehen. Während die klassische Wissenschaftssoziologie den Fokus auf die institutionellen Rahmenbedingungen von Wissenschaft ge-

---

2. Karl Mannheim hat mit seinem Konzept des «Relationismus» einen ganz ähnlichen Gedanken entwickelt. Im Unterschied aber zu Bohr hat er seine Idee des «perspektivischen Denkens» nicht auf die Naturwissenschaften übertragen (Mannheim 1931: 258f.).

legt hatte, wurde nun das wissenschaftliche *Wissen* selbst in den Vordergrund gerückt. In den 70er Jahren entwickelte sich zunächst in England, später auch in den USA eine neue Richtung der Wissenschaftssoziologie, die sich selbst als Soziologie (natur-)wissenschaftlichen Wissens verstand – als *sociology of scientific knowledge.* Heute ist diese Richtung – ich werde sie im folgenden als *konstruktivistisch* bezeichnen – zu einer wichtigen Repräsentantin der Wissenschaftssoziologie avanciert.

In der institutionalistischen Wissenschaftssoziologie wird das Produkt der Wissenschaft, das wissenschaftliche Wissen selbst, nicht zum Thema gemacht oder höchstens im Sinne einer quantitativen Vermessung im Rahmen der Szientometrie. Der Grund dafür, die Wissensdimension aus dem Untersuchungsbereich auszuklammern, war der erkenntnistheoretische Realismus, der auch in der Wissenschaftssoziologie lange Zeit dominierte. Das objektivistische Wissenschaftsverständnis war gewissermassen der «cordon sanitaire» (Overington 1985), mit dem wissenssoziologische Fragestellungen von den ‹harten› Wissenschaften ferngehalten wurden. Für Merton und seine Nachfolger war naturwissenschaftliches (und mathematisches) Wissen objektives Wissen, das im Gegensatz zum Wissen der Sozial- und Geisteswissenschaften durch soziale Faktoren nicht beeinflussbar und folglich einer soziologischen Analyse auch nicht zugänglich ist. Es ist genau diese Annahme, die von der konstruktivistischen Wissenschaftssoziologie nicht mehr bedingungslos akzeptiert, sondern zu einer empirischen Frage gemacht wird. Ist wissenschaftliches Wissen tatsächlich so objektiv, wie es der institutionalistische Ansatz behauptet? Welche Rolle spielen soziale Faktoren bei der Produktion wissenschaftlichen Wissens?

Die konstruktivistische Wissenschaftssoziologie führt (von ihr selbst allerdings kaum bemerkt) eine Tradition weiter, die sich in den 30er Jahren entfaltet hat, aber schon nach kurzer Zeit ins Abseits gedrängt wurde. Die Wurzeln der konstruktivistischen Wissenschaftssoziologie reichen auf der einen Seite zurück bis zu Ludwik Fleck, dessen Arbeiten die Studie von Thomas Kuhn massgeblich beeinflusst haben (Fleck 1935a; 1983), auf der anderen Seite bis hin zum logischen Empirismus des Wiener Kreises. Die Verknüpfung von konstruktivistischer Wissenschaftssoziologie und logischem Empirismus mag auf den ersten Blick erstaunlich anmuten, sie wird jedoch plausibler, sobald man den logischen Empirismus nicht mehr im Zerrbild des Positivismusstreits zur Kenntnis nimmt, sondern in jener Variante, die Otto Neurath vertreten hat. In seinen, vor allem in den 30er Jahren entstandenen Schriften hat Neurath vieles von dem vorweggenommen, was Jahre später – und in direkter Opposition zum logischen Empirismus – als radikale Neuerung präsentiert wurde. Ich möchte im folgenden einige seiner Überlegungen kurz darstellen. Sie machen deutlich, dass sich der Positivismus, zumindest in der Form, die Neurath ihm gegeben hat, in vielen Punkten gar nicht so sehr vom Denken seiner anti-positivistischen Kritiker unterscheidet. Die wissenssoziologische Richtung der neueren Wissenschaftssoziologie hat jedenfalls viele Gedanken weitergeführt, die Neurath ansatzweise in den 30er Jahren entwickelt hat. [3]

3.1. «Naturalisierter» Positivismus: Die Wissenschaftssoziologie Otto Neuraths

> Die Natur mag uns ein lautes *Nein* entgegenschleudern, aber die menschliche Erfindungskraft ist (…) immer imstande, ein noch lauteres Geschrei zu erheben.
>
> *Imre Lakatos* [4]

Die meisten der hier referierten Überlegungen hat Otto Neurath im Kontext der berühmten *Protokollsatzdebatte* entwickelt. Die Protokollsatzdebatte begann 1931 mit Neuraths Aufsatz *Soziologie im Physikalismus* (Neurath 1931a) und endete 1935 mit einem Beitrag von Moritz Schlick (Schlick 1935). Die Hauptbeteiligten waren Otto Neurath, Rudolf Carnap und Moritz Schlick, der Disput entspannte sich jedoch vor allem zwischen Neurath und Schlick. Carnap nahm eine Zwischenposition ein. Wie der Name besagt, ging es in der Protokollsatzdebatte vor allem um die Frage der empirischen Basis der Wissenschaft (und damit um den Status der Erkenntnistheorie). Ich stelle hier die Argumente nicht im einzelnen dar, sondern greife nur einige Punkte heraus. [5]

(1) Am Anfang der Protokollsatzdebatte stand eine These, die Schlicks und Carnaps Kritik gleichermassen herausforderte, die These nämlich, dass die wissenschaftliche Sprache niemals vollständig von alltagssprachlichen Elementen befreit werden könne. Neurath nannte diese alltagssprachlichen Elemente «Ballungen» (u.a. Neurath 1931a: 538). Die wissenschaftliche Sprache ist folglich immer ein Mischgebilde, ein «Slang», der Begriffe aus beiden Sprachen enthält – aus der Alltagssprache und aus der präzisen Wissenschaftssprache. Damit vertrat Neurath eine deutliche Gegenposition zum Programm einer vollständigen Formalisierbarkeit der Wissenschaft: «Die Fiktion einer aus sauberen Atomsätzen aufgebauten idealen Spache ist ebenso metaphy-

---

3. Die Nähe, die zwischen Neurath und der post-kuhnschen Wissenschaftstheorie besteht, wurde bislang vor allem in der Wissenschaftsphilosophie zur Kenntnis genommen. Die Wissenschaftssoziologie scheint sich dagegen immer noch am hergebrachten Positivismusbild zu orientieren. Einen wichtigen Beitrag zur Revision des herkömmlichen Bildes leisten u.a. Cartwright 1996; Haller 1993; Koppelberg 1987; Mormann 1993; Uebel 1992, um nur einige der neueren Publikationen zu erwähnen.
4. Lakatos 1971: 71.
5. Vgl. zu Schlick und Neurath den von Rudolf Haller herausgegebenen Sammelband (Haller 1982) sowie als konzise Darstellung der Protokollsatzdebatte Koppelberg 1987: 20ff.

sisch wie die Fiktion des Laplaceschen Geistes» (Neurath 1932/33: 577). Die Wissenschaft, so Neuraths radikales Fazit, ist immer und unüberwindlich in der Alltagswelt verankert. Jede Theorie besitzt ein lebensweltliches Apriori, das sich niemals vollständig auflösen lässt. Alle Bemühungen, eine «saubere», von allen «Ballungen» befreite Wissenschaftssprache zu entwickeln, sind, wie es Neurath in einer viel zitierten Passage formulierte, zum Scheitern verurteilt: «Es gibt keine tabula rasa. Wie Schiffer sind wir, die ihr Schiff auf offener See umbauen müssen, ohne es jemals in einem Dock zu zerlegen und aus besten Bestandteilen neu errichten zu können. Nur die Metaphysik kann restlos verschwinden. Die unpräzisen ‹Ballungen› sind immer irgendwie Bestandteil des Schiffes. Wird die Unpräzision an einer Stelle verringert, kann sie wohl gar an anderer Stelle verstärkt auftreten» (Neurath 1932/33: 579).[6]

(2) Eine zweite These bezieht sich auf die Stabilität und Invarianz der empirischen Basis. Die Protokollsätze, die aus Neuraths Sicht die empirische Basis der Wissenschaft bilden, sind in seinen Augen ähnlich revidierbar wie die Sätze der Theorie: «Das Schicksal gestrichen zu werden, kann auch einem Protokollsatz widerfahren. Es gibt für keinen Satz ein ‹Noli me tangere›» (Neurath 1932/33: 581).[7] Wie Schlick sofort monierte, hat diese These radikale und aus seiner Sicht katastrophale Konsequenzen. Hält man die Protokollsätze für ebenso revidierbar wie die Sätze der Theorie, dann gibt es in der Wissenschaft keinen «festen Untergrund» (Schlick) mehr – kein stabiles und unabhängiges Kriterium, um über die Wahrheit von theoretischen Sätzen ein für allemal zu entscheiden. Protokollsätze sind bloss noch Hypothesen, die der Bewährung ebenso bedürfen wie andere Sätze auch (Schlick 1934).[8]

---

6. Was ihn freilich nicht daran hinderte, einen *Index verborum prohibitorum* aufzustellen. Nach Neurathscher Bulle wären von uns so geschätzte Wörter wie Norm, Wirklichkeit, Ausgliederung, Ganzheit auf immer aus dem wissenschaftlichen Sprachgebrauch verbannt (Neurath 1933: 36).

7. Die elementaren empirischen Sätze werden von den verschiedenen Kontrahenten unterschiedlich bezeichnet und teilweise auch unterschiedlich definiert. Schlick spricht von «Konstatierungen», Popper von «Basissätzen» bzw. «Prüfsätzen» und Neurath von «Protokollsätzen». Protokollsätze sind Sätze, die die konkrete Wahrnehmung eines konkreten Individuums festhalten. Sie können z.B. die Form annehmen: «Ottos Protokoll um 3 Uhr 17 Minuten: {Ottos Sprechdenken war um 3 Uhr 16 Minuten: (Im Zimmer war um 3 Uhr 15 Minuten ein von Otto wahrgenommener Tisch)}» (Neurath 1932/33: 580).

8. Popper hat, was die absolute Sicherheit des empirischen Fundaments angeht, eine nicht unähnliche Position wie Neurath vertreten, jedoch andere Konsequenzen daraus gezogen. Basissätze sind in Poppers Augen Festsetzungen. Sie werden «durch Beschluss, durch Konvention anerkannt» (Popper 1935: 71). Beschlussinstanz ist die wissenschaftliche Gemeinschaft, die ihre Festsetzungen nach mehrmaliger Prüfung (=Replikation) der vorgeschlagenen Basissätze trifft. Es ist hier allerdings in Rechnung zu stellen, dass sich die Popperschen «Basissätze» nicht vollständig mit den Neurathschen «Protokollsätzen» decken, vgl. zu dieser Differenz auch Neurath 1935.

Während Neurath der Überzeugung war, dass die Wissenschaft, wie es Popper formulierte, auf «Sumpfland» gebaut ist, hielt Schlick unbeirrt am Ideal einer «unerschütterlichen Grundlage» fest, an der Suche nach einem «Felsen, welcher selber nicht wankt» (Schlick 1934: 79). Dem Relativismus Neurathscher Prägung, der den Felsen von innen her auszuhöhlen drohte, hielt er als Schutzschild seine «Konstatierungen» entgegen. Konstatierungen sind den Protokollsätzen gewissermassen vorgelagert – sie sind Beobachtungen mit (subjektivem) Evidenzcharakter: «Hier gelb!» Um ihren Sinn zu verstehen und ihren Wahrheitswert zu beurteilen, müssen sie, so Schlick, mit der «Wirklichkeit» verglichen werden. Das Verstehen (und auch die Verifikation) einer Konstatierung setzt m.a.W. immer eine Geste voraus, die auf die gemeinte Tatsache zeigt: «Da jetzt gelb!» Oder wie es Schlick formuliert: «Was die Worte ‹hier›, ‹jetzt›, ‹dies da› usw. bedeuten, lässt sich nicht durch allgemeine Definitionen in Worten, sondern nur durch eine solche mit Hilfe von Aufweisungen, Gesten angeben. ‹Dies da› hat nur Sinn in Verbindung mit einer Gebärde. Um also den Sinn eines solchen Beobachtungssatzes zu verstehen, muss man die Gebärde gleichzeitig ausführen, man muss irgendwie auf die Wirklichkeit hindeuten» (Schlick 1934: 96f.). Konstatierungen sind grundsätzlich subjektiv und deshalb, so Neuraths Kritik, intersubjektiv auch nicht nachprüfbar. Schlicks «Da jetzt gelb!» mag für den Konstatierenden selbst zwar absolut gewiss sein, ob aber ein anderer dasselbe sieht, werden wir niemals wissen. [9]

Die Protokollsätze schliessen an diese Konstatierungen an, sind aber nicht mit ihnen identisch. Vereinfacht formuliert: in Konstatierungen werden Wahrnehmungen gemacht, in Protokollsätzen werden sie schriftlich festgehalten. Konstatierungen können zwar verbalisiert, nicht aber aufgeschrieben werden. Denn sobald sie aufgeschrieben sind, sind sie abgelöst vom konkreten Kontext, der definitionsgemäss zu ihnen gehört. Die Theorie der Konstatierungen ist Schlicks Versuch, der Wissenschaft allen Anfechtungen zum Trotz eine sichere und unwiderrufliche Basis zu geben. Mit wenig Erfolg, wie man

---

9. Jürgen Habermas unterscheidet im Rahmen seiner Diskurstheorie zwischen Gewissheitserlebnissen und Geltungsansprüchen (Habermas 1973: 140ff.). Während Gewissheitserlebnisse nur für das wahrnehmende Subjekt gelten, erheben Geltungsansprüche Anspruch auf Intersubjektivität. Aus diesem Grund kann ein Gewissheitserlebnis zwar benützt werden, um einen Geltungsanspruch in Frage zu stellen, seine Wahrheit ist aber intersubjektiv nicht nachprüfbar. Übersetzt in Habermas› Terminologie sind Schlicks Konstatierungen «Gewissheitserlebnisse», während Neuraths Protokollsätze bereits «Geltungsanprüche» darstellen. Das Intersubjektivitätsproblem ist allerdings auch bei Neuraths Protokollsätzen nicht vollständig gelöst. Darauf hat insbesondere Popper hingewiesen. Popper selbst hat das Intersubjektivitätsproblem dadurch zu lösen versucht, dass er die Nachprüfbarkeit auch der Basissätze verlangte (vgl. Anm. 8) – mit der Konsequenz allerdings, dass nun auch bei ihm das empirische Fundament ins Rutschen kommt, der «Felsengrund» sich wie bei Neurath in ein «Sumpfland» verwandelt (Popper 1935: 75f.).

heute weiss. Durchgesetzt hat sich Neuraths Sicht, bei der die Empirie zwar weiterhin als primäre Beurteilungsinstanz betrachtet wird, ohne damit aber einen absoluten Anspruch zu verknüpfen. Oder in Neuraths treffender Formulierung: «Wir verzichten nicht auf den Richter, aber er ist absetzbar» (Neurath 1934: 618).

(3) Diese Haltung verweist auf Neuraths konsequenten Fallibilismus, der, und das ist im Kontext des Wiener Kreises besonders erstaunlich, auch die Mathematik miteinbezog. Das Wissen der Mathematik ist, so Neuraths radikale These, im Prinzip nicht sicherer als das empirische Wissen der Naturwissenschaft. «Wir können nicht einmal generell behaupten, dass wir die logisch-mathematischen Herleitungen in höherem Masse für gewiss halten als die Aussagen der Chemie, der Biologie oder der Soziologie» (Neurath 1936a: 727). Mathematische Sätze, die heute als wahr gelten, könnten sich morgen schon als widersprüchlich erweisen, und umgekehrt. Die Gewissheit, die wir der Mathematik attestieren, ist, so Neurath, kein objektives Attribut, sondern eine Zuschreibung: «Wenn wir von einer Aussage sagen, dass sie in höherem Masse gewiss ist als eine andere, dann behaupten wir etwas über unser ‹Verhalten› in bezug auf; zum Beispiel: dass wir nicht daran denken würden, viel Zeit oder Anstrengung darauf zu verwenden, sie zu überprüfen» (Neurath 1936a: 727). Mit seiner fallibilistischen Haltung auch der Mathematik gegenüber hat Neurath eine Position vorformuliert, die Imre Lakatos dreissig Jahre später in seiner berühmten Monographie *Beweise und Widerlegungen* weiter ausgebaut hat (2.3.1.).

(4) Schlicks Konstatierungen stehen im Kontext einer Korrespondenztheorie der Wahrheit, die wiederum Neurath ein Greuel war. Mit seinen Konstatierungen verband Schlick den Anspruch, die «unerschütterlichen Berührungspunkte zwischen Erkenntnis und Wirklichkeit» dingfest gemacht zu haben. Konstatierungen lagen in seinen Augen auf jener hauchdünnen Linie, wo sich Wahrnehmung und Wirklichkeit treffen – und genau dies macht auch ihre Evidenz aus. Konstatierungen sind nicht Hypothesen, sondern selbst-evidente Wahrnehmungen der «Wirklichkeit», an denen – im *Moment* der Wahrnehmung – nicht zu rütteln ist (Schlick 1934: 98).[10] Gegenüber diesem ‹naiven› Realismus hielt Neurath kategorisch daran fest, dass man hinter die Sprache nicht zurück kann: «Aussagen werden mit Aussagen verglichen, nicht

---

10. Aus der Definition der Konstatierungen folgt, dass sie immer nur für den Moment gelten. In den Augen von Neurath ist diese zeitliche Beschränkung allerdings nur eine missglückte Strategie, die Idee der Konstatierungen doch noch zu retten. Schlicks Theorie der Konstatierungen sei, so Neurath polemisch, nur ein weiterer fehlgeschlagener Versuch, konzeptionellen Schwierigkeiten über die Annahme eines «ausdehnungslosen Punktes» Herr zu werden. Bereits Descartes habe diese Verzweiflungstat begangen, als er «die Seele mit dem Körper an einer einzigen Stelle – der Zirbeldrüse – sich berühren» liess (Neurath 1934: 620f.).

mit ‹Erlebnissen›, nicht mit einer ‹Welt›, noch mit sonst etwas» (Neurath 1931a: 541). Entsprechend argumentiert Neurath für eine Art Kohärenztheorie der Wahrheit. «Richtig heisst eine Aussage dann, wenn man sie eingliedern kann. Was man nicht eingliedern kann, wird als unrichtig abgelehnt» (Neurath 1931a: 541). Schlick liess sich durch diese Kritik allerdings nicht beirren. Wie sein 1935 publizierter Aufsatz *Facts and Propositions* deutlich macht, hielt er nach wie vor daran fest, dass man Aussagen sehr wohl mit Dingen vergleichen kann: «I have often compared propositions to facts; so I had no reason to say that it couldn't be done. I found, for instance, in my Baedeker the statement: ‹This cathedral has two spires›, I was able to compare it with ‹reality› by looking at the cathedral, and this comparison convinced me that Baedeker's assertion was true. (…) A cathedral is not a proposition or a set of propositions, therefore I felt justified in maintaining that a proposition could be compared with reality» (Schlick 1935: 66).

(5) Neuraths Kohärenztheorie verweist auf eine weitere These, die in der wissenschaftsphilosophischen Literatur in der Regel als «epistemischer Holismus» oder als «Duhem-Quine-These» geführt wird, richtigerweise aber durch Neuraths Namen ergänzt werden müsste. Der epistemische Holismus richtet sich gegen den «Isolationismus», wie er auch dem Falsifikationismus Popperscher Prägung eigen ist, gegen die Vorstellung also, dass man Hypothesen je einzeln zum Gegenstand empirischer Überprüfung machen kann. Man kann, so der Physiker und Wissenschaftsphilosoph Pierre Duhem 1906, «niemals eine isolierte Hypothese, sondern immer nur eine ganze Gruppe von Hypothesen der Kontrolle des Experimentes unterwerfen» (Duhem 1906: 248). Theoretische Annahmen, das ist die Quintessenz der Duhem-Neurath-Quine-These, lassen sich niemals isoliert voneinander überprüfen. Vielmehr ist es immer das theoretische System als Ganzes, das zur Disposition gestellt wird. Dies erklärt, weshalb im Falle eines widersprüchlichen Protokollsatzes nicht unweigerlich die Theorie, sondern unter Umständen auch der Protokollsatz geändert oder aufgegeben wird.[11]

Protokollsätze haben bei Neurath keinen privilegierten epistemologischen Status; sie sind revidierbar wie andere Sätze auch. Im Falle einer Inkohärenz hat die Forscherin folglich zwei Möglichkeiten: sie kann die Theorie aufgeben oder aber die Protokollsätze. «Um das recht deutlich zu machen, könnte man sich eine wissenschaftliche Säuberungsmaschine denken, in die man Protokollsätze hineinwirft. Die in der Anordnung der Räder wirksamen ‹Gesetze› und sonstigen geltenden ‹Realsätze›, einschliesslich der ‹Protokollsätze›, reinigen den hineingeworfenen Bestand an Protokollsätzen und lassen

---

11. An sich müsste man die Duhem/Neurath/Quine-These noch um den Namen von Imre Lakatos erweitern, der in seiner «Methodologie der wissenschaftlichen Forschungsprogramme» den epistemischen Holismus weiter ausgebaut hat (Lakatos 1970).

ein Glockenzeichen ertönen, wenn ein ‹Widerspruch› auftritt. Nun muss man entweder den Protokollsatz durch einen anderen ersetzen oder die Maschine umbauen» (Neurath 1932/33: 583f.). Was geändert wird – ob die Forscherin den problematischen Protokollsatz streicht oder ob sie die Maschine umbaut –, ist nicht festgelegt, sondern wird von Fall zu Fall entschieden. Wie dieser Prozess genau abläuft und was alles geändert werden kann, hat die konstruktivistische Wissenschaftssoziologie im Detail untersucht.

(6) Willard V.O. Quine hat 1969 in einem berühmten Aufsatz die Forderung aufgestellt, erkenntnistheoretische Fragen (auch) empirisch anzugehen (Quine 1969). Was Quine unter dem Begriff «naturalisierte Erkenntnistheorie» beschrieb, hat Neurath bereits dreissig Jahre zuvor vertreten, wenn auch nicht systematisch ausgeführt (vgl. Uebel 1991). Carnaps Programm einer «rationalen Rekonstruktion» der Wissenschaft allein reiche nicht aus, sondern müsse durch einen empirischen Zugang zur Wissenschaft ergänzt werden – durch eine «Gelehrtenbehavioristik», wie Neurath es nannte (Neurath 1936c). «Das heisst, dass man sich gleichzeitig der Logischen Syntax der Sprache (das ist der Titel eines Werks von R. Carnap) *und* der behavioristischen Erforschung der Tätigkeit des Wissenschaftlers widmen muss» (Neurath 1936a: 729). Oder wie er es an einer anderen Stelle formulierte: «Wir gehen am besten von dem Wissenschaftsbetrieb aus und betrachten sein Verfahren» (Neurath 1936b: 750). Im Gegensatz zu Quine, der die Aufgabe einer «Naturalisierung» der Erkenntnistheorie vor allem der (Kognitions-)Psychologie zuwies, scheint Neurath – seiner akademischen Herkunft entsprechend – eher die Soziologie im Sinn gehabt zu haben, allerdings in der verkümmerten Form eines Sozialbehaviorismus, auf den er die Soziologie (leider) reduzierte (Neurath 1931b).

Die sog. «anti-positivistische Wende» wird in der Regel als ein radikaler Bruch mit der positivistischen Wissenschaftskonzeption interpretiert. In Tat und Wahrheit wurden jedoch viele Gedanken weitergeführt, die Neurath bereits in den 30er Jahren ansatzweise formuliert hatte. Dies gilt, wie erwähnt, für den epistemischen Holismus, für das Programm einer «naturalisierten Erkenntnistheorie» wie auch für die These der empirischen Unterdeterminiertheit von Theorien. In den wissenschaftshistorischen Arbeiten von Thomas Kuhn und Paul Feyerabend, um nur die beiden bekanntesten Exponenten der neuen Wissenschaftsphilosophie zu erwähnen, wurde detailliert nachgewiesen, was Neurath dreissig Jahre zuvor skizziert hatte: die Wissenschaft hat in der Empirie – in den Protokollsätzen – zwar einen Richter, sie kann ihn jedoch jederzeit absetzen. Allen diesen Arbeiten gemeinsam war der Nachweis eines relativ offenen Verhältnisses zwischen Empirie und Theorie. Wie Kuhn mit seinem Begriff des Paradigmas exemplarisch zeigte, verfügt die Wissenschaft nicht über eine invariante und neutrale Datenbasis. Ihre Tatsachenbehauptungen sind weder unabhängig von den theoretischen Vorannahmen noch über die Zeit hinweg stabil in ihrer Bedeutung: «Die Wissenschaftler», so Kuhns berühmte Formulierung der These der Theorieabhängigkeit der Beobachtung, «arbeiten nach einer (wissenschaftlichen, B.H.) Revolution in einer anderen Welt» (Kuhn 1962: 146).[12]

Sobald aber die Empirie ihre Rolle als absolute Entscheidungsinstanz verliert, stellt sich neu die Frage, nach welchen Kriterien dann über den Wahrheitsgehalt von konkurrierenden Theorien entschieden wird. Neurath ist dieser Frage nicht weiter nachgegangen, und dies gilt in gewissem Sinne auch für Thomas Kuhn, der den relativistischen Implikationen seiner Thesen möglichst aus dem Weg zu gehen suchte. Auf der einen Seite hat Kuhn zwar die Kontingenz wissenschaftlicher Entwicklung betont und eine Reihe von sozialen Faktoren angeführt, die die Theoriewahl beeinflussen können (z.B. Überzeugungsstrategien oder Generationenwechsel), dennoch hat er – wie übrigens auch Neurath – den rationalen Charakter der Wissenschaft letztlich nicht in Frage gestellt. Die konstruktivistische Wissenschaftssoziologie geht hier einen entscheidenden Schritt weiter. Denn sobald die Daten keine absolute Entscheidungsinstanz mehr sind, wird Raum frei für den Einfluss anderer, nichtwissenschaftlicher Faktoren – und es ist genau dieser Punkt, an dem die konstruktivistische Perspektive auf die Wissenschaft einsetzt. Oder wie es die Wissenschaftsphilosophin Mary Hesse formulierte: «Where logic and observation are insufficient to determine scientific conclusions, there historians may look to *social* explanation to fill the gaps» (Hesse 1980: 36; Hervorhebung B.H.).

Theoretischer Ausgangspunkt der konstruktivistischen Wissenschaftssoziologie, so wie sie in den 70er Jahren entstanden ist, waren auf der einen Seite die Wissenssoziologie Karl Mannheims, auf der anderen Seite die Sprachtheorie des späten Wittgensteins und die Interpretative Soziologie, insbesondere in ihrer ethnomethodologischen Variante.[13] Heute hat sich die konstruktivistische Wissenschaftssoziologie in verschiedene Richtungen aufgefächert. Trotz der Diversität, mit der sich der konstruktivistische Ansatz präsentiert, gibt es jedoch einen gemeinsamen Nenner. Im Zentrum steht nicht mehr die institutionelle, sondern die *epistemische* Dimension von Wissenschaft, und die Leitthese ist die, dass auch die Produktion (natur-)wissenschaftlichen Wissens sozial konditioniert ist.[14]

---

12. Zum Zeitpunkt, als Kuhns Buch erschien, war man sich der Kontinuität noch deutlich bewusst. Thomas Kuhn hat seine Studie zuerst in der von Neurath und Carnap begründeten *International Encyclopedia of Unified Science* veröffentlicht, und zwar auf ausdrücklichen Wunsch Carnaps (Reisch 1991). Zur anti-positivistischen Wende vgl. u.a. Andersson 1988; Bayertz 1980 und speziell zu Kuhn Hoyningen-Huene 1989.

13. Zumindest in der angelsächsischen und deutschen Wissenschaftssoziologie, auf die ich mich im folgenden beziehe, wird die Erkenntnissoziologie Durkheims nur am Rande berücksichtigt. Eine Ausnahme ist David Bloor (1980).

Diese These gewinnt ihre Radikalität dadurch, dass sie sich auch auf den «context of validation» bezieht und damit die in der Wissenschaftstheorie verbreitete Trennung zwischen Entdeckung (context of discovery) und Rechtfertigung (context of validation) als künstlich ablehnt. Während jeder Wissenschaftstheoretiker vermutlich konzedieren würde, dass bei der *Entwicklung* von wissenschaftlichem Wissen auch subjektive und soziale Faktoren eine Rolle spielen mögen, wird ein solcher Einfluss im Falle der *Rechtfertigung* als äusserst problematisch betrachtet und normativ ausgeschlossen. Wahres, also validiertes Wissen zeichnet sich gerade dadurch aus, dass es von seinem Entstehungskontext unabhängig ist, dass, wie es Karl Mannheim formulierte, «die Genesis nicht in das Denkergebnis eingeht» (Mannheim 1931: 251). Soziale Faktoren spielen, wenn überhaupt, nur dann eine Rolle, wenn es sich um falsches Wissen handelt. Genau gegen dieses «Modell der ‹Kontamination› des Wissenschaftlichen durch das Soziale» richtet sich die konstruktivistische Wissenschaftssoziologie (Knorr Cetina 1988: 85).[15]

David Bloor war einer der ersten, der programmatisch formuliert hat, wie eine Wissenssoziologie der Wissenschaft aussehen müsste (Bloor 1991). Bloor bezieht sich zwar auf Karl Mannheim, wendet jedoch die Mannheimsche Wissenssoziologie konsequent auf die Naturwissenschaften (und Mathematik) an. In seinem *strong programme* der Wissenssoziologie zählt er vier Bedingungen auf, denen eine Wissenssoziologie der (Natur-)Wissenschaften zu genügen hätte: «(1) It would be *causal*, that is, concerned with the conditions which bring about belief or states of knowledge (…) (2) It would be *impartial* with respect to truth and falsity, rationality or irrationality, success or failure (…) (3) It would be *symmetrical* in its style of explanation. The same types of cause would explain, say, true and false beliefs (…) (4) It would be *reflexive*. In principle its patterns of explanation would have to be applicable to sociology itself» (Bloor 1991: 7; Hervorhebung B.H.).[16]

---

14. Als neuere Überblicke über die konstruktivistische Wissenschaftsforschung vgl. u.a. Barnes u.a. 1996; Heintz 1993b, 1998; Shapin 1995. Ich bin mir bewusst, dass sich meine Darstellung der von Michael Lynch (1998) kritisierten «heroischen Geschichtsschreibung» des Konstruktivismus schuldig macht. Deshalb sei der Leserin zum Zwecke der Korrektur die Lektüre der «hostile genealogy» empfohlen, z.B.: Hasse u.a. 1994; Cole 1992 und vor allem natürlich die nicht besonders zarten Texte von Alan Sokal und seinen Mitstreitern im Rahmen des *science war* (u.a. Koertge 1997; Sokal 1996a, 1996b; Weinberg 1997).

15. Die Kontextunterscheidung ist allerdings nicht so eindeutig, wie häufig unterstellt wird. Paul Hoyningen-Huene (1987) unterscheidet fünf verschiedene Bedeutungsvarianten, die von der Unterscheidung zwischen zwei klar abgrenzbaren Phasen im Forschungsprozess bis hin zur Kontrastierung «faktisch» vs. «normativ» bzw. «empirisch» vs. «logisch» reichen. In der konstruktivistischen Wissenschaftssoziologie wird die Unterscheidung an sich infrage gestellt. Es ist allerdings nicht immer ganz klar, auf welche Bedeutungsvariante sich die Kritik bezieht.

David Bloors *strong programme* ist zunächst einmal nur ein Programm und keine ausgereifte empirische Theorie – «a meta-sociological manifesto», wie Larry Laudan unfreundlich kommentiert (Laudan 1981: 174). Es stellt die Forderung auf, eine Wissenssoziologie naturwissenschaftlichen (und mathematischen) Wissens zu entwickeln, ohne jedoch konkrete Aussagen darüber zu machen, wie man sich die Interferenz von sozialen und kognitiven Faktoren bei der Erzeugung und Rechtfertigung wissenschaftlichen Wissens im einzelnen vorzustellen hat. Offen ist insbesondere die Frage, was denn genau «sozial» ist am Wissenschaftlichen. Auf diese Frage wurden zwei Antworten gegeben, die zwei verschiedene Richtungen der konstruktivistischen Wissenschaftssoziologie repräsentieren. Während die erste Richtung für einen *wissensorientierten* Zugang zur Wissenschaft steht (3.2.), wird beim zweiten Ansatz das wissenschaftliche *Handeln* in den Mittelpunkt gerückt (3.3.).[17]

3.2. Wissenschaft als Wissen

> Die Soziologie des Denkens sollte als grundlegende Wissenschaft entwickelt werden, wertgleich mit der Mathematik.
>
> *Ludwik Fleck*[18]

In den Anfängen der konstruktivistischen Wissenschaftssoziologie wurde das ‹Soziale› weitgehend mit wissenschaftsexternen Faktoren gleichgesetzt. Mit «wissenschaftsexternen Faktoren» kann im Prinzip Verschiedenes gemeint sein: epochespezifische Deutungsmuster oder auch soziale Interessen, von denen angenommen wird, dass sie die Entwicklung und Akzeptanz von Theorien beeinflussen. Dieser Ansatz, das *Interessenmodell*, steht in der Tradition der soziologischen Strukturtheorie und kommt der Mannheimschen Wissenssoziologie am nächsten. Das Soziale wird an externen Faktoren festgemacht, von denen angenommen wird, dass sie gewissermassen von aussen das Denken und Handeln der Wissenschaftler und Wissenschaftlerinnen steuern. Ein bekanntes Beispiel für diesen Ansatz ist die Studie von Paul Forman, die einen

---

16. Bloors *strong programme* hat eine breite, teilweise sehr heftige Diskussion ausgelöst – «much vitriol and flying fur», wie Steve Woolgar kommentiert (Woolgar 1988a: 43). Die Kontroverse ist in den *Studies in History and Philosophy of Science*, 13, 4, sowie in einer Ausgabe der *Philosophy of the Social Sciences*, 1981, 11, dokumentiert. Bloor selbst setzt sich im Nachwort zur Neuauflage seines Buches von 1976 noch einmal mit den verschiedenen Einwänden auseinander (Bloor 1991).
17. Vgl. zu dieser Unterscheidung Lynch (1993) sowie die aufschlussreiche Kontroverse zwischen ihm und David Bloor in dem von Pickering (1992) herausgegebenen Sammelband. Ich komme in Kapitel 7 auf diese Kontroverse zurück.
18. Fleck 1960: 179.

Zusammenhang nachzuweisen versucht zwischen den anti-rationalistischen Strömungen in der frühen Weimarer Republik, deren bekanntester Vertreter Oswald Spengler war, und der raschen Akzeptanz des antikausalen Programms in der Quantentheorie (Forman 1971).[19]

Während Paul Forman kulturelle Faktoren in den Vordergrund rückt – das «Kulturmilieu», wie Erwin Schrödinger es nannte –, sind im Umkreis von David Bloor eine Reihe von Arbeiten entstanden, die die sozialen Interessen der Beteiligten in den Mittelpunkt stellen.[20] Die grundlegende These ist dabei die, dass die (wissenschaftsexternen) gesellschaftspolitischen und/oder die (wissenschaftsinternen) professionellen Interessen der Wissenschaftler (z.B. bereits geleistete Investitionen in ein Forschungsgebiet) die Theoriewahl beeinflussen. Sozialpsychologische Momente reichen nicht aus, so die Kritik von Barry Barnes und Donald MacKenzie an Thomas Kuhn, um die Entscheidung für ein neues Paradigma zu erklären. Wie Wissenschaftler und Wissenschaftlerinnen konkurrierende Theorien bewerten und welche Haltung sie ihnen gegenüber einnehmen, hat auch mit ihren konkreten Interessen und ihrer sozialen Einbindung zu tun: «What we wish to show is that opposed paradigms and hence opposed evaluations may be sustained, and probably are in general sustained, by divergent sets of instrumental interests usually related in turn to divergent social interests» (Barnes/MacKenzie 1979: 54).[21]

Diesem strukturtheoretisch orientierten Modell wissenschaftlichen Wissens stellt das *Diskursmodell* eine Konzeption entgegen, die das Soziale nicht in externen Einflussfaktoren verortet, sondern in den *innerwissenschaftlichen* Kommunikations- und Durchsetzungsprozessen, in deren Verlauf Deutungen entwickelt, bestritten, verteidigt und stabilisiert werden. Der Schlüsselbegriff ist der Begriff des «Aushandelns» – der *negotiation*. «Whether it is the nature of the things one ‹sees› in scientific observation, the proper conduct of an ex-

---

19. Die Studie von Paul Forman hat heftige Diskussionen ausgelöst. Die Kontroverse ist zusammen mit einschlägigen Arbeiten von damaligen Physikern in einem von Karl von Meyenn (1994) herausgegebenen Sammelband dokumentiert.

20. Vgl. u.a. Bloor 1980; MacKenzie 1981; Shapin 1979 sowie Pickering 1981.

21. Problematisch ist der Interessenbegriff vor allem dann, wenn er rein objektivistisch gefasst wird. Ähnlich wie es in strukturtheoretischen Erklärungsmodellen generell der Fall ist, bleibt auch hier offen, wie man sich die Vermittlung zwischen ‹objektiver› Lage und Deutungsmustern genau vorzustellen hat und über welche Mechanismen sich soziale Interessen in wissenschaftliches Wissen umsetzen. Zudem, und das ist ein weiterer Kritikpunkt, der häufig vorgebracht wird, geraten die Vertreter des Interessenmodells leicht in die Nähe eines radikalen soziologischen Reduktionismus oder machen zumindest nicht hinlänglich klar, wie sie sich das Wirkungsverhältnis von sozialen und rationalen Faktoren genau vorstellen. Welches Gewicht kommt den Interessen auf der einen und dem Forschungsgegenstand bzw. den Daten auf der anderen Seite bei der Entwicklung und Validierung von Wissen zu? Zur Kritik am Interessenmodell vgl. u.a. Knorr Cetina 1983; Woolgar 1981; Yearley 1982.

periment, or the adequacy of a theoretical interpretation, scientific agreement appears to be open to contestation and modification, a process often referred to as ‹negotiation›. Through contestation and modification, the meaning of scientific observations as well as of theoretical interpretations tends to get selectively constructed and reconstructed in scientific practice» (Knorr Cetina/Mulkay 1983: 11). Prominente Vertreter dieses Modells sind auf der einen Seite H.M. Collins und Michael Mulkay, auf der anderen Seite Wissenschaftssoziologen und -soziologinnen, die in der Tradition des Symbolischen Interaktionismus und der Chicago-Schule stehen.[22]

Ähnlich wie das Interessenmodell geht auch das Diskursmodell von der Annahme aus, dass wissenschaftliches Wissen empirisch «unterdeterminiert» ist.[23] Dennoch ist ein weiter Bereich wissenschaftlichen Wissens konsolidiertes Wissen, an dessen Gültigkeit kaum jemand zweifelt. Wie ist zu erklären, dass es trotz der prinzipiellen Unabgeschlossenheit der wissenschaftlichen Forschung immer wieder zu «Schliessungen» kommt? Oder anders formuliert: wie entsteht aus Unsicherheit Gewissheit? Wie wird anfängliche Bedeutungsoffenheit in ‹Evidenz› transformiert? Dies sind Fragen, die die Vertreter und Vertreterinnen des Diskursmodells anhand von innerwissenschaftlichen Kommunikationsprozessen untersuchen. Insbesondere am Beispiel der Entstehung, des Argumentationsverlaufs und der Beendigung von Kontroversen lassen sich die Annahmen des Diskursmodells exemplarisch aufzeigen: die interpretative Flexibilität und die prinzipielle Unbestimmtheit des Wissens, die Ambiguität von experimentellen Daten und die Unterdeterminiertheit bei der Beendigung von Kontroversen.[24]

Offenbar sind empirische Ergebnisse nicht immer so eindeutig interpretierbar wie gemeinhin angenommen wird. Dieser Interpretationsoffenheit von Daten liegt zum Teil ein Mechanismus zugrunde, den H.M. Collins, einer der bekanntesten und subtilsten Vertreter des Diskursmodells, als *experimenters'*

---

22. Obschon die Argumentationsweise in vielen Punkten ähnlich ist, beziehen sich Collins und Mulkay nirgends auf den Symbolischen Interaktionismus, die zentrale Referenzfigur ist Wittgenstein. Während die einschlägigen Arbeiten von Mulkay und Collins Ende der 70er, Anfang der 80er Jahre erschienen sind (vgl. u.a. Collins 1985; Mulkay 1979, 1980), sind die Studien, die in der Tradition des Symbolischen Interaktionismus stehen, neueren Datums und legen den Fokus stärker auf die Aushandlungsprozesse zwischen Vertretern *unterschiedlicher* sozialer Welten, vgl. als Überblick Clarke/Gerson 1990 sowie Strübing 1997.

23. Zur Übertragung der Unterdeterminiertheitsthese auf die Mathematik vgl. Kap. 1.

24. Für Collins bilden wissenschaftliche Kontroversen den Hauptfokus der Wissenschaftssoziologie. In seinem «empirical programme of relativism» unterscheidet er entsprechend drei Forschungsschritte: (1) «Demonstrating the interpretative flexibility of experimental data. (2) Showing the mechanisms by which potentially open-ended debates are actually brought to a close – that is, describing closure mechanisms. (3) Relating the closure mechanisms to the wider social and political structure» (Collins 1985: 25f.).

regress bezeichnet. Was damit gemeint ist, lässt sich am Beispiel einer Kontroverse in der Physik veranschaulichen (Collins 1985: 79ff.). Ende der 60er Jahre stellte der amerikanische Physiker Joseph Weber die Behauptung auf, es sei ihm gelungen, ein Gerät zu entwickeln, mit dem sich die Gravitationsstrahlung, deren Existenz bis dahin nur theoretisch postuliert worden war, messen lasse. Die Reaktion der Physiker auf dieses Ergebnis war gespalten. Für die einen waren die Ergebnisse von Weber tatsächlich ein Beweis für die Existenz von Gravitationswellen, für die anderen hatten seine Ergebnisse keinerlei Aussagekraft. Das Phänomen des «experimentellen Zirkels» erklärt, weshalb eine solche Kontroverse zwar faktisch beendet, aber niemals endgültig entschieden werden kann. Um sicher zu sein, dass Webers Daten tatsächlich belegen, was er behauptet, muss die von ihm konstruierte (sehr komplexe) Apparatur als zuverlässig gelten. Um aber beurteilen zu können, ob die Apparatur tatsächlich misst, was sie messen soll, muss sie ‹richtige› Resultate liefern. Ein richtiges Resultat setzt aber voraus, dass die Apparatur zuverlässig funktioniert, und so weiter. ‹Zuverlässigkeit› und ‹Richtigkeit› bestimmen sich m.a.W. gegenseitig und führen insofern in einen Zirkel.

Wenn der experimentelle Zirkel so offen zutage tritt wie in diesem Beispiel, besteht offensichtlich noch kein Konsens darüber, woran man ermessen kann, ob die Apparatur tatsächlich die Leistung erbringt, für die sie gebaut worden ist, und wie die Resultate, die sie produziert, zu interpretieren sind. Messen sie tatsächlich die Gravitationsstrahlung – oder vielleicht doch etwas anderes?[25] Diese Unsicherheit setzt einen kommunikativen Prozess in Gang, in dessen Verlauf Argumente und Gegenargumente vorgebracht und geprüft werden, bis sich zum Schluss vielleicht ein Konsens darüber bildet, wie das Experiment zu werten ist. «Where there is disagreement about what counts as a competently performed experiment, the ensuing debate is coextensive with the debate about what the proper outcome of the experiment is. The closure of debate about the meaning of competence is the ‹discovery› or ‹non-discovery› of a new phenomenon» (Collins 1985: 89). Sobald wissenschaftliche Beobachtungen zum Gegenstand von Kommunikationsprozessen werden, ist das Ergebnis ein emergentes Phänomen, das sich weder auf das Tun des einzelnen Forschers noch auf den thematisierten Sachverhalt reduzieren lässt. In Interaktionen wird eine neue, eigenständige (kommunikative) Wirklichkeit erzeugt, auf die man sich in der Folge beziehen kann.[26] Es ist genau diese emer-

---

25. Der von Collins beschriebene «experimentelle Zirkel» ist an sich jeder Datenerhebung eigen. Dies macht auch verständlich, weshalb die Replikation von Experimenten ein keineswegs so unproblematisches Unterfangen ist, wie es die empiristische Wissenschaftsauffassung unterstellt. Sobald sich jedoch (aus welchen Gründen auch immer) ein Konsens darüber gebildet hat, wie das Messinstrument funktioniert und was es misst, ist der Zirkel – zumindest temporär – unterbrochen.

gente Qualität von Kommunikationsprozessen, die für das Soziale im Wissenschaftlichen eine Art ‹Einfallstor› darstellt.

Am Beispiel von öffentlichen Kontroversen (und ihrer Beilegung) hat das Diskursmodell zu zeigen versucht, dass wissenschaftliche Debatten dem Ideal rationaler Verständigung oft nur bedingt entsprechen (vgl. die Fallstudien in Collins 1981 und Engelhardt/Caplan 1987). In wissenschaftlichen Kontroversen sind im allgemeinen beide Seiten in der Lage, ihre theoretische Argumentation empirisch abzustützen. An guten, auch empirischen Gründen für die jeweilige Position mangelt es meistens nicht. Der Umstand, dass sich in der Regel dennoch nur eine Seite durchsetzt, lässt sich als Hinweis darauf interpretieren, dass der innerwissenschaftliche Konsens nicht nur rational oder sachlich begründet ist, sondern auch soziale Dimensionen hat. Das ‹gute Argument› allein scheint jedenfalls nicht auszureichen, um eine Kontroverse für sich zu entscheiden. Vielmehr spielen auch wissenschaftliches Ansehen, Geschlechtszugehörigkeit, Nationalität, Koalitionsbildungen, Zugang zu Fachzeitschriften und Tagungen eine wesentliche Rolle für den Verlauf und den Ausgang einer wissenschaftlichen Kontroverse.[27]

3.3. Wissenschaft als Handeln

> Die Erkenntnis ergreift nichts. Sie hat keine Hände und noch nicht einmal einen Greifschwanz.
>
> *George Herbert Mead*[28]

Seit den späten 70er Jahren hat sich die konstruktivistische Wissenschaftssoziologie in verschiedene Strömungen aufgefächert, und neue Richtungen sind dazu gekommen. Dazu gehören die Diskursanalyse von Michael Mulkay (Mulkay u.a. 1983; Gilbert/Mulkay 1984) und Steve Woolgars Beschäftigung mit der Reflexivitätsproblematik der Wissenssoziologie (Woolgar 1988b), der Laborstudien-Ansatz, der 1979 mit der Studie von Bruno Latour und Steve Woolgar begann (Latour/Woolgar 1979) und in Deutschland durch die Arbeiten von Karin Knorr Cetina bekannt wurde (Knorr Cetina 1984), verschiedene Studien zum Experiment und zur technischen Kultur der Wissenschaft (Clarke/Fujimura 1993; Galison 1987, 1997; Gooding u.a. 1989; Gooding 1990; Lenoir/Elkana 1988), die Arbeiten von Michael Lynch, die in der Tradition der

---

26. Vgl. als theoretische Begründung Luhmanns Analyse des Kommunikationsbegriffs (Luhmann 1984: 196ff.).
27. In der Mathematik scheinen Kontroversen ‹rationaler› entschieden zu werden als in den empirischen Wissenschaften (vgl. Kap. 1). Auf mögliche Ursachen dieses «rationalen Dissenses» gehe ich in Kapitel 7 ausführlich ein.
28. Mead 1983a: 16.

Ethnomethodologie stehen (Lynch 1985; Lynch u.a. 1985; Lynch 1993), der Akteur/Netzwerk-Ansatz von Bruno Latour und Michel Callon (Callon 1986; Latour 1988a; Callon/Latour 1992; Latour 1996) sowie Arbeiten, die im Rahmen des Symbolischen Interaktionismus entstanden sind (Clarke 1990; Fujimura 1988; Star 1993; Star/Griesemer 1989). Während einige dieser Arbeiten nach wie vor dem wissensorientierten Ansatz zuzurechnen sind, hat in den letzten Jahren eine neue Forschungsrichtung an Terrain gewonnen, in der Wissenschaft primär unter dem Aspekt des praktischen Forschungshandelns untersucht wird: *From science as knowledge to science as practice* – so die programmatische Überschrift zu einem Sammelband, der diese «pragmatische Wende» in der Wissenschaftssoziologie breit dokumentiert (Pickering 1992).[29]

Der im letzten Abschnitt geschilderte wissenssoziologische Zugang zur Wissenschaft hat im Prinzip die Gewichtung beibehalten, die mit der anti-positivistischen Wende in die Betrachtung der Wissenschaft eingeführt worden war: den Primat der Theorie über die Beobachtung. Im Gegensatz zur empiristischen Doktrin des Wiener Kreises, die den Motor der Wissenschaftsentwicklung in der Empirie verortet hatte, wurde nun der Theorie eine leitende Rolle zugeschrieben. Kuhns Konzept des Paradigmas ist das bekannteste Beispiel dafür. Parallel zu dieser innerphilosophischen Relativierung der Bedeutung der Empirie für die Entwicklung und Validierung von Theorien verlor diese auch als Untersuchungsgegenstand an Gewicht (Galison 1988; 1995). Mit der endgültigen Verwerfung der Idee des «experimentum crucis» in der Wissenschaftsphilosophie ging auch das Interesse an der Untersuchung der experimentellen Praxis der Wissenschaft verloren. Die neue Wissenschaftssoziologie wissenschaftlichen Wissens etablierte sich als «sociology of scientific *knowledge*».

Gegen diesen theoriebezogenen Blick auf die Wissenschaft hat sich in den letzten Jahren eine Gegenbewegung formiert, die nicht mehr das Wissen, sondern das *Handeln* in den Mittelpunkt stellt, nicht mehr die Theorie, sondern das Experiment, nicht mehr das *representing*, sondern das *intervening* – so die Schlüsselbegriffe eines Buches von Ian Hacking, das diese Umorientierung stark beeinflusst hat (Hacking 1983). Anstatt die Inhalte des wissenschaftlichen Wissens zum Thema zu machen, wird das Soziale nun an den Praktiken

---

29. Die Übergänge zwischen dem wissens- und dem praxisorientierten Ansatz sind in Tat und Wahrheit natürlich fliessender, als ich es hier darstelle. Das gilt z.B. für Autoren wie H.M. Collins oder auch für Bruno Latour, der einen semiotisch inspirierten Ansatz vertritt. Latour ist zwar ursprünglich ein Vertreter des Laborstudien-Ansatzes, aber die strategische Bedeutung, die Zeichen und Texte («inscriptions») für seine Argumentation haben, rechtfertigt es, ihn auch dem wissenssoziologischen Ansatz zuzuordnen (vgl. dazu auch Lynch 1993: 290f.; Pickering 1993: 564.) Der Hauptunterschied zwischen den beiden Ansätzen liegt in der Bedeutung, die sie dem Wissen bzw. dem Handeln zumessen und nicht darin, ob sie als Untersuchungsgegenstand wissenschaftliche Kontroversen oder das Labor wählen.

festgemacht (vgl. dazu pointiert Lynch 1993). Damit rückt das Experiment, das praktische Forschungshandeln und die technische Apparatur in den Mittelpunkt, d.h. die hochkomplexe technische Kultur, die die moderne Wissenschaft erst möglich macht. Empirisch wurde dieser Perspektivenwechsel vor allem im Rahmen der sog. Laborstudien umgesetzt. [30] In den Laborstudien wurde zum ersten Mal die Forschungstätigkeit selbst untersucht und nicht mehr nur deren Produkt, d.h. die akzeptierten wissenschaftlichen Theorien und Tatsachen (vgl. als Überblick Knorr Cetina 1994). [31]

3.3.1. Die Fabrikation von Erkenntnis: Objekte und Fakten

Die Differenz zwischen dem wissens- und dem praxisorientierten Ansatz lässt sich auch etwas allgemeiner formulieren. Während beim wissensorientierten Ansatz epistemologische Fragen im Vordergrund stehen, wird im praxisorientierten Ansatz die *ontologische* Dimension der Wissensproduktion in den Vordergrund gerückt. Was ist damit gemeint? Der wissensorientierte Ansatz der Wissenschaftssoziologie, und das gilt ähnlich auch für Otto Neurath und Thomas Kuhn, rückt die epistemologische Frage in den Mittelpunkt: wie nehmen wir die Wirklichkeit wahr? Ist unser Wissen eine Art ‹Abbild› der Wirklichkeit (das war die Position, die Schlick mit seinen «Konstatierungen» vertrat) oder sind unsere Weltbeschreibungen ein Produkt unserer Beschreibungskategorien, des verwendeten Paradigmas beispielsweise? «Konstruktion» bezieht sich in diesem Fall auf die Ebene des *Wissens*. Von diesem epistemologisch gefärbten Begriff der Konstruktion, den man im Anschluss an die sozialphänomenologische Tradition vielleicht besser als «Konstitution» bezeichnen sollte, lässt sich eine zweite Bedeutungsvariante abgrenzen, und es ist diese, die im Mittelpunkt des praxisorientierten Ansatzes steht. In diesem Fall bezieht sich der Begriff «konstruktivistisch» auf die *Herstellung von Wirklichkeit*. Die Annahme ist dabei die, dass nicht nur die soziale, sondern auch die sog. «natürliche» Wirklich-

---

30. Allerdings nicht ausschliesslich. Es gibt auch eine Reihe von Studien, die die experimentelle Praxis historisch rekonstruieren, vgl. z.B. Pickering 1989; Gooding 1992 sowie verschiedene Aufsätze in dem exzellenten Sammelband von Heidelberger/Steinle 1998.

31. Die ersten Laborstudien stammen von Bruno Latour (Latour/Woolgar 1979) und Karin Knorr Cetina (1981, dt. 1984). Heute gibt es bereits eine beträchtliche Anzahl von Laborstudien, das Schwergewicht liegt auf den experimentellen Wissenschaften. Zur Biologie vgl. Latour/Woolgar 1979; Knorr Cetina 1984; Lynch 1985; Amann 1990; zur Physik und speziell zur Hochenergiephysik vgl. Traweek 1988; Knorr Cetina 1995; Krieger 1992. Zu den theoretischen Wissenschaften gibt es bislang kaum Untersuchungen (Merz/Knorr Cetina 1997; Merz 1998). In den frühen Laborstudien finden sich interessanterweise kaum Hinweise darauf, um welche Disziplin bzw. um welches Forschungsgebiet es sich bei der Untersuchung handelt. Offensichtlich wurden die Disziplin und der Gegenstand der Forschung als weit weniger interessant erachtet als die Forschungsart bzw. der Forschungsort – eben das Labor.

keit, d.h. jene Wirklichkeit, die den Gegenstand der Naturwissenschaften bildet, konstruiert bzw. «fabriziert» sein kann (Knorr Cetina 1984).

Die Unterscheidung zwischen einer epistemischen und einer ontologischen Dimension von «Konstruktion» ist auch der rote Faden, der die berühmte Studie von Peter Berger und Thomas Luckmann *Die gesellschaftliche Konstruktion von Wirklichkeit* durchzieht (und zusammenhält). Es geht um die Doppelfrage, wie (Alltags-)Wissen entsteht und wie es Wirklichkeit erzeugt, d.h. wie Wissen und Wirklichkeit, Konstruktion und Konstitution aufeinander bezogen sind. Oder in der bekannten Formulierung von Berger und Luckmann: «Wie ist es möglich, dass subjektiver Sinn zu objektiver Faktizität wird?» (Berger/Luckmann 1970: 20). Genau diese Frage steht auch im Zentrum der praxisorientierten Richtung der neueren Wissenschaftssoziologie, allerdings mit einem wesentlichen Unterschied. Im Gegensatz zum Sozialkonstruktivismus à la Berger und Luckmann, wo mit «Konstruktion von Wirklichkeit» die Herstellung *sozialer* Wirklichkeit gemeint ist, stellen die Vertreter der Laborstudien die auf den ersten Blick kontraintuitive Behauptung auf, dass auch die sog. *natürliche* Wirklichkeit konstruiert sein kann. Insofern hat Karin Knorr Cetina sicher recht, wenn sie feststellt, dass die konstruktivistische Wissenschaftssoziologie den Konstruktivismus nicht einfach aus der Sozialphänomenologie importiert, sondern ihm eine neue Interpretation gegeben hat (Knorr Cetina 1994: 149).[32] Was aber ist mit «Konstruktion der natürlichen Wirklichkeit» gemeint? Der Konstruktionsbegriff wird in zwei verschiedenen Varianten verwendet, die oft nicht genügend auseinandergehalten werden. Im einen Fall bezieht er sich auf die Herstellung von Objekten, im anderen Fall auf die Herstellung von Fakten.

(1) *Herstellung von Objekten*. Wie Rudolf Stichweh am Beispiel der Elektrizitätslehre gezeigt hat, unterscheidet sich die Wissenschaft des 19. und 20. Jahrhunderts von ihren Vorläufern darin, dass sie die von ihr beobachteten Vorgänge und Ereignisse mit ihren eigenen Instrumenten selbst herstellt. «In diesem Sinne ist sie (die Elektrizitätslehre, B.H.) erstmals autopoietische Wissenschaft, weil sie nicht mehr die Elemente aus der Umwelt und aus einer vorwissenschaftlichen Vergangenheit übernimmt, um diesen dann lediglich eine wissenschaftseigene Struktur aufzuerlegen. An die Stelle der Übernahme von Elementen aus der Umwelt tritt das Phänomen, dass die Wissenschaft (...) alle Elemente, aus denen sie besteht, selbst *produziert*» (Stichweh 1987: 58). Die moderne Naturwissenschaft sieht sich m.a.W. nicht einer immer schon gegebenen äusseren Natur gegenüber, sondern einer von ihr selbst geschaffenen, gewissermassen ‹zweiten› Natur.

---

32. Zur Spezifik des wissenschaftssoziologischen Konstruktivismus im Vergleich zu anderen soziologischen Spielarten des Konstruktivismus vgl. u.a. Knorr Cetina 1989 sowie diverse Aufsätze in Velody/Williams 1998.

Was Stichweh als allgemeines Phänomen der modernen (Natur-)Wissenschaft betrachtet, ist genau genommen ein Merkmal, das nur für die sogenannten *Laborwissenschaften* gilt, und es sind diese, die im Zentrum der Laborstudien stehen. Was aber sind Laborwissenschaften? Die Meinungen darüber sind geteilt. Am Beispiel dieser Diskussion lässt sich jedoch präzisieren, was mit «Konstruktion der natürlichen Wirklichkeit» genau gemeint ist. Ian Hacking geht von einem relativ engen Laborbegriff aus. Zu den Laborwissenschaften zählt er nur jene Wissenschaften, deren Untersuchungsgegenstände zumindest zu einem grossen Teil im Labor hergestellt werden: «They study phenomena that seldom or never occur in a pure state before people have brought them under surveillance. Exaggerating a little, I say that the phenomena under study are created in the laboratory» (Hacking 1992: 33). Insofern sind nicht alle experimentellen – und erst recht nicht alle empirischen – Wissenschaften Laborwissenschaften. Zu den Laborwissenschaften gehören etwa die Molekularbiologie und die Hochenergiephysik, nicht aber die Astronomie oder die klassische Botanik.

Anders bei Karin Knorr Cetina, die Hackings Laborbegriff um zwei Komponenten erweitert (Knorr Cetina 1992). Zu den Laborwissenschaften zählt sie zum einen Wissenschaften, bei denen die Objekte zwar nicht gänzlich hergestellt, aber im Labor so weit ‹verfremdet› – behandelt, zerlegt, verändert – werden, dass sie als neu konstituiert gelten können.[33] Zum anderen, und hier wird die Differenz zu Hacking besonders deutlich, werden auch jene Wissenschaften als Laborwissenschaften betrachtet, die in der Lage sind, mit manipulierbaren Repräsentationen ihrer Objekte (etwa mit Bildern) zu arbeiten. Beispielhaft dafür ist die Astronomie, die von der direkten Feldbeobachtung immer unabhängiger wird und in zunehmendem Masse nur noch mit digitalisierten Bildaufzeichnungen arbeitet. Etwas allgemeiner formuliert führt die Laboratorisierung einer Wissenschaft zu einer zunehmenden Unabhängigkeit in zeitlicher, räumlicher und sachlicher Hinsicht. Im Gegensatz zu einer Feldwissenschaft, bei der man die Ereignisse nur dann sehen kann, wenn sie stattfinden, und die Objekte in der Regel dort untersucht, wo sie sind, stehen die Objekte der Laborwissenschaften jederzeit und überall zur Verfügung und sind im Schonraum des Labors auch gezielt manipulierbar und reproduzierbar. Heute sind die meisten Naturwissenschaften Laborwissenschaften, wobei der Umschlag in unterschiedlichem Tempo und zu unterschiedlichen Zeitpunkten stattfand (vgl. u.a. Chadarevian 1996 und Rheinberger/Hagner 1993 zu den Biowissenschaften sowie diverse Aufsätze in James 1989).

---

33. Klaus Amann (1994) spricht in diesem Zusammenhang von einer materialen und symbolischen Transformation «natürlicher Objekte» in «epistemische Dinge». Ich komme auf diesen Begriff weiter unten zurück.

Im Zuge der Laboratorisierung der Wissenschaft kommt es zu einschneidenden epistemischen Veränderungen, die auf der einen Seite den Charakter des Untersuchungsobjekts und auf der anderen Seite den Status der Repräsentation betreffen. Hans-Jörg Rheinberger unterscheidet in diesem Zusammenhang zwischen «epistemischen Dingen» und «technologischen Objekten» (Rheinberger 1992; 1994). «Epistemische Dinge» sind Wissenschaftsobjekte, deren Struktur und Funktionsweise noch nicht geklärt sind. Sie stehen für das, was man noch nicht weiss, und setzen zu ihrer Klärung «technologische Objekte» voraus – Experimentalanordnungen und Verfahren, die es erlauben, das epistemische Ding zu «befragen», d.h. es einzugrenzen und zu manipulieren. Wenn die Probleme als gelöst gelten, d.h. das Wissensobjekt keine Fragen mehr aufwirft, können epistemische Dinge selbst zu technologischen Objekten werden.

Beispielhaft für einen solchen Umwandlungsprozess ist die enzymatische Sequenzierung von DNA – ein Verfahren, das zunächst nur eine Variante unter mehreren war mit entsprechend ungeklärtem Status und heute industriemässig eingesetzt wird (Rheinberger 1992: 67ff.). Dieser Transformationsprozess ist nicht irreversibel. Es ist durchaus denkbar, dass sich ein technologisches Objekt in ein epistemisches Ding zurückverwandelt, d.h. seine Funktionsweise und Struktur wieder zur Disposition gestellt wird. Wie das Beispiel der Gentechnologie zeigt, können epistemisches Ding und technologisches Objekt den gleichen Charakter haben: im Gegensatz etwa zur Teilchenphysik sind die gentechnischen Werkzeuge von der gleichen Beschaffenheit wie das Objekt, dessen «Befragung» sie ermöglichen (vgl. Rheinberger 1997: 275ff.). Eine ähnliche «ontische Undifferenziertheit» (Stichweh 1994a: 292) charakterisiert auch die Mathematik: Objekt und Werkzeug, epistemisches Ding und technologisches Objekt bestehen aus dem gleichen ‹Material›.

In der Mathematik gibt es zwar keine Laboratorien, orientiert man sich jedoch an Hackings Definition, so scheint sie in nahezu idealer Weise die Voraussetzungen einer Laborwissenschaft zu erfüllen. Die mathematischen Objekte sind nicht gegeben, sondern sie werden im eigentlichen Sinn konstruiert, zunächst als epistemische Dinge, die mit den zur Verfügung stehenden mathematischen Begriffen und Methoden untersucht und befragt werden, bis sich vielleicht eine Lösung abzeichnet, an deren Ende der Beweis steht. Ein Beweis bedeutet jedoch nicht zwangsläufig, dass der Forschungsprozess damit abgeschlossen ist, das epistemische Ding sich gewissermassen automatisch in ein Werkzeug, ein technologisches Objekt verwandelt. Ein Beweis beantwortet in vielen Fällen nur eine Einzelfrage und ist oft nur ein erster Schritt in Richtung eines umfassenden Verstehens (vgl. 6.2.).

Deutlicher noch als in den modernen Experimentalwissenschaften unterläuft die Mathematik die klassische Unterscheidung zwischen Repräsentation und Referenzgegenstand, die unterstellt, dass zwischen der Welt des Wissens und der Welt der Dinge eine klare Grenze verläuft. Beeinflusst durch die experimentellen Praktiken in den modernen Laborwissenschaften hat der Repräsentationsbegriff in letzter Zeit eine Umdeutung erfahren. Laborarbeit besteht im wesentlichen darin, Modelle für Vorgänge zu erzeugen, die sonst nicht sichtbar zu machen sind. Anstatt jedoch diese Modelle als Abbild der verborgenen Welt der ‹natürlichen› Dinge anzusehen, sollten sie, so die Intention der neueren Repräsentationstheorien, als «Darstellung im Sinne einer *Herstellung*, einer Produktion, in der das Dargestellte selbst überhaupt erst Gestalt annimmt» aufgefasst werden (Rheinberger 1992: 73, sowie anschaulich Latour 1997). Untersuchungsgegenstand – «epistemisches Ding» – ist nicht die Natur als solche, sondern technisch hergestellte Repräsentationen (z.B. fraktionierte Zellen), die ihrerseits nur durch den Einsatz anderer Repräsentationstechniken (z.B. Elektronenmikroskope) vorgestellt – «repräsentiert» – werden können. Repräsentationen bilden m.a.W. nicht ab, sondern sie machen verfügbar; sie sind eingebettet in eine Kette von anderen Repräsentationen, die im Prinzip niemals zu einem ‹natürlichen› Ende gelangen, sondern immer auf andere Repräsentationen verweisen (Rheinberger 1997: 274).[34] Was sich am Beispiel der modernen Experimentalwissenschaften zeigen lässt, gilt erst recht für die Mathematik. Die Mathematik bildet ein in sich geschlossenes System ohne jeglichen Aussenbezug. Mathematische Repräsentationen verweisen auf andere Repräsentationen, ohne dass diese Verweisungskette jemals an einem Punkt anlangt, der gewissermassen als letzter Bezugspunkt fungieren könnte.

(2) *Herstellung von Fakten.* Der Begriff «Konstruktion» kann noch eine zweite Bedeutung haben, und in dieser zweiten Bedeutung liegt er an der Schnittstelle zwischen Wissen und Wirklichkeit, Epistemologie und Ontologie. In dieser zweiten Bedeutungsvariante geht es um einen Prozess, den man als «Ontologisierung» bezeichnen könnte – um den Umschlag von Wissen in Faktizität, um die Transformation von subjektivem Sinn in objektiven Sinn. Dies lässt sich am Beispiel einer Untersuchung verdeutlichen, in der dieser Transformationsprozess minutiös nachgezeichnet wird (Pickering 1989). In der konventionellen Wissenschaftstheorie wird die empirische Forschung als ein Vorgang behandelt, bei dem zwei Grössen aufeinander abgestimmt werden müssen: gesucht wird ein «fit» zwischen Theorie und Beobachtung. Studien wie jene von Pickering zeigen, dass das Problem um einiges komplizierter ist. Es sind mehrere Grössen, die aufeinander abgestimmt werden müssen, und alle sind im Prinzip veränderbar. Pickering unterscheidet zwischen drei Kom-

---

34. Beispielhaft dafür ist die Molekularbiologie, die *in-vitro*-Systeme als Modelle für *in-vivo*-Situationen herstellt, die selbst nur über diese Modelle zugänglich sind. Untersuchungsobjekt ist nicht die lebendige Zelle, sondern ein Objekt, das, um überhaupt beobachtbar zu sein, dehydriert, homogenisiert und zentrifugiert werden muss, d.h. über komplexe Verfahren und Apparaturen im Labor hergestellt wird.

ponenten: *phenomenal models* (theoretische Annahmen und Forschungsfragen), *instrumental models* (Annahmen über die Funktionsweise der Apparatur bzw. der Versuchsanordnung) und schliesslich das Forschungshandeln selbst – die Bedienung und Überwachung der Apparaturen, das Hantieren mit Proben, die Änderung der Versuchsanordnung (*material procedures*).[35] Die Beobachtung – das ‹Datum› – fehlt in dieser Aufzählung. Der Grund dafür liegt in dessen oszillierendem ontologischen Status. Diesen Status zu fixieren, ist ein wesentliches Ziel der Forschungsarbeit.

Die Studie von Andrew Pickering befasst sich mit einer Serie von Experimenten, die der italienische Physiker Giacomo Morpurgo in den 60er Jahren durchführte. Kurz zuvor war in der Kernphysik die Behauptung aufgestellt worden, dass es Teilchen gebe – sogenannte *Quarks* –, deren Ladung nur einen Bruchteil, nämlich 1/3 oder 2/3 der Ladung eines Elektrons ausmache. Dies war zu dieser Zeit eine radikale These, da man bisher davon ausgegangen war, dass die Ladung des Elektrons die kleinstmögliche ist. Die Experimente von Morpurgo hatten zum Ziel, diese neue Behauptung zu testen. Er orientierte sich dabei an einer Versuchsanordnung, die um 1910 vom Physiker Robert Millikan entwickelt worden war, und wandelte sie für seine Zwecke ab.[36] Der erste Schritt bestand folglich darin, eine der Fragestellung entsprechende Versuchsanlage zu entwerfen. Im Unterschied zu Millikan, der in seinem Experiment Öltröpfchen in ein elektrisches Feld fallen liess und sie mit ultraviolettem Licht ionisierte, konzipierte Morpurgo ein Experiment, das anstelle von Öltröpfchen Graphitkörnchen verwendete, die in einer dielektrischen Flüssigkeit schwammen. Die Idee, die hinter dieser Versuchsanordnung stand, war die, aus der Bewegung der Öltröpfchen (Millikan) bzw. Graphitkörnchen (Morpurgo) auf ihre elektrische Ladung zu schliessen.

Da die ersten Versuche keine Ergebnisse brachten, entschied sich Morpurgo, das Experiment zu modifizieren und statt Flüssigkeit ein Vakuum zu verwenden. Die zweite Versuchsanordnung funktionierte besser, und Morpurgo war in der Lage, erste Messungen durchzuführen. Seine Beobachtungen widersprachen jedoch den theoretischen Erwartungen. Anstatt das theoreti-

---

35. Ähnlich wie Pickering unterscheidet auch Hacking (1992) zwischen drei Komponenten: *ideas* (Theorien, Hypothesen, Forschungsfragen, theoretische Vorstellungen über die Funktionsweise der Beobachtungs- und Messapparaturen), *things* (Messinstrumente, Werkzeuge) und *marks* (Daten, Analysemethoden, Berechnungen). Der Unterschied zwischen Pickering und Hacking liegt vor allem darin, dass Pickering mit seiner Klassifikation das experimentelle Handeln in den Vordergrund rückt (die «material procedures»), Hacking hingegen das technische Instrumentarium («things») in den Mittelpunkt stellt.

36. Es handelt sich bei Morpurgos Experiment um ein klassisches physikalisches Experiment und nicht um eines aus der Hochenergiephysik. Ich kann das Experiment und das experimentelle Handeln Morpurgos hier nicht im Detail darstellen, vgl. dazu Pickering 1989 sowie Gooding 1992.

sche Modell (phenomenal model) zu modifizieren, revidierte er seine Vorstellungen über die Funktionsweise der Apparatur (instrumental model): mit Hilfe einer Zusatzhypothese, die die Versuchsanlage betraf, gelang es ihm, Beobachtung und theoretisches Modell in Einklang zu bringen. Unter der Annahme einer spezifischen Funktionsweise der Apparatur wiesen seine Beobachtungen darauf hin, dass es keine Teilchen mit einer geringeren Ladung als das Elektron gibt. Kurz nachdem er dieses Resultat beschrieben und seine Ergebnisse bei den *Physics Letter* eingereicht hatte, machte er eine Beobachtung, die diesem Resultat widersprach. Er fand Graphitkörnchen mit einer Ladung von 1/4 oder 1/9, was der theoretischen Annahme, dass es entweder keine Quarks gibt (d.h. die Ladung des Elekrons nicht unterschritten wird) oder, wenn es sie gibt, ihre Ladung 1/3 oder 2/3 der Ladung eines Elektrons ausmacht, widersprach. Morpurgo führte diese Diskrepanz wiederum auf die Versuchsanlage zurück und begann mit ihr zu experimentieren: mit Hilfe einer geringfügigen Änderung (material procedures) liessen sich die unerwarteten Ladungen zum Verschwinden bringen.[37]

In der Praxis der Forschung geht es über weite Strecken darum zu entscheiden, ob eine Beobachtung subjektiv ist (zum Beispiel bedingt ist durch ein Fehlverhalten der Apparatur) oder ob sie ein objektives Merkmal der Aussenwelt darstellt. Der Eindruck, auf ein ‹Faktum›, auf ein objektives Merkmal, gestossen zu sein, stellt sich erst dann ein, wenn es gelungen ist, alle drei Komponenten in Übereinstimmung zu bringen. Dies ist normalerweise nicht der Fall. Die Praxis der Forschung ist über weite Strecken durch Unsicherheit gekennzeichnet (vgl. u.a. Star 1995) – durch das Auftreten von unerwarteten Effekten, die den theoretischen Erwartungen (phenomenal model) und/oder dem Verständnis der Funktionsweise der technischen Apparatur (instrumental model) widersprechen. Pickering spricht in diesem Zusammenhang von «Widerständen», auf die Forscherinnen und Forscher mit einer Veränderung ihres Denkens – oder auch ihres Handelns – reagieren: «Scientific knowledge is articulated in accommodation to resistances arising in the material world» (Pickering 1989: 279).[38]

Die Rekonstruktion von Morpurgos Experimenten, die sich über mehrere Jahre hinwegzogen, zeigt, dass es verschiedene Wege gibt, mit diesen Wider-

---

37. Es ist bis heute nicht gelungen, freie Quarks direkt zu beobachten. Da die Zerfallsgeschwindigkeit von Quarks sehr hoch ist, sind nur die Spuren beobachtbar, die sie beim Zusammenprall von Protonen und Antiprotonen hinterlassen und die von sog. Detektoren aufgezeichnet werden. 1994 ist es auf diese Weise am Fermi-Labor gelungen, das letzte Teilchen der Quark-Familie nachzuweisen. In den Grossexperimenten der Hochenergiephysik ist die von Pickering beschriebene Unsicherheit über den Status einer Beobachtung noch viel ausgepräger als in dem relativ einfachen Experiment von Morpurgo.

38. «Widerstand» ist ein Schlüsselbegriff der pragmatischen Philosophie, auf die sich Pickering bezieht. Ich komme im Zusammenhang mit G.H. Mead darauf zurück (vgl. 3.3.4.).

ständen umzugehen. Apparaturen, experimentelle Praktiken, Auswertungsmethoden, Theorien und Forschungsfragen sind formbare Ressourcen, die im Verlauf eines Experimentes so lange verändert werden können, bis die experimentell erzeugten Daten Sinn machen – bis sich m.a.W. eine Übereinstimmung einstellt zwischen den theoretischen Erwartungen, den beobachteten Ereignissen und dem Verständnis der Funktionsweise der technischen Apparatur. «The truth is that there is a play between theory and observations, but that is a miserly quarter-truth. There is a play between many things: data, theory, experiment, phenomenology, equipment, data processing» (Hacking 1992: 55). Diese Herstellung von Kohärenz über eine Anpassung der einzelnen Komponenten bezeichnet Pickering als «interaktive Stabilisierung». Das Ergebnis einer solchen interaktiven Stabilisierung ist ein empirisches Resultat, das den (vorläufigen) Status einer wissenschaftlichen Tatsache hat: «Coherences are the end point of struggles against incoherences in experimental practice, and they are always liable to come apart in future practice. The achievement of coherence, and the concomitant production of an empirical fact, is thus to be seen as a particular, contingent and potentially temporary limit to practice» (Pickering 1989: 280).

Die Herstellung von Kohärenz ist gleichbedeutend mit der (Re-)Konstitution von Objektivität. Die Beobachtungen haben keinen subjektiven Charakter mehr, sondern werden als ein objektives Merkmal der Aussenwelt interpretiert. «The result of the construction of a fact is that it appears unconstructed by anyone» (Latour/Woolgar 1979: 240). Aus der Sicht des praxisorientierten Ansatzes gibt das wissensorientierte Modell die Praxis der Forschung nur unzulänglich wieder, da es nicht berücksichtigt, dass unter Umständen auch die Welt den Gedanken angepasst wird. Oder wie es David Gooding formuliert: «The correspondence of representations to their natural objects is the result of a process of *making* convergences, both in experiment and in narratives that reify the distinction between words and the world while removing traces of the work that enabled the distinction to be drawn» (Gooding 1992: 104).

Aus der Sicht des praxisorientierten Modells sind wissenschaftliche Tatsachen nicht Basis, sondern *Folge* wissenschaftlichen Handelns. «The reality is the *consequence* of a settlement of a dispute rather than its *cause*» (Latour/Woolgar 1979: 236). Dies habe ich am Beispiel von Pickerings Studie zu zeigen versucht. Obschon diese These aus realistischer Sicht «wildly implausible» erscheint (Roland Giere, zit. in Sismondo 1993: 516), ist sie in Tat und Wahrheit weit weniger relativistisch, als es auf den ersten Blick erscheinen mag. Zum einen negiert kaum ein Vertreter des praxisorientierten Ansatzes die Existenz einer unabhängigen Wirklichkeit (vgl. u.a. Latour/Woolgar 1979: 181f.; Knorr Cetina 1994: 161). Zum andern ist das erkenntnistheoretische Bild, das sich aus diesen mikroanalytischen Studien der naturwissenschaftlichen Forschungspraxis ergibt, dichter und ‹realistischer›, teilweise allerdings auch ambivalenter als im wissenssoziologischen Ansatz. Auf der einen Seite wird die Wirklichkeit, mit der sich die Forscher auseinandersetzen, nicht als gegeben betrachtet, sondern als künstlich erzeugt. Die Wahrheit von Theorien bemisst sich m.a.W. nicht an ihrer Übereinstimmung mit einer gegebenen Aussenwelt – der ‹Natur› –, sondern an ihrer Übereinstimmung mit Phänomenen, die im Labor erzeugt werden. Insofern ist Wahrheit ein systemrelativer Begriff. Wahr sind Theorien nur bezogen auf eine Menge von Daten, die mit Hilfe einer technischen Apparatur erzeugt wurden, die in der Regel zusammen mit der Theorie, um deren Prüfung es geht, entwickelt wurde. Hacking spricht deshalb von einer «self-vindication» der Laborwissenschaften (Hacking 1992).

Auf der anderen Seite wird jedoch der Empirie eine konstitutive Rolle bei der Entwicklung und Änderung wissenschaftlichen Wissens zugeschrieben. Damit verbunden ist eine – zumindest implizite – Kritik an der These einer durch die Daten kaum eingeschränkten «interpretativen Flexibilität», wie sie insbesondere im Rahmen des Diskursmodells vertreten wird. Widersprüchliche Beobachtungen lassen sich nicht einfach weginterpretieren, sondern stellen sich dem Denken als Widerstände in den Weg.[39] Sie sind eine Tatsache, der Rechnung getragen werden muss – entweder durch eine Änderung des experimentellen Settings oder durch eine Anpassung der Theorie. «Constructionist studies have recognized that the material world offers resistances; that facts are not made by pronouncing them to be facts but by being intricately constructed against the resistances of the natural (and social!) order» (Knorr Cetina 1994: 148). Es ist dieser verstärkte Einbezug der empirisch-materiellen Ebene der Wissenschaft, der Pickering veranlasst, seine Position als «pragmatischen *Realismus*» zu bezeichnen (Pickering 1989, 1990).

Wenn wissenschaftliche Theorien tatsächlich nur wahr sind relativ zu den im Labor erzeugten Phänomenen, dann ist ihre praktische Anwendbarkeit ausserhalb des Labors, unter Realbedingungen also, keineswegs selbstverständlich. Wie ist der praktische Nutzen wissenschaftlichen Wissens zu erklären? Die meisten Autoren bleiben eine Antwort auf diese Frage schuldig. Eine Ausnahme ist Bruno Latour, der den praktischen Erfolg von Louis Pasteurs Laborerfindung, d.h. die Wirksamkeit seines Impfstoffes damit erklärt, dass es Pasteur gelang, die Aussenwelt bis zu einem gewissen Grade den Laborbedingungen anzupassen: Pasteurs Impfstoff wurde in Ställen getestet, die vergleichsweise strikten Hygienevorschriften zu genügen hatten (Latour 1983; 1988a). Die Distanz zwischen Labor und Aussenwelt kann aber auch von einer anderen Seite her verringert werden. Anstatt die Aussenwelt an die Laborbe-

---

39. Hier ist allerdings zu berücksichtigen, dass der Begriff des ‹Widerstandes› ein *relativer* Begriff ist, ähnlich wie der Kuhnsche Begriff der Anomalie. Ein Widerstand ist immer nur ein Widerstand gemessen an den jeweiligen theoretischen Erwartungen.

dingungen anzupassen, wird diese selbst zum «Labor» gemacht. Wissen, das unter Laborbedingungen getestet wurde, ist gewöhnlich nicht problemlos auf Realsituationen übertragbar. Was im Labor funktioniert, tut es in der Aussenwelt oft nicht. Deshalb ist die Prüfung von Theorien mit dem erfolgreichen Test im Labor oft nicht abgeschlossen, sondern wird unter Realbedingungen weitergeführt. Wolfgang Krohn und Johannes Weyer sprechen in diesem Zusammenhang von «Realexperimenten» (Krohn/Weyer 1989). Unter Realbedingungen können Pickerings «Widerstände» die Form von Unfällen annehmen. Unfälle sind ähnlich wie unerwartete Beobachtungen Lernchancen, die einen Anpassungsprozess auslösen, bis sich eine Übereinstimmung zwischen Theorie, Interpretation des realexperimentellen Settings und dem Ereignis selbst einstellt – mit dem gewichtigen Unterschied allerdings, dass das ‹reale› experimentelle Setting ungleich komplexer und nur bedingt kontrollierbar ist. Das gleiche Problem stellt sich auch für die Mathematik und wird hier unter dem Begriff «Anwendungsproblem» diskutiert. Wie lässt sich erklären, dass die in der reinen Mathematik entwickelten, hoch abstrakten Theorien sich immer wieder als brauchbar erweisen für die Beschreibung der physikalischen Welt? Das Anwendungsproblem gehört zu den zentralen Problemen der Mathematikphilosophie und ist von einer Lösung noch weiter entfernt als das Umsetzungsproblem im Falle der Laborwissenschaften.

3.3.2. Kontexualität vs. Universalität: der *context of persuasion*

Die Studie von Andrew Pickering analysiert die Herstellung eines Faktums auf *individueller* Ebene. Sie macht keine Angaben darüber, was mit Morpurgos Resultat anschliessend geschah: ob und inwieweit es zu einer allgemein anerkannten – und damit ‹objektiven› – wissenschaftlichen Tatsache wurde. Diese Beschränkung auf den individuellen Prozess der Faktizitätskonstruktion ist in den Studien zur experimentellen Praxis verbreitet.[40] Sie konzentrieren sich auf den *lokalen* Prozess der Erkenntnisproduktion und zeigen auf, in welchem Ausmass kontextspezifische Faktoren (Verfügbarkeit von Apparaturen, Prioritäten der untersuchten Forschergruppe, finanzielle Ressourcen etc.) an

---

40. Vgl. dazu etwa die Kritik von Collins an Garfinkels Begriff der Entdeckung (Collins 1983: 105). Während für Garfinkel u.a. (1981) Entdeckungen durch wissenschaftliche Praktiken ‹hervorgebracht› werden, spricht Collins erst dann von einer Entdeckung, wenn sie von der Fachgemeinschaft akzeptiert wurde. Für Garfinkel ist der von John Cocke u.a. 1969 «entdeckte» Pulsar ein durch wissenschaftliche Praktiken hervorgebrachtes kulturelles Objekt, ganz ähnlich wie ein Beweis (vgl. Kap. 1), für Collins ist er ein kommunikatives Artefakt und für die beteiligten Astronomen ein Objekt, das immer schon da war. Vgl. ähnlich auch Porter, der den Studien zur experimentellen Praxis vorwirft, sie würden wissenschaftliches Wissen nicht mehr als öffentliches Wissen beschreiben, sondern in Termini von «private craft skills» (Porter 1992: 644).

der Erkenntnisproduktion beteiligt sind. Karin Knorr Cetina spricht in diesem Zusammenhang von der «kontextuellen Kontingenz» wissenschaftlichen Handelns (Knorr Cetina 1984: 33). Damit stellt sich die Frage, wie es gelingt, solche lokalen Erkenntnisprodukte in allgemein anerkannte wissenschaftliche Tatsachen zu verwandeln, denen, wie es Karl Mannheim formulierte, keine «Spuren menschlicher Herkunft» mehr anzusehen sind (Mannheim 1931: 256).

Die Fabrikation wissenschaftlichen Wissens ist kein individuelles, sondern ein *soziales* Phänomen (vgl. u.a. Longino 1990). In dieselbe Richtung zielte bereits die Kritik, die Ludwik Fleck mit seinem Konzept des «Denkkollektivs» an den individualistischen Prämissen der konventionellen Wissenschaftstheorie angebracht hat. Dies legt es nahe, die beiden von der Wissenschaftstheorie unterschiedenen Kontexte – den «context of discovery» und den «context of validation» – um einen dritten Kontext zu ergänzen, den man als *context of persuasion* bezeichnen könnte. Mit dem Aufschreiben eines Beweises oder der erfolgreichen Durchführung eines Experimentes ist der Validierungsprozess nicht abgeschlossen. Damit wird erst ein Geltungsanspruch erhoben, der von der Fachgemeinschaft akzeptiert werden muss, damit das Ergebnis zu einer wissenschaftlichen Tatsache wird. Es ist dieser öffentliche Validierungsprozess, auf den sich Mertons Begriff des «organisierten Skeptizismus» bezieht (vgl. 5.3.). Anders jedoch als es Merton postulierte, ist die öffentliche Auseinandersetzung kein ausschliesslich rationaler Prozess, sondern lässt sich bis zu einem gewissen Grade steuern.[41]

In letzter Zeit sind eine Reihe von Arbeiten entstanden, die sich auf diesen «context of persuasion» beziehen und im einzelnen zeigen, welche Formen der Überzeugungsprozess annehmen kann. Einen wichtigen Grundstein haben Steven Shapin und Simon Schaffer mit ihrer bahnbrechenden Studie *Leviathan and the Air-Pump: Hobbes, Boyle, and the Experimental Life* gelegt (Shapin/Schaffer 1985). Am Beispiel der von Robert Boyle im 17. Jahrhundert begründeten Experimentalkultur beschreiben sie eine Reihe von Strategien, die eingesetzt werden, um experimentelle Resultate in objektive Tatsachen zu transformieren. Shapin und Schaffer unterscheiden zwischen drei verschiedenen «technologies of fact-making»: «material technologies», «social technologies» und «literary technologies». *Soziale Technologien* beeinflussen den Prozess des «fact-making» über die Regulierung des Zugangs zur wissenschaftlichen «Sprechergemeinschaft» und die Festlegung von Diskursnormen;

---

41. Der Vorschlag, die beiden ‹klassischen› Kontexte um einen dritten Kontext zu ergänzen, der der sozialen Dimension der Wissenschaft Rechnung trägt, ist bereits in den Arbeiten von Kuhn angelegt (vgl. Hoyningen-Huene 1987). Im Gegensatz zu Kuhns «context of decision» soll der Begriff «context of persuasion» darauf aufmerksam machen, dass Entscheidungen durch eine Vielzahl von Strategien beeinflusst und gesteuert werden können.

literarische Technologien verwenden Rhetorik und spezifische Sprachkonventionen, um einer Aussage besondere Überzeugungskraft zu verleihen; *materielle Technologien* setzen demgegenüber bereits eine Stufe früher ein, indem sie über die technische Infrastruktur den Konsens bis zu einem gewissen Grade präjudizieren.

Shapin und Schaffer führen diese drei Konsenstechnologien am Beispiel der Wissenschaftskultur des 17. Jahrhunderts ein. Wie verschiedene empirische Studien zeigen, sind diese Techniken auch heute noch wirksam, wenn auch in modifizierter Form (zur historischen Veränderung des «context of persuasion» vgl. 7.3.). Karin Knorr Cetina (1995) zeigt am Beispiel der Hochenergiephysik, in welchem Ausmass der Konsens durch die verwendete technische Apparatur prädeterminiert bzw. «präformiert» sein kann. Der potentielle Konfliktstoff ist gewissermassen in den *materiellen Technologien* eingelagert und dadurch der direkten Auseinandersetzung entzogen.[42] Ein anderes Beispiel ist die Durchsetzung von international anerkannten Masseinheiten und Messinstrumenten (vgl. u.a. Daston 1992a; O'Connell 1993; Porter 1992) oder die Strategie, gleichzeitig mit einer neuen Theorie standardisierte Verfahren und Methoden zu entwickeln, die den empirischen Test und die praktische Umsetzung der Theorie erleichtern. Joan Fujimura (1988; 1992) spricht in diesem Zusammenhang von «standardized packages» und illustriert dies am Beispiel der Ko-Produktion der molekularbiologischen Gentheorie des Krebses und der Entwicklung rekombinanter DNA-Technologien.

Mit dem Einsatz von *sozialen Technologien* haben sich – abgesehen von den bereits erwähnten Studien zur Schliessung von Kontroversen – vor allem Michel Callon und Bruno Latour beschäftigt (vgl. u.a. Callon 1983; Latour 1987, 1988a). Anhand verschiedener Beispiele untersuchen sie, welche Sozialstrategien eingesetzt werden, um die eigene Auffassung von Wahrheit und technischer Effizienz durchzusetzen. Mit Hilfe von «translations» und dem Aufbau von heterogenen Netzwerken wird versucht, andere Akteure (oder Aktanten) für die eigenen Interessen zu mobilisieren und dadurch der eigenen Sicht Resonanz zu verschaffen (s. unten). Insbesondere in angewandten und interdisziplinären Forschungsfeldern erfordert die Herstellung von Konsens die Koordination unterschiedlicher Interessen und Perspektiven. Diese Frage wurde vor allem im Kontext des Symbolischen Interaktionismus zum Thema gemacht. In verschiedenen Fallstudien wurde untersucht, welche Voraussetzungen gegeben sein müssen, damit Repräsentanten unterschiedlicher sozialer Welten zu einer gemeinsamen Sicht der Dinge gelangen. Ein in diesem Zu-

---

42. Zu dieser Externalisierung des Sozialen vgl. Joerges 1989 sowie Latour 1992, der die Koordinationsfunktion technischer Artefakte an einem einfachen Beispiel veranschaulicht. Wie Collins in seiner bereits erwähnten Studie zeigt, kann die Verlagerung selbst durchaus von Dissens begleitet sein (3.2.).

sammenhang zentrales Konzept ist das Konzept des «boundary object» (Star/ Griesemer 1989). Ein Grenzobjekt kann eine Idee, eine Vision oder auch ein technisches Artefakt sein, das aufgrund seiner Deutungsoffenheit zwischen den Interessen und Erwartungen der verschiedenen Akteure vermitteln kann, ohne dabei seine Identität zu verlieren (Clarke 1991: 133f.). In eine ähnliche Richtung weist auch Peter Galisons Konzept der «trading zone», das er am Beispiel der Computersimulation entwickelt hat (Galison 1996; 1997: 803ff.). «Trading zones» sind das Produkt eines Kulturkontaktes zwischen unterschiedlichen Wissenschaftskulturen. Sie beruhen auf «trading languages», d.h. auf lokalen Sprachen, die an den Schnittpunkten der verschiedenen Kulturen entwickelt werden. Das gemeinsam entwickelte Vokabular ist gewissermassen die *pidgin*-Version der elaborierten Wissenschaftssprachen der kooperierenden Disziplinen.[43]

Schliesslich gibt es eine Reihe von Studien, die die *literarischen Technologien* untersuchen, die im «context of persuasion» eingesetzt werden. Literarische – oder besser: rhetorische – Strategien haben die Funktion, die eigenen Aussagen mit Überzeugungskraft auszustatten, und sie tun dies über Verfahren, die vom gezielten Einsatz von Metaphern über eine Normierung der Sprache bis hin zur Verwendung von Symbolen reichen, die keinen Bezug mehr auf ihren Ursprungskontext erkennen lassen.[44] Bruno Latour spricht in diesem Zusammenhang von «immutable mobiles» (Latour 1988b). «Immutable mobiles» sind Objekte, die zeitlich und räumlich nicht fixiert sind. Sie sind immer und überall verfügbar und können von einem Kontext zum anderen transportiert werden, ohne sich dabei zu verändern. Ein wesentlicher Teil der wissenschaftlichen Arbeit besteht darin, kontextgebundene materielle Objekte in solche «immutable mobiles» zu transformieren, d.h. in symbolische Repräsentationen (Formeln, Tabellen etc.), die sich gegenüber ihren ursprünglichen Referenzobjekten verselbständigt haben und überall verfügbar sind: «Numbers do travel well» (Wise 1995a: 7).[45]

Aufschlussreich ist in diesem Zusammenhang auch die Analyse von schriftlichen Dokumenten und der Transformation, die sie von der ersten Forschungsnotiz bis hin zur endgültigen Publikation durchmachen (vgl. u.a. Knorr Cetina 1984: Kap. 5 und 6; Latour/Woolgar 1979: 81ff.; Myers 1993). Ausgemerzt werden insbesondere jene Formulierungen, die auf einen menschlichen Akteur und die lokale Gebundenheit der Forschung hinweisen. « Our ar-

---

43. Vgl. zur Veranschaulichung Löwy (1992; 1995), die das Konzept der «boundary objects» bzw. der «trading zones» auf die Entwicklung der Immunologie bzw. Mikrobiologie anwendet.

44. Wie ich in Kap. 7 zeigen werde, ist der Einsatz von solchen generalisierten Symbolen ein wichtiges Medium, um die wissenschaftliche Kommunikation auch unter der Bedingung von Anonymität und sozialer Heterogenität aufrechtzuerhalten.

gument is not just that facts are socially constructed. We also wish to show that the process of construction involves the use of certain devices whereby all traces of production are made extremely difficult to detect» (Latour/Woolgar 1979: 176). Im Zuge dieser Transformation wird vieles zum Verschwinden gebracht: die Bedeutung des praktischen Handelns, der oszillierende ontologische Status von Beobachtungen, die Situationsabhängigkeit der getroffenen Entscheidungen, die Unsicherheiten und die Offenheit des Suchprozesses, der keineswegs die lineare Gestalt hat, die ihm später zugeschrieben wird. Am Ende stehen Darstellungen, bei denen jeder Hinweis auf die subjektiven Anteile am Erkenntnisprozess ausgelöscht ist – Texte, deren sprachliche Form die unzweifelhafte Objektivität der beschriebenen Sachverhalte insinuieren. Oder wie es David Gooding formuliert: «The ontological status accorded to the entities to which language refers is conferred through reconstruction; its self-evidence is conferred through concealment of that reconstruction» (Gooding 1992: 78).

In mathematischen Texten ist dieses Verfahren der De-Kontextualisierung und Ent-Subjektivierung auf die Spitze getrieben. Ein formalisiertes mathematisches Argument ist eine sprachliche Form, bei der jeder Verweis auf eine menschliche Intervention ausgelöscht ist. Die bereits in den empirischen Wissenschaften verbreitete Tendenz, den wissenschaftlichen Suchprozess nachträglich als lineare Abfolge logisch zwingender Schritte darzustellen, ist beim formalen Beweis ins Extrem getrieben. Das Beispiel des Beweises macht gleichzeitig aber auch deutlich, dass sprachliche Normierung nicht bloss strategische, sondern auch eine wichtige kommunikative Funktion hat. Würden alle Kontingenzen, Zufälligkeiten, Unsicherheiten und Irrwege des faktischen Forschungsprozesses dargestellt werden, so wäre die Arbeit nicht mehr lesbar und die Forschung nicht mehr anschlussfähig.

---

45. Nicht alle rhetorischen Verfahren weisen dieselbe Kontextunabhängigkeit auf. Das Spiel mit Metaphern, wie es z.B. Gillian Beer (1998) am Beispiel der Texte von Charles Darwin beschreibt, lässt sich – im Gegensatz zu einer Normierung der Sprachkonventionen und dem Einsatz von generalisierten Symbolen – vom jeweiligen kulturellen Kontext nicht ablösen. Dies gilt ähnlich auch für den Einsatz *visueller Technologien* (Photographien, Illustrationen etc.). Wie Phillip Prodger (1998) in seiner Fallstudie zur Funktion von Illustrationen in Darwins Werken zeigt, können Visualisierungen eingesetzt werden, um Argumente mit mehr Überzeugungskraft auszustatten. Inwieweit dies jedoch tatsächlich gelingt, ist abhängig vom Interpretationskontext und dem jeweiligen kulturellen Raum. Vgl. ähnlich auch Schaffer (1998), der am Beispiel der englischen Astronomie im 19. Jahrhundert den Einsatz von neuen Visualisierungstechniken beschreibt.

3.3.3. *Boundary work* – die Separierung des Wissenschaftlichen vom Sozialen

Aus der Perspektive der institutionalistischen Wissenschaftssoziologie wird das Wissenschaftliche vom Nicht-Wissenschaftlichen durch eine gewissermassen ‹natürliche› Mauer abgegrenzt. Auf der einen Seite liegt das Soziale, auf der anderen das Wissenschaftliche, und beide vermischen sich höchstens dort, wo es sich um falsches Wissen handelt. Eine erste Öffnung in diese Mauer hat Thomas Kuhn geschlagen – sehr zum Missfallen seiner konservativeren Kollegen. «What, then, is the hallmark of science?», empörte sich etwa Imre Lakatos. «Do we have to capitulate and agree that a scientific revolution is just an irrational change in commitment, that it is a religious conversion? (…) But if Kuhn is right, then there is no explicit demarcation between science and pseudoscience, no distinction between scientific progress and intellectual decay, there is no objective standard of honesty» (Lakatos 1974: 4). Die von Kuhn geschlagene Öffnung (die er nachträglich vermutlich lieber wieder zugemauert hätte) wurde von der konstruktivistischen Wissenschaftssoziologie schrittweise erweitert, bis man am Ende zum Schluss kam, dass die Mauer keineswegs natürlich ist, sondern permanent hergestellt wird. Gieryn (1994) spricht in diesem Zusammenhang von *boundary work*.[46]

David Bloors 1976 erschienenes Buch *Knowledge and Social Imagery* gehört zu den ersten programmatischen Arbeiten der konstruktivistischen Wissenschaftssoziologie (Bloor 1991). Sein *strong programme* der Wissenssoziologie war insbesondere gegen das «Kontaminationsmodell des Sozialen» (Knorr Cetina) gerichtet: eine Wissenssoziologie naturwissenschaftlichen Wissens hat die Mannheimsche Frage nach der «Standortgebundenheit» des Wissens auch an jenes Wissen zu richten, das für *wahr* gehalten wird. Bloor vertrat zwar die Auffassung, dass das wissenschaftliche Wissen durch soziale Faktoren beeinflusst ist, er ging aber nach wie vor davon aus, dass das Soziale und das Wissenschaftliche zwei qualitativ verschiedene Bereiche darstellen (3.2.). Gegenüber dieser ‹quasi-naturalistischen› Position vertraten Bruno Latour und Steve Woolgar schon sehr früh die Auffassung, dass die Grenze zwischen dem Sozialen und dem Wissenschaftlichen nicht ein für allemal fixiert

---

46. Der Umgang mit Gebieten, die noch keine wissenschaftliche Dignität erlangt haben, wie z.B. die Parapsychologie, ist ein besonders ergiebiges Beispiel, um diese *boundary work* zu untersuchen, vgl. u.a. Collins/Pinch 1982. Ein anderes Beispiel ist die Separierung von Kunst und Wissenschaft. Während Ästhetik im 18. Jahrhundert durchaus noch mit Wahrheit assoziiert war und Schönheit Objektivität verbürgte, wird die Kunst seit dem späten 18. Jahrhundert zur anderen, entgegengesetzten Seite der Wissenschaft– zur «Un-Wissenschaft» gewissermassen – und bestimmt damit indirekt das Selbstbild der Wissenschaft als entsubjektivierte Sphäre menschlichen Wissens. Vgl. zum Wandel der Grenzziehung zwischen Kunst und Wissenschaft den Sammelband von Jones/Galison 1998.

ist, sondern permanent hergestellt wird und unter Umständen auch verschieb-
bar ist. Die Trennung von Wissenschaft und Nicht-Wissenschaft hat in den
Augen von Latour und Woolgar keinen epistemischen Grund, sondern ist eine
Strategie, die Wissenschaftler und Wissenschaftlerinnen benutzen, um ihre eigenen Geltungsansprüche zu legitimieren und jene ihrer Konkurrenten zu ent-
werten. «Our argument ist not just that the distinction between ‹social› and ‹intellectual› is prevalent among working scientists. More importantly, this
distinction provides a resource upon which scientists can draw when charac-
terising either their own endeavours or those of others» (Latour/Woolgar 1979:
23). Diese These wird in der Akteur-Netzwerk-Modell noch weiter zugespitzt,
indem nun das Materielle selbst zu einem handlungsfähigen Akteur avanciert.

Latours und Callons Netzwerke sind heterogener Art. Einheiten können
nicht nur Individuen sein, sondern auch Dinge oder Organismen, denen der
gleiche Status zugeschrieben wird wie den menschlichen Akteuren. Aus der
Sicht von Callon und Latour ist der Unterschied zwischen menschlichen und
nicht-menschlichen Entitäten – zwischen Natur und Kultur, Mensch und Ding,
Sozialem und Technischem – nicht von vornherein gegeben, sondern Ergebnis
einer Zuschreibung, die aufgeklärte Wissenschaftsforscher zu erkennen und
zu unterlaufen haben. «You discriminate between the human and the inhuman.
I do not hold this bias and see only actors – some human, some nonhuman,
some skilled, some unskilled – that exchange their properties. (…) The debates
around anthropomorphism arise because we believe that there exist ‹humans›
and ‹nonhumans›, without realizing that this attribution of roles and action is
also a *choice*» (Latour 1992: 236). Aus diesem Grund plädieren Latour und
Callon für ein konsequentes Symmetrieprinzip: nicht-menschliche Aktanten
haben den gleichen Status wie menschliche und sollten entsprechend soziologisch auf dieselbe Weise behandelt werden, anstatt ihnen in Weberscher Manier nur den Rang einer Randbedingung zuzubilligen. Es ist empirisch falsch
(und moralisch verwerflich) zwischen Ministerialbeamten und Katalysatoren,
Schafzüchtern und Mikroben, Fischern und Muscheln kategorial zu unterscheiden. Beide sind handlungsfähige Akteure in einem komplexen Spiel.

Latour und Callons Akteur-Netzwerk-Theorie ist aus verständlichen
Gründen nicht unbestritten geblieben (u.a. Bloor 1999; Gingras 1995; Nowotny 1990; Scott 1991). Mit ihrem Symmetriepostulat unterlaufen sie die eherne
Unterscheidung zwischen sinnhaftem und nicht-sinnhaftem Handeln, die der
Soziologie dazu dient, den Bereich des Sozialen von seiner natürlichen und
technischen Umwelt abzugrenzen. Latour und Callon plädieren dagegen für
eine Gleichbehandlung menschlicher und nicht-menschlicher «Aktanten» und
damit für eine Auflösung der disziplinären Grenze zwischen den Sozialwissenschaften auf der einen und den Natur- und Ingenieurwissenschaften auf der
anderen Seite. Soziologisch gesehen ist das Symmetriepostulat des Akteur-
Netzwerk-Ansatzes zwar überzogen, er bildet jedoch ein Korrektiv zum wis-

senssoziologischen Ansatz, der mit seiner These einer «interpretativen Flexibilität» einen rigorosen Soziologismus verficht. Oder wie es John Law, ein anderer Vertreter des Akteur-Netzwerk-Ansatzes, formuliert: «In social constructivism (damit ist der wissenssoziologische Ansatz gemeint, B.H.) natural forces or technological objects always have the status of an *explanandum*. The natural world or the device in question are never treated as the *explanans*. They do not, so to speak, have a voice of their own in the explanation. The adoption of the principle of generalized symmetry means that this is no longer the case. Depending, of course, on the contingent circumstances, the natural world and artifacts may enter the account as an *explanans*» (Law 1987: 131f). Latour geht noch einen Schritt weiter. Indem er den ‹Dingen› nicht bloss explanativen Status zuschreibt, sondern sie zu handlungsfähigen Akteuren mutieren lässt, ersetzt er den soziologischen Reduktionismus der Wissenssoziologie durch einen nicht minder problematischen «Hylozoismus», wie Simon Schaffer Latours ‹ganzheitliche› Natursoziologie treffend nennt (Schaffer 1991).

Andrew Pickering, der mit seinem «pragmatischen Realismus» einen möglichen Weg gewiesen hatte, wie zwischen naturwissenschaftlichem Realismus und soziologischem Konstruktivismus zu vermitteln wäre (3.3.1.), schliesst in neueren Arbeiten an Callons und Latours Akteur-Netzwerk-Ansatz an, gibt ihm jedoch eine etwas andere Wendung (Pickering 1993). Auf der einen Seite konzediert er zwar, dass zwischen dem Wissenschaftler und seiner Mikrobe vielleicht doch ein gewisser Unterschied besteht – allerdings erst nach reiflicher Überlegung und nachdem ihn, wie er in einer Anmerkung schreibt, aus Cambridge die Empfehlung erreichte, die Intentionalität menschlichen Handelns doch bitte mitzubedenken (Pickering 1993: 565). Gleichzeitig schliesst er aus der Tatsache, dass die materiellen Dinge (Muscheln, Zellproben, technische Apparaturen) dem menschlichen Handeln Randbedingungen – und mitunter auch Widerstände – entgegensetzen, auf eine Art ‹Eigen-Willigkeit› der Materie. «Traditional sociology of science (…) is humanist in that it identifies human scientists as the central seat of agency. Conversely, traditional sociology of science refuses to ascribe agency to the material world. Here I subscribe to the basic principle of the actor-network-approach: I think that the most direct route toward a posthumanist analysis of practice is to acknowledge a role for nonhuman – or material, as I will say – agency in science» (Pickering 1993: 562).

Für Pickering stellt sich folglich die Aufgabe, eine Art «post-humanistische» Handlungstheorie zu entwickeln. Das Ergebnis ist ähnlich problematisch wie bei Callon und Latour. Ausgangspunkt für Pickerings Argumentation ist sein oben geschildertes Konzept des Widerstandes, wobei er den widerständigen materiellen Dingen nun zusätzlich noch Handlungsfähigkeit und eine Art Eigenwillen – eine «material agency» – zugesteht. Dabei begeht er den gleichen Kategorienfehler wie Latour und Callon. Die Zellkulturen unter dem

Mikroskop mögen ihrem Erforscher zwar Widerstände entgegensetzen und sich in diesem Sinne mitunter auch unberechenbar verhalten, daraus aber – als beobachtender Soziologe, nicht als teilnehmender Physiker! – den Schluss einer «material agency» zu ziehen, ist soziologisch gesehen reichlich naiv. Denn ‹widerständig› sind die Zellkulturen höchstens aus der Sicht ihres Erforschers und auch dann nur relativ zu dessen Erwartungen. Soziologisch interessant ist nicht die Erklärung der «material agency», sondern, immer noch, der «human agency» – und dazu gehört insbesondere die Frage, unter welchen Bedingungen Menschen den Dingen so etwas wie Widerständigkeit zuschreiben. Wie die Verbindung zwischen «human agency» und «material agency» theoretisch angemessen beschrieben werden könnte, hat G.H. Mead in seiner Theorie der Dingkonstitution gezeigt, auf die ich im folgenden Abschnitt näher eingehen werde.

3.3.4. Experimentelles Handeln als Umgang mit Dingen

Wie ich in den vorhergehenden Abschnitten ausgeführt habe, rückt der praxisorientierte Ansatz das *Forschungshandeln* in den Vordergrund. Im Mittelpunkt steht nicht die Theorie, sondern das Experiment, nicht das Wissen, sondern das Tun. Wissen setzt Handeln voraus, und dies gilt sogar, wie David Gooding am Beispiel von Michael Faradays elektromagnetischen Experimenten zeigt, für so augenscheinlich passive Vorgänge wie die Beobachtung (Gooding 1992). Die zentralen Referenzfiguren sind nicht mehr Thomas Kuhn oder Karl Mannheim, sondern die Klassiker des Pragmatismus John Dewey, William James und Charles Sanders Peirce – erstaunlicherweise jedoch nicht George Herbert Mead. Die Tatsache, dass Mead nur am Rande vorkommt, macht deutlich, dass die «pragmatische Wende» keine wissenschaftssoziologische Eigenentwicklung ist, sondern aus der Philosophie eingeführt wurde. Der entscheidende Auslöser war das bereits erwähnte Buch von Ian Hacking *Representing and Intervening* (Hacking 1983). Sofern Mead überhaupt erwähnt wird, geschieht dies in der Blumerschen Lesart, d.h. im Kontext des Symbolischen Interaktionismus.

Damit ist auch eine Schwäche des praxisorientierten Ansatzes angesprochen. Handlung ist zwar zu einem Schlüsselbegriff avanciert, die zugrundeliegende Handlungs- bzw. Praxistheorie ist aber rudimentär und weitgehend implizit. Dieses Defizit ist allerdings nicht allein der Wissenschaftssoziologie anzulasten. Schuld daran sind auch die verfügbaren Handlungstheorien, die sich im Anschluss an Weber vor allem um den Begriff der sozialen Interaktion bemühten und den Umgang mit Dingen weitgehend vernachlässigt haben.[47] Seit der durch Jürgen Habermas und Niklas Luhmann initiierten «kommunikationstheoretischen Wende» hat sich, zumindest in der deutschen Soziologie, diese Akzentsetzung weiter verstärkt.

Habermas klassifiziert Handlungen nach ihrer Orientierung (verständigungs- vs. erfolgsorientiert) und nach der Handlungssituation (sozial vs. nicht-sozial). Je nachdem ob sich das erfolgsorientierte Handeln in sozialen oder nicht-sozialen Handlungssituationen abspielt, spricht er von «strategischem» bzw. von «instrumentellem Handeln». Das verständigungsorientierte Handeln, das für Habermas nur in sozialen Handlungssituationen denkbar ist, bezeichnet er als «kommunikatives Handeln» (Habermas 1981/I: 384f.). Das erfolgsorientierte Handeln ist dem Modell des zweckrationalen Handelns nachgebildet und zeichnet sich durch rationale Ziel- und Mittelwahl und eine objektivistische Situationsdefinition aus. Im Gegensatz dazu ist das verständigungsorientierte Handeln nicht an «egozentrischen Erfolgskalküle» (S. 385) orientiert sondern an Verstehen und der Herstellung von Konsens; es hat theorietechnisch (und normativ) Priorität. Habermas hat seine Handlungtypologie in Auseinandersetzung und in Abgrenzung zu anderen Handlungsmodellen entwickelt, die in seiner Darstellung allerdings beträchtlich schematisch geraten. Das normorientierte Handeln wird auf die strukturfunktionalistische Rollentheorie der 50er Jahren reduziert, das expressive Handeln auf Selbstinszenierungen in der Öffentlichkeit und das teleologische (bzw. erfolgsorientierte) Handeln auf egozentrische Nutzenkalküle und Planbefolgung. Gegenüber diesen handlungstheoretischen Kümmerlingen präsentiert sich sein Begriff des kommunikativen Handelns dann umso prächtiger.

Die Habermassche Handlungstypologie ist im Verlauf der Jahre ins Werkzeugkästchen des soziologischen Normalarbeiters übergegangen und hat sich dort fürs erste festgesetzt. Das Resultat ist eine Einengung der Vielfalt menschlichen Handelns auf zwei polar gestrickte Handlungstypen – auf das kommunikative Handeln auf der einen und das erfolgsorientierte auf der anderen Seite. Dass auch mit Dingen nicht immer nur zweckrational umgegangen wird, kann auf der Basis dieses Handlungsmodells nicht gesehen werden. Habermas geht davon aus, dass das instrumentelle Handeln durch den Bezug auf nur eine Welt charakterisiert ist – auf die objektive Welt der existierenden bzw. herbeigeführten Sachverhalte.[48] Wer instrumentell handelt, tut dies aufgrund einer Situationsdeutung und rational gewählter Ziele und Mittel. Entsprechend lassen sich instrumentelle Handlungen nach zwei Gesichtspunkten beurteilen: nach der Angemessenheit der Situationsdeutung und ihrem praktischen Erfolg.

---

47. Dies gilt auch für die Blumersche Aneignung der Meadschen Soziologie (Blumer 1973). Im Mittelpunkt des Symbolischen Interaktionismus steht die soziale Interaktion, während der bei Mead noch sehr zentrale Umgang mit Dingen nur noch am Rande thematisiert wird. Diese Einschränkung des Handelns auf soziale Interaktion wurde in den wissenschaftssoziologischen Arbeiten dieser Richtung teilweise wieder korrigiert, vgl. dazu exemplarisch den von Adele Clarke und Joan Fujimura (1993) herausgegebenen Sammelband.

Vergegenwärtigt man sich das experimentelle Handeln Morpurgos, so sieht man leicht, dass die wissenschaftliche Praxis mit diesem Modell instrumentellen Handelns wenig zu tun hat. Die Ziele haben sich laufend verschoben und mit ihnen die Mittel. Pläne stiessen auf Widerstände und mussten revidiert werden. Der Suchprozess glich eher einer Zick-Zack-Bewegung als einer linearen Abfolge von Handlungsschritten. Die Handlungssituation war durch Offenheit gekennzeichnet und das Handeln durch Unsicherheit anstatt durch Transparenz und Zielgerichtetheit. Offenbar, und hier könnte die Handlungstheorie von der Wissenschafts- und Techniksoziologie einiges lernen, gibt es einen Umgang mit Dingen, der weder durch explizit formulierbare Situationsdeutungen noch durch einen vorgefassten Plan gekennzeichnet ist, sondern durch Unbestimmtheit, Offenheit und Flexibilität. Um dieser Art von nicht-sozialem Handeln gerecht zu werden, braucht es ein Handlungmodell, das, wie es Hans Joas formuliert, «nicht-teleologische Formen des Umgangs in nicht-sozialen Handlungssituationen» zulässt (Joas 1986: 151). Ich denke, dass sich die Meadsche Handlungstheorie hier besonders anbietet.

Ich möchte im folgenden die Meadsche Handlungstheorie nicht im einzelnen darstellen, sondern nur einige Argumente kurz skizzieren, die im vorliegenden Zusammenhang relevant sind. Ich beziehe mich dabei vor allem auf Meads Aufsatz zur *Definition des Psychischen* (Mead 1903) sowie auf einige Spätschriften, die sich mit der Frage der Dingkonstitution und den Grundlagen der Naturwissenschaft beschäftigen.[49] Pragmatische Handlungstheorie heisst zunächst einmal und vor allem, dass die *Handlung* (und nicht das Bewusstsein) an erster Stelle steht. Denken hat gewissermassen subsidiäre Funktion. Oder wie es Mead in seiner von Charles Morris postum edierten *Philosophy of the Act* formuliert: «The inhibited action opens the door, so to speak, to all sorts of stimuli, and the new actions started up are hypothetical. In the mind of man they would be ideas, hypotheses. The problem itself, however, is antecedent to thinking and may be solved without thinking. Thinking is a certain way of solving problems. The importance of correct thinking is simply the importance of solving our problems» (Mead 1938: 79). Zu einer gedanklichen Reflexion der Handlung und ihrer Bedingungen kommt es erst dann, wenn sich ihrem Ablauf ein Hindernis in den Weg stellt. Das ist die Grundidee,

---

48. Neben der objektiven Welt der Sachverhalte unterscheidet Habermas noch die soziale Welt gemeinsamer Normen und Werte und die subjektive Welt persönlicher Erlebnisse (Habermas 1981/I: 115ff.). Jeder dieser Welten entspricht einem Geltungsanspruch, d.h. mit jeder Äusserung wird gleichzeitig der Anspruch auf *Wahrheit* (im Sinne einer Übereinstimmung mit der objektiven Welt der Sachverhalte), der Anspruch auf *Richtigkeit* (gemessen an der sozialen Welt der Normen) und der Anspruch auf *Wahrhaftigkeit* (im Sinne einer Übereinstimmung mit der subjektiven Welt der persönlichen Gedanken und Gefühle) erhoben.

49. Vgl. zu diesem Problemkreis ausführlicher die differenzierten Darstellungen von Hans Joas (Joas 1980: insb. Kap. 7-9; 1992a: insb. Kap. 2 und 3) sowie Heuberger 1992.

die Mead in seinem Aufsatz *Die Definition des Psychischen* entwickelt (Mead 1903).

Mead vertritt die These, dass das «Psychische» (bzw. das «Subjektive») auf diese Reflexionsphase beschränkt ist. Phänomenologisch gesprochen bezeichnet es jene Phase, bei der die «natürliche Einstellung» (einem Ausschnitt der Welt gegenüber) suspendiert ist. «Das Psychische ist vielmehr das Wesen des Bewusstseins, weil unvermeidliche Konflikte im Verhalten uns um die Reize bringen, die das weitere Handeln benötigt. Sie berauben uns, mit anderen Worten, der objektiven Merkmale und Kennzeichen eines Teils unserer Welt» (Mead 1903: 126). Handlungsprobleme führen dazu, dass die für fraglos gehaltene Welt den Charakter des Objektiven verliert.[50] Was zuvor ein objektives Merkmal war, erweist sich auf einmal als zweifelhaft und damit als möglicherweise subjektiv. Im Anschluss an John Dewey spricht Mead vom «Verschwinden» des Objektes.[51] Widerstände lösen m.a.W. einen Reflexions- und Suchprozess aus mit dem Ziel, das «verschwundene» Objekt wiederherzustellen, d.h. Erwartungssicherheit und damit Handlungsfähigkeit zurückzuerlangen. Mead hat diesen Reflexionsprozess auf eine Weise beschrieben, die grosse Ähnlichkeit aufweist mit Pickerings Darstellung des wissenschaftlichen Suchprozesses: «Da gibt es das kaleidoskopartige Aufblitzen einer Ahnung, die Aufdringlichkeit des Unpassenden, den unablässigen Fluss der Kleinigkeiten aller möglichen Objekte, die unangemessen sind, den immer erneuten Zusammenstoss mit harten, unverrückbaren, objektiven Bedingungen des Problems, das übergreifende Gefühl der Anstrengung und Erwartung, wenn wir das Gefühl haben, auf der richtigen Spur zu sein, längere Ruhepunkte, während derer eine Vorstellung an Bestimmtheit gewinnt» (Mead 1903: 129).

Handlungskrisen führen also zu Orientierungskrisen, die aufgelöst werden müssen, damit die Handlung fortgesetzt werden kann. Diese Desorientierung – und das ist ein wichtiger Punkt, auf den ich hier nur hinweisen kann – bezieht sich aber nicht nur auf das Objekt, sondern schliesst auch das handelnde Subjekt mit ein. In einer Situation der Unsicherheit ist nicht nur die Aussenwelt, sondern auch die eigene Urteilsfähigkeit in Frage gestellt. Wir sind, wie Mead schreibt, nicht mehr in der Lage, eine «Unterscheidung zwischen

---

50. Dieser Überlegung liegt eine Konstitutionstheorie des Objektiven zugrunde. Das Objektive ist nicht das ‹natürlich› Gegebene, sondern das gemeinsam für gegeben Gehaltene (s. unten).

51. Beispielhaft für solche Handlungshemmungen sind etwa experimentelle Beobachtungen, die den theoretischen Erwartungen zuwiderlaufen. Sind die von Giacomo Morpurgo in seinem zweiten Experiment gemessenen Ladungen, die den theoretischen Erwartungen zuwiderliefen, ein ‹echtes› Resultat oder sind sie ein Artefakt der Versuchsanlage? «Verschwunden» ist in diesem Fall die bislang für unproblematisch gehaltene Annahme, dass es entweder keine Quarks gibt, d.h. die Ladung des Elektrons nicht unterschritten wird, oder ihre Ladung 1/3 oder 2/3 der Ladung des Elektrons beträgt (3.3.1.).

Subjekt und Prädikat» zu treffen (S. 139). Wir wissen nicht, ob die Beobachtung einen objektiven Sachverhalt wiedergibt oder ob sie bloss ein subjektiver Eindruck ist, der mit uns selbst und unseren Beobachtungsinstrumenten zu tun hat. Handlungskrisen tangieren m.a.W. Fremd- und Selbsterfahrung gleichermassen. Oder in Meads knapper Formulierung: «Ich möchte ausdrücklich darauf hinweisen, dass wir, solange wir noch kein Prädikat haben, ebensowenig ein Subjekt haben» (Mead 1903: 140).

Wie aber werden Orientierungskrisen aufgelöst, Handlungsbarrieren beseitigt? Durch die Entwicklung von Hypothesen, die mental durchgespielt und anschliessend im Handlungsvollzug praktisch getestet werden. Dies gilt ebenso für das alltägliche wie für das wissenschaftliche Handeln. Weil es in einer Phase der Desorientierung keine fixen Bezugspunkte gibt, an die man sich bei der Entwicklung von Hypothesen halten kann, ist das Ergebnis dieses Reflexionsprozesses notwendig offen und durch die Subjektivität des Handelnden geprägt: die Hypothese taucht «im Individuum *qua* Individuum» auf (S. 144). Der im Anschluss an ein Handlungsproblem einsetzende Suchprozess ist genau jene Phase, in der unter Umständen Neues entsteht. «Nur das Handeln kann all die Daten verwenden, die die Reflexion zur Verfügung stellt, aber es verwendet sie nur als Bedingungen einer neuen Welt, die aus ihnen unmöglich vorherzusagen ist. Es ist das Ich einer durch keinerlei Notwendigkeit erzwungenen Wahl, von ungeahnten Hypothesen, von Erfindungen, die das gesamte Anlitz der Natur verändern» (S. 142). Je nachdem welche Hypothesen entwikkelt werden, wird die Handlung auf andere Weise fortgesetzt. Am Ende einer Handlungskrise steht jedenfalls nicht bloss neues Wissen, sondern auch eine neue Handlungsweise, die unter Umständen selbst wieder zur Routine wird. [52]

Aus dieser Beschreibung wird auch ersichtlich, dass instrumentelle Handlungen nicht einem kontextfreien und starren Zweck-Mittel-Schema folgen, sondern immer nur aus der Situation heraus verstehbar sind. Oder in Lucy Suchmans hübscher Formulierung: «Human behavior is a figure defined by its ground» (Suchman 1987: 43). Suchman spricht in diesem Zusammenhang von «situated action» und grenzt diesen pragmatischen Handlungsbegriff von einem Handlungsmodell ab, das instrumentelles Handeln auf Zweck-Mittel-Kalkulation und Plandurchführung reduziert. Handeln ist grundsätzlich situationsbezogen und ständigen Revisionen ausgesetzt. Pläne stehen in der Regel nicht am Anfang einer Handlung, sondern werden entwickelt als Antwort auf

52. Es wäre in diesem Zusammenhang reizvoll, Meads mikrosoziologische mit einer makrosoziologischen Krisentheorie zu verbinden. Lassen sich Bedingungen nennen, unter denen Handlungsroutinen aus *gesellschaftlichen* Gründen, z.B. infolge sozialer Wandlungsprozesse, auf Widerstand stossen und gewissermassen ‹massenweise› Umorientierungen auslösen? Zu einer makrosoziologischen Krisentheorie, die sich mit Meads Mikrotheorie gut verbinden liesse, vgl. Siegenthaler 1993.

Handlungsprobleme und Handlungsproblematisierungen: «Situated action is not made explicit by rules and procedures. Rather, when situated action becomes in some way problematic, rules and procedures are explicated for purposes of deliberation and the action, which is otherwise neither rule-based nor procedural, is then made accountable to them» (Suchman 1987: 54).[53]

Am Ende der Reflexionsphase steht die Rekonstitution des Objekts, d.h. die Wiederherstellung von Wirklichkeit als Voraussetzung für das Wiederlangen von Handlungsfähigkeit. Diese Formulierung unterstellt allerdings einen Bruch zwischen Handeln und Denken, der bei Mead so nicht zu finden ist. Die Hypothesenbildung, sei sie auch noch so abstrakt, bleibt immer auf das praktische Problem bezogen. Die Reflexionsphase ist darauf gerichtet, das Objekt zu ‹rekonstituieren›, das heisst der Welt ihre objektive Geltung zurückzugeben und die Handlung fortzusetzen (Mead 1903: 144). Dies gilt bereits für die Wahrnehmung, die Mead als einen aktiven Prozess beschreibt. Sie kommt nicht über passives Registrieren zustande, sondern über eine aktive Koordination von Hand und Auge, über eine Kombination von Distanz- und Kontaktwahrnehmung (u.a. Mead 1969a). Goodings (1992) Analyse der Faradayschen Experimente ist dafür ein anschauliches Beispiel.

Objektwahrnehmung setzt aber noch etwas anderes voraus, und hier treffen sich soziale Interaktion und der Umgang mit Dingen. Um ein Objekt als (permanentes) Objekt überhaupt konstituieren zu können, wird diesem eine Art autonomes Inneres zugeschrieben, das als Ursache betrachtet wird für den Widerstand, den der Handelnde im Umgang mit ihm erfährt. «Widerstand ist Handlung. Damit ist nicht Druck als sogenannte Oberflächenerfahrung oder irgendeine andere Oberflächenerfahrung gemeint. Physische Dinge leisten unseren Handlungen Widerstand. Dieses Handeln von Dingen geht in unsere Erfahrung, in unsere Perspektive als die Innenseite der Wahrnehmungsdinge ein» (Mead 1969a: 135). Es ist diese Erfahrung, die Pickering (1993) als «material agency» bezeichnet und zu einer Art autonomen Handlungsfähigkeit stilisiert (3.3.3.). «Material agency» kommt den Dingen aber nicht als objektive Eigenschaft zu, sondern ist eine *Zuschreibung*, die notwendig ist, um eine Reizkonfiguration überhaupt als (permanentes) Objekt wahrzunehmen. Damit eine solche Zuschreibung zustandekommen kann, bedient sich der Handelnde eines Mechanismus, den er vorgängig in sozialen Interaktionen entwickelt und eingeübt hat – den Mechanismus der Rollenübernahme. «Ich beabsichtige etwa einen Gegenstand zu ergreifen; dann leiste ich diesem Zugriff in der Rolle des Dings Widerstand, treibe damit gewissermassen die Kanten und Ecken des Dings in die Hand hinein, erzeuge in der Hand eine grössere Anstrengung durch die Hebelwirkung, welche dem ausgedehnten Quantum des

---

53. Vgl. ähnlich die in Kapitel 1 eingeführte ethnomethodologische Unterscheidung zwischen «practical actions» und «formulations».

Gegenstandes entspricht, und erreiche durch diese Reaktionen des Dings nicht nur schliesslich die Einstellung einer wohlvorbereiteten Manipulation, sondern auch ein gegenständliches Objekt mit einem Inneren und einer inhärenten Natur» (Mead, zit. in Joas 1980: 153f.).

Ähnlich wie im Falle der sozialen Rollenübernahme handelt es sich auch beim Umgang mit Dingen um eine antizipierte Rollenübernahme zum Zwecke der eigenen Handlungsbestimmung. Bevor ich ein Ding ergreife, antizipiere ich seine Reaktion und stelle mein Handeln auf das antizipierte ‹Dingverhalten› ein. Ob die Rollenübernahme geglückt ist, merke ich spätestens dann, wenn ich mir die Hand verbrannt habe.[54] Damit wird auch deutlich, dass für Mead der Erwerb sozialer Kompetenz der Dingkonstitution ontogenetisch vorausgeht: «Was für eine Theorie wir auch immer von der Geschichte der Dinge haben mögen, das soziale Bewusstsein muss einem gegenstandsbezogenen Bewusstsein vorangehen» (Mead, zit. in Heuberger 1992: 69). Genau hier liegt auch der Punkt, wo Meads Theorie der Dingkonstitution mit seiner Interaktionstheorie zusammenfliesst. In Meads Handlungstheorie sind Kommunikation und instrumentelles Handeln nicht auf die gleiche Weise polar konzipiert, wie dies in der Soziologie üblich ist. Beide Handlungsformen sind bei Mead in zweifacher Weise miteinander verbunden: zum einen *ontogenetisch*, indem die im Rahmen von sozialen Interaktionen entwickelten Kompetenzen eine notwendige Voraussetzung sind für die Konstitution von Objektkonstanz und erfolgreichem instrumentellen Handeln; zum anderen inhaltlich, indem beide Handlungsformen ähnliche soziale Fähigkeiten erfordern.[55]

Das instrumentelle Handeln hat aber noch aus einem anderen Grund sozialen Charakter. Dinge sind Dinge nur insofern, als sie es auch für die anderen sind. Die Dingwelt ist wie die Welt des Sozialen eine intersubjektive Welt. Diese gemeinsame Welt bezeichnet Mead als «world that is there». Meads «world that is there» weist grosse Ähnlichkeit auf mit dem Konzept der Lebenswelt, vor allem in der Form, die Alfred Schütz ihm gegeben hat. In beiden Fällen bezeichnet der Begriff eine Welt unproblematischer (und intersubjekti-

---

54. Es sind hier allerdings zwei Einschränkungen zu machen. Zum einen nimmt Mead nicht an, dass jeder Umgang mit Dingen auf diese Weise geschieht. Es gibt bekanntlich auch einen reflexartigen Umgang mit Dingen. Zum anderen entwickelt Mead seine Theorie der Dingkonstitution teilweise im Rahmen einer entwicklungspsychologischen Argumentation. Dies muss berücksichtigt werden, wenn die in diesem Kontext formulierten Überlegungen auf das instrumentelle Handeln allgemein übertragen werden (Joas 1992b: 286).

55. Diese Verzahnung von sozialem und instrumentellem Handeln bedeutet umgekehrt, dass sich eine Schädigung der Identität auch auf die Objektwahrnehmung und den Umgang mit Dingen auswirken müsste (Joas 1980: 156). Dass ein solcher Zusammenhang besteht, zeigt sich eindrücklich in Marguerite Sechehayes Falldarstellung einer Schizophrenen (Sechehaye 1967). Bezugsfigur ist in diesem Fall allerdings nicht Mead, sondern Piaget und Freud.

ver) Geltung. Diese, wie Mead schreibt, grundsätzlich «unanalysierte» Welt, die niemals in Einzelteile zerlegbar ist, ist das unhintergehbare Fundament – das «lebensweltliche Apriori» –, auf das jede noch so abstrakte Konstruktion und jedes noch so technisierte Experiment unweigerlich bezogen bleibt (Mead 1983a: 21). Probleme im Umgang mit Dingen – widersprüchliche Beobachtungen beispielsweise – sind dadurch definiert, dass sie von dieser gemeinsamen Welt abweichen: «Das Problem erscheint unvermeidlich in der Erfahrung irgendeines Individuums, denn es gehört zum Charakter des Problematischen, insofern es problematisch ist, im Widerspruch zu stehen mit der Welt, die uns allen gemeinsam ist» (Mead 1983a: 22). Diese Definition des Problematischen verweist auf eine entscheidende soziologische Schwäche von Arbeiten wie jener von Pickering. Während Mead die Objektwelt als eine genuin intersubjektive bestimmt, wird sie in vielen Arbeiten zur experimentellen Praxis oft individualistisch gefasst (3.3.2.). Die Objekte, mit denen sich Wissenschaftler und Wissenschaftlerinnen beschäftigen, beziehen ihren Wirklichkeitsgehalt aber weder aus den individuellen Überzeugungen des einzelnen Forschers noch aus ihrer Teilhabe an der Natur, sondern aus ihrer sozialen Geltung. Das ist jedenfalls die Position, die Mead vertritt. Individuelle Erfahrungen, so wie sie etwa Pickering in bezug auf Morpurgo beschreibt, sind möglich nur auf der Basis einer geteilten, einer gemeinsamen Welt. «Verschwände die gemeinsame Welt (…), dann würde es auch die individuellen Erfahrungen als solche nicht mehr geben» (Mead 1983a: 23).

Für Mathematiker, die um den konstruierten Charakter ihrer Objekte wissen, ist dies offensichtlich leichter zu erkennen. Es macht jedenfalls den Eindruck, dass Mathematiker vergleichsweise häufig mit einem Objektivitätsbegriff argumentieren, der Objektivität über Intersubjektivität definiert. Objektiv ist die Welt der Mathematik insofern, als sie eine geteilte Welt ist. Oder wie es der Mathematiker Armand Borel in gewissermassen Meadscher Manier formuliert: «If a concept is such that we are convinced it exists in the minds of others in the same way as it does in ours, so that we can discuss it, argue about it, then this very fact translates to a feeling of an objective existence, outside, and independent of, a particular individual» (Borel 1994: 11).

Handlungsprobleme zeichnen sich, wie erwähnt, dadurch aus, dass sie in Widerspruch stehen zur Welt der gemeinsamen Geltungen. Entsprechend können sie zunächst auch nicht als objektive Bestandteile dieser Welt definiert, sondern nur subjektiv – über eine Bezugnahme auf die eigenen Sinne – bestimmt werden. Das Individuum kann von dem, «was in der gemeinsam geteilten Welt auf keine, auch nicht die leiseste Art, seinen Platz hat, (…) nur aussagen, dass es dieses gehört, gesehen oder gespürt hat. Eine tatsächliche oder implizite Frage an ein Geschehnis rückt es sofort in die Erfahrung des berichtenden Einzelnen ein und reduziert seine Tatsächlichkeit auf dessen Erfahrung» (Mead 1983a: 22). Insbesondere im Bereich der Wissenschaft sind

Handlungskrisen also dadurch gekennzeichnet, dass die Bezugnahme auf die objektive (und die soziale) Welt zunächst einmal suspendiert ist. Was bleibt, ist die Bezugnahme auf die subjektive Welt der eigenen Sinne und Empfindungen. Geltungsansprüche können in dieser Phase folglich nur hinsichtlich der ‹Wahrhaftigkeit› der gemachten Beobachtungen (und gegebenfalls ihrer normativen Angemessenheit) aufgestellt werden, nicht jedoch hinsichtlich ihrer Wahrheit.[56] Um zu einer Aussage mit Wahrheitsanspruch zu werden, braucht es zusätzliche Begründungsarbeit. In der Mathematik wird diese über den Beweis geleistet.

Wie aus dieser kurzen Darstellung ersichtlich ist, besteht für Mead (ähnlich wie für die konstruktivistische Wissenschaftssoziologie) *keine* qualitative Differenz zwischen alltäglichem und wissenschaftlichem Handeln. Wissenschaftliches Handeln ist nur eine Systematisierung dessen, was wir im Alltag ganz selbstverständlich tun (u.a. Mead 1938: 90f.). Entsprechend bezieht sich Mead in seiner Analyse des experimentellen wissenschaftlichen Handelns weitgehend auf das Phasenmodell, das er am Beispiel des Alltagshandelns entwickelt hat (Mead 1969b). Im einzelnen unterscheidet er zwischen fünf Phasen: «a) The presence of a problem. (…) b) The statement of the problem in terms of the conditions of its possible solution. (…) c) The formation of hypotheses, the getting of ideas. (…) d) The mental testing of the hypothesis. (…) e) The experimental or observational test of the hypothesis» (Mead 1938: 82). Bereits diese Aufzählung macht deutlich, dass Handeln bei Mead nicht nur praktisches Handeln meint. Gerade im Wissenschaftsbereich sind Handlungsprobleme oft konzeptueller Art, und der Weg zu ihrer Lösung ist ein vorwiegend theoretischer. Meads Ausführungen zum experimentellen wissenschaftlichen Handeln beziehen sich entsprechend weniger auf das praktische Handeln (auf Pickerings «material procedures») als vielmehr auf das *gedankliche* Experimentieren – auf die «conceptual practice». Das verwendete theoretische Instrumentarium ist jedoch in beiden Fällen dasselbe. Ebenso wie das praktische Handeln folgt auch das gedankliche Handeln der Dialektik von Handlungsproblem und Handlungslösung. Das zeigt sich deutlich in seinem oben erwähnten Phasenmodell des experimentellen Prozesses: « *The presence of a problem.* – A problem can be most generally described as the checking or inhibition of some more or less habitual form of conduct, way of thinking, or feeling. We meet an obstacle in overt action, or an exception to an accepted

---

56. Wie ich oben bereits kurz angemerkt habe, kann sogar die Bezugnahme auf die subjektive Welt problematisch werden: Handlungskrisen führen zu Orientierungskrisen, in denen nicht nur die fraglos gegebene Objektwelt in Zweifel gezogen wird, sondern auch die eigene Urteilsfähigkeit. Ausser in einer tiefgreifenden existentiellen Krise ist dieser Zustand der Desorientierung allerdings nur auf einen kleinen Ausschnitt der Welt (und des Subjekts) beschränkt. Der Rest bleibt intakt und bildet die Grundlage für den Rekonstitutionsprozess (Mead 1903: 141).

rule or manner of thought, or some object that calls out opposing emotions» (Mead 1938: 82).

In der Wissenschaftssoziologie ist das gedankliche Experimentieren – die «conceptual practice» – ein noch praktisch unerforschtes Gebiet. [57] Der praxisorientierte Ansatz hat Handeln mit praktischem Handeln gleichgesetzt und entsprechend den experimentellen Umgang mit *Dingen* in den Mittelpunkt gerückt. Dass in den empirischen Wissenschaften mitunter auch «repräsentiert» und nicht nur «interveniert» wird (Hacking 1983), wurde in letzter Zeit kaum mehr thematisiert. «Forschung in der Werkstatt der Wissenserzeugung», so Karin Knorr Cetina stellvertretend für viele, «erscheint als vom Können der Akteure abhängige Handarbeit, nicht als Kopfarbeit im Reich der Ideen» (Knorr Cetina 1984: 25). Die Tatsache, dass zum Betreiben von Wissenschaft nicht nur das Manipulieren von Dingen gehört, sondern auch das Hantieren mit Gedanken, scheint im Zuge der «pragmatischen Wende» weitgehend vergessen gegangen zu sein. Was für die empirischen Wissenschaften gilt, trifft erst recht für die Mathematik zu. Das Betreiben von Mathematik ist zwar ein Tun, doch ist dieses Tun ein Hantieren mit Gedanken (das sich natürlich auch in praktischen Handlungen – z.B. im Aufschreiben von Zeichen – niederschlagen kann). Damit wird das Handlungsproblem der konstruktivistischen Wissenschaftssoziologie noch weiter verschärft. Es geht nicht nur um einen Handlungsbegriff jenseits der Polarität von «Arbeit» und «Interaktion», sondern zusätzlich um ein Modell von Praxis bzw. Handlung das, ähnlich wie Mead es vorgezeichnet hat, dem «Denkhandeln» einen eigenständigen Platz einräumt.

Mead ist davon ausgegangen, dass sich das Hantieren mit Gedanken nicht grundsätzlich vom Hantieren mit Objekten unterscheidet. Gedankliche und empirische Experimente sind für ihn zwei Varianten desselben pragmatischen Prinzips, dass Handeln immer Problemlösen ist. Ist diese Annahme empirisch zutreffend? Folgt die gedankliche Praxis von Mathematikern tatsächlich dem gleichen Muster wie die empirische Praxis einer Experimentalphysikerin? Diese Frage steht im Zentrum des folgenden Kapitels.

---

57. In letzter Zeit sind eine Reihe von Studien erschienen, die sich mit Gedankenexperimenten beschäftigen (vgl. z.B. Brown 1991; Buschlinger 1993; Horowitz/Massey 1991). Gedankenexperimente sind zwar ein wichtiger Aspekt konzeptueller Praxis, sie werden jedoch in diesen Studien nicht in diesem Kontext diskutiert. Im Vordergrund steht vielmehr die klassische Kantsche Frage, ob man durch Denken allein etwas über die Natur erfahren kann. Als eine innovative Auseinandersetzung mit dem Gedankenexperiment in der Mathematik vgl. Rotman (1998).

Kapitel 4

Experimentieren und Beweisen

> Wir sind göttlichen Geschlechtes und besitzen ohne Zweifel schöpferische Kraft nicht blos in materiellen Dingen (Eisenbahnen, Telegraphen), sondern ganz besonders in geistigen Dingen.
>
> *Richard Dedekind*[1]

> Es ist eine kindliche Vorstellung, dass ein Mathematiker an einem Schreibtisch mit einem Lineal oder mit anderen mechanischen Mitteln oder Rechenmaschinen zu irgendwelchem wissenschaftlich wertvollen Resultat käme: die mathematische Phantasie eines Weierstraß ist natürlich dem Sinn und Resultat nach ganz anders ausgerichtet als die eines Künstlers und qualitativ von ihr grundverschieden. Aber nicht dem psychologischen Vorgang nach. Beide sind: Rausch und «Eingebung».
>
> *Max Weber*[2]

Die Welt der Mathematiker und Mathematikerinnen ist für Aussenstehende oft mit der Aura des Entrückten verbunden. Wissenschaftliche Expeditionen in diese Welt sind selten, die Berichte über sie vermitteln oft nur eine Aussensicht. Während die Wissenschaftssoziologie der Aufforderung von Sal Restivo «to immerse ourselves ethnographically in math worlds» bislang nicht nachgekommen ist (Restivo 1988: 7), beschäftigt sich die Mathematikphilosophie mit Problemen, die aus der Sicht des «working mathematician» mit der praktischen Wirklichkeit der Mathematik nur wenig zu tun haben. «*Axioms are a disaster. We need trees*», so das ironische Urteil eines Mathematikers in einem Vortrag, das er nicht nur mündlich verkündete, sondern zur Bekräftigung gleich noch an die Tafel schrieb.[3] Die Tatsache, dass die Mathematikphilosophie der Axiomatik einen so grossen Stellenwert beimisst, zeige nur, so ein anderer Mathematiker, dass Mathematikphilosophen nichts von Mathematik

---

1. Dedekind 1888 in einem Brief an Heinrich Weber (Dedekind 1932: 489).
2. Weber 1919: 590f.
3. Mit «tree» ist in diesem Fall eine graphische Darstellung der logischen Abhängigkeiten gemeint.

verstünden. «*Es gibt so Leute, eben so Philosophen und solche Leute, die interessieren sich ein wenig für Mathematik. Also dann sehen sie Euklids ‹Elemente›*[4], *dann Hilberts ‹Grundlagen›*[5], *dann Bourbaki*[6]. *Und dann schreiben sie: Die Methode der Mathematik ist die Axiomatik. Und das bestreite ich natürlich. Das ist lächerlich.*»[7]

Die Axiomatik ist aus der Sicht der meisten Mathematiker ein «*Werkzeug*», das erst dann zum Zuge kommt, wenn die wirkliche Arbeit geleistet ist und es nur noch darum geht, Ordnung zu schaffen und Transparenz herzustellen. «*Wenn man ein Problem hat, dann will man natürlich die Lösung haben. Mit irgendeinem Mittel. Aber wenn diese Lösung gefunden wurde, dann denkt man nach: Was bedeutet das? Was ist die Allgemeinheit dieser Beweisidee? Undsoweiter. Und das ist die Organisation. Für mich sind das beides Aufgaben der Mathematik, und ich habe versucht, beides zu betreiben. Es gibt natürlich Leute, die keine Erfindungskraft haben, die können sich dann auf diesen zweiten Teil beschränken, aber das ist nicht gut.*» Auf der einen Seite gibt es die «*Probleme*», für deren Lösung es mathematische Intuition und Kreativität braucht. Das ist die «*wirkliche*» Mathematik. Auf der anderen Seite steht die Systematisierung des bereits Geschaffenen, die Disziplin und auch eine gewisse «*Pedanterie*» erfordert. Das ist die Aufgabe der Axiomatisierung. Beide Tätigkeitsfelder sind Teil der Mathematik, sie haben jedoch in den Augen der meisten Mathematiker nicht die gleiche Bedeutung. Axiomatisierung wird oft als eine Pflichtaufgabe betrachtet, die am Ende der wirklichen Arbeit steht und der mathematischen Kreativität unter Umständen sogar gefährlich werden kann. «*Als ich anfing zu studieren, dachte ich, Axiomatik, das sei die wirkliche Mathematik. Aber nach einiger Zeit habe ich festgestellt: das ist nicht die Mathematik. Es gab an der Universität, an der ich studiert habe, einen Mathematiker, Philosoph, Logiker, Paul Bernays*[8], *den ich sehr bewunderte. Und natürlich, er war wirklich ein Champion, ein Meister der Axiomatik. Aber ich hatte*

---

4. Die von Euklid von Alexandria rund 300 v.Ch. verfassten *Elemente* sind ein klassischer Text der Mathematik, in denen das damalige zahlentheoretische und geometrische Wissen dargestellt wurde. In den Büchern zur Geometrie (Bd. I-VI, XI-XIII) wurde die Geometrie zum ersten Mal in eine axiomatische Form gebracht.

5. Damit ist das bereits erwähnte Buch *Grundlagen der Geometrie* gemeint, in dem David Hilbert seine Methode der formalen Axiomatik auf die Geometrie anwandte (Hilbert 1899).

6. Zu Bourbaki vgl. Kap. 2, Anm. xx 20.

7. Um die Zitate aus den Interviews besser kenntlich zu machen, gebe ich sie kursiv wieder. Wörter, die kursiv und in Anführungszeichen gesetzt sind, stammen aus den Interviews. Um die Interviewten unkenntlich zu machen, habe ich die englischen Zitate auf deutsch übersetzt und die männliche Form benützt, auch wenn es sich um eine Mathematikerin gehandelt hat.

8. Paul Bernays (1888-1977) war seit 1917 Mitarbeiter von David Hilbert in Göttingen und Koautor der *Grundlagen der Mathematik*.

den Eindruck, dass diese Praxis der Axiomatik seine Einbildungskraft ganz getötet hat, vollkommen. Er hatte keine Imagination mehr, keine mathematische Phantasie. Dasselbe habe ich bei mir selbst gespürt, als ich dieses Buch von Fréchet[9] las und ähnliche Sachen. Ich hatte den Eindruck, dass meine Imagination, meine Phantasie langsam getötet wurden.»

Dies mag vielleicht etwas gar spitz formuliert sein, drückt aber eine verbreitete Ansicht aus und erklärt, weshalb viele Mathematiker und Mathematikerinnen der Meinung sind, dass die Fragestellungen der Mathematikphilosophie mit der wirklichen Mathematik und ihrer eigenen Arbeit kaum etwas zu tun haben. Was aber ist die ‹wirkliche› Mathematik und worin besteht die Arbeit des ‹realen› Mathematikers? Diese Frage steht im Zentrum der folgenden drei Kapitel. Ihre Beantwortung beruht auf einem mehrwöchigen Feldaufenthalt am *Max-Planck-Institut für Mathematik* in Bonn.

4.1. *Studying Up* – Die Mathematik als ethnographisches Feld

> As for me, I could be Eliza, venturing into the Higg's physics lab, perhaps seduced by all the devices and the grants. (…) But then, I could never learn to speak in that voice of perfect truth. I do not live in the lab; I just get to visit.
>
> *Sharon Traweek[10]*

Der Versuch, sich der Mathematik von innen her zu nähern, setzt eine Empirie voraus, die nicht bei der Rekonstruktion von Texten stehen bleibt, sondern beobachtet, was Mathematiker und Mathematikerinnen bei ihrer Arbeit tatsächlich tun, ähnlich wie es die Laborstudien für die experimentellen Naturwissenschaften geleistet haben (vgl. 3.3.). Im Falle der Mathematik ist der Arbeitsort in der Regel ein mathematisches Institut mit dem Seminar als intellektuellem Treffpunkt. Wer etwas über die Innenwelt der Mathematik erfahren will, muss sich folglich dorthin begeben. Mathematische Institute sind in der Regel Universitätsinstitute, es gibt aber auch einige internationale Institute, die grösser sind und sich von ihrer Organisationsstruktur her für eine empirische Studie besser eignen. Eines dieser Institute ist das *Max-Planck-Institut für Mathematik* in Bonn.

Das Max-Planck-Institut für Mathematik (im folgenden MPI für Mathematik) ist ein Institut der *Max-Planck-Gesellschaft zur Förderung der Wissenschaften*, die 1948 als Nachfolgerin der 1911 errichteten Kaiser-Wilhelm-Gesellschaft gegründet wurde. Das MPI für Mathematik gehört zusammen mit

---

9. René Maurice Fréchet (1878-1973) publizierte 1928 eine Axiomatik der topologischen Räume, auf die sich mein Gesprächspartner hier bezieht (Fréchet 1928).

10. Traweek 1996: 39.

dem *Institute for Advanced Studies* in Princeton und dem *Institut des Hautes Etudes Scientifiques* in Bures-sur-Yvette bei Paris zu den führenden internationalen Mathematikinstituten. Es wurde 1981 gegründet (Schappacher 1987). Im Gegensatz zu den meisten anderen Max-Planck-Instituten arbeiten am MPI für Mathematik zur Hauptsache Gastwissenschaftler und Gastwissenschaftlerinnen; die Zahl der ständigen Mitarbeiter ist entsprechend klein. 1993 arbeiteten am MPI für Mathematik 15 Festangestellte (inklusive technisches und administratives Personal) und 229 wissenschaftliche Gäste und Stipendiaten aus den verschiedensten Ländern (MPI 1993). Etwa fünf Prozent der Gäste waren Frauen. Die Zusammensetzung ist ausgesprochen international. Zur Zeit meines Feldaufenthaltes waren etwa dreissig Nationen vertreten. Ähnlich breit ist auch das Qualifikationsspektrum. Es reicht von jungen Postdoktoranden bis zu den ‹Stars› der internationalen Mathematikszene. Der Direktor des Instituts war zur Zeit meines Feldaufenthaltes Friedrich Hirzebruch. Das MPI für Mathematik ist ein Institut für *reine* Mathematik. Zu den Arbeitsgebieten gehören, um nur einige Beispiele zu erwähnen, Algebraische Geometrie, Topologie, Mathematische Physik und Zahlentheorie. Von Zeit zu Zeit werden gewisse Arbeitsgebiete im Rahmen von Forschungsschwerpunkten besonders gefördert.

Die Forschungspolitik des MPI für Mathematik besteht darin, den eingeladenen Wissenschaftlern und Wissenschaftlerinnen einen maximalen Freiraum zu ermöglichen. Die einzige Struktur, die vorgegeben ist, sind die praktisch täglich stattfindenden Seminare, deren Teilnahme aber freiwillig ist und die zum grössten Teil von den anwesenden Gastforschern organisiert und bestritten werden. In der Mathematik haben die Seminare eine ähnliche Bedeutung wie die Laboratorien oder das Team in den Naturwissenschaften. Sie sind neben punktuellen Kooperationen die zentrale Arbeitseinheit. Im Gegensatz zu den Naturwissenschaften arbeiten Mathematiker nur selten in einem Team, Gespräche und informeller Austauch werden jedoch als ausserordentlich wichtig erachtet (vgl. 6.3.). Die Organisationsstruktur des MPI für Mathematik ist auf diese Arbeitsform ausgerichtet (van Sluijs/Fruytier 1995). Die Politik, ein breites Spektrum von Gastforschern einzuladen, anstatt eine grosse Zahl von ständigen Mitarbeitern zu beschäftigen, hat vor allem die Funktion, die Entstehung von informellen Arbeitszusammenhängen zu fördern. Die Kontakte reichen von Gesprächen in der Pause über Arbeitsgruppen zu bestimmten Themen bis zu stabilen Kooperationen im Rahmen eines gemeinsamen Projektes. Die Norm sind allerdings immer noch Arbeiten, die von einem oder zwei Autoren verfasst sind.[11]

Methodisch orientiert sich die Studie an der soziologischen Ethnographie. Mit den sog. Laborstudien ist das ethnographische Verfahren auch in die Wissenschaftsforschung eingeführt worden. Die ethnographische Wissenschaftsforschung hat zum Ziel, die ‹andere› Kultur aus der Nähe zu betrachten und zu untersuchen, was Wissenschaftler und Wissenschaftlerinnen praktisch tun, anstatt sich ausschliesslich auf verbale Äusserungen (Interviews oder Texte) zu stützen (Knorr Cetina 1984: 43ff.; Amann/Knorr Cetina 1991; Hess 1992). Dies erfordert eine minimale Teilnahme am Untersuchungsfeld. Für diesen methodischen Zugang sind experimentelle Wissenschaften um einiges besser geeignet als Disziplinen wie die Mathematik, bei denen ein grosser Teil der Arbeit im Kopf stattfindet.[12] Dennoch kann die Beobachtung auch im Falle der theoretischen Wissenschaften Zusatzinformationen liefern, die über Interviews allein nicht zugänglich sind, in diesen aber unter Umständen aufgegriffen und vertieft werden können.

Ethnographische Verfahren unterscheiden sich in verschiedener Hinsicht von anderen qualitativen Methoden (vgl. u.a. Stewart 1998). Die Ethnographie betont die Notwendigkeit direkter Beobachtung. Dies impliziert einen anderen zeitlichen Verlauf, indem die Datenerhebung nicht auf einen (oder mehrere) *Zeitpunkte* beschränkt ist, sondern sich über mehrere Wochen oder sogar Monate hinzieht. Direkte Beobachtung impliziert ein partielles Involviertsein ins Handlungsfeld. Im Gegensatz zu der oft ‹a-sozialen› Situation interview-zentrierter Verfahren teilen Interviewerin und Interviewte einen gemeinsamen Kontext, auf den sie sich bei Gesprächen beziehen können. Gegenüber dem üblichen Setting hat eine solche Interview-Situation den Vorteil, dass sich das Gespräch aus der Situation heraus entwickelt und direkt an gemeinsame Erfahrungen (z.B. an das Geschehen in einem Vortrag) anknüpfen kann. Bei ethnographischen Verfahren wird aber nicht nur zugehört, sondern vor allem auch *zugesehen*. Befragte Personen sind oft nicht in der Lage, ihr Verhalten explizit zu machen. Was im täglichen Umgang und bei der täglichen Arbeit passiert, entzieht sich zum Teil dem Bewusstsein der Akteure. Deshalb sind Befragungen gerade dort nicht ausreichend, wo es sich um kulturelle Selbstverständlichkeiten und implizites Wissen handelt, das diskursiv kaum zugänglich ist. Entsprechend umfasst das ethnographische Material ein breites Spektrum von Datenquellen: Gespräche (aufgezeichnete oder nachträglich protokollierte), Schriftstücke (z.B. Forschungsberichte, Entwürfe etc.) und vor allem Beobachtungsprotokolle. Die Auswertungsverfahren sind entsprechend vielfältig.

---

11. Die Arbeiten, die im Bereich der reinen Mathematik zwischen 1939 bis 1957 publiziert wurden, sind praktisch alle (92%) Einzelarbeiten, wobei allerdings bereits in diesem Zeitraum eine gewisse Tendenz zu Arbeiten mit zwei Autoren festzustellen ist. Dies gilt insbesondere für die USA und für Japan (Richardson 1984). Arbeiten, die von mehreren Autoren verfasst wurden, sind auch heute noch ausserordentlich selten (vgl. 5.2.).

12. Umgekehrt hat die Methodologie der Beobachtung dazu verführt, die empirischen Wissenschaften ausschliesslich unter dem Aspekt des praktischen Handelns zu betrachten und darüber zu vergessen, dass auch in den empirischen Wissenschaften ein grosser Teil der Arbeit im Kopf stattfindet, d.h. beobachtungsmässig nicht oder nur schlecht zugängliche theoretische Arbeit ist (vgl. 3.3.4.).

Die mit dem Involviertsein ins Handlungsfeld verbundene Gefahr des «going native» kann durch eine Reihe von Distanzierungsverfahren (zeitliche Unterbrüche, genaues Protokollieren, professionelle Identität, Integration in ein Team etc.) in Schach gehalten werden (vgl. dazu ausführlicher Amann/ Hirschauer 1997). Diese Distanzierungsverfahren sind im Falle des «studying up» (Nader), d.h. der ethnographischen Analyse von Expertenkulturen mit hohem gesellschaftlichen Ansehen besonders wichtig, da die Prestigedifferenzen zwischen der beobachtenden Disziplin und ihrem Untersuchungsfeld zu einer Überidentifikation mit der dominierenden Kultur verleiten können (vgl. dazu anschaulich Traweek 1996). Im Gegensatz zu anderen qualitativen Verfahren, die in vielen Fällen auf individuelle Sinnrekonstruktion ausgerichtet sind, ist die Ethnographie eine genuin soziologische Methode. Es interessieren weniger die Einzelpersonen mit ihren individuellen Lebensgeschichten als vielmehr die emergenten sozialen Situationen, in denen sie Akteure sind. Theoretisch gesehen ist die Ethnographie einem «methodologischen Situationalismus» (Knorr Cetina 1981) verpflichtet und bevorzugt entsprechend kontextsensitive Erklärungen.

Die empirische Studie wurde 1994 durchgeführt; der Feldaufenthalt dauerte von März bis Juni. Wichtige Beobachtungsorte waren die regelmässig stattfindenden Vorträge, aber auch die Teepause, die Bibliothek und das Büro, das ich mit zwei Mathematikern teilte. Ausserdem habe ich viele informelle Gespräche geführt, vor allem auch mit meiner «Mentorin», die ich regelmässig traf. Zusätzlich habe ich mit 14 Mathematikern Leitfadeninterviews durchgeführt, die später transkribiert wurden. Dazu kamen 5 Interviews mit Mathematikern und Mathematikerinnen ausserhalb des Instituts, die teilweise in Gebieten arbeiten, die dort nicht vertreten sind (zum Beispiel Logik und angewandte Mathematik).[13] Die in den Leitfaden-Interviews angeschnittenen Fragen bezogen sich, um nur einige Themenbereiche zu erwähnen, auf den Werdegang, die Arbeitsweise, den ‹Produktionszyklus› einer mathematischen Arbeit, das mathematikphilosophische Verständnis, die Kooperationsformen und auf die Auswirkungen des Computers auf die Mathematik. Wie zu erwarten, eigneten sich nicht alle Themen gleichermassen für einen Zugang über Interviews. Dies galt insbesondere für Fragen, die jahrelang eingeübte Arbeitsroutinen betreffen. Gerade hier erwies sich die Beobachtung als besonders wichtig.

---

13. Die thematische Einschränkung des Untersuchungsfelds auf die *reine* Mathematik ist im folgenden im Auge zu behalten: meine Aussagen beziehen sich nur auf diesen Bereich der Mathematik und nicht auf die Mathematik insgesamt. Dazu wäre es notwendig gewesen, eine Vergleichstudie in Gebieten durchzuführen, die ausserhalb oder an den Rändern der reinen Mathematik liegen, wie etwa angewandte Mathematik oder theoretische Informatik.

Neben dem am MPI für Mathematik erhobenen und gesammelten Material stütze ich mich auf verschiedene Formen von mathematischen Selbstzeugnissen. In den letzten Jahren sind eine Reihe von informativen Autobiographien von Mathematikern erschienen (Fraenkel 1967; Halmos 1985; Kac 1987; Ulam 1976; Weil 1993 sowie bereits früher Wiener 1956). Dazu gehört auch der Rechenschaftsbericht (oder eher: die Abrechnung) von Alexandre Grothendieck (1985), der allerdings nicht veröffentlicht ist und nur in wenigen Exemplaren zirkuliert. Daneben gibt es eine relativ grosse Anzahl von introspektiv gefärbten Arbeiten, in denen sich Mathematiker mit der Spezifik der Mathematik und der mathematischen Praxis auseinandersetzen.[14] Im Mittelpunkt steht dabei oft die Frage nach den Voraussetzungen mathematischer Kreativität: wie kommen Mathematiker zu Ideen? Wie verläuft der Entdeckungsprozess? Welchen Anteil haben unbewusste Prozesse und wie kann man diese steuern? Eine weitere Form von Quellen, auf die ich mich stütze, sind die in der Mathematik relativ verbreiteten ‹Selbstverständigungsdebatten›, die in den mathematischen Publikumszeitschriften, wie etwa dem *Mathematical Intelligencer* oder den *Notices of the American Mathematical Society*, regelmässig veröffentlicht werden. Diese Selbstverständigungsdebatten liefern einen Hinweis darauf, welche Probleme von der mathematischen Gemeinschaft als virulent angesehen werden. Auf einige der in diesen Debatten angesprochenen Themen werde ich in den folgenden Kapiteln ausführlicher eingehen.

---

14. Um nur einige wenige Beispiele zu erwähnen: Borel 1981; Dehn 1928; Hadamard 1944; Hardy 1940; Hildebrandt 1995; Jaffe/Quinn 1993; Poincaré 1908; Thurston 1994; von Neumann 1947 und Wiener 1923 sowie diverse Aufsätze in Otte 1974.

4.2. Schönheit und Experiment: Wahrheitsfindung in der Mathematik

> Entfliehen nicht die Grazien, wo Integrale ihre Hälse recken?
>
> *Ludwig Boltzmann*[15]

> Mathematics is an experimental science. It matters little that the mathematician experiments with pencil and paper while the chemist uses testtube and retort, or the biologist stains and the microscope. The only great point of divergence between mathematics and the other sciences lies in the circumstance that experience only whispers ‹yes› or ‹no› in reply to our questions, while logic shouts.
>
> *Norbert Wiener*[16]

In der Praxis der Mathematik hat der Beweis nicht die Bedeutung, die ihm gewöhnlich zugeschrieben wird. Im Gegensatz zum Standardbild der Mathematikphilosophie steht er nicht im Zentrum der mathematischen Tätigkeit, sondern ist gewissermassen der letzte Schritt, der offizielle Abschluss eines komplexen Suchprozesses, bei dem zunächst ganz andere Wahrheitskriterien eine Rolle spielen. Der Beweis, so der bekannte Mathematiker Michael Atiyah, «is important as a check on your understanding. (…) It is the last stage in the operation – an ultimate check – but it isn't the primary thing at all» (Atiyah 1984: 17). Was aber kommt *vor* dem Beweis? Was sind die informellen Wahrheitskriterien, an denen sich Mathematiker und Mathematikerinnen orientieren? Woher beziehen sie die Sicherheit, dass ihre Vermutung richtig ist und es sich lohnt, sie zu beweisen?

Mathematiker verfügen über eine Reihe von Verfahren, um die Plausibilität ihrer Vermutungen zu testen. Diese Verfahren sind vorwiegend nicht-deduktiver Art und gehören in den Bereich des «plausiblen Schliessens» (Pólya 1954b). Für Georg Pólya sind es vor allem induktive und analogisierende Schlussweisen, die den Mathematikern dazu verhelfen, Vertrauen in ihre Hypothesen zu gewinnen. Während der Beweis dazu dient, zwischen *Vermutung* und *sicherem* Wissen zu unterscheiden, besteht die Funktion des plausiblen Schliessens darin, «Vermutung von Vermutung, eine *vernünftige* von einer *weniger vernünftigen* zu unterscheiden» (Pólya 1954a: 11; Hervorhebung B.H.). Die von Pólya beschriebenen heuristischen Verfahren liefern zwar niemals sicheres Wissen, sie müssen aber deswegen nicht weniger rational sein als das deduktive Schliessen. Mathematiker können in der Regel gute Gründe dafür angeben, weshalb sie ein bestimmtes, z.B. induktiv gewonnenes Resultat als Bestätigung oder Widerlegung ihrer Vermutung betrachten (vgl. die informa-

---

15. Boltzmann (1887) in: Höflechner 1994: 65.
16. Wiener 1923: 271f.

tive Darstellung von Franklin 1987). Obschon diese Verfahren für die Praxis der Mathematik von zentraler Bedeutung sind, sind sie in der Mathematikphilosophie bislang kaum zum Thema gemacht worden. Der Grund dafür ist ein doppelter. Zum einen sind sie Teil des «context of discovery», den die Wissenschaftstheorie nicht als ihr Dominium betrachtet, sondern der Psychologie (und Soziologie) zur Bearbeitung überlässt. Aus wissenschaftstheoretischer Sicht ist es irrelevant, auf welche Weise (mathematische) Erkenntnis gewonnen wird, relevant sind allein die Methoden der Validierung. Zum anderen gibt es bislang keine ausformulierte Theorie «plausiblen Schliessens». Georg Pólya hat zwar seine an vielen Beispielen gewonnenen Überlegungen zur Induktion und Analogie zu systematisieren versucht, aber vom Elaboriertheitsgrad der deduktiven Logik sind sie weit entfernt (Pólya 1954b).

Es gibt meiner Ansicht nach verschiedene Indizien, die in der Mathematik als eine Art informelle Wahrheitskriterien dienen. Auf die Frage, woher er persönlich die Sicherheit gewinne, auf dem richtigen Weg zu sein, hat ein Mathematiker geantwortet: «*Erstens, weil es in zahlreichen Beispielen richtig ist; zweitens, weil es sehr schön und geschlossen ist; und drittens, weil es bei den Anwendungen, die man davon macht, nicht zu Widersprüchen führt.*» Quasi-empirische Bestätigung, Schönheit und «Fruchtbarkeit» (wie die Mathematiker sagen) – das sind die drei hauptsächlichsten Kriterien, die Mathematiker *vor* dem Beweis benützen, um die Glaubwürdigkeit ihrer Hypothesen zu prüfen. Ich werde im folgenden nur auf die ersten beiden Indizien eingehen – auf die Bedeutung von ‹Schönheit› als Symptom für Wahrheit und auf die ‹quasi-empirische› Evidenz, die auch bei Pólya im Mittelpunkt steht.

4.2.1. Schönheit

In seinem bereits zitierten Aufsatz hat Armand Borel (1981) auf die Bedeutung hingewiesen, die ästhetische Urteile für die Mathematik besitzen (vgl. Kap. 2). ‹Schönheit› ist aber nicht nur ein Kriterium für die Relevanz mathematischer Aussagen, sondern auch für ihre Richtigkeit: «*Ich bin sicher, auf dem richtigen Weg zu sein, weil es sehr schön und geschlossen ist.*» Oder in der berühmten Formulierung von G.H. Hardy: «A mathematician like a painter or a poet, is a maker of patterns. (…) The mathematician's patterns, like the painter's or the poet's, must be *beautiful*; the ideas, like the colours or the words, must fit together in a harmonious way. Beauty is the first test: there is no permanent place in the world for ugly mathematics» (Hardy 1940: 24f.). Die Zusammenführung von Mathematik und Schönheit gehört zu den wichtigsten Selbststilisierungen der Mathematik – mit teilweise bizarren Folgen. Kaum einer anderen Wissenschaft würde es wohl einfallen, ihre Ergebnisse einer Schönheitskonkurrenz zu unterziehen. Vor einigen Jahren wurden den Leserinnen und Lesern des *Mathematical Intelligencer* 24 Theoreme und Beweise vorgelegt mit der Bitte, sie nach ihrer Schönheit zu rangieren. $e^{i\pi} = -1$ gewann den ersten Platz, die im zweiten Kapitel beschriebene Eulersche Polyederformel den zweiten (Wells 1988; 1990).

In der Mathematik ist das Schöne zugleich das Wahre, und das Wahre ist in der Regel auch das Gute.[17] Die Begründung für diese Trinität hat G.H. Hardy (1940) in seiner berühmten *Apology* geliefert. Hardys Schrift ist eine Verteidigung der moralischen Unanfechtbarkeit der reinen Mathematik in einer Zeit, als deren Reinheit zunehmend gefährdet war.[18] Sie richtete sich gegen den Vorwurf, dass in Zeiten des Krieges auch die Mathematik ihre Unschuld verliert. Hardy war Mathematiker und gleichzeitig Pazifist. Um beides zu verbinden, entwickelte er eine Argumentation, in der er zwischen angewandter und reiner Mathematik unterschied und für die reine – für die «wirkliche» Mathematik, wie er sie nannte – eine Einheit der drei Wertsphären behauptete: wahre Mathematik ist schöne Mathematik, und schöne Mathematik ist gute, d.h. gesellschaftlich unschuldige Mathematik. «There is one comforting conclusion which is easy for the real mathematician. Real mathematics has no effect on war. (…) It is true that there are branches of applied mathematics, such as ballistics and aerodynamics, which have been developed deliberately for war and demand a quite elaborate technique: it is perhaps hard to call them ‹trivial›, but none of them has any claim to rank as ‹real›. They are indeed repulsively ugly and intolerably dull» (Hardy 1940: 80). Obschon Hardys Unschuldsvermutung in dieser extremen Form kaum mehr geteilt wird (vgl. etwa Hildebrandt 1995: 46), ist die Vorstellung der unnützen, aber dafür unschuldigen Mathematik bis zu einem gewissen Grade immer noch präsent, insbesondere unter reinen Mathematikern: «*Wir Mathematiker tragen zwar nichts zur Krebsbekämpfung bei, aber dafür sind wir auch nicht schuld an der Umweltverschmutzung.*»

In der Mathematik meint Schönheit Ordnung und ist in diesem Sinne ein Kürzel für *Kohärenz*. Ähnlich wie in den Naturwissenschaften ist die Herstellung von Kohärenz auch in der Mathematik ein wichtiges Indiz für die Wahrheit einer Hypothese. Die «*Entdeckung*» ist jener Moment, in dem sich die ursprünglich disparaten Elemente zu einer Ordnung fügen. Oder wie es Wolfgang Krull in seiner Antrittsvorlesung formulierte: «Ich fühle hinter einem scheinbar verwirrten Bild, das vor mir steht, eine geheime Ordnung, die sich sofort zeigen wird, sobald man nur das Zauberwort gefunden hat, das die

17. Mathematiker belegen ihre Objekte nicht selten mit ästhetischen oder normativen Attributen. Mathematische Objekte können zum Beispiel «fein» sein oder «grob», «natürlich», «wohlgeformt», «entartet» oder auch «gutartig».

18. Vgl. zur Rolle der Mathematik während des Krieges u.a. Owens 1989. Die Unschuld der Mathematik war zu dieser Zeit allerdings in einem noch ganz anderen und weit problematischeren Sinne gefährdet, vgl. dazu Mehrtens 1985.

einzelnen Teile zwingt, sich harmonisch zum Ganzen zusammenzufügen. Da kann ich es eben nicht lassen, immer wieder mit dem gegebenen Material herumzuspielen, in der Hoffnung, dass mir doch eines Tages die Erleuchtung kommen wird. Ich selbst bin also der Mathematik gegenüber durchaus ästhetisch eingestellt» (Krull 1930: 218). Wie dieses Zitat deutlich macht, kann eine Entdeckung subjektiv zwar als eine «Erleuchtung» wahrgenommen werden, in Tat und Wahrheit ist sie jedoch das Resultat eines unter Umständen langen und arbeitsintensiven Prozesses, der in seiner Art sehr viel Ähnlichkeit aufweist mit der Herstellung von Kohärenz in den Naturwissenschaften, wie sie Andrew Pickering mit seinem Konzept der «interaktiven Stabilisierung» beschrieben hat (3.3.1.).

Mathematiker interessieren sich vor allem für die Frage, *wie* man zu einer solchen «Erleuchtung» kommt – wie der kreative Prozess genau abläuft und ob man ihn gegebenenfalls steuern kann (vgl. exemplarisch Hadamard 1944). Die Antworten, die auf diese Frage gegeben werden, sind oft (tiefen-)psychologischer Natur (versetzt mit Rezepten aus dem Arsenal der methodischen Lebensführung).[19] In seinem berühmten Kapitel zur «mathematischen Erfindung» hat Henri Poincaré ein Phasenmodell der Entdeckung vorgeschlagen, in dem ästhetische Momente eine erhebliche Rolle spielen (Poincaré 1908: Kap. 3). Das Material, aus dem Mathematiker ihre Ideen beziehen, sind, so Poincaré, Kombinationen, die durch das Unbewusste bereitgestellt werden. Die Qualität der «Erfindung» (und damit auch des Mathematikers) zeigt sich darin, aus dieser grossen Zahl von Kombinationen die richtigen auszuwählen. Auch dies ist ein weitgehend unbewusster Prozess. Die Selektionskriterien sind dabei vorwiegend ästhetischer Natur. «Wir kommen somit zu folgendem Schlusse: Die nützlichen Kombinationen sind gerade die schönsten. (…) Von den sehr zahlreichen Kombinationen, die das sublime Ich blindlings gebildet hat, sind fast alle ohne Interesse und Nutzen; aber gerade dadurch sind sie ohne Einwirkung auf die ästhetische Sensibilität geblieben; sie treten niemals ins

---

19. Die zu Beginn dieses Jahrhunderts von der Zeitschrift *L'Enseignement Mathématiques* durchgeführte *Enquête sur la méthode de travail des mathématiciens* ist ein besonders bizarres Beispiel für den Versuch, Kreativität ‹replizierbar› zu machen. «Il s'agirait», so der Mathematiker Eduard Mallet, der die Studie angeregt hatte, «d'obtenir de chacun d'eux quelques renseignements personnels sur sa méthode de travail et de recherche, ses habitudes, l'hygiène générale qu'il juge la plus propre à faciliter son travail intellectuel» (Enquête 1902, 3: 69). Diese doch einigermassen kuriose Verbindung von methodischer Lebensführung und Kreativität ist auch heute noch erstaunlich präsent. Insbesondere jüngere Mathematiker bekundeten ein ausserordentlich starkes Interesse an meinen Interviews, in der Hoffnung durch mich vermittelt zu bekommen, welchen geheimen Prinzipien der Lebensführung sich der Erfolg ihrer berühmteren Kollegen verdankt. Ein anderes (und besonders penetrantes) Beispiel ist Paul Halmos *Automathography*, die sich streckenweise wie ein von Henry Ford verfasstes Ratgeberbuch für Mathematiker liest (Halmos 1985).

Bewusstsein. Nur einige von ihnen befriedigen das Bedürfnis nach Harmonie und sind deshalb nützlich und schön zugleich. (…) Diese besondere ästhetische Sensibilität spielt demnach die Rolle jenes äusserst feinen Siebes, von dem ich oben gesprochen habe, und dadurch wird es begreiflich, weshalb derjenige, dem diese Sensibilität versagt ist, niemals ein wirklicher Pfadfinder auf dem Gebiete der Mathematik werden kann» (Poincaré 1908: 48f.).

Wenn sich die einzelnen, zunächst unverbundenen Teile zu einem harmonischen Muster zusammenfügen, dann ist das ein starker Hinweis darauf, auf dem richtigen Weg zu sein. Poincaré hat diesen Prozess anschaulich beschrieben: «Seit vierzehn Tagen mühte ich mich ab, zu beweisen, dass es keine derartigen Funktionen gibt, wie doch diejenigen sind, die ich später Fuchssche Funktionen genannt habe. (…) Täglich setzte ich mich an meinen Schreibtisch, verbrachte dort ein oder zwei Stunden und versuchte eine grosse Anzahl von Kombinationen, ohne zu einem Resultate zu kommen. Eines Abends trank ich entgegen meiner Gewohnheit schwarzen Kaffee, und ich konnte nicht einschlafen: Die Gedanken überstürzten sich förmlich; ich fühlte ordentlich, wie sie sich stiessen und drängten, bis sich endlich zwei von ihnen aneinander klammerten und eine feste Kombination bildeten» (Poincaré 1908: 41f.). Dies war der Moment der «Entdeckung». Von diesem Moment an *wusste* Poincaré, dass seine ursprüngliche Hypothese falsch gewesen war, obwohl er den Beweis noch nicht im einzelnen geführt hatte.

Die Herstellung von Ordnung ist gleichbedeutend mit der Auflösung von ‹Widerständen›, und deren Überwindung macht einen Hauptteil der mathematischen Arbeit aus. «*The routine of the job is to be stuck*», wie es ein Mathematiker treffend formulierte. Festgefahren zu sein, heisst nichts anderes, als auf Widerstände gestossen zu sein, auf Phänomene, die den Erwartungen widersprechen und die dazu zwingen, die getroffenen Annahmen und die gewählte Vorgehensweise noch einmal neu zu überdenken. Im Gegensatz zu den Widerständen, mit denen empirische Wissenschaftler konfrontiert sind, sind die Widerstände in der Mathematik allerdings ausschliesslich mentaler Natur. Es sind, um G.H. Mead zu paraphrasieren, *geistige* Gegenstände, die sich dem Handeln in den Weg stellen. Es ist im Rahmen dieser Untersuchung nicht möglich, im einzelnen zu beschreiben, auf welche Weise, mit welchen Tricks und Methoden, Mathematiker es schaffen, diese Widerstände zu überwinden. Denn die Verfahren sind abhängig von der Problemstruktur, und diese wiederum kann höchst verschieden sein, je nachdem um welches Gebiet es sich handelt.[20] Aber auch ohne eine solche Detailanalyse lässt sich das allgemeine Handlungsprinzip beschreiben. Wenn Mathematiker festgefahren sind, gehen sie ähnlich vor wie eine Naturwissenschaftlerin, die mit einem Resultat konfrontiert ist, das ihren Erwartungen widerspricht. Auch in der Mathematik wird zunächst geprüft, ob das Resultat ‹echt› ist oder ob es ein Artefakt ist der verwendeten Apparatur. Nur hat in diesem Falle die ‹Apparatur› eine andere

Gestalt. In der Mathematik sind es Methoden und Techniken – «Denkwerkzeuge», wie Alain Connes sie nennt –, die den Status einer Apparatur haben. Da in vielen Fällen die Lösung eines Problems die Entwicklung neuer Methoden voraussetzt, besteht ein wesentlicher Teil der mathematischen Arbeit darin, neue, dem Problem angepasste Techniken zu entwickeln bzw. bereits bestehende zu modifizieren. «*Natürlich: Apparatur – das sind die bekannten Methoden. Wenn wir ein Problem haben, dann werden wir es zunächst versuchen mit den bekannten Methoden. Wenn das versagt – ja, dann muss man eine Idee haben. Und das ist dann vielleicht eine neue Methode. Oder auch ein Kniff. Das ist manchmal wirklich unerklärlich. Man weiss nicht, warum einem die Idee einfällt.*»[21]

Was also geschieht, wenn ein Ergebnis den Erwartungen nicht entspricht? Im Prinzip dasselbe wie in den Naturwissenschaften. Es wird versucht, die verschiedenen Komponenten in Übereinstimmung zu bringen: die theoretischen Erwartungen (phenomenal model), die Vorstellungen über die Funktionsweise des verwendeten «Denkwerkzeugs» (instrumental model) und die Einschätzung der Korrektheit seiner praktischen Anwendung (material procedure). Ist die Erwartung vielleicht falsch? Darf die gewählte Methode in diesem Fall gar nicht angewendet werden? Oder unterlief ein Fehler bei der konkreten Durchführung, bei der Berechnung zum Beispiel? Kohärenz wird

---

20. Es gibt meines Wissens nur zwei Arbeiten, die die in den theoretischen Wissenschaften verwendeten Problemlösungsverfahren detailliert untersuchen. Martina Merz und Karin Knorr Cetina haben an einem Problem der theoretischen Physik, der Lösung einer Kohomologie-Gleichung, verschiedene Verfahren beschrieben, die Physiker benützen, wenn sie festgefahren sind (Merz/Knorr Cetina 1997). Für die Mathematik gibt es die Studie von Andrew Pickering und Adam Stephanides (1992), in der versucht wird, das von Pickering am Beispiel der experimentellen Physik entwickelte Instrumentarium (Widerstand, interaktive Stabilisierung etc.) auf die Mathematik zu übertragen (3.3.1.). Das Beispiel, an dem Pickering und Stephanides ihre Überlegungen entwickeln, stammt aus der Geschichte der Mathematik: die Einführung eines neuen Zahlensystems, der Quaternionen, durch William R. Hamilton in den 40er Jahren des letzten Jahrhunderts. Ähnlich wie Martina Merz und Karin Knorr Cetina beschreiben Pickering und Stephanides verschiedene konkrete Verfahren, die Hamilton benutzte, um die Widerstände – die Ungereimtheiten, auf die er gestossen war – zu überwinden und Kohärenz herzustellen. Die ersten beiden von ihnen beschriebenen Verfahren («bridging» und «transcription») decken sich weitgehend mit Pólyas Methode der Analogiebildung. Beide Studien geben zwar eine genaue Analyse der Methoden und Tricks, die einzelne Wissenschaftler in einem konkreten Fall benützt haben, sie sind in ihrer Aussagekraft aber auf die von ihnen untersuchten Fallbeispiele beschränkt.

21. Dieser Mathematiker ist nicht der einzige, der zwischen mathematischen Methoden und technischer Apparatur eine Parallele zieht. Andrew Wiles beispielsweise beschreibt die für seinen Beweis zentrale Kolywagin-Flach-Methode in maschinellen Metaphern. Es habe ihm viel Zeit gekostet, die Kolywagin-Flach-Methode «zum Laufen zu bringen», da in ihr eine Vielzahl von «Getriebeteilen» steckten, mit denen er sich erst vertraut machen musste (zit. in Singh 1998: 273).

hergestellt, indem eine dieser Komponenten verändert wird: die Berechnung wird noch einmal geprüft, man revidiert die theoretischen Annahmen (wie es Poincaré in dem oben erwähnten Zitat getan hat) oder man versucht, eine neue Methode anzuwenden, die man unter Umständen allerdings erst entwickeln muss. Wie die vorhergehenden Zitate deutlich machen, kann dieser Anpassungsprozess lange dauern und von grosser Unsicherheit begleitet sein. Denn in der Regel ist keineswegs klar, worin die neue Methode, der «*Kniff*», bestehen könnte. Man sitzt fest und kommt nicht weiter. Es wird «*gepröbelt*», getestet, nachgerechnet, bis sich vielleicht – irgendwann einmal – eine «*Idee*» einstellt, mit deren Hilfe sich die Komponenten in Übereinstimmung bringen lassen: «*And suddenly you see the picture*».

Wie dieser Anpassungsprozess im konkreten Fall verlaufen kann, hat ein Mathematiker anschaulich beschrieben. Das «Denkwerkzeug» ist in diesem Fall allerdings nicht ein Trick oder eine Methode, sondern ein Computerprogramm. «*Und dann kann es auch so sein, dass man eine Hypothese hat, und die kann man dann testen. Und manchmal sprechen so viele Indizien für das Theorem, dass man, auch wenn das Testergebnis nicht stimmt – das ist mir selber passiert bei einer Arbeit. Ich hatte eine Hypothese, dass zwei Sachen gleich sind. Dann habe ich einen Computerspezialisten gefragt, ob er das für mich programmiert und an sehr vielen Zahlen austestet. Für mich war eigentlich klar, die Differenz muss 0 oder fast 0 sein. Der hat ziemlich lange gebraucht, dann hat er mir den Ausdruck in mein Fach gelegt, mit einem Zettel drauf – der Ausdruck würde mir wahrscheinlich nicht viel helfen. Ich war fast am Boden zerstört. Für mich war es aber klar nach einer gewissen Zeit, nachdem ich mich wieder gefasst hatte, dass der einen Fehler gemacht haben muss. Und ich habe es dann selber programmiert. Und es hat dann gestimmt. Für mich war das klar, dass es stimmt. Und dann habe ich es bewiesen*». Im vorliegenden Fall war es offensichtlich bald entschieden, welche Komponente geändert werden musste – nicht die theoretischen Erwartungen, nicht die konkrete Durchführung, sondern das «instrumental model», d.h. in diesem Fall das Programm.

4.2.2. Quasi-empirische Evidenz

Mathematiker gehen über weite Strecken heuristisch vor und in gewissem Sinne auch ‹empirisch›. Der Begriff ‹empirisch› hat in diesem Zusammenhang natürlich nichts mit Erfahrungstatsachen zu tun, sondern meint das Denken und Hantieren mit Beispielen. «*Die Grossen*», das sagte mir ein noch junger Mathematiker, «*sind auch deshalb so gross, weil sie so viel wissen. Sie kennen viele Beispiele und haben viel mit ihnen experimentiert. Darüber spricht man nicht. Man schreibt auch nicht in seinem Paper, wie man zu einer Vermutung gekommen ist. Was für immense Rechnungen manchmal dahinter stecken oder wie viele spezielle Beispiele.*» Es ist diese experimentelle Dimension der Mathematik, die Armand Borel zu der paradoxen Formulierung veranlasste, die Mathematik sei eine «geistige Naturwissenschaft» (Borel 1981: 697). Die Beispiele, mit denen Mathematiker arbeiten, haben für sie den Charakter von Fakten. Ähnlich wie die Fakten der empirischen Wissenschaften dienen sie dazu, Vermutungen[22] auf ihre Plausibilität hin zu prüfen. Solche Beispiele – oder eben ‹Fakten› – können z.B. Berechnungen sein, die als Test dafür dienen, ob eine Hypothese richtig ist und es sich lohnt, sie zu beweisen (vgl. 4.2.3.). Es können aber auch Einzelfälle sein, die auf ihre Eigenschaften hin untersucht werden, in der Hoffnung, auf Strukturen zu stossen, die sich verallgemeinern lassen. Oder wie es ein anderer Mathematiker formulierte: «*Natürlich versucht man, allgemeine Sätze zu beweisen. Man hat aber manchmal überhaupt keine Ahnung, wie man das angreifen muss. Dann ist die Regel: man betrachte den ersten Spezialfall, den man nicht versteht. Den ersten einfachsten Spezialfall, den man noch nicht versteht. Dann untersucht man den. Das ist ganz experimentell. Und dann betrachtet man andere Spezialfälle. Also entweder sind die Spezialfälle selbst schon interessant, und dann hat man bereits etwas gemacht. Oder sie sind nicht so interessant, und dann hofft man immer, dass man schlussendlich die allgemeine Idee haben wird. Also in diesem Sinne – es ist wirklich experimentell*».

Was dieser Mathematiker hier beschreibt, ist die Dialektik von Verallgemeinerung und Spezialisierung, die bereits David Hilbert als probate Methode empfohlen hatte und Georg Pólya an verschiedenen Beispielen ausführlich darstellt. Verallgemeinern heisst, eine Annahme, die für eine Subkategorie gilt (für Dreiecke zum Beispiel), auf eine umfassendere Klasse (z.B. Polygone) auszudehnen und sie für diesen allgemeineren Fall zu beweisen. Bei der Spezialisierung verläuft der Prozess genau umgekehrt. Das Verfahren ist im Prinzip immer dasselbe. Im Falle der Verallgemeinerung ersetzt man entweder eine Konstante (Seitenanzahl = 3) durch eine Variable (Seitenanzahl = x) oder man hebt eine Randbedingung auf (indem z.B. auch nicht rechtwinklige Dreiecke «*erlaubt*» werden). Bei der Spezialisierung gilt entsprechend das Umgekehrte (Pólya 1954a: 33ff.). Oder in Hilberts Formulierung: «Vielleicht in den meisten Fällen, wo wir die Antwort auf eine Frage vergeblich suchen, liegt die

---

22. In der Mathematik hat der Begriff «Vermutung» eine präzise Bedeutung. Als «Vermutung» werden Hypothesen bezeichnet, die zwar noch nicht bewiesen, aber durch verschiedene Formen von Evidenz relativ gut abgesichert sind und *öffentlich* ausgesprochen wurden. Berühmte Beispiele solcher Vermutungen sind die Fermatsche Vermutung, die vor kurzem bewiesen wurde, oder die Riemannsche Vermutung, deren Beweis (oder Widerlegung) noch aussteht. Um solche ‹öffentlichen› von individuellen Vermutungen abzugrenzen, werde ich letztere im folgenden als «Hypothesen» bezeichnen, obwohl dies ein Begriff ist, der in der Mathematik weniger verbreitet ist als in den empirischen Wissenschaften. Im folgenden geht es also um Hypothesen, nicht um Vermutungen.

Ursache des Misslingens darin, dass wir einfachere und leichtere Probleme als das vorgelegte noch nicht oder noch unvollkommen erledigt haben. Es kommt dann alles darauf an, diese leichteren Probleme aufzufinden und ihre Lösung mit möglichst vollkommenen Hilfsmitteln und durch verallgemeinerungsfähige Begriffe zu bewerkstelligen. Diese Vorschrift ist einer der wichtigsten Hebel zur Überwindung mathematischer Schwierigkeiten, und es scheint mir, dass man sich dieses Hebels meistens – wenn auch unbewusst – bedient» (Hilbert 1900a: 296f.).

Es ist diese quasi-empirischen Erfahrung – dieses direkte Hantieren mit dem mathematischen Material –, die dem Mathematiker mit der Zeit das Gefühl von Vertrautheit mit der von ihm untersuchten Objektwelt vermitteln. *«Ich glaube, ein richtig guter Mathematiker zeichnet sich auch dadurch aus, dass er das Experiment praktisch im Kopf vollziehen kann. Dass er es gedanklich Schritt für Schritt durchführen und alles durchdringen kann. Bis er dann am Schluss sieht, dass die Lösung, so wie er es sich vorgestellt hat, funktioniert. Das muss natürlich nicht an einem Tag gehen. Oft hat man einfach eine grosse Verwirrung im Kopf. Man pröbelt herum: welches Experiment ist da jetzt gut? Manchmal macht man eine kurze Pause – man verliert den Weg ein bisschen. Ich will nicht sagen: verwirrt. Aber es ist einem nicht mehr so klar. Aber manchmal kann man das ganz scharf für sich gedanklich bis zur Lösung durchziehen.»*

Beispiele sind ein wesentlicher Bestandteil des ‹Werkzeugkastens› eines jeden Mathematikers. *«Ein grosses ‹set› von Beispielen, das ist schon etwas. Ohne das geht es nicht. Ohne das kann man nicht ein gewisses Gefühl entwickeln, und das braucht seine Zeit.»* Oder in der hübschen Formulierung eines anderen Mathematikers: *«Jeder von uns hat seine persönliche Drosophila-Sammlung zuhause.»* Die manchmal monate-, ja jahrelange Beschäftigung mit konkreten Beispielen macht aus diesen, wie es Bourbaki formulierte, eine Art «mathematische Wesen», mit denen man «durch lange Bekanntschaft so vertraut geworden ist wie mit den Wesen der wirklichen Welt» (Bourbaki 1948: 151). Und ähnlich wie bei menschlichen wird man auch im Falle der mathematischen Wesen mit der Zeit Erwartungen darüber bilden, wie sie sich im Normalfall verhalten werden. Der Mathematiker, so Bourbaki weiter, wird zu einem «Erspüren des normalen Verhaltens (gelangen), das er von seinen mathematischen Wesen glaubt erwarten zu dürfen» (S. 151). Bourbaki ist nicht der einzige Mathematiker, der den Umgang mit mathematischen Objekten als eine Art ‹soziale Interaktion› beschreibt. *«Wenn man Mathematik betreibt, dann hat man konkrete Objekte, mit denen man in gewissem Sinne interagiert. Man spielt mit ihnen und man stellt ihnen Fragen. (F: Was meinen Sie damit?) Es ist wie – was ist die abstrakte Idee des Menschen? Es ist nichts. Man hat immer nur konkrete Menschen vor sich, und diese versucht man zu verstehen. Das gleiche gilt auch für die Mathematik. Du hast konkrete Objekte vor Dir, und Du interagierst mit ihnen, sprichst mit ihnen. Und manchmal antworten sie Dir auch. Sie sagen natürlich nicht: hallo. Aber wenn man lange genug mit ihnen zu tun gehabt hat, lange genug mit ihnen gespielt hat, dann wird man irgendwann einmal eine Einsicht haben, die über sie hinausgeht. Und das ist es dann. Dann hat man es. Für einen selber kommt es dann nicht mehr darauf an, ob man es noch beweist oder nicht. Man weiss es ja schon.* »[23]

Karin Knorr Cetina (1998) beschreibt eine solche quasi-soziale Beziehung als «objekt-zentrierte Sozialität». Objektzentrierte Sozialität setzt Objekte voraus, die im Gegensatz zu Werkzeugen oder Waren nicht rein instrumentell definiert, sondern bedeutungsoffen und ‹entfaltbar› sind. Hans-Jörg Rheinberger bezeichnet diese Art von Objekten als «epistemische Dinge» (3.3.1.), Karin Knorr Cetina spricht von «epistemischen Objekten». Die Beziehung zu epistemischen Objekten weist in verschiedener Hinsicht Ähnlichkeit mit sozialen Beziehungen auf und kann, so die These, diese in gewissem Sinne ersetzen oder zumindest ergänzen. Knorr Cetina entwickelt ihre These am Beispiel materialer Objekte. Wie die Haltung der Mathematiker ihren Objekten gegenüber zeigt, scheinen sich jedoch geistige Objekte für eine solche objektorientierte Sozialität besonders zu eignen. Das für die Mathematik typische Sich-Verlieren in geistigen Welten ist auch vor diesem Hintergrund zu sehen.[24] Der Umgang, die ‹Interaktion› mit diesen Objekten ist jedoch nicht beliebig, sondern folgt Regeln – Normen gewissermassen –, die durch die mathematischen Konventionen festgelegt und in den Definitionen der Objekte implizit enthalten sind. Wie ich in Abschnitt 2.3.3. ausgeführt habe, besteht ein wesentlicher Teil der mathematischen Forschung darin, diese verborgenen Implikationen zu entdecken. *«Man hat diese Objekte, die für uns ebenso konkret sind wie die Partikel für den Physiker. Nicht wahr, man definiert diese Objekte. Wir verstehen diese Definitionen, und dann will man Eigenschaften. Diese Eigenschaften sind manchmal sehr, sehr versteckt. Also versucht man zu experimentieren. Natürlich nur intellektuell, mit intellektuellen Werkzeugen. Das ist alles im Gehirn.»*

---

23. Während viele Mathematiker ihren Umgang mit Beispielen vermutlich ähnlich wahrnehmen, sind wohl nur die wenigsten der Auffassung, dass eine solche ‹quasi-empirische› Evidenz ausreicht und den Beweis tatsächlich überflüssig macht. Ich komme in Kapitel 6.1. auf diese Frage zurück.

24. Mathematiker beschreiben die Beziehung zu ihren Objekten oft in einer Weise, die dem nahekommt, was Evelyn Fox Keller mit der etwas unglücklichen Formulierung «feeling for the organism» einzufangen suchte (Keller 1983). Es geht dabei nicht um ein individuelles Gefühl, sondern um eine Subjekt/Objekt-Beziehung, die den Objekten eine gewisse Verhaltensautonomie zubilligt, d.h. ihnen eine Art ‹Eigenleben› zugesteht, ähnlich wie es Mead generell für den Umgang mit Dingen postuliert hat (3.3.4.).

4.2.3. Experimentelle vs. theoretische Mathematik

In letzter Zeit wird das ‹quasi-empirische› Material, mit dem Mathematiker arbeiten, teilweise auch durch den Computer bereitgestellt. Es handelt sich dabei weniger um Einzelbeispiele, wie ich sie oben beschrieben habe, sondern um Berechnungen im Rahmen von sog. «Computerexperimenten». Computerexperimente werden zu verschiedenen Zwecken eingesetzt: zur Entwicklung von *Vermutungen*, zur Erzeugung von *Gegenbeispielen* und, am umstrittensten, zur *Validierung* von mathematischen Sätzen (vgl. als Überblick Silverman 1991). Nicht alle Experimente setzen notwendig einen Computer voraus. Mathematiker und Mathematikerinnen haben schon vorher, von Hand, Berechnungen durchgeführt. Mit dem Einsatz des Computers hat die «experimentelle Mathematik» jedoch eine neue Dimension bekommen.

Die Verwendung des Computers in der (reinen) Mathematik ist relativ neu. Die reine Mathematik gehört zu jenen Disziplinen, in denen der Computer verhältnismässig spät und eher zögerlich eingesetzt wurde. Dies ist umso erstaunlicher, als Mathematiker (und zwar ‹reinste› Mathematiker) zur Entwicklung des Computers massgeblich beigetragen haben (vgl. Heintz 1993a: Kap. 2 und 6). Bis in die 50er Jahre galt der Computer als eine Maschine, deren primärer Einsatzbereich das wissenschaftliche Rechnen ist.[25] Diese enge Beziehung zwischen Mathematik und Computer hat sich in der Folge gelockert. Mathematiker und Mathematikerinnen waren zwar weiterhin massgeblich an der Entwicklung der Informatik beteiligt, umgekehrt wurde der Computer in der reinen Mathematik aber kaum eingesetzt. So präsentierte sich die Situation, grob gesprochen, bis Mitte der 80er Jahre. Seitdem hat sich die Haltung der Mathematiker dem Computer gegenüber gewandelt. Der Computer wird heute in der Mathematik in verschiedenen Funktionen eingesetzt: als ‹Datenlieferant› im Rahmen der experimentellen Mathematik, im Bereich der Visualisierung, als Hilfsmittel bei Beweisen und schon relativ früh als Kommunikationsmittel. Die zunehmende Bedeutung des Computers zeigt sich auch in verschiedenen institutionellen Neuerungen. Um nur einige Beispiele zu erwähnen: 1987 wurde in den USA ein Schwerpunktprogramm *Computational Mathematics* bewilligt, dessen explizites Ziel es war, den innovativen Gebrauch von Computern in der Mathematik zu fördern, 1988 führten die *Notices of the American Mathematical Society*, das Mitteilungsblatt der amerikanischen Mathematikergesellschaft, eine neue Rubrik mit dem Titel *Computers and Mathematics* ein, seit 1983 gibt es einen Preis für maschinelle Beweise (Milestone and Current Awards for Automatic Theorem Proving) und 1990

---

25. Ein besonders anschauliches Beispiel für den Zusammenhang von Mathematik und früher Computerentwicklung ist der an der Eidgenössischen Technischen Hochschule in Zürich entwickelte Computer ERMETH, vgl. dazu ausführlicher Furger/Heintz 1997.

wurde in Giessen ein Institut für experimentelle Mathematik gegründet, das seit 1994 ein Graduiertenkolleg durchführt mit dem bezeichnenden Titel «*Theoretische* und *experimentelle* Methoden der Reinen Mathematik».

Seit 1992 gibt es auch eine Zeitschrift mit dem Titel *Experimental Mathematics*, deren Ziel es ist, den experimentellen und induktiven Methoden in der Mathematik eine grössere Resonanz zu verschaffen. Wissenschaftstheoretisch gesehen nehmen die Herausgeber eine moderate Position ein: der experimentelle Ansatz wird auf den «context of discovery» beschränkt. «While we do not depart from the established view that a result can only become part of mathematical knowledge once it is supported by a logical proof, we consider it anomalous that an important component of the process of mathematical creation is hidden from public discussion. It is to our loss that most of us in the mathematical community are almost always unaware of how new results have been discovered.» Diese Passage aus dem Editorial der ersten Nummer macht deutlich, dass mit dem Einsatz des Computers der induktive und experimentelle Teil der Mathematik eine beträchtliche Aufwertung erfährt (vgl. Epstein/ Levy 1995). Im folgenden möchte ich am Beispiel der Zahlentheorie schildern, was mit computergestützter experimenteller Mathematik genau gemeint ist.

Computerexperimente werden vor allem in jener Phase durchgeführt, bei der es um die Entwicklung von Hypothesen geht. Sie haben in diesem Sinn eine ganz ähnliche Funktion wie die oben geschilderte Erforschung von Einzelfällen – sie dienen dazu, Hypothesen zu bilden und Vertrauen in sie zu gewinnen, bevor man sich an die Arbeit des Beweisens macht. «*Diese Daten geben mir Sicherheit. Ich habe dann eine Art von Instinkt, dass ich auf dem richtigen Weg bin.*» Insbesondere in der Zahlentheorie, aber nicht nur dort, werden Computerexperimente auch gezielt zur Entwicklung von Vermutungen eingesetzt. Das Vorgehen ist dabei ausdrücklich induktiv. «*In unseren Experimenten produzieren wir sehr viele Daten von diesen mathematischen Objekten, die uns interessieren. Dann schauen wir diese Daten an und versuchen, ein Muster in ihnen zu entdecken. Dieses Muster versuchen wir in einer Formel zu beschreiben, von der wir annehmen, dass sie diese Phänomene ‹steuert›. Die Formel allein genügt natürlich nicht. Es muss auch bewiesen werden, dass wir die richtige Formel haben. Also am Schluss ist es wieder ganz traditionelle Mathematik.*» Nicht in jedem Fall wird der Beweis auch gefunden. Dies ist mit ein Grund, weshalb gerade in der Zahlentheorie das Verhältnis von Vermutungen zu bewiesenen Sätzen zunehmend asymmetrisch wird.

In der Zahlentheorie ist diese Art von induktivem Vorgehen keineswegs neu. Schon vor dem Einsatz des Computers wurden viele zahlentheoretische Vermutungen dadurch gewonnen, dass Zahlenreihen beobachtet und auf mögliche Muster oder Gesetzmässigkeiten hin untersucht wurden (Pólya 1954a: 100ff.; Pólya 1959). Dieses induktive Verfahren lässt sich an einem einfachen

Beispiel veranschaulichen. Man stelle sich vor, folgende Zahlenreihen vor sich zu haben:

$$\frac{1}{1 \cdot 2} + \frac{1}{2 \cdot 3} = \frac{2}{3}$$

$$\frac{1}{1 \cdot 2} + \frac{1}{2 \cdot 3} + \frac{1}{3 \cdot 4} = \frac{3}{4}$$

$$\frac{1}{1 \cdot 2} + \frac{1}{2 \cdot 3} + \frac{1}{3 \cdot 4} + \frac{1}{4 \cdot 5} = \frac{4}{5}$$

Ein Muster ist leicht zu erkennen. Auf der linken Seite der Gleichung wird offenbar bei jeder neuen Reihe ein weiterer Bruch dazu addiert, dessen Nenner sich von dem vorhergehenden dadurch unterscheidet, dass die beiden Faktoren des Produkts um je 1 grösser sind. Auf der rechten Seite werden Zähler und Nenner in jeder neuen Reihe um je 1 grösser. Dieses Muster ist eine Hypothese. Sie lässt sich testen, indem man auf ihrer Basis eine neue Reihe konstruiert und deren Ergebnis ausrechnet:

$$\frac{1}{1 \cdot 2} + \frac{1}{2 \cdot 3} + \frac{1}{3 \cdot 4} + \frac{1}{4 \cdot 5} + \frac{1}{5 \cdot 6} = \frac{5}{6}$$

Für diesen Fall (aber *nur* für diesen) ist die Hypothese offensichtlich bestätigt. Nun kann man diese Prozedur Reihe für Reihe weiterführen und wird dabei, vermutlich, auf immer dasselbe Muster stossen, das sich etwas allgemeiner in folgender Formel ausdrücken lässt:

$$\frac{1}{1 \cdot 2} + \frac{1}{2 \cdot 3} + \cdots + \frac{1}{n(n+1)} = \frac{n}{n+1}$$

Oder in einer etwas formaleren Schreibweise:

$$\sum_{k=1}^{n} \frac{1}{k(k+1)} = \frac{n}{n+1}$$

Auf der Basis dieser Formel können wir zwar ständig neue Reihen produzieren und für jede einzelne von ihnen prüfen, ob sich das vermutete Muster bestätigt. Ob aber die Formel *immer* gilt, d.h. für *alle n*, werden wir auf diese Weise niemals in Erfahrung bringen. Die Formel

$$\frac{1}{1 \cdot 2} + \frac{1}{2 \cdot 3} + \cdots + \frac{1}{n(n+1)} = \frac{n}{n+1}$$

ist zwar plausibel, aber *sicher* ist sie nicht. Das ist die Crux des induktiven Schliessens. In den empirischen Wissenschaften lässt man sich von diesem Quentchen Unsicherheit nicht weiter stören. Die Möglichkeit, dass irgendwann vielleicht doch noch ein weisser Rabe auftaucht, wird eine Zoologin nicht weiter beunruhigen. In der Mathematik ist dies anders. Dort gibt es den Beweis, und dessen Funktion besteht genau darin, den letzten Rest von Unsicherheit auszuräumen. «*Physiker*», so ein oft gehörtes Bonmot, «*sind zufrieden, wenn sie 90% sicher sind. Wir sind unzufrieden, wenn wir 0,9% unsicher sind.*» Zu akzeptiertem Wissen wird die Formel folglich erst dann, wenn sie bewiesen ist. «*Natürlich haben wir diese Formel gewissermassen experimentell erzeugt, aber das ist nicht der Beweis. Es braucht noch einen Beweis, einen theoretischen Beweis, mit anderen Methoden. Sonst wäre es ja keine Mathematik.*» Diese Formulierung weist allerdings darauf hin, dass der Beweis seine Monopolstellung nicht mehr völlig unangefochten behaupten kann. Für einige Mathematiker braucht es nun offenbar das Zusatzattribut «theoretisch», um den konventionellen Beweis von anderen ‹Beweisen› abzugrenzen (vgl. ausführlicher 6.1.).

Der Einsatz des Computers führt zu einer enormen Ausweitung des oben beschriebenen Vorgehens, ohne dieses aber grundsätzlich zu verändern. Oder wie es der amerikanische Mathematiker Lynn Arthur Steen formuliert: « To the extent that mathematics is the science of patterns, computers change not so much the nature of the discipline as its scale: computers are to mathematics what telescopes and microscopes are to science. They have increased by a millionfold the portfolio of patterns investigated by mathematical scientists» (Steen 1988: 616). Dies möchte ich im folgenden am Beispiel einer berühmten Vermutung, der sog. *Fermatschen Vermutung* veranschaulichen (Singh/Ribet 1998 und ausführlich Singh 1998). Die Fermatsche Vermutung stammt von Pierre de Fermat (1601-1665), der sie, mutmasslich 1637, an den Rand eines Buches geschrieben hat, zusammen mit der Bemerkung, dass er einen «wahrhaft wunderbaren Beweis» dafür gefunden habe, der Rand des Buches aber zu schmal sei, um ihn aufzuschreiben. Seitdem beschäftigt Fermats Vermutung Mathematiker (und Hobbymathematiker). Am MPI für Mathematik war ein Assistent teilzeit dafür angestellt, die manchmal täglich eintreffenden ‹Beweise› der sog. «Fermatisten» zu überprüfen und zu beantworten. Fermat selbst ist auf seinen versprochenen Beweis nie mehr zurückgekommen. Er hat vermutlich bald realisiert, dass ein Beweis nicht so leicht zu haben ist.

Die Fermatsche Vermutung besagt, dass die Gleichung $x^n + y^n = z^n$ keine positive ganzzahlige Lösung hat, sofern der Exponent *n* grösser als 2 ist. Oder anders formuliert: Fermat hat mit seiner Vermutung behauptet, dass man im Bereich der natürlichen Zahlen kein einziges Tripel (x, y, z) finden wird, für das die Gleichung aufgeht, sofern n grösser als 2 ist. $x^n + y^n$ wird immer ungleich z^n sein.[26] Die Fermatsche Vermutung ist eine Hypothese, die sich – so könnte man vielleicht annehmen – Schritt für Schritt überprüfen lässt, bis man irgendwann einmal ziemlich (wenn auch niemals ganz) sicher ist, dass sie wahr (oder falsch) ist. Man beginnt zum Beispiel mit n = 3 und prüft, ob die Vermutung für das Tripel x = 2, y = 3 und z = 4 zutrifft. Sie tut es: $2^3 + 3^3$ ist ungleich 4^3, nämlich 35 (und nicht 4^3 = 64). In einem nächsten Schritt setzt man n = 4. Auch für diesen Fall bestätigt sich die Vermutung – allerdings wieder nur für das Tripel (2, 3, 4). Und genau das ist die Schwierigkeit. Das Problem liegt darin, dass es *unendlich* viele Tripel und *unendlich* viele Exponenten gibt. Das heisst jeder Exponent müsste für eine unendliche Menge von Tripeln überprüft werden, und dies ist aus leicht einsehbaren Gründen nicht durchführbar. Im Falle der Fermatschen Vermutung wäre eine ‹quasi-empirische› Plausibilisierung mit anderen Worten höchstens dann möglich, wenn es gelänge, die zu testenden Tripel auf eine endliche Menge zu reduzieren – und dazu braucht es konventionelle Mathematik, d.h. einen Beweis.

Leonhard Euler bewies bereits im 18. Jahrhundert, dass die Fermatsche Vermutung für n = 3 zutrifft, Peter Lejeune Dirichlet folgte 1825 mit einem Beweis für n = 5 und Gabriel Lamé 1839 für n = 7. Beide Beweise beruhten auf den wichtigen Vorarbeiten von Sopie Germain. In der folgenden Zeit gelang es, den Exponentenbereich sukzessiv auszudehnen. 1937 war die Fermatsche Vermutung für n = 637 bewiesen, in den 80er Jahren für n = 25.000 und 1993 bereits für n = 4.000.000 (Singh 1998: 191). Wie man aus diesem Verlauf ersehen kann, hat sich seit dem Einsatz des Computers der Fallbereich enorm ausgeweitet. Die Fermatsche Vermutung war damit zwar nicht bewiesen, erhielt jedoch beträchtliche Plausibilität. «*Das war ja dann bis zu ganz hohen Exponenten bewiesen, computergestützt bewiesen. Aber was soll man dazu sagen? Damit war es ja noch nicht für alle n bewiesen, obwohl es jetzt naheliegend war, dass es für alle n gilt.*»

Ein allgemeiner Beweis für beliebige *n* stand also weiterhin aus – bis zum Sommer 1993, als der englische Mathematiker Andrew Wiles in einem sorgfältig inszenierten Vortrag am Newton-Institut in Cambridge öffentlich verkündete, er habe einen allgemeinen Beweis für Fermats Vermutung gefunden. Im Gegensatz zu früheren Beweisversuchen schien der Beweis diesmal tatsächlich hieb- und stichfest zu sein. Dies war jedenfalls die einhellige Meinung der anwesenden Mathematiker und Mathematikerinnen, die die frohe Botschaft sofort über *e-mail* verbreiteten: «Most people in the room, including

---

26. Das bedeutet umgekehrt nicht, dass es für den Fall n = 2 oder n = 1 *immer* eine Lösung gibt. Es heisst nur, dass eine Lösung möglich ist. Wählt man n = 2, so geht die Gleichung zum Beispiel für das Tripel (3, 4, 5) auf, nicht aber für das Tripel (2, 3, 4). Fermats Vermutung war auch insofern irritierend, als die phythagoreische Mathematik im Zusammenhang mit dem berühmten Lehrsatz des Pythagoras (vgl. Kap. 1) nachgewiesen hatte, dass es für den Fall n=2 unendliche viele Tripel gibt, für die die Gleichung aufgeht.

me, were incredibly shell-shocked», «an elation», «the most exciting thing that's happened in geez maybe ever, in mathematics», «a historic moment».[27]

Wiles' Beweis wurde in der Öffentlichkeit breit rezipiert und von der mathematischen Gemeinschaft umgehend zu PR-Zwecken genutzt.[28] Am renommierten *Mathematical Sciences Research Institute MSRI* in Kalifornien wurde einen Monat später ein öffentliches Fermat-Fest organisiert, das einen enormen Zulauf hatte (Jackson 1993), und der bereits erwähnte Saunders Mac Lane liess sich zu einer Ode an Fermat/Wiles in 31 Versen hinreissen: «But that silence/Now is broken/At Newton's home/A. Wiles has spoken» (Mac Lane 1994a: 65). Zum Zeitpunkt des Fermat-Festes war allerdings noch nicht klar, ob der Beweis korrekt ist. Wiles hatte in seinem Vortrag nur seine Beweisstrategie skizziert. Der Beweis selbst umfasste mehr als 200 Seiten und wurde über Monate hinweg von sechs renommierten Mathematikern minutiös überprüft. Zwei Monate nach dem Fermat-Fest wurde bekannt, dass der Beweis eine Reihe von Fehlern und Lücken enthält. Zu einem grossen Teil konnten sie korrigiert werden, es blieb aber eine Lücke, die sich offensichtlich nicht so leicht schliessen liess. Der Umgang mit ihr nahm Formen an, wie man sie ansonsten nur aus der höheren Diplomatie kennt: Im Verlaufe des Sommers zunehmende Gerüchte, dass der Beweis Lücken habe, dann, am 15. November 1993, die erste halb-offizielle Bestätigung (in einem Vortrag eines mit Wiles gut bekannten Mathematikers), dann, endlich, am 4. Dezember das offizielle Eingeständnis (via *e-mail*) durch Wiles selbst. Erst 1994 gelang es Wiles, die Lücke zu schliessen. «Suddenly, on September 19 last year, I had this wonderful revelation», so Wiles an einem Vortrag in Princeton, wo sein Beweis öffentlich gefeiert wurde (zit. in Cipra 1995: 1134). Die Offenbarung wurde der mathematischen Gemeinschaft einen Monat später über *e-mail* bekannt gemacht. «While it is wise to be cautious for a little while longer, there is certainly reason for optimism», so Karl Rubin, der die Nachricht überbrachte. 1995 wurde der Beweis von den *Annals of Mathematics* zur Veröffentlichung akzeptiert und gilt seitdem als sicher.[29]

---

27. Dass die meisten Experten sofort zur Überzeugung gelangten, der Beweis müsse korrekt sein, hat verschiedene Gründe. Zum einen war Wiles' Beweisargumentation allem Anschein nach überzeugend. Zum andern scheint auch Wiles' Ansehen, sein ‹Vertrauenskapital›, eine gewisse Rolle gespielt zu haben.

28. Offensichtlich mit Erfolg. Die Zeitschrift *People* erkürte Wiles – in der ehrenwerten Gesellschaft von Lady Di, Michael Jackson und dem Ehepaar Clinton – zu den 25 faszinierendsten Persönlichkeiten des Jahres 1993, und eine weltbekannte Jeans-Firma versuchte, ihn als Werbeträger zu gewinnen. Wie man hört, ohne Erfolg.

29. Es gibt allerdings nur wenige Mathematiker, die in der Lage sind, den Beweis von Wiles im Detail zu verstehen. Kenneth Ribet, der selbst wichtige Vorarbeiten geleistet hat, vermutet, dass höchstens ein Promille der Mathematiker dazu imstande ist.

Die Geschichte der Fermatschen Vermutung ist aus verschiedenen Gründen instruktiv. Für viele Mathematiker ist Andrew Wiles' Arbeit ein klares Indiz für die Einheit der Mathematik. Die Fermatsche Vermutung ist an sich ein peripheres Problem der Zahlentheorie. Im Gegensatz etwa zu der Riemannschen Vermutung oder der Vermutung von Yutaka Taniyama und Goro Shimura, die bei Wiles' Beweis eine wichtige Rolle spielte, macht es für die Entwicklung der Mathematik keine grossen Unterschied, ob sie bewiesen ist oder nicht.[30] *«Wenn man die Riemannsche Vermutung nicht beweisen könnte, wäre das für mich persönlich eine Katastrophe. Dann würde die Mathematik irgendwie zusammenbrechen. (F: Weshalb?) Sie liegt im Kern der Mathematik, sie ist mit ganz vielem anderem verknüpft. Das ist bei der Fermat-Vermutung nicht so. Die war bis zur Taniyama-Shimura-Vermutung isoliert. Auch heute ist sie noch am Rand. Wenn man den Beweis hat, dann ist es fertig, abgeschlossen. Dann weiss man nicht viel mehr.»* Dies gilt jedoch nicht für den Beweis selbst. Denn während der Satz sehr einfach ist, ist der Beweis hoch komplex und ausserordentlich anspruchsvoll. Selbst wenn Fermat am Rande seines Buches mehr Platz gehabt hätte, hätte dieser für den Beweis niemals ausgereicht. Gewissermassen als Beiprodukt des jahrhundertelangen Versuchs, den Satz zu beweisen, wurden neue mathematische Gebiete erschlossen und Methoden entwickelt, die heute zum Grundbestand der Mathematik gehören. Andrew Wiles' Beweis der Fermatschen Vermutung ist hoch spezialisiert und verwendet Techniken und Theorien aus Gebieten, die vom ursprünglichen Problemkontext weit entfernt sind. *«Das lag früher meilenweit auseinander. Das waren völlig verschiedene Welten. Der Beweis von Wiles hat diese Welten zusammengebracht.»* Der Umstand, dass es möglich ist, einen einfachen Satz der Zahlentheorie mit Mitteln zu beweisen, die aus ganz anderen Gebieten der Mathematik stammen, ist für die meisten Mathematiker ein unumstössliches Zeichen für die Einheit der Mathematik. Wiles' Arbeit demonstrierte, dass trotz zunehmender Spezialisierung die interne Kohärenz der Mathematik nicht gefährdet war.

Wiles' Beweis wirft aber auch ein Licht auf die mathematische Gemeinschaft und deren normative Struktur (vgl. 5.3.). Diese Ansicht vertraten jedenfalls einige Mathematiker und Mathematikerinnen, mit denen ich gesprochen habe. Wiles, der am *Institut for Advanced Studies* in Princeton lehrt, hat sieben Jahre lang an seinem Beweis gearbeitet, ohne jemandem davon zu erzählen – mit Ausnahme eines zum Schweigen verpflichteten *«Sparring-Partners»*, dem er im letzten Jahr seine Überlegungen vortrug. Auch nachdem Wiles öf-

---

30. Die Taniyama-Shimura-Vermutung besagt, dass elliptische Gleichungen und Modulformen im Prinzip ein und dasselbe, d.h. ineinander übersetzbar sind. Damit wurde eine innere Verbindung zwischen zwei Feldern postuliert, die bis dahin als zwei völlig unterschiedliche und weit entfernte Gebiete der Mathematik angesehen wurden.

fentlich eingestanden hatte, dass sein Beweis eine gravierende Lücke enthält, hat er das Manuskript weiterhin nur einem kleinen Kreis von Mathematikern zur Verfügung gestellt. «The fact that a lot of works remains to be done on the manuscript makes it still unsuitable for release as a preprint» (zit. in Jackson 1994: 185). Der Grund für diese Scheu liegt in den komplizierten und informellen Regelungen der Prioritätsansprüche in der Mathematik. Wer hat Anspruch auf den Beweis: Wiles, der den Beweis entwickelt und ihn auch weitgehend durchgeführt hat, oder jene Person, der es gelingt, die Lücke zu schliessen? «*Das Normale ist ja schon, dass man einen Preprint macht und den herumschickt, und dann erwartet man die Kritik, Hinweise auf Fehler und Lücken, und dann veröffentlicht man es in korrigierter Form in einer Zeitschrift. Das ist ja auch der Sinn eines Preprints. Und Wiles hat vielleicht befürchtet, dass, wenn wirklich ein Loch in dem Beweis ist und einer schliesst das Loch, dass der andere dann als der Beweiser, als endgültiger Beweiser von Fermat gilt. Und deswegen hat er wahrscheinlich gedacht, dass er es, wenn schon, dann lieber selber zu Ende führen will.*» [31] Um die Lücke endgültig zu schliessen, benötigte Wiles allerdings doch noch die Hilfe eines anderen Mathematikers. Die Besitzansprüche wurden in diesem Fall salomonisch geregelt. Die Veröffentlichung des Beweises besteht aus zwei Teilen: aus einem über 100 Seiten langen Manuskript von Wiles selbst, in dem er seinen ursprünglichen Beweis von 1993 in überarbeiteter Form vorlegt, und einem kürzeren Aufsatz von Wiles und seinem ehemaligen Schüler Richard Taylor, in dem eine für den Beweis benötigte wichtige Annahme bewiesen wird.

Die Tatsache, dass Wiles seine Arbeit so lange geheimgehalten und sie später nur einem ausgewählten Kreis von Referenten zur Verfügung gestellt hat, ist für einige Mathematiker ein Indiz dafür, dass die mathematische Gemeinschaft «*krank*» ist. Hätte die «*Gemeinschaft*» noch den Zusammenhalt von früher, wäre diese Geheimhaltungspolitik, so eine verbreitete Auffassung, nicht nötig gewesen. Die Vorgeschichte des Beweises vermittelt jedoch ein ganz anderes Bild. Ohne die 1984 mündlich geäusserte Beweisidee von Gerhard Frey, die von einigen Mathematikern aufgegriffen und in Gesprächen und Vorträgen weiterentwickelt wurde, hätte Wiles seinen Beweis kaum zustande

---

31. Die in der Mathematik verbreitete Praxis der Eponymie konzentriert den Reputationskredit auf eine oder höchstens zwei Personen (z.B. Taniyama-Shimura-Vermutung, Gödelscher Unvollständigkeitssatz etc.). Die Fermat-Beweis bietet jedoch eine anschauliche Illustration für den letztlich kollektiven Charakter wissenschaftlicher Erkenntnis (s. unten). In der Regel sind die Bezeichnungen nicht kontrovers, aber gerade die Taniyama-Shimura-Vermutung ist ein Beispiel dafür, dass nicht immer ein Konsens darüber besteht, wer den massgeblichen Beitrag geliefert hat. Die Vermutung wurde ursprünglich von Tanyama formuliert und nach seinem Tod von Shimura und später auch von André Weil weiter fundiert. Aus diesem Grund wird sie manchmal auch als Taniyama-Shimura-Weil-Vermutung und teilweise sogar nur als Weil-Vermutung bezeichnet.

gebracht.[32] Insofern ist die Geschichte des Fermat-Beweises auch ein instruktives Beispiel für die durchaus noch lebendige mündliche Kultur der Mathematik und die ungeschriebenen Normen, nach denen Prioritätsansprüche geregelt werden (vgl. dazu die diversen Beispiele in Singh 1998).

Wiles' Beweis ist ein Erfolg für die theoretische Mathematik. Solange aber ein Beweis (noch) fehlt, kann die quasi-empirische Plausibilisierung eine wichtige Funktion übernehmen: «It can serve as a check on the sanity of more speculative conjectures. It can improve one's confidence that a conjecture is correct» (Silverman 1991: 564). Mit dem zunehmenden Einsatz des Computers und der damit verbundenen Ausweitung (und Aufwertung) der experimentellen Seite der Mathematik nähert sich diese ein Stück weit den empirischen Wissenschaften an. «Because of computers we see more than even before that mathematical discovery is like scientific discovery» (Steen 1988: 616). Dies drückt sich auch in der Sprache aus. Auch in der Mathematik wird heute von «Daten» gesprochen, von «Experimenten», vom Computer als «experimental tool» und dem traditionellen Beweis wird zunehmend häufig das Adjektiv «theoretisch» beigefügt. Wie das Zitat von Steen deutlich macht, beschränkt sich diese methodische Annäherung auf die Entwicklungphase – auf den «context of discovery». Es gibt jedoch eine kleine Minderheit von Mathematikern, die die ‹Empirisierung› der Mathematik weiter treiben und auf die Validierungsphase ausdehnen wollen. Ich komme in Kapitel 6 darauf zurück.

4.3. Das «Aufschreiben»

> Ich sprach oben von dem Gefühle absoluter Gewissheit, das die Inspiration begleitet; in den erwähnten Beispielen hat dieses Gefühl nicht getäuscht; jedoch muss man sich hüten zu glauben, dass diese Regel keine Ausnahme zulasse; dieses Gefühl kann oft sehr lebhaft sein und uns dennoch täuschen, und wir bemerken unseren Irrtum erst, wenn wir den Beweis festlegen wollen.
>
> *Henri Poincaré*[33]

---

32. Die Pointe von Freys Beweisidee bestand, grob gesprochen, darin, die Fermatsche Vermutung mit der Taniyama-Shimura-Vermutung zu verbinden und damit zwei Gebiete der Mathematik miteinander zu verknüpfen, zwischen denen bis dahin kein Zusammenhang bestanden hatte. Falls Freys Vorschlag stichhaltig war, und dass er stichhaltig war, hat sechs Jahre später Ken Ribet bewiesen, musste folglich zunächst einmal die Taniyama-Shimura-Vermutung bewiesen werden, von der viele Mathematiker annahmen, dass sie zwar sehr «schön», aber unglaublich schwer zu beweisen sei. Insofern besteht die Leistung von Wiles nicht nur darin, die Fermatsche Vermutung, sondern gleichzeitig auch die Taniyama-Shimura-Vermutung bewiesen zu haben.
33. Poincaré 1908: 45.

Mathematiker und Mathematikerinnen verwenden eine ganze Reihe von Indizien, um zu prüfen, ob ihre Überlegungen richtig sind: quasi-empirische Evidenz, Schönheit und Kohärenz, Anschlussfähigkeit und «*Fruchtbarkeit*». Bevor ein Mathematiker sich an die Arbeit des Aufschreibens macht, ‹weiss› er in der Regel, dass seine Überlegungen richtig sind. «*Durch die Praxis der Arbeit glaube ich es so stark, dass ich es zwar noch nicht bewiesen habe, aber ich weiss, wenn ich dieses Lemma oder diesen Hilfssatz – und das mache ich dann, wenn ich es aufschreibe. Dann mache ich die kleinen Eigenschaftsbeweise noch, die ich während dem richtigen Forschungsakt beiseite gelassen habe.*» G.H. Hardy hat dieses Ineinandergreifen von Gewissheit und Wahrheit, von ‹Sehen› und Beweisen, in seinem berühmten Aufsatz *The Proof* anschaulich beschrieben: «I have myself always thought of a mathematician as in the first instance an *observer*, a man who gazes at a distant range of mountains and notes down his observations. His object is simply to distinguish clearly and notify to others as many different peaks as he can. There are some peaks which he can distinguish easily, while others are less clear. He sees A sharply, while of B he can obtain only transitory glimpses. At last he makes out a ridge which leads from A, and following it to its end he discovers that it culminates in B. (…) When he sees a peak he believes that it is there simply because he sees it. If he wishes someone else to see it, he *points to it*, either directly or through the chain of summits which led him recognise it himself. When his pupil also sees it, the research, the argument, the *proof* is finished» (Hardy 1929: 18).

Die Übersetzung der Beweisidee in einen vollständigen Beweis geschieht in der Regel beim «*Aufschreiben*». In dieser Arbeitphase wird das individuell Gewusste in eine standardisierte Form gebracht und damit anschlussfähig gemacht (vgl. 6.2.). Diese Übersetzung kann eine langwierige und mühsame Angelegenheit sein. Es müssen Lücken gefüllt, Definitionen gegeben und Notationen bereitgestellt werden. «*Am Anfang stelle ich den ganzen Apparat zur Verfügung, den ich nachher benutze. Und dann kommt das Resultat oder die Resultate, und das wird dann bewiesen. Ich schreibe es natürlich nicht erschöpfend auf. Das würde den Rahmen sprengen. Aber ich versuche, es ganz genau zu sagen und es in einen Zusammenhang zu stellen, in einen allgemeinen Zusammenhang. In dieser Arbeit zum Beispiel habe ich es verschlüsselt in einer eleganten Proposition – es ist jetzt viel allgemeiner. Das heisst, ich möchte damit auch jeden fesseln. Ich möchte jedem sagen, das ist jetzt etwas Neues und Schönes und Interessantes.*»

Ein wichtiger Aspekt des Aufschreibens ist die Wahl der *Notation*. Aus der Sicht vieler Mathematiker sind Zeichen zwar Konventionen, aber ihre Wahl ist nicht völlig arbiträr. Gibt es, überspitzt formuliert, einen inneren Zusammenhang zwischen der Idee der Ableitung und dem Ausdruck dy/dx? Letztlich geht es um die Frage, ob mathematische Zeichen Konventionen sind – «Symbole» in der Terminologie von Charles S. Peirce – oder ob sie

«Ikone» sind, d.h. zu ihrem Gegenstand in einer Beziehung der Ähnlichkeit stehen (Peirce 1903: 362ff.). Im Falle eines *Symbols* beruht die Beziehung zwischen Zeichen und Gegenstand auf Konvention: das Wort «Pferd» hat mit dem Gegenstand Pferd nichts zu tun. Es könnte ebensogut Goggelmoggel heissen. Dies ist bei einem *Ikon* anders. In diesem Fall besteht zwischen Zeichen und Gegenstand ein inhaltlicher, abbildender Zusammenhang. Beispielhaft dafür sind geometrische Figuren. Ein gezeichnetes Dreieck darf zwar gross oder klein sein, grün oder rot, sobald aber die Winkelsumme 180 Grad übersteigt, ist es kein Zeichen mehr für den Gegenstand «Dreieck». In welche Kategorie gehören nun die mathematischen Zeichen – sind sie Symbole oder Ikone?[34]

Aus streng formalistischer Sicht ist das Zeichen gleichbedeutend mit dem Objekt. «Die Gegenstände der Zahlentheorie sind die Zeichen selbst», so Hilberts radikal-formalistisches Credo (Hilbert 1922: 18). Hermann Weyl hat in seinem schönen Aufsatz über den *Symbolismus der Mathematik und mathematischen Physik* diese Haltung als «anthropistische» Einstellung bezeichnet und sie der «idealistischen» (bzw. intuitionistischen) Einstellung gegenübergestellt. «Da (im Hilbertschen Formalismus, B.H.) geht der Mathematiker nicht viel anders mit seinen aus Zeichen gebauten Formeln um wie der Tischler in seiner Werkstatt mit Holz und Hobel, Säge und Leim» (Weyl 1971: 23). Eine Gegenposition zu Hilbert vertritt L.E.J. Brouwer, für den die Beziehung zwischen Zeichen und mathematischem Gegenstand arbiträr ist. Das Zeichen dient allein der Mitteilung und ist dem Objekt selbst äusserlich (vgl. 2.3.3.).

Während Formalismus und Intuitionismus in dieser Frage zwei Gegenpole markieren, nehmen die Mathematiker selbst oft eine Zwischenposition ein. Sogar Hilbert hat – sobald er von der Praxis der Mathematik sprach und nicht mehr von ihrer Theorie – eine solche Zwischenposition vertreten. «Zu den neuen Begriffen gehören notwendig auch neue Zeichen; diese wählen wir derart, dass sie uns an die Erscheinungen erinnern, die der Anlass waren zur Bildung neuer Begriffe. So sind die geometrischen Figuren Zeichen für die Erinnerungsbilder der räumlichen Anschauung und finden als solche bei allen Mathematikern Verwendung» (Hilbert 1900a: 295). Dies gilt nicht nur für die geometrischen, sondern auch für die arithmetischen Zeichen. «Die arithmetischen Zeichen sind geschriebene Figuren, und die geometrischen Zeichen sind gezeichnete Formeln, und kein Mathematiker könnte diese gezeichneten Formeln entbehren» (S. 295). Mathematische Zeichen sind zwar gewählt, aber so, dass sie einen Zusammenhang aufweisen zu den Gegenständen, die sie reprä-

---

34. Vgl. dazu ausführlicher Heintz 1997. «Gegenstand» bzw. «Objekt» ist hier weit zu verstehen. Mathematische Zeichen beziehen sich bekanntlich nicht nur auf mathematische Objekte im engen Sinn (auf Zahlen zum Beispiel), sondern, sehr viel wichtiger, auf Relationen (z.B. Funktionen) und auf Operationen (z.B. Addition oder Multiplikation).

sentieren. Es gibt «gut gewählte» und «schlecht gewählte» Zeichen. Gut gewählt sind sie dann, wenn sie einfach und übersichtlich sind und, wie es Hilbert formulierte, «an die Erscheinungen erinnern, die der Anlass waren zur
Bildung neuer Begriffe» (Hilbert 1900a: 295). Mathematikhistorische Arbeiten zeigen, dass die Wahl der Notation auf die Entwicklung der Mathematik
einen erheblichen Einfluss hat. Es gibt Notationen, die die Entwicklung eines
Gebietes blockieren, und solche, die es auf neue Wege bringen (Knobloch
1980).[35]

Deutlicher noch als bei Hilbert kommt diese Sicht in Gottlob Freges *Begriffsschrift* zum Ausdruck, einem Notationssystem zur formalen Darstellung
der Aussagenlogik (Frege 1879). Freges «Formelsprache des reinen Denkens», so der Untertitel zu seiner *Begriffsschrift*, liegt zwischen konventionellen und figurativen Zeichen. Die logischen Begriffe – Urteil, Funktion, Implikation – werden nicht durch ein konventionelles Zeichenrepertoire dargestellt,
sondern durch eine zweidimensionale Strichsymbolik:

Abbildung 1: Strichdiagramm aus Freges Begriffsschrift[36]

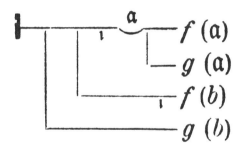

Freges Notationssystem ist auf das Auge ausgerichtet. Das sieht man deutlich,
wenn man Freges zweidimensionale Strichsymbolik mit der konventionellen
eindimensionalen Notation vergleicht. Die untenstehende Formel gibt in konventioneller Notation das oben dargestellte Strichdiagramm wieder:

$$g(b) \rightarrow (\neg f(b) \rightarrow \neg \bigwedge_a (g(a) \rightarrow f(a)))$$

Freges Diagramme sind von unten nach oben und von rechts nach links zu lesen. Das dargestellte Diagramm beginnt also bei g(b) und führt uns – über Um-

---

35. Ein anschauliches Beispiel für die blockierende Wirkung von Notationssystemen ist das
    römische Ziffernsystem. Effizientes Rechnen wurde erst mit der Einführung des indisch-
    arabischen Positionssystems im 13. Jahrhundert möglich (Ifrah 1991: 476ff.).
36. Frege 1879: 51.

wege – zum sog. «Urteilsstrich». «Die Striche», so Käthe Trettin in ihrer Studie zu Freges *Begriffsschrift*, «erweisen sich als *Leit*linien, als Einbahnstrassen, die den Verkehr umleiten. (…) Wir sollen nicht *folgern*, sondern blind, aber sehenden Auges *folgen*. Die Strichsymbolik nimmt uns die logische Aktivität ab und dressiert uns statt dessen auf die Akzeptanz des Urteils» (Trettin 1991: 77).

Aus Freges Sicht ist die von ihm gewählte Repräsentationsform keineswegs arbiträr. Sie hat die Funktion, den Verstand in eine bestimmte Richtung zu lenken. Mit seiner Strichsymbolik appelliert er an den Zusammenhang zwischen Sehen und Denken, an die Beziehung zwischen Auge und Verstand. Freges Zeitgenossen konnten mit seiner eigenwilligen Notation nicht viel anfangen. Durchgesetzt hat sich das konventionelle System von Giuseppe Peano – ein Zeichensystem, das nicht ans Auge appelliert, sondern den Verstand anspricht. Dennoch ist Freges *Begriffsschrift,* und insbesondere sein 1882 verfasster Kommentar, ein instruktives Beispiel für eine verbreitete Auffassung der Funktion und Bedeutung mathematischer Notation. Aus Freges Sicht ist die Wahl der Zeichen ganz offensichtlich nicht arbiträr. Nicht umsonst hat er sich so viel Mühe gegeben, eine neue Notation zu entwickeln. «Die Zeichen sind für das Denken von derselben Bedeutung wie für die Schiffahrt die Erfindung, den Wind zu gebrauchen, um gegen den Wind zu segeln. Deshalb verachte niemand die Zeichen! Von ihrer zweckmässigen Wahl hängt nicht wenig ab» (Frege 1882: 92). Das Zeichen macht das Unsichtbare sichtbar, das Unanschauliche anschaulich. Es ist der «anschauliche Vertreter» des unanschaulichen Begriffs (S. 92). Insofern ist die Wahl der Zeichen keineswegs zufällig. Ihre Konstruktion soll an den Begriff erinnern, den sie repräsentieren – oder wie es Georg Pólya in einem Brief an Jacques Hadamard formulierte: «They recall the mathematical idea» (Hadamard 1944: 84).[37]

Dies erklärt auch, weshalb einige Mathematiker eine persönliche Notation benützen, wenn sie an einem Problem arbeiten. «*It's more cosy*», wie es einer meiner Gesprächspartner formulierte.[38] Dies bedingt allerdings, dass die in

---

37. Dass die Frage der Notation nicht nur eine Marginalie ist, zeigt der erbitterte Streit zwischen den Leibnizianern und den Newtonianern, der sich nicht nur um die Frage drehte, wem bei der Entdeckung der Infinitesimalrechnung Priorität zukommt, sondern auch die Notation betraf. Es dauerte bis Anfang des 19. Jahrhunderts, bis sich die Leibnizsche Notation – dy/dt – auch in England durchzusetzen begann, nicht zuletzt auf Betreiben von Charles Babbage, der sich im Rahmen der *Analytischen Gesellschaft* energisch für die «kontinentale» Schreibweise einsetzte (vgl. u.a. Dubbey 1978: 154ff.; Hyman 1987: 36ff.). Zum Einfluss der Notation auf das mathematische Denken gibt es meines Wissens nur wenig systematische Literatur, vgl. aber Knobloch 1980; 1981.

38. Vgl. als anderes Beispiel Halmos, der in seiner *Automathographie* in seiner ihm eigenen Liebe zum Detail beschreibt, weshalb er fremde Arbeiten in seine persönliche Notation übersetzt und wie er dies tut (Halmos 1985: 69f.).

fremden Arbeiten verwendete konventionelle Notation in die eigene ‹Privatsprache› übersetzt wird, um dann im Falle einer Publikation wieder in das öffentliche Notationssystem rückübersetzt zu werden. Es ist nun allerdings nicht
so, dass die ‹öffentliche› Notation einhellig gehandhabt wird. Der gleiche mathematische Gegenstand wird unter Umständen von Land zu Land und von
Autor zu Autor unterschiedlich bezeichnet. Dies gilt sogar für so elementare
Begriffe wie die Menge der positiven reellen Zahlen, für die es mindestens
sechs verschiedene Schreibweisen gibt. Im Unterschied zur Physik und den Ingenieurwissenschaften – Fächern, in denen die Normierung sehr viel weiter
fortgeschritten ist – besitzen Mathematiker noch immer eine beträchtliche
Freiheit in der Wahl ihrer Notation. Allerdings gibt es auch in der Mathematik
Standardisierungsbestrebungen (Brecht 1994). In Deutschland geschieht dies
im Rahmen des *Deutschen Instituts für Normung* (DIN). Seit mehreren Jahr-
zehnten beschäftigt sich eine Gruppe von Mathematikern mit der Formulierung von DIN-Normen für die Mathematik, in enger Zusammenarbeit mit der
International Organisation for Standardisation (ISO). Das Vorgehen folgt dabei dem Prozedere der Standardisierung in anderen Bereichen. Insgesamt gibt
es heute 16 DIN-Normen für die Mathematik. Das Ziel dieser Normierung ist
die Beseitigung der «unschönen Bezeichnungsvielfalt» (Brecht), insbesondere
in Gebieten, die als abgeschlossen gelten und anwendungsnah sind. Zur Normierung gehört die Festlegung einer bestimmten Schreibweise (z.B. tan x anstatt tg x), Angaben darüber, wie das Zeichen auszusprechen ist (Tangens von
x), sowie eine Kurzdefinition. Im Gegensatz zu anderen Disziplinen scheinen
diese Normierungsbestrebungen von den Mathematikern allerdings kaum
oder nur mit Vorbehalt zur Kenntnis genommen zu werden. Man sei sich, so
Gerhard Brecht, im Normungsgremium durchaus bewusst, dass sich der Mathematiker die «Freiheit in der Wahl seiner Bezeichnungen nur ungern einen-
gen lässt» (Brecht 1994: 27).[39]

Zeichen sind in der Mathematik allerdings nicht die einzig möglichen
Repräsentationsmedien. Mathematische Objekte können auch bildlich repräsentiert werden oder unter Umständen sogar auditiv. In seinem Kommentar
zur *Begriffsschrift* diskutiert Frege die Vorteile und Nachteile von graphischen
Zeichen und solchen «fürs Ohr» und entscheidet sich dann für das «Sichtbare»
(Frege 1882: 94f.). Ähnlich führt auch Jacques Hadamard eine ganze Palette
von möglichen Repräsentationsmedien vor – Bilder, geometrische Figuren,

---

39. Während die Geschichte der Standardisierung in den Ingenieur- und Naturwissenschaften
ein breit untersuchtes Feld ist (vgl. 7.3.2.), gibt es meines Wissens keine Studie, die sich
mit der Normierungsdiskussion in der Mathematik beschäftigt. Wie bereits die Newton/
Leibniz-Kontroverse zeigt, bei der nationalistische Motive eine nicht unerhebliche Rolle
spielten, könnte eine solche Studie durchaus lohnenswert sein, vgl. dazu auch Wilder
1981: 53.

Diagramme, Wörter oder Töne (Hadamard 1944: 85). Hadamard vermutet, dass je nach Phase des mathematischen Entwicklungsprozesse andere Repräsentationsmedien verwendet werden. Die Zeichen selbst kommen erst relativ spät ins Spiel, erst dann, wenn die zunächst noch vagen Ideen Kontur bekommen und eine Lösung bereits in Sicht ist. Fast alle Mathematiker, mit denen er gesprochen habe, vermeiden, so Hadamard, «the mental use of algebraic or any other *precise* signs; also as in my case they use vague images» (Hadamard 1944: 84). Auch insofern ist es verfehlt, das Betreiben von Mathematik auf die Arbeit mit Zeichen zu reduzieren. Folgt man Hadamard, so sind Zeichen zwar wichtig, weniger jedoch für die Phase der Entwicklung mathematischer Ideen, als vielmehr für deren Präzisierung und Mitteilung. Allerdings, und das ist ein nicht zu unterschätzendes praktisches Problem, ist das Repertoire an Zeichen relativ beschränkt. Der Grundbestand besteht aus den Buchstaben des lateinischen und griechischen Alphabets. Dazu kommt eine Reihe von neu geschaffenen Sonderzeichen, wie etwa ∞ für «unendlich», $\neq$ für «ungleich» oder $\neg$ für die Negation. Die Tatsache, dass das Zeichenrepertoire relativ beschränkt ist, führt zu einer hohen «Indexalität» der verwendeten Zeichen. Was ein Zeichen – ein q beispielsweise – bedeutet, wird kontextspezifisch festgelegt.[40]

Während in Publikationen die Notation vorgängig geklärt wird, ist dies in informellen Gesprächen und teilweise auch in Vorträgen nicht oder weit weniger der Fall. In diesen Fällen kann die Indexalität der Zeichen mitunter zu Verständnisschwierigkeiten führen. «‹ *Was ist das p dort? Ist es das gleiche p wie das da oben?* › ‹*Nein, es ist nicht das gleiche. Vielleicht sollte ich eine andere Notation benützen. Dann haben wir ein p weniger auf der Tafel.* ›» Es gibt allerdings auch Mathematiker, die den konventionellen Charakter der mathematischen Notation bestreiten und einer Art ‹Notations-Mystik› anhängen, d.h. einen engen inhaltlichen Zusammenhang zwischen Zeichen und Gegenstand behaupten. «*Ich gebe Ihnen ein Beispiel. Da gibt es diese Identitäten, die Anfang dieses Jahrhunderts von Ramanujan und Rogers bewiesen wurden. Die beiden benutzten in ihrer Arbeit ein ‹q›. Es gab keinen Grund, ein ‹q› zu verwenden. Sie hätten auch irgendeinen anderen Buchstaben wählen können. Es gab überhaupt keinen Grund für das ‹q›. Nun ist es so, dass in der Notation, die Mathematiker für die Beschreibung von magnetischen Feldern benützen, auch ein ‹q› vorkommt. Das ist ein ganz anderes Gebiet. Und jetzt kommt das Erstaunliche. Vor kurzem hat sich herausgestellt, dass zwischen diesen beiden*

---

40. Zeichen haben nicht nur eine epistemische, sondern auch eine wichtige kommunikative Funktion, sie sind nicht nur ein Denkwerkzeug, sondern auch ein wichtiges Kommunikationsmedium. Ein mathematisches Gespräch findet selten ohne Papier oder Wandtafel statt. Insofern ist es vielleicht nicht übertrieben zu behaupten, dass die Praxis der Mathematik – ganz im Gegensatz zur offiziellen Doktrin – durch eine ausgeprägte visuelle Kultur gekennzeichnet ist. Zur kommunikativen Funktion von visuellen Repräsentationen vgl. den informativen Aufsatz von Henderson (1995).

Gebieten eine Beziehung besteht. Das ‹q› im einen Fall hat eine Beziehung zum ‹q› im anderen Fall. Das meine ich damit. Es ist nicht zufällig, welche Zeichen wir wählen. Auch wenn wir den Zusammenhang nicht immer erkennen.»

Oft stellen Mathematiker erst beim Aufschreiben fest, dass die ursprüngliche Gewissheit trügerisch war – dass die Beweisidee nicht umsetzbar ist, ein wichtiges Resultat, das man leicht zu beschaffen glaubte, doch nicht so einfach zu haben ist, oder ein Ergebnis, auf das man sich stützte, falsch ist. *« Also zunächst forscht man mit Begeisterung weiter und weiter und versucht das und das zu finden, und plötzlich hat man die Erkenntnis, dass es so sein muss. Und bei diesem Prozess kümmert man sich nicht um die kleinen Schwierigkeiten, die so am Rande liegen. Aber wenn man dann etwas genau beweisen will, dann merkt man vielleicht, dass der Teufel im Detail liegt.»*

Erst mit dem Aufschreiben des Beweises wird subjektive Gewissheit in Sicherheit überführt – und genau darin liegt auch dessen epistemologische Bedeutung. Wie ich in den vorangehenden Abschnitten ausgeführt habe, ist die experimentelle Dimension – das «Herumpröbeln» – ein wesentlicher Aspekt der mathematischen Praxis. In den Publikationen ist davon nichts mehr zu sehen. Der Vortrag nimmt hier eine Zwischenstellung ein. *« In einem Vortrag muss man ja nichts beweisen, man kann einfach erzählen»*, wie es ein Mathematiker etwas maliziös formulierte. Bei einem Vortrag braucht die Plausibilisierung (noch) nicht über einen vollständigen Beweis zu laufen, sondern kann sich anderer, unter Umständen auch ‹quasi-empirischer› Evidenzen bedienen. Dies wird deutlich, wenn man die Darstellungsweise in Vorträgen mit jener in Publikationen vergleicht. Im Gegensatz zur Publikation wird in Vorträgen oft an die Intuition appelliert, und es werden Formulierungen verwendet, in denen die experimentelle Dimension noch deutlich sichtbar ist: *« Wenn ich x nehme, passiert das. Deshalb habe ich y genommen. Sie müssen darauf acht geben, dass Sie an dieser Stelle nie dieses Symbol verwenden. Denn wenn Sie es verwenden, dann erhalten Sie das. Und das wollen wir doch nicht. Ist das intuitiv klar? Jetzt kann man vielleicht schon ein bisschen spüren, vielleicht noch nicht ganz verstehen, aber spüren, um was es geht. Jetzt kann man das hier vertauschen, und wenn man das tut und noch diesen Teil aus der Formel da oben mitnimmt, dann erhält man genau das Resultat, das wir haben wollten. Das ist doch eine hübsche Sache. Jetzt mache ich etwas Böses – und jetzt raten Sie mal, was da kommt: x verschwindet!»*[41]

In den offiziellen Publikationen ist die experimentelle und induktive Seite der Mathematik nicht mehr sichtbar. *«Es ist ja so: Wenn später etwas sehr abstrakt aussieht, dann steckt meistens eben doch sehr viel konkretes Herumhantieren drin. Aber das vernachlässigt man dann. Man schreibt es nicht auf.»*[42] Sehr viel ausgepräger noch als in den Naturwissenschaften wird der

---

41. Das sind einige Wendungen aus einem Vortrag, den ich protokolliert habe.

oftmals unberechenbar verlaufende Entwicklungsprozess im nachhinein linearisiert und in einen logisch zwingenden Ablauf gebracht. Dies fängt beim Aufbau einer Arbeit an und gilt natürlich erst recht für den Beweis. Wer sich nur an die verschriftlichte Mathematik hält, kann mit gutem Grund den Eindruck bekommen, dass die Mathematik eine ausschliesslich deduktive Wissenschaft ist, bei der tatsächlich keine «Spuren menschlicher Herkunft» (Mannheim) zu finden sind. Diese hoch standardisierte Darstellungsform, bei der der Entstehungskontext und die Subjektivität der Forschenden vollkommen ausgeblendet sind, kontrastiert eigentümlich mit der ausgeprochen individualisierten Kultur der Mathematik und der Bedeutung, die Intuition und Kreativität beigemessen wird. Dass zwischen informeller und publizierter Mathematik eine teilweise enorme Diskrepanz besteht, wird von vielen Mathematikern auch explizit vermerkt. «You should not believe that mathematicians are just thinking machines who always proceed in steps clearly planned with implacable logic. This impression is often given by papers. Those are organized for maximal efficiency of the exposition; omitting all the false leads, they often proceed in an order inverse to that which led to the discovery» (Borel 1994: 7).[43] Die in diesem Zitat angesprochene Diskrepanz zwischen Forschungsarbeit und offizieller Darstellung lässt sich veranschaulichen, wenn man die folgenden zwei Abbildungen miteinander vergleicht. Die in *Abbildung 2* wiedergegebenen Arbeitsnotizen sind ein kleiner Ausschnitt aus Vorarbeiten zu einem 1961 publizierten Aufsatz (Atiyah/Hirzebruch 1961).[44]

---

42. Eine wesentliche Forderung der Vertreter der experimentellen Mathematik besteht allerdings genau darin, dem Entdeckungsprozess auch in den Publikationen grösseres Gewicht zu verschaffen. Es sollen, wie die Herausgeber der Zeitschrift *Experimentelle Mathematik* schreiben, nicht bloss Beweise veröffentlicht werden, «but also in the way in which they have been or can be reached» (Epstein/Levy 1995: 671). Vgl. dazu ausführlicher 6.1.

43. Die hier beschriebene Diskrepanz zwischen formeller Darstellung und informeller Praxis wird von Brian Rotman im Rahmen seiner semiotischen Theorie mathematischer Praxis weiter ausgebaut. Rotman versteht Mathematik als Sprache und das Betreiben von Mathematik als diskursive Praxis. Er unterscheidet dabei zwischen zwei Modi – einem formalen (=Code) und einem informalen Modus (=metaCode), die beide jedoch untrennbar miteinander verbunden sind. Der Mathematiker nimmt in diesem Diskurs drei verschiedene Gestalten an, die Rotman als mathematisches Subjekt, Person und Ausführender (agent) bezeichnet (vgl. ausführlicher Rotman 1988, 1998). Das mathematische Subjekt ist der Agent des Codes, die Person jene des metaCodes und der Ausführende ist jener Akteur, der die vorgestellten Befehle ‹virtuell› ausführt.

44. Die Notizen wurden mir freundlicherweise von Friedrich Hirzebruch zur Verfügung gestellt.

Abbildung 2: Entwürfe und Berechnungen zu Atiyah/Hirzebruch 1961

According to Bott-Samelson (Proc. Nat. Acad. Sci USA, Vol. 41, 490-493 (1955)) the integral cohomology ring of G_2/T has an additive base as follows

$$\{ 1, \alpha, \beta, \alpha\beta, \beta^2, \alpha\beta^2, \beta^3/2, \alpha\beta^3/2, \beta^4/2, \alpha\beta^4/2, \beta^5/2, \alpha\beta^5/2 \}$$

where $\alpha, \beta \in H^2(G_2/T, \mathbb{Z})$ satisfying the relations

(1) $\qquad \alpha^2 + 3\beta^2 + 3\alpha\beta = 0 \quad , \quad \alpha^6 = \beta^6 = 0.$

In $ch(G_2/T)$ we consider the element

$$y = (e^\alpha - 1)^2 + 3(e^\beta - 1)^2 + 3(e^\alpha - 1)(e^\beta - 1)$$

which by (1) starts with a six dimensional element, namely

$$y = (\alpha + \tfrac{\alpha^2}{2})^2 + 3(\beta + \tfrac{\beta^2}{2})^2 + 3(\alpha + \tfrac{\alpha^2}{2})(\beta + \tfrac{\beta^2}{2})$$
$$\text{modulo terms of dim} \geq 8.$$

$$y = \alpha^3 + 3\beta^3 + 3\frac{\alpha\beta^2 + \alpha^2\beta}{2} \qquad \text{modulo terms of dim} \geq 8$$

By (1)

$$\alpha^2\beta + 3\beta^3 + 3\alpha\beta^2 = 0$$
$$\alpha^3 + 3\alpha\beta^2 + 3\alpha^2\beta = 0$$
$$\beta^3 + 3\beta^3 = -(3(\beta^2 + \alpha^2\beta) - \alpha^2\beta - 3\alpha\beta^2$$

$$y = \alpha^3 + 3\beta^3 + \alpha^2\beta + \frac{3\alpha\beta^2 + \alpha^2\beta}{2} + \cdots$$

By (1) $\qquad \alpha^2\beta + 3\beta^3 + 3\alpha\beta^2 = 0 \quad , \quad$ thus

$$y = \alpha^3 + 3\beta^3 + \alpha^2\beta - 2\beta^3 + \frac{\beta^3}{2} + \cdots \quad ,$$

thus

$$\tilde{y} = y - (e^\alpha - 1)^3 + 3(e^\beta - 1)^3 + (e^\alpha - 1)^2(e^\beta - 1)^4 - 2(e^\beta - 1)^3$$

is an element of $ch(G_2/T)$ whose character starts off with $\beta^3/2$. Since $H^*(G_2/T)$ is generated by $H^2(G_2/T, \mathbb{Z})$ and $\beta^3/2$, it follows that

$$R(T) \longrightarrow K(G_2/T) \quad \text{is surjective.}$$

Diese Arbeitsnotizen (die allerdings bereits in einem sehr elaborierten Zustand sind), sind die Vorarbeiten zu der in der folgenden Abbildung wiedergegebenen Passage der veröffentlichten Arbeit.

Abbildung 3: Ausschnitt aus Atiyah/Hirzebruch 1961 (S. 646)

(ii) The rational cohomology ring of G/T has a well-known description. Thus the subring $ch\ K^*(G/T)$ of $H^*(G/T, Q)$ is calculable if $\alpha(G, T)$ is surjective. Thus we have in this case by (i) a complete description of $H^*(G/T, Z)$.

Wie ich im letzten Kapitel ausgeführt habe, hat diese nachträgliche Linearisierung und Purifizierung verschiedene Funktionen. Zum einen dient sie dazu, die Bedeutung subjektiver und situationsgebundener Faktoren zu relativieren, zum anderen hat sie aber auch eine wichtige forschungspraktische Funktion. Würde der Entwicklungsprozess in seiner ganzen Komplexität dargestellt werden, wäre die wissenschaftliche Kommunikation nicht mehr anschlussfähig. Die wissenschaftliche Publikation – und das gilt erst recht für den Beweis – gibt gewissermassen eine Standardform vor, in die die Überlegungen einzupassen sind, unter Absehung persönlicher Erfahrungen und kontextbezogener Konnotationen. Durch diese ‹Passform›, die gleichzeitig eine beträchtliche Abstraktionsleistung beinhaltet, wird die Diffusion und Rezeption des Wissens, d.h. die mathematische Kommunikation wesentlich erleichtert.[45] *«Das Aufschreiben ist oft mühsam, extrem mühsam. Denn dann muss man wirklich korrekt sein, und es muss hundert Prozent Hand und Fuss haben. Man darf auch keinen Satz zuviel sagen. Das würde es verwischen. Das ist, wie wenn man eine Kochrezept aufschreibt. Da darf man auch nicht zuviel schreiben, sondern genau, wie man es macht. Es muss kristallklar sein. Und das Resultat muss optimal dargestellt sein. Und das ist manchmal sehr schwierig. Ein Resultat so zu präsentieren, dass man genau das sagt, was man sagen will.»*
Die in Aufsätzen und Lehrbüchern veröffentlichten Beweise sind in der Regel nicht vollständig, sondern es sind Beweisgerüste, bei denen nicht jeder einzelne Schritt explizit ausgeführt ist. Jeder publizierte Beweis enthält Lükken, von denen angenommen wird, dass sie durch den Leser mühelos ergänzt werden können. In der Regel werden diese Lücken durch Bemerkungen wie «Es ist leicht einzusehen, dass ... », «Eine kurze Berechnung ergibt ... » angezeigt, manchmal bleiben sie auch unerwähnt. Obschon die heutigen Beweise aus der Perspektive einer früheren Mathematikergeneration vermutlich äus-

---

45. Ich komme später auf den Zusammenhang zwischen sprachlicher Normierung und innermathematischer Kommunikation ausführlich zurück (vgl. 6.2. und 7.3.).

serst formal und unangenehm abstrakt wirken, sind sie immer noch beträchtlich informal. Oder in der spöttischen Formulierung von Leslie Lamport: «Proofs are still written like essays, in a stilted form of ordinary prose» (Lamport 1995: 600).[46]

Das ist zwar übertrieben, weist aber darauf hin, dass Beweise Lücken enthalten, durchsetzt sind mit Alltagsprosa und teilweise mit Argumenten operieren, die an die Anschauung oder an das implizite Vorwissen appellieren. Beweise, so Philip Davis, «are not written in terms of atomic strings. They are written in a mixture of common discourse and mathematical symbols. *Definitions* are made to serve as abbreviations for longer combinations of words and symbols. *Lemmas* are introduced as temporary platforms and scaffoldings from which one can argue with less fatigue and hence greater security. *Corrolaries* are introduced for the psychological lift of obtaining deep theorems cheaply. *Splicing* two theorems is standard practice. In the course of the proof, one cites Euler's Theorem, say by way of authority. (…) If splicing is common to lend authority, then *skipping* is even more common. By skipping, I mean the failure to supply an important argument. Skipping occurs because it is necessary to keep down the length of a proof, because of boredom (you cannot really expect me to go through every single step, can you?), superiority (the fellows in my club all can follow me) or out of inadvertence» (Davis 1972: 171). Zur Illustration ein Auszug aus einem mathematischen Paper (vgl. S. 174):

---

46. Der Bruch in Richtung einer abstrakteren und formalisierteren Mathematik erfolgte in den 50er Jahren – in den «*goldenen*» 50er Jahren, wie sie der damaligen Pioniergeneration im Rückblick erscheint. Die ältere Mathematikergeneration hat dies allerdings nicht so gesehen. «I see a pig broken into a beautiful garden and rooting up all flowers and trees», schrieb Carl Ludwig Siegel (1896-1981) 1964 in einem Brief an Louis Joel Mordell (1888-1972) und bezog sich damit auf ein 1962 erschienenes ‹modernes› Buch von Serge Lang (*Diophantine Geometry*). «I am afraid that mathematics will perish before the end of this century if the present trend for senseless abstraction – as I call it: theory of the empty set – cannot be blocked up» (zit. in Lang 1995: 339f.).

174

Proposition 3.8. *Suppose G is a finite group, N is a normal subgroup of G, W is a finite-dimensional vector space over a field K, $K[N]$ is quasisplit, and r is a positive integer. We can view $\operatorname{Aut}(W)$ as naturally contained in $\operatorname{Aut}(W^r)$. Suppose $\rho : G \to \operatorname{Aut}(W^r)$ is a representation such that $\rho(N) \subset \operatorname{Aut}(W) \subseteq \operatorname{Aut}(W^r)$ and such that the restriction of ρ to N is irreducible. Let $Ad : G \to \operatorname{Aut}(\operatorname{End}(W^r))$ denote the corresponding adjoint representation defined by*

$$Ad(g)(u) = \rho(g)u\rho(g)^{-1}$$

for $u \in \operatorname{End}(W^r)$ and $g \in G$. Let $E = \operatorname{End}_N(W) \subseteq \operatorname{End}(W) \subseteq \operatorname{End}(W^r)$ and let J denote the image of the natural map $K[N] \to \operatorname{End}(W) \subseteq \operatorname{End}(W^r)$. Then:

(a) *$J = \operatorname{End}_E(W)$,*
(b) *$E = \operatorname{End}_J(W)$,*
(c) *E is a field,*
(d) *the center of J is E,*
(e) *J and E are stable under the action of $Ad(g)$ for every $g \in G$,*
(f) *for every $h \in N$, the action of $Ad(h)$ on E is trivial.*

Proof. By the Jacobson density theorem we have (a) and (b). Since $K[N]$ is quasisplit and W is a simple $K[N]$-module, we have that E is a field and E is the center of J. Suppose $g \in G$. Since N is normal in G, therefore J is stable under $Ad(g)$. Since E is the center of J, it follows that E is stable under $Ad(g)$. Since E commutes with $\rho(N)$, the action of $Ad(h)$ on E is trivial for $h \in N$. $\square$

Corollary 3.9. *Suppose ℓ is a prime number, suppose N is a finite group of order prime to ℓ, suppose W is a finite-dimensional vector space over a complete discrete valuation field K of characteristic zero and residue characteristic ℓ, suppose W is a simple $K[N]$-module, and suppose $K[N]$ is quasisplit. Let $E = \operatorname{End}_N(W)$. Then E is a field and E/K is an unramified extension.*

Proof. Note that if A is a normal subgroup of N, then $K[N/A]$ is also quasisplit. Therefore, replacing N by its image in $\operatorname{Aut}(W)$ we may assume that W is a faithful $K[N]$-module. By Proposition 3.8, E is a field. By Theorem 24.7 of [5] (see also Theorem 74.5ii, Vol. II of [4]), the field E is generated over K by the values of the character of the representation of N on the E-vector space W. Thus, $E \subseteq K(\zeta_n)$, where $n = \#N$. Since n is not divisible by ℓ, the extension E/K is unramified. $\square$

Lemma 3.10. *Suppose ℓ is a prime number, K is a complete discrete valuation field of characteristic zero and residue characteristic ℓ, and $e = e(K)$. Suppose $A \in \operatorname{GL}_m(K)$, suppose A is not a scalar, and suppose A^ℓ is a scalar. Then $m \geq (\ell - 1)/e$.*

Proof. If A^ℓ is the scalar $c \in K^\times$, let $g(x) = x^\ell - c$. Either g has a root in K, or g is irreducible over K (see the end of p. 297 of [11]). If g is irreducible over K, then $m \geq \ell$ since $g(A) = 0$. If g has a root $\gamma \in K$, then $A\gamma^{-1}$ is an element of $\operatorname{GL}_m(K)$ of exact order ℓ. Therefore $m \geq [K(\zeta_\ell) : K] \geq (\ell - 1)/e$. $\square$

Lemma 3.11. *Suppose ℓ is an odd prime number, K is an unramified extension of $\mathbf{Q}_\ell$, $M = K(\zeta_\ell)$, $\delta \in M^+ = K(\zeta_\ell + \zeta_\ell^{-1})$, $\eta = \zeta_\ell - \zeta_\ell^{-1}$, and $\operatorname{tr}_{M/K}(\delta\mathcal{O}_M) \subseteq \mathcal{O}_K$. Then*

$$\operatorname{tr}_{M/K}(\delta\eta^{\ell-2}\mathcal{O}_M) \subseteq \ell\mathcal{O}_K.$$

Wie ich in Kapitel 2 ausgeführt habe, geht die traditionelle Mathematikphilosophie von der Annahme aus, dass jeder Beweis im Prinzip vollständig formalisierbar ist. Dies ist auch die Auffassung vieler Mathematiker. Es gibt allerdings auch eine Minderheit, die behauptet, dass zwischen dem realen Beweis und dem Ideal des vollständig formalisierten Beweises eine grundlegende Differenz besteht. Der Grund dafür ist das implizite Wissen, das in jedem Beweis vorausgesetzt ist und sich niemals vollständig explizieren lässt. Mit ihrer Institution des Beweises ist die Mathematik sicher jene Disziplin, die dem wissenschaftlichen Ideal, die verwendeten Annahmen explizit zu machen, am ehesten entspricht. Wie Imre Lakatos in seiner Fallstudie gezeigt hat, kann es jedoch auch in der Mathematik unausgesprochene und unbemerkte Annahmen geben. Ein wesentliches Ziel der mathematischen Arbeit besteht genau darin, diese versteckten Annahmen explizit zu machen.

Wenn in der Mathematik von «Lücken» die Rede ist, dann sind damit einerseits Argumentationslücken gemeint, andererseits aber auch jenes ungesagte und niemals vollständig explizierbare Wissen, das zum selbstverständlichen Grundbestand des mathematischen *know-how* gehört. Implizites mathematisches Wissen ist, so Herbert Breger, jenes «Können (Wissen), das nicht aus dem Axiomensystem und den Definitionen einer Theorie entspringt oder logisch deduziert werden kann, das aber dennoch wesentlich zum Lehrgebäude der Theorie und zum Verständnis bzw. Beherrschung der Theorie dazu gehört» (Breger 1990: 45). Wir wissen mehr, als wir zu sagen wissen – diese Grunddoktrin der Wissenssoziologie gilt in gleichem Masse auch für die Mathematik. Ohne ein solches gemeinsames Hintergrundwissen wäre das Verstehen eines Beweises nicht möglich (vgl. 6.2.). Sobald man jedoch akzeptiert, dass auch ein formaler mathematischer Beweis auf einem Grundbestand von implizitem Wissen aufbaut, wird man der These einer *vollständigen* Formalisierbarkeit mit einiger Skepsis begegnen. Dies ist der Grund, weshalb Davis und Hersh für eine pragmatische Definition von Vollständigkeit plädieren. Anstatt sich weiterhin am Ideal des vollständigen formalen Beweises zu orientieren, sollte, so die Empfehlung, ein Beweis bereits dann als vollständig gelten, «wenn er detailliert genug ist, um die anvisierte Leserschaft zu überzeugen» (Davis/Hersh 1990: 107).

Wie ich in diesem Kapitel gezeigt habe, wird ein Beweis, sei er am Ende auch noch so formal, nicht auf formale Weise gefunden. Wäre dies möglich, dann könnten die Mathematiker vielleicht tatsächlich durch eine «Beweismaschine» ersetzt werden, wie es einige Mathematiker im Anschluss an Hilberts Formalisierungsprogramm befürchtet hatten (Heintz 1993a: Kap. 2). Im Gegensatz zu damals gibt es heute zwar Beweismaschinen – sogenannte «theorem provers» –, sie werden jedoch nicht als Ersatz angesehen, sondern als

---

47. Silverberg/Zarhin 1999: 5.

technisches Hilfsmittel. Beweisprogramme können zwar Beweise finden, sie sind aber nicht in der Lage, Werturteile zu fällen, d.h. gute von schlechten Beweisen, interessante von weniger interessanten zu unterscheiden. Oder wie es Karl Popper bereits 1950 formulierte: «A calculator may be able, for example, to produce proofs of mathematical theorems. It may distinguish theorems from non-theorems, true statements from false statements. But it will not distinguish ingenious proofs and interesting theorems from dull and uninteresting ones. I will thus ‹know› too much – far too much that is without any interest. The knowledge of a calculator, however systematic, is like a sea of truisms in which a few particle of gold may be suspended. It is only the human brain which may lend significance to the calculators' senseless powers of producing truths» (Popper 1950: 194).

Kapitel 5

BEWEISEN UND ÜBERPRÜFEN. DIE ROLLE DER MATHEMATISCHEN GEMEINSCHAFT

> Und wie mit sichtlicher Genugtuung die Geschichte der Alpenbestei-
> gung immer neue durch Gletscherbeil und Eisschuh unterworfene Fer-
> ner verzeichnet, so zeigt der Mathematiker nach harter Arbeit, Lust der
> Erfindung, Schmerz der Enttäuschung die endlich, endlich durchgesetz-
> te Lösung des von ihm lange belagerten Problems freudig bewegt sei-
> nen Fachgenossen, die seine Befriedigung verstehen und teilen.
>
> *Paul du Bois-Reymond*[1]

Während im letzten Kapitel der individuelle Entdeckungs- und Validierungsprozess im Vordergrund gestanden ist, geht es in diesem Kapitel um den
«context of persuasion» und die Bedeutung, die in diesem Zusammenhang der
mathematischen Gemeinschaft zukommt. Was geschieht nach Abschluss eines
Beweises? Unter welchen Bedingungen wird ein mathematischer Satz als
wahr akzeptiert? Welche Auswirkungen haben sog. Computerbeweise und
sehr lange Beweise? Können die etablierten Kontrollverfahren aufrechterhalten werden, oder kommt es zu einer Änderung der Kontrollmechanismen, und
was sind die Konsequenzen? (5.1.). Die Mathematik zeichnet sich nicht nur
durch epistemische Besonderheiten aus, sondern unterscheidet sich auch in sozialer Hinsicht von anderen Disziplinen. In einem zweiten Abschnitt werde ich
anhand einer Studie zur Arbeitsorganisation in verschiedenen Disziplinen einige spezifische Strukturmerkmale der Mathematik beschreiben (5.2.). Den
strukturellen Besonderheiten der Mathematik entspricht eine spezifische Kultur mit eigenen Werten und Normen. Wie diese Kultur aussieht und inwieweit
sie dem von Robert Merton postuliertem «ethos of science» entspricht, ist das
Thema des letzten Abschnitts (5.3.)

---

1. Du Bois-Reymond 1874: 193

5.1. Kontrolle und Vertrauen

> If we were to push it to its extreme we should be led to a rather paradoxical conclusion; that, there is, strictly, no such thing as mathematical proof; that we can, in the last analysis, do nothing but point; that proofs are what Littlewood and I call gas, rhetorical flourishes designed to affect psychology.
>
> *G.H. Hardy*[2]

Für den praktizierenden Mathematiker ist die Wahrheitsfrage mit dem Aufschreiben des Beweises nicht erledigt. Mit der Präsentation eines Beweises wird ein Geltungsanspruch erhoben, der anschliessend durch die Gemeinschaft geprüft wird. Aus diesem Grund kommt der Präsentation des Beweises und seinem rhetorischen Umfeld eine beträchtliche Bedeutung zu, z.B. was die Wahl der Notation anbetrifft, den Aufbau der Argumentation und, im Falle von wichtigen Beweisen, Ort und Zeitpunkt der Veröffentlichung. Wiles' Präsentation seines Beweises ist dafür ein anschauliches Beispiel (4.2.3.).

Die meisten Mathematiker, mit denen ich gesprochen habe, vertreten eine Art Konsenstheorie der Wahrheit. Ein mathematischer Satz ist wahr, wenn er von der mathematischen Gemeinschaft als wahr akzeptiert wurde. *«Wir Mathematiker glauben ja nicht daran, dass das, was veröffentlicht wird, wirklich stimmt. In jeder Arbeit sind Fehler, in jeder. Das ist ganz klar. Meistens sieht man dies ziemlich bald. Ach ja, das hätte er ein bisschen anders machen müssen, dann haut's schon hin. Dann gibt es aber auch immer wieder Fehler, die nicht so leicht korrigierbar sind. Und insofern kann man vielleicht sagen: ein mathematisches Resultat, wenn es genügend Leute durchgearbeitet und angewandt haben, dann wird es irgendwann einmal zuverlässig. Das heisst: ein Resultat, das seit zehn Jahren bekannt und unangefochten ist, gilt als richtig. Und ein Resultat, das ganz neu und aufsehenerregend ist, gilt als interessant, aber immer mit einem kleinen Fragezeichen.»* Oder in der knappen Formulierung von Yuri Manin: «A proof only becomes a proof after the social act of ‹accepting it as a proof›» (Manin 1977: 48). Der französische Mathematiker René Thom hat die unter Mathematikern verbreitete «community»-Theorie der Wahrheit treffend als «soziologische Sicht» bezeichnet und sie als legitime dritte Perspektive von der korrespondenztheoretischen und der formalistischen Auffassung abgegrenzt: «Die empirische bzw. soziologische Sicht: Ein Beweis *p* wird als streng akzeptiert, wenn er von den führenden Fachleuten als richtig anerkannt wurde» (Thom 1971: 377).

Diese Haltung ist allerdings nicht unproblematisch. Wahrheit wird nicht mehr an objektiven Merkmalen festgemacht, sondern an der Akzeptanz durch eine soziale Gruppe. Ändern sich die Beurteilungskriterien, z.B. die Beweis-

2. Hardy 1929: 18.

anforderungen, dann ändert sich unter Umständen auch der Wahrheitswert eines Satzes. Was früher als wahr akzeptiert wurde, wird später vielleicht als falsch qualifiziert. Gegen solche relativistischen Erschütterungen halten die meisten Mathematikphilosophen an einem objektiven Wahrheitsbegriff fest – über die Wahrheit eines Beweises entscheidet der «context of validation», nicht der «context of persuasion». «Indeed, while social processes are crucial in determining what theorems the mathematical community takes to be true and what proofs it takes to be valid, they do not thereby make them true oder valid. (…) After all, what makes (what we call) a *proof* a proof is its validity rather than its acceptance (by us) as valid, just as what makes a sentence true is what it asserts to be the case is the case, not merely that it is believed (by us) and therefore referred to as *true*» (Fetzer 1988: 1049, 1050).[3] Das Argument ist einfach und auf den ersten Blick einleuchtend. Soziale Prozesse entscheiden nicht über die Wahrheit von Theoremen, sondern höchstens darüber, welche Theoreme die mathematische Gemeinschaft für wahr *hält*. Wahrheit ist unabhängig davon, ob wir sie erkennen oder nicht. Das ist die Basisdoktrin der Korrespondenztheorie. Dass diese Doktrin gerade in der Mathematik Probleme aufwirft, habe ich in Kapitel 2 zu zeigen versucht (vgl. 2.2.1.).

Mathematiker vertreten häufig beide Auffassungen gleichzeitig. Auf der einen Seite orientieren sie sich an einem objektiven Wahrheitsbegriff. Es gibt nur *eine* Mathematik, und diese Mathematik ist objektiv. Folglich ist die Aussage «2 x 2 = 5» in jedem Fall falsch, auch wenn sie von einer Mehrheit der Mathematiker als wahr akzeptiert würde. Gleichzeitig vertreten viele Mathematiker aber auch einen konsenstheoretischen Wahrheitsbegriff. Wahrheit wird abhängig gemacht von der Akzeptanz durch die mathematische Gemeinschaft. «*Wenn ein Mathematiker einen Satz beweist, kann er natürlich Fehler machen. Das muss ein anderer kontrollieren. Die mathematische Gemeinschaft ist dann diejenige, die kontrolliert. Und dann wird es allmählich durch die mathematische Öffentlichkeit akzeptiert. Wenn wir einen Beweis veröffentlichen, kann man also eigentlich nie sagen, es ist absolut sicher. Aber mit der Zeit glauben wir, dass er richtig ist.*» Im Versuch, diese beiden an sich gegenläufigen Haltungen zu amalgamieren, gelangen Mathematiker zu einer Sicht,

---

3. James Fetzer bezieht sich hier kritisch auf Richard de Millo, Richard Lipton und Alan Perlis (1979), die in einem breit rezipierten Aufsatz gegen die mathematische Programmverifikation Stellung bezogen hatten. Unter «Programmverifikation» versteht man den mathematischen Nachweis, dass ein Programm fehlerfrei ist. Ein verifiziertes Programm ist m.a.W. ein Programm, dessen Korrektheit mathematisch bewiesen wurde. Die Debatte rund um die Programmverifikation, bei der es gleichzeitig auch um verschiedene Auffassungen von Informatik geht, ist in dem von Timothy Colburn, James Fetzer und Terry Rankin (1993) herausgegebenen Sammelband gut dokumentiert. Vgl. zur Programmverifikation aus soziologischer Sicht die interessante Fallstudie von Donald MacKenzie (MacKenzie 1992; 1993.)

die einige Ähnlichkeit mit der Wahrheitsauffassung von Charles S. Peirce aufweist: eine diskursive Auseinandersetzung, die sich an die wissenschaftliche Methode hält, enthüllt – *in the long run* – das objektiv Wahre (Peirce 1877). Diese Auffassung zeigt sich deutlich in der Antwort von William Thurston auf den umstrittenen Aufsatz *The Death of Proof* von John Horgan (vgl. 6.1.). Horgan hatte Thurstons Aussage, dass Mathematiker ihre Sätze in einem «gesellschaftlichen Kontext» beweisen, als «quasi-soziologische» Sicht interpretiert. In seinem Leserbrief verwahrt sich Thurston aufs entschiedenste gegen diese Interpretation. «It was suggested in the article that my views sound like those sometimes attributed to Thomas S. Kuhn, to the effect that scientific theories are accepted for social reasons rather than because they are in any objective sense ‹true›. Mathematics is indeed done in a social context, but the social process is not something that makes it *less* objective or true: rather the social processes *enhance* the reliability of mathematics, through important checks and balances. Mathematics is the most formalizable of sciences, but people are not very good machines, and mathematical truth and reliability come about through the very human processes of people thinking clearly and sharing ideas, criticizing one another and independently checking things ou t» (Thurston 1994b: 5).

Im Gegensatz allerdings zu Peirce, der den Konsensbildungsprozess zeitlich nicht limitierte, haben praktizierende Mathematiker andere Fristen: «*Ein Resultat, das seit zehn Jahren bekannt und unangefochten ist, gilt als richtig.*» Der Grund, weshalb Mathematiker eine Art «community»-Modell der Wahrheit vertreten, ist m.a.W. vor allem praktischer Natur. Mathematiker stehen unter Handlungsdruck wie andere Wissenschaftler auch. Sie können weder warten, bis die «ideale Sprechsituation» hergestellt ist und die Forschergemeinschaft in einem zeitlich unbegrenzten Prozess zu einem Konsens gefunden hat, noch hilft ihnen der Verweis auf die objektiven Wahrheitsbedingungen weiter. Sie müssen hier und jetzt wissen, ob sie das Resultat, das sie in einer Zeitschrift gesehen haben, in ihrer eigenen Arbeit verwenden können oder nicht. Und dazu brauchen sie praktische Anhaltspunkte: die Reputation der Autorin, das Prestige der Zeitschrift, in der die Arbeit publiziert wurde, die Verwendung des Satzes durch andere Mathematiker. «Wenn ein Satz einmal in einer geachteten Zeitschrift erschienen ist, der Namen des Autors bekannt ist, und der Satz von anderen Mathematikern zitiert und verwendet wird, so gilt er allgemein als bewiesen. Jeder, der ihn brauchen kann, wird ihn als wahr erachten und ohne Hemmungen benützen» (Davis/Hersh 1985: 413).

Mathematiker sind in besonderem Masse auf die Arbeit ihrer Kollegen angewiesen: deren Ergebnisse sind das Material, mit dem sie arbeiten. Aus diesem Grund sind Fehler ausserordentlich problematisch. Oft werden Resultate übernommen, im Vertrauen darauf, dass sie korrekt sind, ohne selbst nachzuprüfen, ob dies tatsächlich der Fall ist. Ist das verwendete Resultat falsch, so kann das in der eigenen Arbeit zu Problemen führen, deren Ursache oft nicht leicht zu entdecken ist. «*Gerade bei der letzten Arbeit habe ich gemerkt, dass das Beispiel, das ich verwenden wollte, mir nicht den gleichen Wert gibt. Da habe ich gemerkt, da ist etwas nicht in Ordnung, und da habe ich meine ganze Arbeit noch einmal auseinander genommen. Alles ist für mich richtig gewesen. Und dann habe ich geschaut, was habe ich verwendet aus anderen Arbeiten. Und tatsächlich, da hat es in einer Arbeit eine mühsame Formel gegeben, die ohne Beweis da gestanden ist. Als ich sie für meine Arbeit übernommen habe, habe ich gedacht: Ja, das wird schon richtig sein. Aber als dann etwas nicht gestimmt hat, habe ich gedacht, jetzt muss ich sie doch noch prüfen. Zuerst habe ich versucht, sie mathematisch zu beweisen, und dann habe ich den Computer genommen – die Formel war ein Integral – und habe es einfach mal numerisch durchgerechnet. Und dann habe ich gesehen, schon im Computer ist es nicht richtig. Dann war es klar: da ist ein Fehler. Das hat mich viel Zeit gekostet.*»[4] Aus diesem Grund sind Fehlervermeidung und Fehlerkontrolle ein zentrales Erfordernis in der Mathematik. Mathematiker haben eine Reihe von Verfahren entwickelt, um die Zuverlässigkeit ihrer Resultate zu erhöhen. Im Gegensatz zu den empirischen Wissenschaften, wo Replikation zwar die Norm, systematisch aber nur bei umstrittenen Resultaten realisiert wird, wird in der Mathematik im Prinzip jedes Resultat überprüft, bevor es zur Publikation zugelassen wird. Dies geschieht einerseits offiziell über den Referee-Prozess, der in der Mathematik besonders sorgfältig gehandhabt wird, und andererseits inoffiziell durch das vorgängige Verschicken von Preprints an interessierte Kollegen und Kolleginnen.[5]

Nun darf man sich den Referee-Prozess allerdings nicht als ein stures und mechanisches Nachprüfen vorstellen. In der Regel wird ein Referent vor allem beurteilen, ob das Argument als ganzes plausibel erscheint und gegebenenfalls einzelne Teile genauer kontrollieren. Wie dieser Prozess konkret abläuft, hat ein Mathematiker anschaulich geschildert. Ich möchte aus diesem Interview etwas ausführlicher zitieren, weil es den praktischen Umgang der Mathematiker mit der Wahrheitsfrage gut illustriert. «*Wenn etwas publiziert ist, dann*

---

4. Dieses Zitat ist in verschiedener Hinsicht instruktiv. Zum einen zeigt es, dass Mathematiker verschiedene Validierungsstrategien benützen. In diesem Fall: Beweisen *und* Berechnen. Zum anderen macht es deutlich, wie die Überprüfung von Resultaten konkret funktioniert. Nicht nur über den offiziellen Referee-Prozess, sondern auch über die Verwendung von Resultaten in der praktischen Arbeit.

5. Eine gewissermassen zweite Kontrollebene stellen Rezensionszeitschriften wie das *Zentralblatt für Mathematik* oder die *Mathematical Reviews* dar. In den *Mathematical Reviews* wurden bis vor kurzem praktisch alle Publikationen, die auf dem Gebiet der Mathematik erschienen sind, rezensiert. Pro Jahr erscheinen 50.000 Reviews, der Seitenumfang pro Jahr liegt bei 7.000 bzw. bei 11.000 Seiten, wenn man den Index miteinbezieht (Jackson 1997).

weiss man, es gab einen Referenten, und der hat das mehr oder weniger ge-
prüft, in groben Zügen. Man kann dann mit einer gewissen grossen Wahr-
scheinlichkeit annehmen, es sei wahrscheinlich korrekt, wenigstens im wesent-
lichen korrekt. Aber das ist nicht garantiert. Denn wir *müssen auch damit*
einverstanden sein. Es ist nicht die absolute Pflicht eines Referenten wirklich
alles durchzuprüfen. Das ist nicht möglich. Aber wenn die Arbeit interessant
genug ist, dann gibt es später genügend viele Leute, die das Resultat verifizie-
ren, auf ihre Weise beweisen, und mit der Zeit kann man dann daran glauben.
Einmal gab es diese grosse Arbeit von Hironaca über die Auflösung der
Singularitäten. Das war eine Arbeit von etwa 300 Seiten. Die hat niemand
wirklich geprüft. Sie wurde aber trotzdem angenommen. Man wusste, es ist
wahrscheinlich korrekt. Zariski und andere Leute haben Teile des Beweises,
die Grundideen, gut verstanden. Man kannte Hironaca, man wusste, der Mann
ist wirklich sehr gut. Aber es gab keine Garantie. Und trotzdem wurde sie ver-
öffentlicht, diese Arbeit von Hironaca. Man hat gedacht, wenn sie einmal ver-
öffentlicht ist, werden andere Leute daran arbeiten und die Arbeit kontrollie-
ren. Irgendwann wird man es genau wissen. Und so war es auch. Man hat
keinen Fehler in dieser Arbeit gefunden. Es gibt auch eine Arbeit, die wurde
veröffentlicht, obwohl man dachte, dass sie falsch ist. Der Herausgeber hat
natürlich zuerst versucht, sie referieren zu lassen. Aber die Referenten haben
gesagt: Ich glaube, es ist falsch, aber ich kann es nicht genau zeigen. Ich kann
nicht genau sagen: dieses Lemma ist falsch oder so etwas. Die Arbeit war sehr
vage geschrieben. Man war zwar sicher, dass es falsch ist. Aber weil sie so
vage geschrieben war, konnte man nicht sehen, nicht genau sagen, wo genau
der Fehler ist. Und deshalb hat der Herausgeber zum Schluss einfach be-
schlossen, also ich werde das jetzt veröffentlichen, es ist zwar wahrscheinlich
falsch, aber dann haben alle Leute Gelegenheit, die Arbeit zu prüfen. Und es
war wirklich so: die Arbeit hat sich als ganz falsch erwiesen, als ganz falsch. »

Diese Interviewpassage ist aus verschiedenen Gründen instruktiv. Sie
zeigt (1) in welchem Masse sich Mathematiker über die Gesamtdisziplin und
nicht nur über ihr Spezialgebiet definieren: «*Wir müssen auch damit einver-*
standen sein.» Mit diesem «wir» ist die mathematische Gemeinschaft gemeint, die für Mathematiker und Mathematikerinnen das zentrale Bezugssystem darstellt. (2) Das «community»-Modell der Wahrheit: «*Aber wenn die*
Arbeit interessant genug ist, dann gibt es später genügend viele Leute, die das
Resultat verifizieren, auf ihre Weise beweisen, und mit der Zeit kann man dann
daran glauben.» (3) Überprüfen läuft über Verstehen und nicht über ein mechanisches Nachvollziehen der einzelnen Beweisschritte: «*Man wusste, es ist*
wahrscheinlich korrekt. Zariski und andere Leute haben Teile des Beweises,
die Grundideen, gut verstanden.» (4) Die Bedeutung der Reputation als «Symptom für Wahrheit» (Luhmann 1970: 237): «*Man kannte Hironaca, man wuss-*
te, der Mann ist wirklich sehr gut.» (5) Der Umstand, dass die für die Mathe-

matik zentrale Norm der Exaktheit und Präzision nicht immer erfüllt wird. Es gibt, wenn auch selten, mathematische Arbeiten, die so ungenau formuliert sind, dass ihre Argumentation nicht nachprüfbar ist: «*Man war zwar sicher, dass es falsch ist. Aber weil sie so vage geschrieben war, konnte man nicht sehen, nicht genau sagen, wo genau der Fehler ist.*»

Seit einiger Zeit sind in der Mathematik neue Beweisformen entstanden, bei denen die etablierten Kontrollmechanismen nicht mehr im gleichen Masse greifen. Computerbeweise und sehr lange Beweise sind aus prinzipiellen oder praktischen Gründen von Hand nicht mehr überprüfbar. Computerbeweise – oder besser: computergestützte Beweise – sind Beweise, die nur mit Hilfe eines Computers durchgeführt werden können. Das bekannteste Beispiel eines Computerbeweises ist der *Vier-Farben-Beweis* von Kenneth Appel und Wolfgang Haken. Der Vier-Farben-Beweis hat unter Mathematikern und Mathematikphilosophen eine heftige Diskussion ausgelöst. Während sich die mathematikphilosophische Diskussion auf die Frage konzentrierte, ob ein computergestützter Beweis noch apriorischen Charakter hat, monierten die Mathematiker vor allem die Hässlichkeit des Beweises und die Tatsache, dass er von Hand, durch Denken allein, nicht mehr überprüfbar ist. [6]

Die Vier-Farben-Vermutung wurde vor gut hundert Jahren von dem englischen Mathematiker Augustus de Morgan formuliert. Sie besagt, dass vier Farben genügen, um eine Landkarte einzufärben, und zwar auch unter der Bedingung, dass benachbarte Länder nicht die gleiche Farbe haben dürfen. Seither haben sich viele Mathematiker bemüht, die Vierfarben-Vermutung zu beweisen. Es wurden zwar wichtige Zwischenergebnisse erzielt, der Beweis selbst stand aber weiterhin aus, bis Appel und Haken 1976 ihren Beweis vorlegten (vgl. als gut verständliche Darstellung Appel/Haken 1979). Der Appel-Haken-Beweis unterscheidet sich in einem wesentlichen Punkt von anderen Beweisen: er ist nur mit Hilfe eines Computers durchführbar. Der Vier-Far-

---

6. Thomas Tymoczko hat in einem breit diskutierten Aufsatz die Auffassung vertreten, dass computergestützte Beweise ein aposteriorisches Element in die Mathematik einführen. Der Vier-Farben-Satz sei «the first mathematical proposition to be known a posteriori» (Tymoczko 1979: 58). Tymoczkos These einer computerinduzierten «epistemologischen Revolution» (Levin 1981) ist nicht unbestritten geblieben. Viele Autoren vertreten die Ansicht, dass der Einsatz des Computers nichts grundsätzlich Neues in die Mathematik einbringt. Zwischen einem menschlichen und einem maschinellen Beweis bestehe keine prinzipielle Differenz. In beiden Fällen enthalte das Wissen ein ‹empirisches› und folglich unsicheres Element. «The 4CT», so Israel Krakowski, «does not, I conclude, raise any new issues of philosophical importance. Yet there is something distinctive about the proof: I think it is that the proof highlights the already existing empirical elements of mathematical knowledge» (Krakowski 1980: 95; vgl. ähnlich auch Detlefsen/Luker 1980). In den meisten Repliken auf Tymoczkos Aufsatz (und das gilt auch für Tymoczko selber) wird jedoch nicht deutlich genug zwischen «empirischem» und «quasi-empirischem» Wissen unterschieden. Vgl. zu dieser Diskussion auch Shanker 1987: Kap. 4.

ben-Beweis besteht aus zwei Teilen – einem konventionellen Beweis und einer grossen Menge von Computerberechnungen. Im ersten Teil bewiesen Appel und Haken mit den üblichen Mitteln der Mathematik, dass sich das Vier-Farben-Problem auf ein endliches Problem reduzieren lässt. Der Computer wurde eingesetzt, um die Vermutung für diese endliche (aber ausserordentlich grosse) Anzahl von Fällen zu überprüfen.

Insgesamt besteht der Beweis aus zwei Aufsätzen von je etwa 60 Seiten, in denen die Beweisargumentation und der mathematische Teil des Beweises dargelegt werden. Dazu kommen 50 Seiten mit Text und Diagrammen, 80 Seiten mit zusätzlichen 2.500 Diagrammen sowie 400 Microfiche-Seiten, die weitere Diagramme sowie Tausende von Rechenergebnissen enthalten (Appel/Haken 1986: 10). Für die Berechnungen dieser Ergebnisse benötigte der Computer damals eine Rechnerzeit von gut 1.200 Stunden.[7] Der Appel/Haken-Beweis ist m.a.W. ein Beweis, der ohne Computer niemals durchführbar gewesen wäre und folglich von Hand nicht überprüfbar ist. Aus diesem Grund sei der Vier-Farben-Beweis, so Paul Halmos etwas angewidert, nicht aussagekräftiger als ein Orakel: «The printout had at least a practical effect: it discouraged attempts to prove it wrong. Except for that, however, I feel that we, humanity, learned mighty little from the proof; I am almost tempted to say that as mathematicians we learned nothing at all. Oracles are not helpful mathematical tools» (Halmos 1990: 577).[8]

Soll man dem Vier-Farben-Beweis vertrauen? Soll man einen Beweis akzeptieren, der mit den üblichen Utensilien der Mathematik – Kopf, Bleistift und Papier – nicht überprüfbar ist? *«Eigentlich ist das ja jetzt ein Beweis, den ein anderer Mathematiker nur mit Hilfe seines Computers kontrollieren kann. Wenn man unter Beweis versteht, dass ein Mathematiker es am Schreibtisch vollzieht, in seinem eigenen Kopf kontrollieren kann, ja, dann muss man sagen: Es ist kein Beweis. (F: Sie würden das so sehen?) Ja, ich weiss nicht. Also vielleicht würde ich so Computerbeweise vielleicht doch anerkennen, sofern sie nachvollziehbar sind durch andere, die auch einen Computer haben. Das würde ich vielleicht dann doch tun. Vielleicht sollte man nicht so streng sein.»* Der Vier-Farben-Beweis hat zwar heftige Diskussionen ausgelöst, aber er ist weder der erste noch der einzige Beweis, der nur mit Hilfe eines Computers

---

7. Dies macht auch deutlich, weshalb die Bezeichnung «Computerbeweis» missverständlich ist. Der Beweis wurde nicht von einem Computer gefunden, sondern der Computer hatte ausschliesslich Hilfsfunktion. Anstatt von «Computerbeweisen» sollte man in solchen Fällen besser von «computergestützten Beweisen» sprechen.

8. Viele Mathematiker, mit denen ich gesprochen habe, haben dem Vier-Farben-Beweis gegenüber ähnliche Vorbehalte angemeldet wie Halmos. Der Vier-Farben-Beweis sei *«Gottseidank ein unwichtiges Ergebnis»*, und die Tatsache, dass man jetzt einen *«Riesenbeweis»* habe, schliesse ja nicht aus, dass man irgendwann doch noch *«einen kleinen, schönen, einfachen Beweis»* finde.

möglich war.[9] Heute sorgen computergestützte Beweise nicht mehr für grosse Aufregung. Viele Beweise, die in Zeitschriften eingereicht werden, enthalten Computerberechnungen, die von niemandem mehr kontrolliert werden, auch nicht durch eine andere Maschine. *«Ich kenne einen Mathematiker, der muss für ein kleines Ergebnis Seiten vollrechnen. Dreissig bis vierzig Seiten nur für einen kleinen Hilfssatz. In der Arbeit selbst kommt dann die Rechnung überhaupt nicht vor. Das kann von Referenten nie überprüft werden. Eingeschickt werden nur die Resultate.»*

Die Akzeptanz von Computerbeweisen führt letztlich zu einer Verschiebung der Beweisanforderungen und verweist damit auf den genuin historischen Charakter von Beweisen. Unter welchen Voraussetzungen sollen computergestützte Beweise als Beweise akzeptiert werden? Genügt es, dass man die verwendete Maschine als zuverlässig beurteilt? Oder sollte man die Forderung aufstellen, dass alle Ergebnisse noch einmal neu durchgerechnet werden? *«Die Gemeinschaft muss neue Regeln aufstellen. Sie muss Regeln haben, die genau festlegen, unter welchen Bedingungen wir einen Computerbeweis akzeptieren wollen. Es gibt ja im Prinzip verschiedene Möglichkeiten. Wir können zum Beispiel die Regel aufstellen, dass der Autor auch das Programm einschicken muss. Die Zeitschrift kann dann selber entscheiden, ob sie es den Referenten zur Begutachtung vorlegt oder nicht. Oder man kann die Regel haben, dass jede Berechnung auf einer anderen Maschine nachgerechnet werden muss. Solche Regeln sind heute nötig. Und wenn wir sie einmal festgelegt haben, dann müssen wir den Beweis unter diesen Bedingungen akzeptieren.»*

Die Diskussion über die Gültigkeit des Vier-Farben-Beweises ist auch eine Diskussion über die Legitimität und die Folgen der Verwendung einer technischen Apparatur in der Mathematik. Soll die Mathematik Beweise akzeptieren, die nicht ausschliesslich auf Denken beruhen? Macht sie sich damit nicht abhängig von mathematikexternen Bedingungen und empirischen Gegebenheiten? Computerbeweise konfrontieren die Mathematik mit einem Problem, das sie bisher nicht kannte: die Gültigkeit eines Resultates ist abhängig von der Funktiontüchtigkeit eines technischen Geräts. Damit sieht sich die Mathematik zum ersten Mal vor ein Problem gestellt, das den Naturwissenschaften schon seit langem vertraut ist und Harry Collins als *experimenters' regress* bezeichnet hat (3.2.). Wie kann man beurteilen, ob ein Resultat echt ist oder ob es nur ein Artefakt ist der verwendeten Apparatur, d.h. zustande kam, weil das Programm einen Fehler enthielt oder die Maschine nicht richtig funktionierte? Während diese Frage im Zusammenhang mit der experimentellen Mathematik kaum thematisiert wird, steht sie im Mittelpunkt der Diskussion um den Computerbeweis.

---

9. Zu einer frühen Diskussion der Differenz zwischen Computerbeweisen und menschlichen Beweisen vgl. Cerutti/Davis 1969.

Kurz nachdem Appel und Haken ihren Beweis vorgelegt hatten, konnte ein anderes Problem als abgeschlossen erklärt werden: die Klassifizierung endlicher Gruppen. Der Klassifizierungsbeweis ist das Gemeinschaftswerk einer grossen Gruppe von Mathematikern aus verschiedenen Ländern. Die Arbeit daran hat sich über mehrere Jahrzehnte hingezogen. Der vollständige Beweis umfasst etwa 15.000 Seiten und verteilt sich über mehr als 500 Aufsätze in verschiedenen mathematischen Zeitschriften (Gorenstein 1986: 98).[10] Aufgrund seiner Länge wurde der Beweis bislang nur punktuell überprüft. Die Wahrscheinlichkeit, dass der Beweis Fehler enthalte, sei hundert Prozent, erklärte Michael Aschbacher, ein Mathematiker, der selbst massgeblich an diesem Beweis beteiligt war (Aschbacher 1980: 64), und Daniel Gorenstein, die treibende Kraft hinter diesem ersten Beispiel von *Big Science* in der Mathematik, schrieb 1979, es gebe keine Garantie, dass der Beweis fehlerfrei sei: « This is an appropriate moment to add a cautionary word about the meaning of ‹proof› in the present context; for it seems beyond human capacity to present a closely reasoned several hundred page argument with absolute accuracy. I am not speaking of the inevitable typographical errors, or the overall conceptual basis for the proof, but of ‹local› arguments that are not quite right – a misstatement, a gap, what have you. They can almost always be patched up on the spot, but the existence of such ‹temporary› errors is disconcerting to say the least. Indeed, they raise the following basic question: If the arguments are often ad hoc to begin with, how can one guarantee that the ‹sieve› has not let slip a configuration which leads to yet another simple group? Unfortunately, there are no guarantees – one must live with this reality» (Gorenstein 1979: 52).

Mit seinen 15.000 Seiten ist der Klassifizierungsbeweis der bei weitem längste Beweis in der Mathematik. Und auch wenn sich Gorensteins Hoffnung erfüllt und der Beweis mit Hilfe neuer Methoden auf 3.000 Seiten reduziert werden kann (Gorenstein 1986: 110), so bleibt er immer noch ein Beweis, der niemals vollständig überprüft sein wird. Dies gilt bis zu einem gewissen Grade auch für kürzere ‹lange› Beweise, von denen angenommen wird, dass sie in Zukunft häufiger werden (Kleiner/Movshovitz-Hadar 1997: 22). Der Beweis von Wiles ist nicht der einzige Beweis, der mehr als hundert Seiten umfasst. Während Beweise von der Tragweite des Fermat-Beweises minutiös überprüft werden, gilt das für weniger bedeutende Beweise nicht im selben Masse. Wo-

---

10. Sehr vereinfacht formuliert, wurde mit dem Klassifizierungsbeweis nachgewiesen, dass die endlichen einfachen Gruppen aus einer bestimmten, genau festlegbaren Anzahl von Gruppen bestehen, nämlich aus 18 regulären, unendlichen Familien von Gruppen und aus den 26 sporadischen Gruppen. Der Nachweis ist abgeschlossen, wenn man die oben genannten Gruppen vollständig beschrieben und bewiesen hat, dass die endlichen einfachen Gruppen genau diese und nicht mehr Gruppen enthalten. Als verständliche Darstellung des Klassifizierungsbeweises vgl. Gorenstein 1986.

her beziehen Mathematiker die Sicherheit, dass das präsentierte Resultat richtig ist? Weshalb sollte man einem langen Beweis glauben? Während die Gültigkeit des Klassifizierungbeweises kaum in Frage gestellt wurde, wurden gegenüber Computerbeweisen deutlich mehr Vorbehalte geäussert. Noch vor wenigen Jahren meldete etwa Vaughan Jones erhebliche Zweifel am Vier-Farben-Beweis an. «One thing I do not like is computer-aided proofs. For instance, this four colour theorem proof leaves me very unhappy. It is conceivable that the computer actually made a mistake, and would repeat it no matter how many times we ran that program. Maybe there is an electrical fault, or something. One cannot really believe it, and one does not really understand it» (Connes u.a. 1992: 91f.).

Trotz aller Unterschiede besteht zwischen einem computergestützten und einem sehr langen Beweis eine entscheidende Gemeinsamkeit: beide sind von Hand nicht überprüfbar und genügen damit einer wichtigen Bedingung nicht, die üblicherweise an einen Beweis gestellt wird. Um eine Argumentation als Beweis zu kennzeichnen, muss sie – das ist die Minimalanforderung – deduktiv aufgebaut sein, allgemein akzeptierte Schlussweisen verwenden und überprüfbar sein. Diese letzte Bedingung erfüllen weder der Vier-Farben-Beweis noch der Klassifizierungsbeweis. Insofern bedeutet ihre Akzeptanz eine Verschiebung des Beweisbegriffs, einen Umbruch in den geltenden Beweisanforderungen (vgl. 2.3.2.). Einige Mathematiker begegnen diesem Wandel mit grosser Skepsis. Hans Lewy spricht in diesem Zusammenhang sogar von einer neuen «Krise der Mathematik». Während Mathematiker früher stolz darauf waren, «keine andere Autorität als unseren eigenen Verstand anzuerkennen», müsse man heute in zunehmendem Masse «resigniert das gedruckte Wort als Wahrheit hinnehmen» (Lewy 1988: 31).

Bei Computerbeweisen und sehr langen Beweisen sind die üblichen Prüfverfahren ausser Kraft gesetzt. Wenn aber die etablierten Prüfverfahren nicht mehr greifen, muss Vertrauen an die Stelle von Kontrolle treten – Vertrauen in die Funktionstüchtigkeit der verwendeten Apparatur, Vertrauen in die Zuverlässigkeit der Kollegen. Zuverlässigkeit wird dabei von vielen Mathematikern nicht als ein individuelles Problem betrachtet, sondern als ein soziales. Es handelt sich m.a.W. nicht um persönliches Vertrauen, sondern um *Systemvertrauen*, d.h. um Vertrauen in die mathematische Gemeinschaft und die von ihr ausgebildeten Normen und Institutionen (vgl. zu dieser Unterscheidung Luhmann 1989). «Wenn ein Beweis 5.000 Seiten umfasst und aus den Beiträgen mehrerer Mathematiker zusammengesetzt ist, muss der Anspruch der Gruppe, den Satz bewiesen zu haben, zu einem grossen Teil auf gegenseitigem Vertrauen in die Kompetenz und Integrität der anderen beruhen. (…) Dieses gegenseitige Vertrauen basiert auf dem Vertrauen in die sozialen Institutionen und Ordnungen der mathematischen Profession» (Davis/Hersh 1985: 412).

Ausgeprägter als Wissenschaftler anderer Disziplinen betonen Mathematiker die soziale Dimension ihrer Wissenschaft. Kaum eine andere Disziplin bindet Wahrheit in diesem Ausmass an die wissenschaftliche Gemeinschaft und die von ihr ausgebildeten Normen und Institutionen zurück. Ein Grund dafür liegt im geringeren Technisierungsgrad der Mathematik. Im Gegensatz zu den Naturwissenschaften, in denen die Zuverlässigkeit der Resultate in hohem Masse abhängig ist von der Zuverlässigkeit der verwendeten Apparatur und folglich als ein vorwiegend *technisches* Problem angesehen wird, spielen in der Mathematik technische Apparaturen keine oder eine nur sehr geringe Rolle. Die Zuverlässigkeit der Resultate ist praktisch ausschliesslich abhängig von der Zuverlässigkeit der Personen, die sie produzieren, und wird entsprechend nicht als ein technisches, sondern als ein *soziales* Problem interpretiert. Damit rückt die mathematische Gemeinschaft in den Mittelpunkt und ihre Fähigkeit, die spezifische Kultur der Mathematik, d.h. die von ihr ausgebildeten Normen, Werte und Praktiken, erfolgreich zu sozialisieren und Abweichungen zu registrieren und zu korrigieren. Ich werde im folgenden Abschnitt einige strukturelle Besonderheiten der Mathematik im Vergleich zu anderen Disziplinen beschreiben und im Anschluss daran die Frage stellen, inwieweit Mertons «Ethos der Wissenschaft» in der Mathematik (noch) realisiert ist.

5.2. Die Mathematik im disziplinären Vergleich – Arbeitsformen und Kooperationsbeziehungen

> The habit of joint work is almost the peculiar property of mathematicians and mathematical physicists.
>
> *Norbert Wiener*[11]

Mathematiker definieren sich als Angehörige einer gegen aussen abgrenzten Disziplin, die sich durch die Besonderheit des Beweises, ähnliche Arbeitsformen und eine gemeinsame Kultur auszeichnet. Wenn Mathematiker von «wir» sprechen, dann meinen sie nicht die Kollegen in ihrem Spezialgebiet, sondern die Mathematik als ganze. Die disziplinäre Struktur der Wissenschaft, so wie wir sie heute kennen, hat sich im 19. Jahrhundert herausgebildet. Dies gilt auch für die Mathematik, die sich in dieser Zeit von der Physik ablöste und als eigenständige Disziplin etablierte (vgl. 7.3.3.). Disziplinen formierten sich einerseits als basale strukturelle Einheit der Universitäten, die ihre Ausbildung entlang disziplinärer Grenzen organisiert, gleichzeitig wurden sie zum primären Kommunikationsfokus innerhalb des Wissenschaftssystems. Im Prinzip der Einheit von Lehre und Forschung wurde diese Konvergenz der Struktur-

---

11. Norbert Wiener, zit. in Hagstrom 1966: 200.

bildung zum Ausdruck gebracht. Disziplinen zeichnen sich, so Stichweh, durch (a) einen relativ geschlossenen und von einer wissenschaftlichen «community» getragenen Kommunikationszusammenhang aus, (b) gemeinsam anerkannte Lehrmeinungen, Fragestellungen und paradigmatische Problemlösungen sowie (c) disziplinenspezifische Karrierestrukturen und institutionalisierte Sozialisationsprozesse (Stichweh 1979: 17). Ein weiteres Merkmal von Disziplinen ist das Vorhandensein einer relativ einheitlichen Arbeitsorganisation und die Verwendung ähnlicher Verfahren und Apparaturen.

Während das Hochschulsystem nach wie vor disziplinär organisiert ist, ist es seit Mitte des 20. Jahrhunderts im Wissenschaftssystem zu Entwicklungen gekommen, die die disziplinäre Grenzziehung unterlaufen.[12] Auf der einen Seite führt die zunehmende Differenzierung innerhalb der einzelnen Disziplinen zu einer Verlagerung des Kommunikationszusammenhangs auf die subdisziplinäre Ebene; die Entstehung von eigenständigen und in sich geschlossenen Spezialgebieten innerhalb der Biologie ist dafür ein augenfälliges Beispiel (vgl. u.a. Abir-Am 1992; Bechtel 1993; Löwy 1995). Andererseits kommt es zur Ausbildung von Kommunikations- und Arbeitszusammenhängen, die über die einzelnen Disziplinen hinausgreifen und insbesondere im Bereich der angewandten Forschung auch ausserwissenschaftliche Institutionen miteinbeziehen (vgl. u.a. Gibbons u.a. 1994; Knorr 1984: 126ff.; Shrum 1984). Diese Entwicklungen gelten jedoch nicht für alle Disziplinen in gleichem Masse, d.h. es gibt Disziplinen, die über die Zeit hinweg eine erstaunliche Stabilität bewahrt haben (vgl. Stichweh 1993). Die Mathematik ist dafür ein aufschlussreiches Beispiel. Trotz hoher interner Differenzierung zeichnet sich die Mathematik durch spezifische Merkmale aus, die sie von anderen Disziplinen unterscheiden und die die strukturelle Basis für das ausgeprägte «Kollektivbewusstsein» (Durkheim) der Mathematiker bilden.

Einen Hinweis auf die spezifische Stellung der Mathematik im disziplinären Vergleich gibt eine in der Schweiz durchgeführte Studie, in der Daten zur Arbeitsorganisation und Kommunikationsstruktur in verschiedenen Disziplinen erhoben wurden (Heintz/Streckeisen 1996; Heintz 1999).[13] Die Daten

---

12. In den 60er und 70er Jahren waren die Prozesse der disziplinären Differenzierung ein relativ breit untersuchtes Forschungsfeld, das in verschiedenen Studien zu den Entstehungsbedingungen, dem Wandel und Niedergang von Disziplinen und Fachgebieten einen Niederschlag fand (vgl. u.a. Ben-David/Collins 1966; Blume/Sinclair 1974; Fisher 1974; Lemaine u.a. 1976). Die Einzelfallmethodologie der konstruktivistischen Wissenschaftsforschung und ihre These, dass Disziplinen durch trans- oder subdisziplinäre Kommunikationszusammenhänge abgelöst werden, hat zu einer Verlagerung des Forschungsschwerpunkts auf die sub- und transdisziplinäre Ebene geführt. Neuerdings scheint die Disziplinenfrage jedoch eine gewisse Renaissance zu erfahren, vgl. exemplarisch die Arbeiten von Stichweh (u.a. 1984; 1988; 1993); Becher 1989; Lenoir 1997 und den Sammelband von Messer-Davidow u.a. 1993.

verdeutlichen zum einen die ausgeprägte Heterogenität der Wissenschaft und belegen zum andern die Sonderstellung der Mathematik. Die nachfolgende Tabelle fasst die Unterschiede für einige ausgewählte Disziplinen zusammen.

Tabelle 1: Arbeitsformen in ausgewählten Disziplinen[14]

		Sozio-logie	Öko-nomie	*Mathe-matik*	Physik	Che-mie	Biolo-gie	Medi-zin
Team-grösse	klein	69	78	75	43	43	53	58
Kontakt	täglich	50	36	62	64	40	53	49
	2 bis 4 Wochen	44	50	22	35	43	40	39
	seltener	6	14	16	1	16	8	12
Koautoren-schaft	≥30% allein	88	75	49	7	5	17	13
	≥30% 5 Pers.	0	8	3	47	28	27	49
Technisie-rung	ja	44	19	19	68	82	83	91
	über 20%	0	42	0	37	23	35	66
Interdiszip-linarität	ja	87	49	22	27	61	49	74

13. Die Studie beruht auf einer schriftlichen Befragung der Professorinnen und Professoren und des oberen Mittelbaus. Bei den ProfessorInnen und den Frauen des oberen Mittelbaus wurde eine Vollerhebung durchgeführt, bei den Männern des oberen Mittelbaus handelt es sich um eine Zufallsstichprobe.

14. Es wurden nur Disziplinen berücksichtigt, bei denen über 60 Prozent der Antwortenden angaben, eng mit anderen Wissenschaftlern zusammenzuarbeiten. In der Tabelle sind die durchschnittlichen Prozentwerte für einige dieser Disziplinen aufgeführt. «Teamgrösse»: Teams mit max. 6 Personen. «Kontakt»: Häufigkeit formeller Sitzungen und informeller Besprechungen. «Koautorenschaft»: die Zahlen in der ersten Zeile geben an, wie hoch der Anteil der Personen ist, die mindestens 30% ihrer in den letzten 5 Jahren veröffentlichten Aufsätze alleine geschrieben haben. Die Zahlen in der zweiten Zeile geben an, wie hoch der Anteil der Personen ist, die mindestens 30% ihrer in den letzten 5 Jahren publizierten Aufsätze gemeinsam mit mindestens vier anderen Autoren verfasst haben. «Technisie-rung» wurde über die Fragen operationalisiert, ob im Team auch technische Mitarbeiter beschäftigt sind.

Wie aus dieser Tabelle hervorgeht, nimmt die Mathematik im interdisziplinären Vergleich eine Sonderstellung ein. Diese Sonderstellung wird noch deutlicher, wenn man sie mit den beiden führenden Naturwissenschaften – der Physik und der Biologie – vergleicht.[15] Die Mathematik gilt nach wie vor als ein Fach, in dem primär allein gearbeitet wird. Die Referenzfigur ist der Einzelmathematiker und nicht die Forschungsgruppe als eine Art «Kollektivsubjekt». Ein Indiz dafür ist die Vergabepraxis bei Auszeichnungen. Im Gegensatz zum Nobelpreis, der auch für eine gemeinsame Leistung vergeben wird, ging die Fields-Medaille bislang immer nur an Einzelpersonen.[16] Dennoch sind Kooperationen auch in der Mathematik durchaus üblich. Bei den Mathematikern gaben 72% der befragten Professoren und Professorinnen an, eng mit anderen Mathematikern zusammenzuarbeiten. Bei den Physikern sind es 90%, bei den Biologen 84%. Im Falle der Mathematik handelt es sich jedoch eher um informelle und punktuelle Kooperationen im Gegensatz zu den stabilen und institutionalisierten Teams der beiden naturwissenschaftlichen Vergleichsdisziplinen. Man arbeitet zusammen für ein spezielles (Teil-)Problem und tauscht relativ grosszügig Ideen aus (vgl. 5.3.). Ein Beleg dafür ist vorherrschende Kommunikationsform: bei den Mathematikern sind die Treffen eher informeller Natur. 65% der befragten Professoren und Professorinnen kontaktieren sich (real oder virtuell) mindestens einmal pro Woche zu informellen Besprechungen; institutionalisierte Kontakte sind dagegen sehr viel seltener (15%) insbesondere auch im Vergleich zur Physik und Biologie (je 35%).

In der Mathematik sind Kooperationen auf wenige Personen beschränkt. Je 16% geben an, mit einer Person bzw. in kleinen Gruppen bis zu max. vier Personen zu arbeiten und nur 17% gehören Arbeitsgruppen mit mehr als zehn Personen an. In den beiden Vergleichsdisziplinen sind die Teams um einiges grösser. Fast die Hälfte der befragten Physiker (43%) und Biologen (46%) arbeiten in Gruppen mit zehn oder mehr Personen. Während in der Mathematik das grösste Team aus 13 Personen besteht, sind es in der Biologie 40 Personen, und in der Physik reicht das Spektrum sogar bis zu Grossteams mit 400 Personen. Mit der zunehmenden Bedeutung von Kooperationsbeziehungen sind Einzelpublikationen zwar seltener geworden (vgl. Kap. 4, Anm. 11), im Gegensatz aber zur Physik und Biologie, wo Aufsätze mit nur einem Autor

15. Ich danke Regula Leemann für die folgenden Berechnungen.
16. Die Fields-Medaille ist die höchste Auszeichnung in der Mathematik. Sie wird alle vier Jahre vergeben. Im Unterschied zum Nobelpreis liegt das Preisgeld allerdings sehr viel tiefer, und die Vergabe ist altersgebunden. Wer sie erhält, muss seine entscheidenden Arbeiten vor dem vierzigsten Lebensjahr veröffentlicht haben. Mit dieser Altersbegrenzung wird die in der Mathematik verbreitete Auffassung zum Ausdruck gebracht, dass Wissenschaft «a young person's game» ist. Dies zeigt sich auch in der erwähnten Studie. Das Durchschnittsalter bei der Promotion, der Habilitation und der ersten Professur ist in der Mathematik tiefer als in der Physik, der Chemie oder der Biologie.

definitiv zur Marginalie geworden sind, ist diese Publikationsform in der Mathematik nach wie vor verbreitet (s. Tabelle 1). Von *Big Science* ist die Mathematik m.a.W. noch weit entfernt.[17]

Die Kooperationen der Mathematiker scheinen fachlich um einiges homogener zu sein als in der Physik und in der Biologie, wo die Arbeitsteilung ausgeprägter und formalisierter ist. In der Mathematik sind 75% der befragten Professoren und Professorinnen der Auffassung, dass ihre Kooperationspartner problemlos in der Lage sind, die Arbeit der anderen zu übernehmen. In der Biologie sind nur 36% dieser Ansicht, die Physik liegt mit 51% dazwischen. Dies weist ein weiteres Mal darauf hin, dass die Kooperationen in der Mathematik einen informelleren Charakter haben als in den beiden Naturwissenschaften: es sind punktuelle und befristete Arbeitsbeziehungen unter kognitiv – wenn auch nicht unbedingt sozial – Gleichgestellten. Da die Kooperationen in der Mathematik nicht an den Zugang zu technischen Apparaturen gebunden sind, können sie spontan entstehen, ohne Vorbereitung und vorgängige Investitionen. Am MPI für Mathematik gab es zur Zeit meines Feldaufenthaltes eine Reihe solcher Arbeitsbeziehungen.[18] Alter und akademischer Status schien bei der Auswahl der Kooperationspartner eine nur geringe Rolle gespielt zu haben. Entscheidender war das persönliche Vertrauen, die « *Wellenlänge*», und die Aussicht, voneinander lernen zu können.[19] Die Kooperationen in der Mathematik haben m.a.W. hochgradig personalisierten Charakter im Gegensatz etwa zu den institutionalisierten Arbeitsformen in der experimentellen Physik, speziell der Hochenergiephysik (Knorr Cetina 1995).

Zusammengenommen weisen die Daten darauf hin, dass die Mathematik innerhalb des disziplinären Gefüges eine Sonderstellung einnimmt. Die Tatsa-

---

17. Der Begriff *Big Science* wird nicht immer einheitlich gebraucht (vgl. als Überblick Capshew/Rader 1992). Einige Autoren verstehen darunter Grossforschungseinrichtungen wie etwa das CERN, andere die quantitative Expansion der Wissenschaft im 20. Jahrhundert und dritte schliesslich die zunehmend arbeitsteilig organisierte Forschung in grossen Teams. Hier ist dieser dritte Aspekt gemeint.

18. Viele Mathematiker, mit denen ich gesprochen habe, haben die Bedeutung von solchen informellen Kooperationen betont, aber Vorbehalte gegenüber stabilen Arbeitsbeziehungen angemeldet. «*Ich würde gerne mit Leuten zusammenarbeiten, aber ich treffe wenig Leute, von denen ich den Eindruck habe, ich könnte wochenlang mit ihnen zusammenarbeiten. Es muss nicht nur inhaltlich zusammen passen, auch die Wellenlänge muss genügend gleich sein.*»

19. Da die Arbeitsbeziehungen in der Regel informell sind und auf privater Initiative beruhen, müssen sie von persönlichem Vertrauen getragen sein. Dies hat zur Folge, dass Kooperationspartner tendenziell nach dem Prinzip der sozialen Homologie ausgewählt werden. Warren Hagstrom bezeichnet die Anbahnung solcher informellen Beziehungen als «courtship» (Hagstrom 1966: 114), ein Begriff, der sehr genau wiedergibt, was Luhmann über die Einleitung und Stabilisierung von persönlichen Vertrauensbeziehungen schreibt (Luhmann 1989: 47f.).

che, dass Mathematiker nicht auf eine kostspielige technische Infrastruktur angewiesen sind, hat für die Sozialorganisation der Mathematik weitreichende Konsequenzen. Im Vergleich zu den kostenintensiven Naturwissenschaften ist die Mathematik von externen Finanzierungsquellen relativ unabhängig mit der Folge, dass sie sich von äusseren Ansprüchen und Interventionen weitgehend freihalten kann. Diese institutionelle Autonomie der Mathematik ist gewissermassen das strukturelle Korrelat ihrer epistemischen «Reinheit» (vgl. 7.3.3.). Technisierung bedeutet, dass sich Forscher zusammenschliessen und in vielen Fällen vertikal und arbeitsteilig organisieren müssen, um einen Zugang zur technischen Infrastruktur zu erhalten und deren Einsatz zu optimieren. Demgegenüber verfügen die Mathematiker über ihre Produktionsmittel weitgehend selbst. Kooperationen haben entsprechend freiwilligen Charakter und sind durch Beziehungen geprägt, in denen die kognitive Hierarchie relevanter ist als die soziale (vgl. zu dieser Unterscheidung Shinn 1982). Die Arbeitsgruppen umfassen nur wenige Personen, sie sind informell und lösen sich auf, sobald eine Lösung für das gestellte Problem gefunden wurde. Es gibt m.a.W. keinen strukturellen Zwang, Kooperationen auf eine formelle und langfristige Basis zu stellen.

Im Gegensatz zu Fächern wie etwa der Medizin, Chemie oder Biologie, in denen interdisziplinäre Arbeitsbeziehungen verbreitet sind, ist die Mathematik eine Disziplin mit starker Binnenorientierung und klaren Grenzen gegen aussen. Ähnlich wie in der Physik gibt es in der Mathematik kaum interdisziplinäre Kooperationen (s. Tabelle 1). Die Tatsache, dass sich die Kommunikation praktisch ausschliesslich innerhalb der Mathematik abspielt, trägt zur Verfestigung der disziplinären Grenzen bei. Vor allem im Bereich der reinen Mathematik werden Aussenkontakte oft als problematisch empfunden (vgl. 5.3.). Diese ausgeprägte disziplinäre Identifikation kam in vielen Interviews zum Ausdruck. Mathematiker sehen sich primär als Mathematiker und erst sekundär als Vertreter eines Spezialgebietes. Der Referenzrahmen ist die Mathematik, auch wenn der Interaktionsbereich auf eine kleine Gruppe beschränkt ist.[20]

Die ausgesprochene Binnenorientierung der Mathematik ist neben der Gemeinsamkeit des epistemischen Selbstverständnisses und der relativen Einheitlichkeit der Arbeitsbedingungen ein weiterer Grund, weshalb Mathematiker so etwas wie ein «Kollektivbewusstsein» besitzen, d.h. sich als eine « *Ge-*

---

20. Dafür ist die Kommunikationsstruktur der Mathematik ausgesprochen international. Gemäss der szientometrischen Analyse von Luukkonen u.a. (1992) weist die Mathematik den höchsten Anteil von Aufsätzen mit Autoren aus verschiedenen Ländern auf. Der Grund dafür liegt einerseits darin, dass die Mathematik eine vergleichsweise kleine Disziplin ist, und zum anderen in ihrer hohen internen Spezialisierung, die Austauschbeziehungen über nationale Grenzen hinweg notwendig macht.

meinschaft» verstehen mit deutlicher Abgrenzung gegen aussen. Angesichts der enormen internen Differenzierung der Mathematik ist dies keineswegs selbstverständlich. Die Mathematik ist heute vermutlich jene Disziplin, die intern am stärksten differenziert ist. Im Verlaufe des 20. Jahrhunderts hat sich die Mathematik, die hundert Jahre früher von ihren führenden Vertretern noch als ein überblickbares Ganzes eingestuft wurde (Hilbert 1900a: 329), in ein Gebilde verwandelt, das in unzählige Klein- und Kleinstgebiete aufgesplittert ist. Gemäss dem Klassifikationsschema der *Mathematical Reviews* von 1991 werden in der reinen und angewandten Mathematik heute 65 Hauptgebiete und 6.000 Spezialgebiete unterschieden. 1868 waren es noch 12 Hauptgebiete mit 38 Unterkategorien (Davis/Hersh 1985: 25).

Abbildung 5: Ausschnitt aus der Klassifikation der Mathematical Reviews 1991[21]

16Pxx	**Chain conditions, growth conditions, and other forms of finiteness**
16P10	Finite rings and finite-dimensional algebras {For semisimple, see 16K20; for commutative, see 11Txx, 13Mxx}
16P20	Artinian rings and modules
16P40	Noetherian rings and modules
16P50	Localization and Noetherian rings [See also 16U20]
16P60	Chain conditions on annihilators and summands: Goldie type conditions [See also 16U20], Krull dimension
16P70	Chain conditions on other classes of submodules, ideals, subrings, etc.; coherence
16P90	Growth rate, Gel'fand-Kirillov dimension
16P99	None of the above, but in this section
16Rxx	**Rings with polynomial identity**
16R10	T-ideals, identities, varieties of rings and algebras
16R20	Semiprime p.i. rings, rings embeddable in matrices over commutative rings
16R30	Trace rings and invariant theory
16R40	Identities other than those of matrices over commutative rings
16R50	Other kinds of identities (generalized polynomial, rational, involution)
16R99	None of the above, but in this section
16Sxx	**Rings and algebras arising under various constructions**
16S10	Rings determined by universal properties (free algebras, coproducts, adjunction of inverses, etc.)
16S15	Finite generation, finite presentability, normal forms (diamond lemma, term-rewriting)
16S20	Centralizing and normalizing extensions
16S30	Universal enveloping algebras of Lie algebras [See mainly 17B35]
16S32	Rings of differential operators [See also 13N10, 32C38]

---

21. Der Ausschnitt gibt einige Unterkategorien des Hauptgebietes «Assoziative Ringe und Algebren» wieder.

Diese enorme Spezialisierung hat zur Folge, dass die unmittelbare Bezugs-
gruppe von Mathematikern sehr klein ist. Am MPI für Mathematik werden
von einer Arbeit gewöhnlich 30 *Preprints* hergestellt, wobei man nicht davon
ausgehen kann, dass alle auch gelesen werden. Der engere Gesprächskreis umfasst in der Regel nicht mehr als zehn Personen, ausser man arbeitet in einem
hoch gesetzten «*heissen*» Gebiet. Dies bedeutet, dass die Kommunikation zwischen Mathematikern verschiedener Spezialgebiete immer schwieriger wird.
Von Hilbert wird behauptet, er habe noch die gesamte Mathematik überblickt,
Ende der 40er Jahre schätzte John von Neumann, dass ein Spitzenmathemati-
ker mit gut zwanzig Prozent der Mathematik vertraut sei (Neumann 1947: 8),
und heute gilt es als erwähnenswerte Ausnahme, wenn jemand in zwei verschiedenen Gebieten Arbeiten geschrieben hat. Der mit der Spezialisierung
einhergehende Verlust einer gemeinsamen Kommunikationsbasis wird von
vielen Mathematikern als massive Gefahr für die Einheit der Mathematik
empfunden. «Es war nicht zu verhindern», so etwa Richard Courant bereits in
den 60er Jahren, «dass durch die Ausweitung der Mathematik immanente Tendenzen zur Spezialisierung und Isolierung verstärkt würden; die Mathematik
ist durch einen Verlust an Einheitlichkeit und Zusammenhalt gefährdet. Das
Verstehen unter Vertretern verschiedener Disziplinen der Mathematik ist
schwierig geworden» (Courant 1964: 183). Oder Hermann Karcher dreissig
Jahre später: «Of course, Mathematics is in trouble. Communication does not
work well enough these days. Researchers and then often their lectures have
become too specialized even for fellow mathematicians» (Karcher, zit. in
Hildebrandt 1995: 51).

5.3. Kulturkontakt und die normative Struktur der Mathematik

> While some sciences tend to become caste monopolies, treasures jeal-
> ously guarded under a seal of secrecy, the real mathematician does not
> seem to be exposed to the temptations of power nor the straight-jacket
> of state secrecy.
>
> *André Weil*[22]

Richard Courant und Hermann Karcher sind nicht die einzigen Mathematiker,
die auf die negativen Folgen der Spezialisierung für die Einheit und den Zusammenhalt der Mathematik aufmerksam machen. Die Formulierungen, die
dabei verwendet werden, tragen häufig modernisierungskritische Züge. Be-
klagt werden der Verlust an persönlicher Bindung, der rasche Wandel, die
Technisierung und die Formalisierung sozialer Beziehungen. «*Früher war der*

---

22. Weil 1950: 296.

Zusammenhalt viel grösser. Man kannte sich. Es war eine gute Stimmung.
Heute ist man einer unter vielen. Alles ist sehr technisiert, sehr schnellebig
und von einer viel grösseren Dimension, viel verzweigter, verästelter. Man ver-
liert den Überblick. Auch die Sprachen in den einzelnen Teildisziplinen haben
sich so schnell entwickelt, dass es schwer ist, sich zu verstehen. Früher war
das nicht so. Ein älterer, sehr bekannter Mathematiker hat mir einmal gesagt,
er habe früher sämtliche Reviews-Beiträge gelesen – durch alle Felder! Sa-
genhaft! Heute kommen pro Jahr 10-12 dicke Schunken raus. Es ist physisch
gar nicht möglich, das alles zu lesen. Und es ist so spezialisiert, dass man auch
nicht viel lernen würde, wenn man es machen würde. Denn oft wird ja nur et-
was ganz Winziges veröffentlicht. Ein kleines Ergebnis da, ein kleines Ergeb-
nis dort, nichts Grosses.»

Trotz dieser Befürchtungen ist es der Mathematik bislang gelungen, ihre
Einheit und spezifische Kultur aufrechtzuerhalten. Die im vorhergehenden
Abschnitt beschriebene disziplinäre Stabilität und Homogenität ist dafür eine
wichtige strukturelle Voraussetzung.[23] Wie diese Kultur beschaffen ist, lässt
sich über die Kriterien erschliessen, die Mathematiker verwenden, um die eigene Disziplin von ihren Nachbardisziplinen abzugrenzen. Thomas Gieryn
spricht in diesem Zusammenhang von «boundary work» (Gieryn 1994). Ein
wesentlicher Teil der «boundary work» gilt dabei der Grenzziehung gegenüber
der theoretischen Physik – eine Grenze, die offensichtlich als besonders unge-
schützt erachtet wird. Dies kommt exemplarisch in einem Aufsatz von Arthur
Jaffe und Frank Quinn zum Ausdruck, in dem die Gefährdung der reinen Mathematik durch die «unreine» theoretische Physik zum Thema gemacht wird
(Jaffe/Quinn 1993). Mit der Öffnung der Grenze gegenüber der theoretischen
Physik wachse die Gefahr, dass fremde kulturelle Elemente in die Mathematik
eindringen und die normative Struktur der Mathematik untergraben: « The
mathematical community has evolved strict standards of proof and norms that
discourage speculation. These are protective mechanisms that guard against
the more destructive consequences of speculation; they embody the collective

---

23. Stichweh vermutet, dass die disziplinäre Stabilität durch die Institutionalisierung von dis-
    ziplinenspezifischen Rollen im Bildungs- und Beschäftigungssystem begünstigt wird. Die
    Disziplinen fungieren in diesem Fall als Adressen für externe Erwartungen (Stichweh
    1993). Daneben gibt es jedoch auch interne Stabilitätsbedingungen. Dazu gehört neben
    einer disziplinenspezifischen Kultur auch die Einheitlichkeit der Arbeitserfahrung. Diszi-
    plinen, in denen unterschiedliche Kooperations- und Arbeitsmodelle realisiert sind, haben
    grössere Schwierigkeiten, eine gemeinsame Kultur und Identität auszubilden. Wie homo-
    gen die Arbeitsbedingungen sind, lässt sich über die Bandbreite der Antworten ermitteln.
    In der im vorangehenden Abschnitt beschriebenen Studie ist die Streuung in der Mathema-
    tik um einiges geringer als in den beiden Vergleichsdisziplinen – ein Indiz dafür, dass die
    Arbeitsorganisation relativ homogen ist.

mathematical experience that the disadvantages outweigh the advantages» (Jaffe/Quinn 1993: 10).

Theoretische Physik und Mathematik werden dabei als zwei unterschiedliche Kulturen mit je spezifischen Werten und Normen beschrieben. Auf der einen Seite die strenge und disziplinierte Mathematik, die nur bewiesenes Wissen als wahres Wissen akzeptiert, auf der anderen Seite die kreative, aber gleichzeitig frivole theoretische Physik (perfekt symbolisiert durch die Person Richard Feynmans), die Vermutungen vorschnell und ohne sicheren Beweis als wahr akzeptiert. «*Physiker sind zufrieden, wenn sie 90 Prozent sicher sind. Wir sind unzufrieden, wenn wir 0,9 Prozent unsicher sind.*» Oder in der Version des Männerwitzes: eine physikalische Beweisführung sei in der Regel so überzeugend wie die Logik einer Frau «who could trace her ancestry to William the Conqueror with only two gaps» (McShane, zit. in Jaffe/Quinn 1993: 5).[24] Die Gefahr, vor der Arthur Jaffe und Frank Quinn warnen, ist eine «Verunreinigung» der Mathematik qua Vermischung der Kulturen. Ein unkontrollierter Kulturkontakt werde mit der Zeit zu einer Relativierung der «community norms» führen, die bislang die hohe Zuverlässigkeit der mathematischen Resultate garantierten. Zunehmende Fehler, wachsende Unsicherheit und Verlust von Vertrauen ist die Folge davon (Jaffe/Quinn 1993: 9).

Der aktuelle Hintergrund für Jaffe und Quinns «boundary work» ist der in letzter Zeit dichter werdende Kontakt zwischen theoretischer Physik und Mathematik, der dort, wo die beiden Gebiete zusammenlaufen, teilweise tatsächlich zu einer Verwischung der Zugehörigkeiten geführt hat – symbolisiert etwa in der unter Mathematikern umstrittenen Entscheidung, Edward Witten, einem theoretischen Physiker, 1990 die begehrte Fields-Medaille zu verleihen. Der Kontakt zwischen Mathematik und Physik ist freilich nicht neu (vgl. den Überblick in MPI 1987). Die Kritik von Jaffe und Quinn richtet sich denn auch nicht gegen diese alten, bereits etablierten Formen der Kooperation, zumal einer von ihnen, Arthur Jaffe, selbst im Grenzbereich von Mathematik und theoretischer Physik tätig ist. Problematisch sind, so Jaffe und Quinn, die neuen, boomenden Gebiete (wie etwa topologische Quantenfeldtheorie, String-Theorie, Quantengravitationstheorien) und Mathematiker, die im Gegensatz zu den kontaktgeübten mathematischen Physikern noch keine Erfahrung darin haben, wie den Schwächen und Reizen der theoretischen Physik am besten zu begegnen ist. Für Jaffe und Quinn hat sich der Flirt zwischen Mathematik und Phy-

---

24. Es ist auffallend, wie häufig die Beziehung zwischen Physik und Mathematik in geschlechtlichen Metaphern beschrieben wird. Auf der einen Seite die strenge, disziplinierte und männliche Mathematik, auf der anderen Seite die weibliche, unzuverlässige, aber gleichzeitig auch verführerische theoretische Physik. Oder wie es ein anderer Mathematiker in einem Interview formulierte: «*Die Physik ist wie eine Frau. Sie schaut dich an, winkt und läuft dann weg – und wir laufen immer zwei Schritte hinterher.*»

sik zu schnell und zu unkontrolliert entwickelt, und genau darin liegt in ihren Augen die Gefahr: «This has happened without the evolution of community norms and standards for behavior which are required to make the new structure stable. Without rapid development and adoption of such ‹family values› the new relationship between mathematics and physics may well collapse. Physicists will go back to their traditional partners; rigorous mathematicians will be left with a mess to clean up» (Jaffe/Quinn 1993: 4).

Um der kulturellen Kontamination der Mathematik Einhalt zu gebieten, schlagen Jaffe und Quinn eine neue Grenzziehung vor, nämlich innerhalb der Mathematik zwischen einer spekulativen und einer strengen Mathematik zu unterscheiden. Die spekulative Mathematik nennen sie, etwas missverständlich, «theoretische» Mathematik, die strenge Mathematik bezeichnen sie als «rigorose» Mathematik. Dies ist eine erstaunlich defensive Reaktion. Anstatt das ganze Territorium zu verteidigen, wird ein Teil praktisch aufgegeben, nämlich die sog. «spekulative» Mathematik, und gewissermassen als Pufferzone zwischen die rigorose, d.h. reine Mathematik und die theoretische Physik geschoben. Die rigorose Mathematik ist die Mathematik des Beweises und der Sicherheit, zur spekulativen – oder eben: «theoretischen» – Mathematik gehört dagegen jenes Wissen, das nicht oder noch nicht streng bewiesen ist: mathematische Vermutungen, Sätze, für die nur eine Beweisskizze existiert, und der ganze Bereich der experimentellen Validierung, kurz jene Mathematik, die Doron Zeilberger als «semi-rigorose» Mathematik bezeichnet (vgl. 6.1.).

Diese Grenzziehung hat zwei Funktionen. Zum einen soll sie qua Separation die Aushöhlung der mathematischen Kultur verhindern, zum andern hat sie die Funktion, Prioriätsansprüche zu regeln. Denn das ist der zweite Punkt, der mit der Grenzöffnung gegenüber der Physik problematisch geworden ist: wem gehört ein Satz? Dem Physiker, der eine Vermutung aufstellt, oder dem strengen Mathematiker, der sie in mühsamer Arbeit beweist? « *Ja, in letzter Zeit haben wir diese Frage viel diskutiert, weil es in der mathematischen Physik sehr, sehr viele Vermutungen gegeben hat, die dann auch für die Mathematik als solche relevant geworden sind, also etwa aus dem Kreise Witten. Und damit wird dann vieles in der Mathematik Interessantes ausgesagt, was aber überhaupt noch nicht bewiesen ist, wo auch keine Ansätze für einen Beweis da sind. Und dann könnte es vielleicht passieren, dass jemand in der Mathematik sich damit beschäftigt, vielleicht Jahre lang, und dann vielleicht nach fünf Jahren den Beweis vorlegt, dann könnte es passieren, dass das Theorem trotzdem heisst: Theorem von x und nicht von y, obwohl der y sehr, sehr viel reingesteckt hat. Ja, und das ist dann vielleicht doch nicht so fair.* »

Die Diskussion um die Zuschreibung von «property rights» und die Normierungsvorschläge, die Jaffe und Quinn in diesem Zusammenhang entwickeln, könnten darauf hinweisen, dass die traditionelle informelle Regelung von Prioritätsansprüchen problematisch geworden ist. Der Grund dafür liegt vermutlich weniger in dem von Jaffe und Quinn in düstersten Farben geschilderten «Kulturkontakt», sondern in der enormen Expansion der Profession in den letzten dreissig Jahren.[25] Ähnlich wie der institutionelle Ausbau der Mathematik im 19. Jahrhundert eine verstärkte Formalisierung und Systematisierung der Verfahren und Begriffe notwendig machte (vgl. 7.3.3.), könnte die seit den 50er Jahren erfolgte Expansion der Profession zu einer *sozialen* Formalisierung führen, d.h. zur Formulierung und kollektiven Aushandlung von Verfahren, wie bestimmte strittige Fragen, z.B. die Zuschreibung von Prioritätsansprüchen, zu regeln sind. Jaffe und Quinn schlagen mehrere solcher Verfahren vor – Sprachnormen, Vorschläge zur Regelung der «property rights» (mit eindeutiger Privilegierung der «rigorosen» Mathematik) und Publikationsregeln – zum Spott allerdings einiger ihrer (randständigeren) Kollegen: «Unfortunely, hard times sharpen hard feelings; witness the discussion (…) that Arthur Jaffe and Frank Quinn have devoted to diverse tribal and territorial issues that readers of this *Bulletin* usually leave to private gatherings. (…) The main objection to JQ is that, in their search for credit for some individuals at the expense of others they consider rogues, they propose to set up a police state within Charles mathematics, and a world cop beyond its borders» (Mandelbrot 1994: 194f.).

Jaffe und Quinn sind in ihrem Bestreben, zwischen der Mathematik und ihren Nachbardisziplinen eine Mauer aufzuziehen, nicht alleine. In mehreren Interviews, die ich geführt habe, wurde die Differenz zwischen Mathematik und theoretischer Physik angesprochen und auf Distinktion grosses Gewicht gelegt. Physiker sind in den Augen vieler Mathematiker «mathematische Opportunisten» (Livingston 1993: 388), vor allem interessiert an Resultaten und nicht an deren Fundierung. «*In der theoretischen Physik hat man so Begriffe, vielleicht eine Vorstellung, um was es sich handeln könnte, aber es ist nicht so genau definiert. Das ist irgendwie ein Brei, intuitiv, und alles ist viel kurzlebiger als in der Mathematik. Es geht darum, möglichst schnell mit einem Resultat herauszukommen. Da wird wahnsinnig viel publiziert. Und wenn es nicht richtig ist, dann ist es auch nicht schlimm. Mir gefällt das nicht. Ich möchte rigoroser arbeiten, in die Tiefe gehen. Dann hat man klare Verhältnisse. Die Fächer müssen getrennt sein, weil sonst das eine das andere zerstört. Die Fächer können nebeneinander bestehen, aber sie dürfen nicht verschmelzen.*»

---

25. Zwischen 1960 und 1990 hat sich die Mitgliederzahl der *American Mathematical Society* nahezu vervierfacht. Sie ist von 6.725 im Jahre 1960 auf 25.623 im Jahre 1990 angestiegen (Odlyzko 1993: 2). Gleichzeitig ist die Publikationsrate massiv angestiegen. Während die *Mathematical Reviews* 1940 gut 2.000 Besprechungen enthielten, waren es 1996 50.000 (Jackson 1997: 331). Die Zahlen sind insofern aussagekräftig, als die *Mathematical Reviews* bis vor kurzem nicht selektiv rezensierten. Die Wachstumsraten verlaufen jedoch nicht linear, sondern sind grossen Schwankungen unterworfen (Wagner-Döbler 1997: 138ff.).

Solche und ähnliche Aussagen geben allerdings weniger Aufschluss über den faktischen Zustand der Physik als vielmehr über die normative Struktur der Mathematik. Robert Merton hat 1942 in einem einflussreichen Aufsatz die These vertreten, dass im Wissenschaftssystem eine Reihe von sozialen Normen institutionalisiert sind, die zusammen mit den technischen Normen (Gebot der logischen Konsistenz, empirische Überprüfung von Aussagen etc.) die Objektivität wissenschaftlichen Wissens garantieren (Merton 1942). Im einzelnen unterschied Merton zwischen vier Normkomplexen: (1) *Universalismus*, d.h. das Prinzip, dass bei der Beurteilung wissenschaftlicher Leistungen die persönlichen Attribute der Wissenschaftler und Wissenschaftlerinnen (Herkunft, Geschlecht, Hautfarbe etc.) keine Rolle spielen dürfen. (2) *Kommun(al)ismus,* d.h. die Verpflichtung, wissenschaftliche Ergebnisse nicht privat zu nutzen, sondern sie allgemein zugänglich zu machen. Wissenschaftliches Wissen ist m.a.W. ein öffentliches Gut; die Eigentumsrechte beschränken sich auf die Anerkennung des geistigen Eigentums (z.B. in Form von Eponymen). (3) *Uneigennützigkeit*, d.h. die Verpflichtung, die eigene Arbeit ausschliesslich in den Dienst der Wissenschaft zu stellen. Persönliches Prestige oder finanzielle Vorteile sind keine zulässigen Motive in der Wissenschaft. (4) *Organisierter Skeptizismus*, d.h. die Norm, jede Behauptung, von wem auch immer sie stammt, zu überprüfen, bevor man sie als wissenschaftliche Tatsache akzeptiert.

Mertons «Ethos der Wissenschaft» ist nicht unbestritten geblieben (vgl. zusammenfassend Stehr 1978 sowie Zuckerman 1988: 516ff.). Entscheidender jedoch als die Kritik an einzelnen Normen ist die Tatsache, dass die Wissenschaft seit den 40er Jahren grundlegende Veränderungen durchgemacht hat, die Mertons Normen von innen her aushöhlen. Zwischen 1950 und 1990 ist es zu einem enormen Grössenwachstum der Wissenschaft gekommen mit der Konsequenz, dass die traditionellen Kontrollmechanismen teilweise nicht mehr greifen. Im gleichen Zeitraum hat auch die Technisierung der Wissenschaft massiv zugenommen. Die dadurch entstehenden Kosten führen dazu, dass politische und ökonomische Kalküle bei der Forschungsplanung eine zunehmend grössere Rolle spielen und die seit dem 19. Jahrhundert garantierte Autonomie der Wissenschaft beschränken (vgl. u.a. Capshew/Rader 1992; Whitley 1982). Damit in Zusammenhang steht die Tendenz zu Grossprojekten, in denen eine Vielzahl von Personen in einem arbeitsteiligen Zusammenhang kooperieren. Sobald die Forschungsgruppe und nicht mehr der Einzelforscher der zentrale Akteur ist, lassen sich Verantwortungen nicht mehr individuell zurechnen und sanktionieren.[26] Zusammengenommen führen diese Entwicklungen dazu, dass die von Merton beschriebenen Normen unterlaufen werden bzw. die Kontrollinstanzen nicht mehr greifen, um abweichendes Verhalten zu erkennen und zu sanktionieren. Anzeichen dafür gibt es einige: die Tendenz, Ergebnisse vorschnell öffentlich zu machen, die (vermutete) Zunahme von

Betrugsfällen und die Neigung, Wissen möglichst lange zurückzuhalten. Das sind allerdings nur Indizien, die auf Impressionen oder auf Einzelfallstudien beruhen (vgl. exemplarisch Huizenga 1993 sowie LaFollette 1992), nicht jedoch auf systematischen Erhebungen.

Wie ich im letzten Abschnitt gezeigt habe, betrifft dieser Strukturwandel die Mathematik nur am Rande. Im Gegensatz zu den naturwissenschaftlichen Disziplinen, insbesondere der Physik und der Biologie, scheint die (reine) Mathematik dem Idealmodell von Wissenschaft, wie es Merton vor Augen gehabt hatte, noch am ehesten zu entsprechen: Einzelforschung, geringer Technisierungsgrad, universitäre Verankerung und Grundlagenorientierung. Die von ihm postulierten Normen müssten folglich in der Mathematik noch weitgehend wirksam sein. Es gibt allerdings kaum Studien, die die normative Struktur der einzelnen Disziplinen in einer vergleichenden Perspektive untersuchen. Die wenigen Arbeiten zeigen jedoch, dass die Mathematik in verschiedener Hinsicht anders funktioniert als andere Disziplinen. Ich werde im folgenden drei Aspekte aufgreifen: Umgang mit Prioritätsansprüchen, Kommun(al)ismus bzw. Zurückhaltung von Wissen und kognitive Übereinstimmung.

Mehrfachentdeckungen und Prioritätskonflikte kommen in der Wissenschaft vergleichsweise häufig vor (Merton 1957). Der Grund dafür liegt in der Operationsweise des wissenschaftlichen Schichtungssystems, d.h. in der Konvertierbarkeit von Priorität in wissenschaftliche Reputation und damit in Karrierechancen. Anspruch auf geistiges Eigentum hat jener Forscher, der seine Resultate zuerst öffentlich macht. Obschon neuere Daten für einen disziplinären Vergleich fehlen, macht es den Anschein, dass Prioritätsstreitigkeiten in der Mathematik seltener sind als in anderen Disziplinen und Ideen relativ offen ausgetauscht werden.[27] Nahezu die Hälfte der von Warren Hagstrom in den 60er Jahren befragten Mathematiker hat noch nie die Erfahrung gemacht, dass jemand zur gleichen Zeit ein ähnliches Resultat veröffentlichte. In der Biologie und Physik sind solche Mehrfachentdeckungen um einiges häufiger. Obschon die Konsequenzen in der Mathematik gravierender sind – fast 60% der Mathematiker (gegenüber 22% in der Biologie) würden ihre Arbeit in einem solchen Fall nicht mehr publizieren –, ist die Angst vor Mehrfachentdek-

---

26. Die «Industrialisierung» der Forschung – oder wie es Helmuth Plessner bereits in den 20er Jahren formulierte: «die zunehmende Verdrängung des Handwerklichen zugunsten der maschinellen Produktionsform» (Plessner 1924: 131) – hat in gewissen Disziplinen zwar schon im 19. Jahrhundert eingesetzt (vgl. 7.3.2.), sie ist aber erst in der zweiten Hälfte des 20. Jahrhunderts zu einem verbreiteten Phänomen geworden. Wie Geser (1977) in einer vergleichenden Studie zeigt, ist der Zusammenhang zwischen Technisierung, Arbeitsteilung und Grösse jedoch variabel. Das Industrialisierungsmodell, das eine hohe Kovarianz zwischen diesen Dimensionen unterstellt, ist so gesehen ein Spezialfall, der nur unter spezifischen Kontextbedingungen realisiert ist. Zu alternativen Organisationsformen von Grossteams vgl. auch Knorr Cetina 1995.

kungen und Prioritätenstreitigkeiten bei ihnen am geringsten (Hagstrom 1974).

Ein Grund, weshalb Prioritätskonflikte in der Mathematik relativ selten sind, liegt im hohen Spezialisierungsgrad der Mathematik, der die direkte Konkurrenz entschärft. Ein anderer Faktor ist der Kommun(al)ismus, der in der Mathematik nach wie vor verbreitet ist. Wie die Vorgeschichte des Fermat-Beweises exemplarisch zeigt, werden Ideen sogar dann relativ offen ausgetauscht, wenn der Preis sehr hoch ist (4.2.3.). Ähnlich hat auch Hagstrom in seiner Untersuchung festgestellt, dass sowohl Geheimhaltung wie auch vorschnelle Ankündigungen von Forschungsresultaten in der Mathematik relativ selten vorkommen (Hagstrom 1966: 89ff.). Von Mathematikern wird erwartet, dass sie ihre Erkenntnisse mit ihren Kollegen teilen, auch wenn sie noch nicht publikationsreif sind, sei es in Vorträgen, Seminaren oder dem rituellen 16-Uhr-Tee. Insbesondere in der reinen Mathematik lassen sich Forschungsresultate nicht finanziell auswerten, weder über Anwendungen noch über hohe Preisgelder – die Motivation zur Geheimhaltung ist entsprechend vergleichsweise gering.[28] Die Investitionen in der Mathematik sind vor allem zeitliche Investitionen. Lohnt es sich, jahrelang in ein Problem zu investieren, von dem man nicht weiss, ob man je einen Gewinn daraus ziehen wird? Andrew Wiles z.B. entschied sich erst dann, die Fermat-Vermutung anzugehen, als die Idee aufkam, sie mit der mathematisch sehr viel bedeutsameren Taniyama-Shimura-Vermutung zu verbinden, und er deshalb hoffen konnte, nicht in einem «finsteren Seitengässchen» zu landen, sondern bereits auf dem Weg dorthin mathematisch angesehene Zwischenergebnisse zu erzielen (Singh 1993: 265).

---

27. Vgl. als historisches Beispiel den (potentiellen) Prioritätsstreit zwischen Richard Dedekind und Georg Cantor, der von beiden Seiten mit beträchtlicher Gelassenheit behandelt wurde: «Cantor hat mich darauf aufmerksam gemacht, dass er den Unterschied zwischen dem Endlichen und dem Unendlichen schon 1877 (Crelle, Bd. 48, S. 242) hervorgehoben habe, dass er aber keine Reclamation wegen Priorität beabsichtige. (…) Man besitzt bisweilen Etwas, ohne dessen Werth und Bedeutung gehörig zu würdigen. Zu einem Prioritätsstreit habe ich aber auch nicht die geringste Lust» (Dedekind an Heinrich Weber 1888, in Dedekind 1932: 488). Zu einem vergleichsweise harmlosen Fall von Prioritätskonflikt in der Mathematik vgl. Smale (1990) sowie Fisher (1972), der sich in seiner Studie ebenfalls auf die Poincaré-Vermutung bezieht.

28. Seit kurzem werden allerdings auch mathematische Formeln unter Patentschutz gestellt. Attraktiv für Patentierungen sind insbesondere kryptographische Verfahren. Eine neuartige Entwicklung ist die sog. «Zero Knowledge»-Beweistechnik. Zero-Knowledge-Beweise sind Beweise, von denen man zeigen kann, dass sie geführt wurden, ohne aber den Beweis selbst offenzulegen (vgl. Landau 1988). Diese Entwicklungen sind zwar auf wenige Gebiete, insbesondere auf die Kryptographie, beschränkt, gerade in der Mathematik, in der die Kommun(al)ismus-Norm breit verankert ist, wird diese Privatisierung des Wissens jedoch besonders argwöhnisch betrachtet.

Allerdings scheint die Kommun(al)ismusnorm auch in der Mathematik an Bedeutung zu verlieren. Mehrere Mathematiker, mit denen ich gesprochen habe, kritisierten den zunehmenden Publikationsdruck und äusserten in diesem Zusammenhang die Befürchtung, dass dadurch der offene Austausch von Ideen gefährdet sei. Das Modell für diese These ist Andrew Wiles. Das Verhalten von Wiles – sein langjähriges Schweigen über seine Arbeit auf der einen Seite und die gut inszenierte Präsentation seines Beweises auf der anderen – ist in den Augen vieler Mathematiker ein offensichtliches Indiz dafür, dass dieser «*property stuff*» nun auch in die Mathematik eindringt und die Norm des Kommun(al)ismus aushöhlt. «*Auch bei uns nimmt die Konkurrenz immer mehr zu. Ich finde das ganz schlimm. Dass wir unsere Offenheit verlieren. Immer mehr Mathematiker haben heute dieses Besitzdenken. Das ist mein Beweis, das ist mein Satz. Sie denken nicht mehr an die Gemeinschaft. Und das führt dazu, dass sie ihre Ideen nicht mehr teilen, nicht mehr mitteilen. Erst ganz am Schluss, wenn sie alles zusammen haben. Ich finde das sehr tragisch, und der Mathematik wird das sehr schaden.*»

Für Hagstrom indizieren Mehrfachentdeckungen einen hohen Konsens, was Forschungsfragen und Forschungsmethoden anbelangt. Denn nur in Disziplinen, in denen es gemeinsame Beurteilungskriterien und ähnliche Problemdefinitionen gibt, kann es überhaupt zum Phänomen der Mehrfachentdeckung kommen. Aus der Tatsache, dass Mehrfachentdeckungen in der Mathematik selten sind, zieht Hagstrom den Schluss, dass die Mathematik durch einen geringen Konsens gekennzeichnet ist und sogar Zeichen von Anomie aufweise (Hagstrom 1966: 222ff.). Die zunehmende interne Differenzierung der Mathematik könne, so Hagstrom, nicht mehr durch entsprechende Integrationsmechanismen aufgefangen werden und münde folglich in einen Zustand von Anomie (im Durkheimschen Sinne einer zunehmenden normativen Unsicherheit). Im Vergleich zu anderen Disziplinen sei die Vereinzelung und die Unsicherheit hinsichtlich des Wertes der eigenen Arbeit in der Mathematik am grössten. Es gebe keine allgemein verbindlichen Massstäbe mehr, um gute von schlechten, interessante von uninteressanten Arbeiten abzugrenzen (Hagstrom 1966: 227ff.).

Hagstroms Anomiediagnose steht in direktem Widerspruch zur verbreiteten Auffassung, dass die Mathematik als formale und beweisende Disziplin gerade umgekehrt durch ein besonders hohes Konsensniveau gekennzeichnet sei. Dieser Widerspruch löst sich auf, wenn man deutlicher zwischen kognitivem und evaluativem Konsens unterscheidet.[29] Kognitiver Konsens bezieht sich auf die Übereinstimmung hinsichtlich Theorien und Forschungsmethoden und entspricht dem, was ich in früheren Kapiteln in Anschluss an Max Miller als «rationalen Dissens» bezeichnet habe, d.h. als Fähigkeit, im Falle divergierender Auffassungen auf rationale Weise zu einem Konsens zu gelangen. Demgegenüber bezieht sich eine evaluative Übereinstimmung auf die Beurteilung der Relevanz – oder auch «Schönheit» – von Forschungsergebnissen. Diese Unterscheidung zwischen einem evaluativen und einem kognitiven Konsens orientiert sich an Richard Whitleys Dimension der «task uncertainty». Whitley hat 1982 eine Disziplinentypologie vorgeschlagen, die auf zwei Dimensionen beruht. Die erste Dimension nannte er «*mutal dependence*». Damit ist das Ausmass der Arbeitsteilung und die damit verbundene gegenseitige Abhängigkeit der Wissenschaftler gemeint. Die zweite Dimension, die Whitley als «*task uncertainty*» bezeichnet, bezieht sich auf den Standardisierungsgrad der Problemlösungsstrategien und den Grad an paradigmatischer Übereinstimmung.[30]

In einer späteren Arbeit hat Whitley diese beiden Dimensionen weiter differenziert und zwischen einer strategischen und technischen «task uncertainty» und einer strategischen und funktionalen «mutual dependence» unterschieden (Whitley 1984). «Funktionale» Abhängigkeit meint die Notwendigkeit, inhaltlich aufeinander Bezug zu nehmen und Forschungsresultate aufeinander abzustimmen; «strategische» Abhängigkeit bezieht sich auf die Abhängigkeit der eigenen Reputation vom Urteil der Kollegen (S. 81ff.). Als technische «task uncertainty» bezeichnet Whitley den Grad an Übereinstimmung hinsichtlich der zulässigen Theorien und Forschungsverfahren; strategische «task uncertainty» meint demgegenüber die Übereinstimmung hinsichtlich Forschungsfragen und -prioritäten (S. 119ff.). Kombiniert man die beiden Dimensionen, so ergibt sich eine Mehrfelder-Tabelle, in die sich die einzelnen Disziplinen eintragen lassen.

---

29. In einer späteren Arbeit unterscheidet Hargens (1975) deutlicher, als Hagstrom dies getan hat, zwischen Konsens und Anomie, wobei er «Anomie» als geringe gegenseitige Abhängigkeit bzw. soziale Isolation definiert. Die Ergebnisse zeigen, dass sich die Mathematik im Vergleich zu anderen Disziplinen (Chemie, Physik, Soziologie, Politikwissenschaft) durch einen hohen kognitiven Konsens auszeichnet, die Mathematiker aber weniger sozial eingebunden sind (Zeit für berufliche Korrespondenz, Teilnahme an Konferenzen) und häufiger Phasen erleben, die durch geringe Produktivität und Unsicherheit hinsichtlich der Relevanz ihrer Arbeit gekennzeichnet sind. Anstatt diese Ergebnisse als Ausdruck von Anomie zu lesen, können sie ebensogut und weniger dramatisch als Hinweis auf eine Arbeitsform interpretiert werden, die durch geringe Teamarbeit charakterisiert ist.

30. Whitley hat seine Typologie im Kontext seiner organisations- und professionssoziologischen Arbeiten zur Wissenschaft entwickelt. Sie bildet einerseits ein Klassifikationsschema für den Vergleich von Disziplinen und dient andererseits als Instrument, um wissenschaftliche von nicht-wissenschaftlichen Arbeits- und Professionsgemeinschaften abzugrenzen. Im Unterschied zu Mertons funktionalistischer Argumentation interessiert sich Whitley vor allem für die organisatorischen Voraussetzungen wissenschaftlicher Autonomie. Disziplinen werden dabei als Professionsgemeinschaften verstanden, die im Falle hoher Autonomie eigenständig Forschungsziele und -strategien steuern und kontrollieren.

Tabelle 2: Strukturmerkmale unterschiedlicher Typen
wissenschaftlicher Felder[31]

TABLE 5.3
Characteristics of the Internal Structure of Seven Major Types of Scientific Field

Types of scientific field	Characteristics of internal structure							
	Configuration of tasks and problem areas				Co-ordination and control processes			
	Specialization and standardization of tasks and materials	Degree of segmentation	Degree of differentiation into schools	Hierarchization of sub-units	Impersonality and formality of control procedures	Degree of theoretical co-ordination	Scope of conflict	Intensity of conflict
Fragmented adhocracy	Low	Low	Low	Low	Low	Low	High	Low
Polycentric oligarchy	Low	Low	High	Low	Low	High	High	High
Partitioned bureaucracy	High in core Medium in periphery	Medium	Low	High	High in core Medium in periphery	High	Low	Medium
Professional adhocracy	High	Medium	Low	Low	High	Low	Medium	Low
Polycentric profession	High	Medium	High	Low	High	High	Medium	High
Technologically integrated bureaucracy	High	High	Low	Low	High	Medium	Low	Low
Conceptually integrated bureaucracy	High	High	Low	High	High	High	Low	Medium

Die Mathematik wird von Whitley der Gruppe der «Professional Adhocra-cies» zugeordnet (S. 187ff.). Zu den «professional adhocracies» zählt Whitley wissenschaftliche Felder mit hoher funktionaler, aber vergleichsweise geringer strategischer Interdependenz. Konsens besteht nur hinsichtlich der zulässigen Methoden und Theorien (geringe technische «task uncertainty»), nicht jedoch in bezug auf die Forschungsprioritäten (hohe strategische «task uncertainty»). Dies bedeutet Konsens und Notwendigkeit zur Koordination, was das Vorgehen betrifft, Pluralität jedoch hinsichtlich der relevanten Forschungsfragen. Dieses spezifische Strukturmuster hat zur Folge, dass es in der Mathematik kaum zu internen Schulkämpfen kommt und das Konfliktniveau relativ tief ist. In der Mathematik gibt es zwar keine durchgehend verbindlichen Kriterien, was die Relevanz oder «Schönheit» einer Forschungsarbeit anbelangt, dafür verfügen Mathematiker über allgemein verbindliche Kriterien hinsichtlich der Korrektheit einer mathematischen Argumentation. Die von Hagstrom konstatierte Unsicherheit betrifft m.a.W. nur die evaluative Ebene, nicht die kognitive. Es ist folglich auch nicht einzusehen, weshalb eine Disziplin, die in so hohem Masse über standardisierte und kollektiv akzeptierte Verfahren und Theorien verfügt, nicht schadlos an unterschiedlichen Forschungsfragen arbeiten sollte. Oder wie es Whitley treffend formuliert: «There are no obvious reasons why this prestigious professional group is about to commit collective suicide» (Whitley 1984: 193).

Bislang gibt es nur wenige empirische Studien, die den Versuch unternehmen, den kognitiven Konsens in verschiedenen Disziplinen zu erheben, und in den meisten Studien wurde die Mathematik nicht erfasst.[32] Obschon die meisten Wissenschaftler – und zwar unabhängig von ihrer disziplinären Zuge-

---

31. Whitley 1984: 169.

hörigkeit – die Auffassung vertreten, dass der kognitive Konsens in den ‹harten› Wissenschaften höher ist als in den ‹weichen› (vgl. Lodahl/Gordon 1972), scheinen die disziplinären Unterschiede faktisch relativ gering zu sein. [33] Dies ist jedenfalls das Fazit von Stephen Cole, der in einer Reihe von Studien den kognitiven Konsens in verschiedenen Disziplinen untersucht hat (Cole 1983). Gesamthaft gesehen weisen seine Studien darauf hin, dass die Differenz zwischen den ‹harten› und den ‹weichen› Wissenschaften geringer ist als im allgemeinen vermutet und innerhalb der Naturwissenschaften erhebliche disziplinäre Unterschiede bestehen. Die Mathematik wurde nur in einer Untersuchung erfasst. Gemäss dieser Studie, in der die Entscheidungen von Gutachtern in neun verschiedenen Disziplinen untersucht wurden, ist der Konsens in der Mathematik und Ökonomie am grössten. Zu einem ähnlichen Ergebnis gelangen auch Hargens und Hagstrom (1982) in einer Untersuchung über die Offenheit des Schichtungssystems in fünf verschiedenen Disziplinen (Mathematik, Physik, Chemie, Biologie und Politikwissenschaften). Ausgehend von der Annahme, dass Disziplinen mit hohem kognitiven Konsens universalistischer funktionieren als vorparadigmatische Fächer, untersuchten sie den relativen Effekt von Leistungs- bzw. zugeschriebenen Merkmalen auf die erreichte Position. [34] Das Ergebnis entspricht den Erwartungen: in der Mathematik und den drei naturwissenschaftlichen Disziplinen ist die wissenschaftliche Karriere vor allem von der eigenen Leistung abhängig, während in der Politikwissenschaft die akademische Herkunft eine grössere Rolle spielt.

Auch wenn die empirischen Hinweise spärlich sind, so macht es doch den Anschein, dass die Mathematik über effiziente konsensbildende Mecha-

32. Der kognitive Konsens einer Disziplin wird in der Regel über folgende Indikatoren erhoben: Rückweisungsrate bei Zeitschriften; Übereinstimmung bei der Beurteilung von Forschungsanträgen und hinsichtlich der Leistung einzelner Wissenschaftler; Erfolgschancen jüngerer Wissenschaftler und Dauer der Dissertation (Cole 1992: 111ff.; Hargens 1975). Zuckerman und Merton (1973) führen für die Beziehung zwischen kognitivem Konsens und Alter zwei Gründe an: in Disziplinen mit hohem Konsens bestehen allgemein akzeptierte Kriterien für die Beurteilung von Leistungen. Zugeschriebene Kriterien spielen entsprechend eine vergleichsweise geringe Rolle. Zudem ist das Wissen in diesen Disziplinen kodifizierter, d.h. für jüngere Wissenschaftler ist es einfacher, sich das notwendige Wissen in relativ kurzer Zeit anzueignen. Teilweise messen diese Indikatoren allerdings nicht den kognitiven Konsens selbst, sondern eher dessen Effekt.

33. Stichweh (1979) definiert die ‹harten› Wissenschaften über folgende Merkmale: (1) vergleichsweise hohes Konsensniveau und entsprechend wenig konkurrierende Schulen, (2) Konzentration auf wenige Kern-Journale, (3) geringe Berücksichtigung der Literatur aus anderen Disziplinen, (4) niedrige Ablehnungsquoten, (5) Teamarbeit und Koautorenschaft, (6) unpersönlicher wissenschaftlicher Stil und (7) Zeitschriftenaufsätze als primäre Publikationsform. Wie man aus dieser relativen bunten Liste ersieht, ist die Unterscheidung zwischen ‹harten› und ‹weichen› Disziplinen nicht unbedingt ein Beispiel härtester Wissenschaftlichkeit.

nismen verfügt. Die Tatsache, dass es aus der Sicht vieler Mathematiker letztlich die mathematische Gemeinschaft ist, die die Zuverlässigkeit der Resultate garantiert, macht Konsens zu einem zentralen Anliegen und jede Form von Desintegration zu einer potentiellen Bedrohung. Bislang ist es der Mathematik offensichtlich gelungen, die durch die zunehmende interne Differenzierung entstehenden desintegrativen Tendenzen aufzufangen. Trotz aller zentrifugalen Kräfte ist die mathematische Gemeinschaft durch Integration und der mathematische Wissenskorpus durch Kohärenz gekennzeichnet. Was die Gründe dafür sind und inwieweit Konsens und Kohärenz einander bedingen, ist das Thema des Schlusskapitels dieses Buches.

---

34. Die Leistung wurde über die Zitationshäufigkeit und die Zeit zwischen Bachelor und PhD gemessen; das Prestige der Ausbildungs- bzw. PhD-Institution wurde dagegen im Anschluss an die Untersuchung von Long u.a. (1979) als zugeschriebenes Merkmal interpretiert. Es ist allerdings eine offene und kontrovers diskutierte Frage, ob der Umstand, dass zwischen dem Prestige der Ausbildungsinstitution und der erreichten Position ein direkter und von den wissenschaftlichen Vorleistungen unabhängiger Zusammenhang besteht, tatsächlich als Indiz für ein partikularistisches Funktionieren der Wissenschaft interpretiert werden kann.

Kapitel 6

BEWEIS UND KOMMUNIKATION

> Was beweisbar ist, soll in der Wissenschaft nicht ohne Beweis geglaubt
> werden.
>
> *Richard Dedekind*[1]

Mathematisches Wissen gilt als Inbegriff sicheren Wissens. Demgegenüber
vertritt der Quasi-Empirismus die Auffassung, dass Sicherheit ein graduelles
Phänomen ist: mathematisches Wissen ist zwar sicherer als anderes Wissen,
aber diese Sicherheit ist niemals absolut (vgl. 2.3.). In den letzten Jahren ist es
in der Mathematik zu Entwicklungen gekommen, die der quasi-empiristischen
Position auch innerhalb der Mathematik Auftrieb geben: das Aufkommen sehr
langer oder computergestützter Beweise, die faktisch nicht mehr überprüfbar
sind (5.1.), der Bedeutungsgewinn der experimentellen Mathematik (4.2.), die
zunehmende Durchlässigkeit der Grenze zwischen Mathematik und theoretischer Physik (5.3.) und die Entwicklung einer «probabilistischen» Beweistheorie an der Schnittstelle zwischen Mathematik und theoretischer Informatik. Diese Entwicklungen haben das Selbstverständnis der Mathematik nicht
unberührt gelassen und in der Folge eine breite Debatte um den Stellenwert
des Beweises ausgelöst. Während die Mehrheit der Mathematiker am epistemischen Monopolstatus des Beweises festhält, plädiert eine Minderheit für
eine Ausweitung der mathematischen Validierungspraktiken (6.1.). Der Beweis hat jedoch nicht nur eine epistemische, sondern auch eine wichtige kommunikative Funktion: er ist ein hochgradig normiertes Kommunikationsver-
fahren, das die spezifischen Verständigungsprobleme der Mathematik zu lösen
verhilft (6.2.). Mit dem Beweis allein ist Verständigung allerdings noch nicht
garantiert. Ähnlich wie eine Partitur auf verschiedene Arten interpretiert werden kann, kann auch ein Beweis auf verschiedene Arten gelesen und verstanden werden (Tymoczko 1993). Das Verstehen eines Beweises erfordert m.a.W.
ein gemeinsames Vorwissen, dessen Aufbau und Vermittlung an direkte Kommunikation gebunden bleibt (6.3.)

---

1. Dedekind 1888: iii.

6.1. Mathematik ohne Beweis?

> I can envision an abstract of a paper, c. 2100, that reads, «We show in a certain precise sense that the Goldbach conjecture is true with probability larger than 0.99999 and that its complete truth could be determined with a budget of $10 billion».
>
> *Doron Zeilberger*[2]

Die Mathematik definiert sich über den Beweis. Der Beweis garantiert die Sicherheit mathematischen Wissens und bildet gleichzeitig den Kern ihrer Identität, nicht zuletzt auch als Distinktionsmerkmal gegenüber anderen Disziplinen. Dennoch gibt es eine kleine Gruppe von Häretikern, die dafür plädiert, auch quasi-empirische Methoden in den mathematischen Rechtfertigungskanon aufzunehmen. 1993 erschien in den *Notices of the American Mathematical Society* ein Aufsatz mit dem provokanten Titel *Theorems for a Price: Tomorrow's Semi-Rigorous Mathematical Culture* (Zeilberger 1993). Doron Zeilberger plädiert darin für eine «semi-rigorose» Mathematik, für eine Mathematik also, in der neben dem Beweis auch andere Validierungsverfahren zugelassen sind. Aus Zeilbergers Sicht ist die Umwandlung der «strengen» Mathematik in eine «semi-rigorose» nur eine Frage der Zeit. Mit dem Einsatz des Computers werde die Mathematik von Grund auf verändert, indem nun auch die Mathematik über eine Apparatur verfüge, mit deren Hilfe eine unüberblickbare Fülle von neuen «Tatsachen» entdeckt werden können: «The computer has already started doing to mathematics what the telescope and microscope did to astronomy and biology. In the future not all mathematicians will care about absolute certainty, since there will be so many exciting new facts to discover: mathematical pulsars and quasars that will make the Mandelbrot set seem like a mere Galilean moon» (Zeilberger 1993: 978). In Zukunft werde sich auch in der Mathematik ein Kosten/Nutzen-Denken durchsetzen. Viele Resultate seien von ihrer Bedeutung her zu trivial, um den Aufwand eines Beweises zu rechtfertigen. Man werde sich deshalb in zunehmendem Masse mit ‹quasi-empirischer› Evidenz zufrieden geben. Weshalb soll man Dezennien von Menschenjahren investieren, um einen an sich trivialen Satz wie die Fermatsche Vermutung zu beweisen, von dem man doch mit fast hundertprozentiger Sicherheit annehmen kann, dass er richtig ist? «We would be unable or unwilling to pay for finding such proofs, since ‹almost certainty› can bought so much cheaper. (…) As absolute truth becomes more and more expensive, we would sooner or later come to grips with the fact that few non-trivial results could be known with old-fashioned certainty. Most likely we will wind up abandoning the task of keeping track of price altogether and

---

2. Zeilberger 1993: 980.

complete the metamorphosis to nonrigorous mathematics» (Zeilberger 1993: 980f.).

Mit seinem Plädoyer für eine «semi-rigorose» Mathematik wendet Zeilberger ins Positive, was bei Arthur Jaffe und Frank Quinn eher eine resignative Anpassung an Entwicklungen ist, die ihrer Meinung nach nicht mehr zu stoppen sind (5.3.). Während Jaffe und Quinn nur deshalb für eine «theoretische» – und das heisst: semi-rigorose – Mathematik argumentieren, um dadurch die «strenge» Mathematik von der Kontamination durch die Physik zu schützen, macht Zeilberger aus der Not eine Tugend: der theoretischen Mathematik kommt die gleiche Wertigkeit zu wie der rigorosen. Zeilberger ist nicht der einzige Mathematiker, der für eine Aufwertung nicht-rigoroser Mathematik argumentiert. Es gibt eine Reihe von weiteren Argumenten, die angeführt werden, um die Legitimität quasi-empirischer Validierungsmethoden zu begründen. Im einzelnen lassen sich zwei Argumentationsstrategien unterscheiden – eine theoretische und eine eher pragmatische.

Die pragmatische Argumentation orientiert sich an der Praxis der Mathematik und argumentiert, dass Mathematiker schon immer mathematisches Wissen verwendet haben, dessen Akzeptanz nicht oder nicht ausschliesslich auf einem Beweis beruht. Das bekannteste Beispiel sind Vermutungen.[3] Vermutungen sind Hypothesen, die zwar noch nicht bewiesen, aber durch verschiedene Formen von Evidenz relativ gut abgesichert sind. Die experimentelle Mathematik erfüllt in diesem Zusammenhang eine wichtige Funktion, indem sie dazu verhilft, Vermutungen systematisch auf ihre Plausibilität hin zu überprüfen (4.2.3.). Es ist in der Mathematik durchaus zulässig, eine theoretisch plausible und experimentell abgesicherte Vermutung als wahr anzunehmen und auf dieser Grundlage einen Beweis zu führen. «Unter der Annahme, dass die Riemannsche Vermutung wahr ist, beweisen wir … ». Dieses Verfahren birgt allerdings die Gefahr in sich, dass die Wahrheit eines Satzes am Ende nur noch an einem dünnen Faden hängt, d.h. abhängig ist von Sätzen, die wiederum nur dann wahr sind, wenn die vorausgesetzte Vermutung wahr ist, undsoweiter: «*Die Sache ist nur: wenn sich so eine Kultur ausbreitet, dann kann es sein, dass irgendwann zu einem Satz hundert oder zwanzig Annahmen gebraucht werden, die alle experimentell bewiesen sind oder nur Vermutungen sind. Das heisst, diese Mathematik würde irgendwann einmal unter dem Gewicht ihrer Annahmen erdrückt werden. Oder es muss dann eben doch der*

---

3. Neben ihrer zahlenmässigen Bedeutung haben Vermutungen auch eine wichtige epistemische Funktion, indem sie bis anhin verstreute Erkenntnisse in *einer* Argumentation zusammenfassen und dadurch ein Forschungsfeld neu strukturieren (vgl. Mazur 1997). Dies gilt insbesondere für ‹grosse› Vermutungen, wie etwa die Riemannsche Vermutung oder die bereits erwähnte Taniyama-Shimura- Vermutung. Mazur bezeichnet diesen Typus von Vermutungen deshalb auch als «architectural conjectures».

Sprung gemacht werden und gesagt werden: Das ist jetzt wahr! Aber dann ist
es ein anderes Fach. Das wäre wahrscheinlich genau der Pferdefuss. Dass
dann so ein Elephantengewicht auftaucht von Annahmen. Wenn man diese An-
nahmen nicht immer genau aufzählt, ist die Reinheit der Mathematik zerstört,
ist es ein anderes Fach geworden. Wenn man sie aber immer alle wiederholt,
alle, dann hat man ein solches Bleigewicht am Bein, dass man nicht mehr
kreativ sein kann.»[4]

Neben diesen pragmatischen Überlegungen gibt es auch theoretische
Gründe, die angeführt werden, um die Forderung nach einer semi-rigorosen
Mathematik zu legitimieren. Kurt Gödel hat 1931 mit seinem Unvollständigkeitsbeweis gezeigt, dass es in der Mathematik unentscheidbare Sätze gibt,
d.h. Sätze, die im Rahmen eines gegebenen formalen Systems weder bewiesen
noch widerlegt werden können. Während Gödels Satz ins Herz der mathematischen Grundlagenforschung traf (2.1.2.), konnte sich die praktizierende Mathematikerin damit trösten, dass Gödels Resultat eine Ausnahmeerscheinung
ist, mit der sie in der Praxis kaum je konfrontiert sein wird. Wie Gregory
Chaitin in seinen Arbeiten zu zeigen versucht, könnte diese Hoffnung trügerisch sein. Chaitin hat mit dem Instrumentarium der algorithmischen Informa-
tionstheorie bewiesen, dass in der Zahlentheorie unentscheidbare Sätze keineswegs eine Randerscheinung sind, sondern viel häufiger vorkommen, als
man es im Anschluss an die Arbeit von Gödel (und Turing) angenommen hatte.[5] Die Tatsache, dass viele Vermutungen trotz jahrelangem Bemühen nicht
bewiesen werden konnten, könnte seinen Grund auch darin haben, dass sie de
facto nicht beweisbar sind. Aus diesem Grund würden Mathematiker, so
Chaitins Empfehlung, besser beraten sein, auch jene Vermutungen als wahr zu
akzeptieren, die zwar nicht bewiesen, aber experimentell breit abgestützt sind,
anstatt weiterhin und unter Umständen erfolglos nach einem Beweis zu suchen. Zufall und Unvorhersagbarkeit sind nicht auf die empirischen Naturwissenschaften beschränkt. Auch in der Mathematik gibt es eine Reihe von Phänomenen, die sich der Berechenbarkeit entziehen: «The theory of chaos (…)
has revealed how the notion of randomness and unpredictability is beginning
to look like a unifying principle. It seems that the same principle even extends
to mathematics. I can show that there are theorems connected with number

---

4. Ein Beispiel dafür ist die in Kapitel 4 erwähnte Tanyama-Shimura-Vermutung, die seit den
    60er Jahren vielen Arbeiten zugrunde gelegt wurde. Ein Beweis, dass sie nicht zutrifft,
    hätte auf einen Schlag ein ganzes Forschungsgebiet einstürzen lassen (Singh 1998: 227,
    303).

5. Ich kann die Argumentation von Chaitin nicht im einzelnen darstellen. Chaitin selbst hat
    eine Reihe von Aufsätzen publiziert, in denen er seine Überlegungen für ein breiteres
    Publikum dargestellt hat, vgl. Chaitin (1988, 1990, 1992). Einen knappen Einblick in die
    Argumentation von Chaitin gibt auch Barrow 1993: 75ff.; Delahaye 1989 sowie Ruelle
    1992: 150ff.

theory that cannot be proved because when we ask the appropriate questions, we obtain results that are equivalent to the random toss of a coin» (Chaitin 1990: 44).[6]

Wenn auch anders begründet gelangt Chaitin zu einem ähnlichen Schluss wie Doron Zeilberger. Beide votieren für eine Liberalisierung der mathematischen Validierungsmethoden: neben dem Beweis wären auch andere Begründungsverfahren in den Rechtfertigungskanon aufzunehmen, allen voran quasi-empirische Evidenz. Damit verbunden ist eine Aufwertung des «context of discovery» (vgl. Borwein u.a. 1996). Plausibilität gewinnt ein Resultat nicht mehr bloss über den Beweis, sondern auch über die Beispiele, die es einsichtig machen und validieren, wenn auch bloss mit einer bestimmten Wahrscheinlichkeit. «It is probably the case that most significant advances in mathematics have arisen from experimentation with examples», schreiben die Herausgeber der Zeitschrift *Experimental Mathematics*. «It is disturbing that such considerations are usually excluded from the published record. What one generally gets in print is a daunting logical cliff that only an experienced mountaineer might attempt to scale. Is this the best thing for the research community? Should we give the impression that the best mathematics is some sort of magic conjured out of thin air by extraordinary people when it is actually the result of hard work and of intuition built on the study of many special cases?» (Epstein/Levy 1995: 670).

Der Computer hat zu dieser Aufwertung der heuristischen Seite der Mathematik entscheidend beigetragen. Ohne ihn hätte die experimentelle Mathematik nie das Gewicht erhalten, das sie heute in der Mathematik besitzt. Der Anwendungsbereich des Computers ist allerdings nicht auf numerische oder symbolische Computerexperimente beschränkt. Gleichzeitig hat er auch die bildliche Anschauung in die Mathematik (zurück-)gebracht mit der Folge,

---

6. Arbeiten im Bereich der Beweisverifikation führen zwar zu einen ähnlichen Schluss, haben jedoch einen anderen Hintergrund. Dies gilt insbesondere für die sog. «transparenten» Beweise (u.a. Babai 1994; Cipra 1993). Transparente Beweise sind Beweise, die beweisen, dass ein (formalisierter) Beweis mit einer bestimmten, sehr hohen Wahrscheinlichkeit wahr ist. Sie werden dann wichtig, wenn ein Beweis zu lang ist, um ihn – von Hand oder per Computer – zu überprüfen. Transparente Beweise stellen, vereinfacht formuliert, Umformulierungen langer Beweise dar, bei denen eine stichprobenartige Überprüfung genügt, um mit einer präzis bestimmbaren Wahrscheinlichkeit zu wissen, dass der ursprüngliche Beweis richtig ist. Solche probabilistischen Beweise bilden in gewissem Sinne das theoretische Komplement zur experimentellen Mathematik. Während die Wahrscheinlichkeit der Gültigkeit eines mathematischen Satzes in der experimentellen Mathematik induktiv gestützt ist, wird sie im Rahmen der probabilistischen Beweistheorie bewiesen. ««Almost certain proofs› differ fundamentally from experimental mathematics. The latter uses physical or computer experiments to gain insight or illustrate results. While ‹almost certain proofs› may not provide either insight or illustration, they *prove* mathematical statements» (Babai 1994: 454).

dass das Auge (wieder) zu einem legitimen Erkenntnisinstrument geworden ist (Heintz 1995).[7] In den meisten Fällen haben Visualisierungen eine ausschliesslich heuristische Funktion. Sie werden eingesetzt, um neue Zusammenhänge zu entdecken, nicht um das Entdeckte zu rechtfertigen (vgl. u.a. Zimmerman/Cunningham 1991). Einige Mathematiker gehen jedoch einen entscheidenden Schritt weiter, indem sie visuelle Argumentationen auch im Bereich der Validierung zulassen wollen: «We claim that visual forms of representation can be important, not just as heuristic and pedagogic tools, but as legitimate elements of mathematical proofs» (Barwise/Etchemendy 1991: 9). Philip J. Davis hat bereits 1974 die radikale Forderung aufgestellt, auch bildliche Repräsentationen als Beweisverfahren zuzulassen (Davis 1974; 1993). Der Sicherheit des Kalküls stellte er die Wahrheit des Auges entgegen. Der Kreis, den wir *sehen,* vermittle eine ganz andere – und nicht weniger wahre – Erkenntnis als die Formel $x^2 + y^2 = r^2$. «The eye ‹perceives› many things about the circle which may be difficult or impossible to mimic via the analytic symbols. (…) My point is not that a good figure can suggest conventional theorems. It goes beyond. A figure, together with its rule of generation, is automatically and without further ado a definition, theorem and proof of ‹the perceived type›» (Davis 1974: 119ff.).[8]

Mit seiner Forderung, auch visuelle Argumentationen als Beweiselement zuzulassen, verletzt Davis einen Grundkonsens der Mathematik. Solange Veranschaulichungen bloss heuristischen Zwecken dienen, hat niemand etwas dagegen einzuwenden. Dies ändert sich, sobald der Anschauung eine nicht mehr nur erkenntnisleitende, sondern auch eine erkenntnis*begründende* Funktion zugeschrieben wird, d.h. sobald sie an die Stelle des Beweises tritt.[9] Erst von diesem Moment an kann streng genommen von einer «Rückkehr der Anschau-

---

7. Visuelle Repräsentationen werden vor allem in der Geometrie und in zunehmendem Masse auch in der Zahlentheorie eingesetzt. Gegenüber einer numerischen Repräsentation hat die graphische Darstellung von Computerberechnungen den Vorteil, dass sich Muster und Regularitäten viel leichter entdecken – *sehen* – lassen. In letzter Zeit hat sich die visuelle Darstellung von mathematischen Erkenntnissen als eigenständiges Forschungsgebiet etabliert, vgl. exemplarisch die von Hans Christian Hege und Konrad Polthier herausgegebene Videokassette, auf der zwanzig preisgekrönte mathematische Kurzvideos präsentiert werden (Hege/Polthier 1998).

8. In der elementaren Mathematik sind solche «proofs of the perceived type» durchaus üblich. Vgl. als Beispiel den Beweis des Pythagoras in Kap. 1, der zum Teil auf anschaulichen Argumenten beruht.

9. Klaus Volkert unterscheidet in seiner Studie zum Wandel der Anschauung in der Mathematik zwischen drei Funktionen der Anschauung: zwischen einer erkenntnisbegründenden, einer erkenntnisbegrenzenden und einer erkenntnisleitenden Funktion. Die erkenntnisleitende, d.h. heuristische Funktion der Anschauung ist unbestritten. Problematisch ist die kritische und vor allem die erkenntnisbegründende Funktion, d.h. der Einsatz der Anschauung zum Zwecke der Validierung (Volkert 1986: xviii).

ung» gesprochen werden, die man Ende des letzten Jahrhunderts endgültig aus der Mathematik verbannt zu haben glaubte (2.1.2.). Diese Position wird allerdings nur von wenigen Mathematikern geteilt. Die neuen Visualisierungstechniken haben zwar zweifellos dazu beigetragen, dass die heuristische, erkenntnisleitende Funktion der Anschauung wieder einen anerkannten Platz bekommen hat. Dennoch sind die meisten Mathematiker weit davon entfernt, Anschauung auch als erkenntnisbegründendes Prinzip zuzulassen (vgl. u.a. Krantz 1994). Es gibt zwar Zeitschriften, die hin und wieder Beweise publizieren, die auch visuelle Elemente enthalten, aber von der mathematischen Gemeinschaft werden visuelle Beweise in der Regel nicht akzeptiert (Eisenberg/Dreyfus 1991: 31).

Experimentelle und visuelle Validierungsverfahren werden zwar nur von einer verschwindenden Minderheit befürwortet, aber die blosse Tatsache, dass sie diskutiert werden, stellt eine Herausforderung an das Zentraldogma der Mathematik dar – an die Doktrin, dass nur bewiesenes Wissen mathematisch gültiges Wissen ist. Weshalb sollte man experimentell abgestützten Resultaten nicht die gleiche Dignität zusprechen wie bewiesenen? Weshalb ist visuelle Evidenz kein Argument? Weshalb besitzt Nützlichkeit nicht den gleichen Wert wie Sicherheit? Genügt es nicht, dass eine Vermutung experimentell bestätigt ist und dazu dient, eine Reihe von Phänomenen zu erklären? Braucht es tatsächlich den Beweis, um sie als wahr zu akzeptieren? Oder wie es Keith Devlin formuliert: «Proofs will almost certainly continue to occupy a supreme and central position in mathematics. At issue, surely, is whether the ‹definition-proof›-paradigm continues to act as the *definition* of what constitutes mathematics. (…) And this is really up to us. (…) We control the meaning we, as a profession, assign to the word ‹mathematics›, and we can decide whether to include experimental mathematics, visual reasoning, and the like, as genuine ‹mathematics›. Personally, I hope we do take a broad, inclusive view of what is acceptable for membership in, and acceptance by, the profession» (Devlin 1993: 1352).

Mit ihrer Forderung nach einer experimentellen, «semi-rigorosen» Mathematik treffen Mathematiker wie Doron Zeilberger oder Gregory Chaitin ins Herz der Mathematik. Die Mathematik ist über den Beweis definiert, und genau dies macht ihre Differenz zu den anderen Wissenschaften aus. Oder in der harschen Formulierung von Saunders Mac Lane: «Mathematics rests on proof – and proof is eternal» (Mac Lane 1994b: 193). Es ist deshalb nicht erstaunlich, dass die Forderung nach einer Liberalisierung der Akzeptanzkriterien in der mathematischen Gemeinschaft heftige Reaktionen auslöst. Ein Beispiel für den mitunter beträchtlich emotionalen Charakter der Kontroverse ist die Diskussion, die rund um einen im *American Scientist* veröffentlichten Artikel entstanden ist. Unter dem provokanten Titel *The Death of Proof* hat John Horgan eine Reihe von Argumenten zusammengetragen, die die Monopolstellung des Beweises in Zweifel ziehen (sollen) (Horgan 1993). Horgans Aufsatz hat unter den Mathematikern scharfe Reaktionen ausgelöst, viel heftigere übrigens als die Polemik von Zeilberger (vgl. u.a. Andrews 1994; Krantz 1994; Thurston 1994b). Während Zeilbergers Aufsatz in den *Notices of the American Mathematical Society* erschienen ist und damit ausserhalb der mathematischen Gemeinschaft kaum rezipiert wurde, hat Horgan die Häresie öffentlich gemacht und ihr damit ein ganz anderes Gewicht verliehen. Da die Argumente, die *gegen* eine semi-rigorose Mathematik vorgebracht werden, nach wie vor die Mehrheitsmeinung wiedergeben, möchte ich sie im folgenden kurz vorstellen.

(1) «Was beweisbar ist, soll in der Wissenschaft nicht ohne Beweis geglaubt werden» – mit diesem Satz, den er als eine Art Motto an den Anfang seiner berühmten Schrift *Was sind und was sollen die Zahlen?* stellte, hat Richard Dedekind das Selbstverständnis der Mathematik auf eine knappe Formel gebracht (Dedekind 1888: iii). Die Mathematik ist über den *Beweis* definiert – und genau darin liegt ihre Besonderheit und ihre Differenz zu allen anderen Wissenschaften. Verliert der Beweis sein Monopol als Validierungsinstanz, dann berührt das den Kern der mathematischen Identität. «*Darf man Ihrer Meinung nach eine Vermutung, die experimentell sehr gut abgestützt ist, akzeptieren? A: Was heisst ‹akzeptieren› – aber doch nicht als wahr akzeptieren? F: Doch, als wahr akzeptieren. A: Nein, nein! Dann würde man ja Physik betreiben!*» Diese Antwort ist typisch für die meisten Mathematiker und Mathematikerinnen, mit denen ich gesprochen habe. Es ist der Beweis, der der Mathematik ihre spezifische Identität verleiht. Ein Mathematiker, der seine Vermutungen nicht beweist, ist, so eine beliebte Stichelei, kein Mathematiker, sondern ein (theoretischer) Physiker. «*Sagen wir mal so: Vor dem Beweis von Wiles haben die Leute an den Satz von Fermat, an die Fermatsche Vermutung geglaubt. Also, man glaubt an so was. Aber es ist doch wichtig, seine Sprache klar zu fassen und den Begriff ‹wahr› dem vorzubehalten, was mit unseren Methoden rigoros hergeleitet wurde. Es ist doch schön, wenn diese sprachliche Differenzierung noch erhalten bleibt. Und wenn man einfach das Wort ‹wahr› sonst benutzt, dann verwischt man da gewisse Grenzen, aus denen überhaupt die Antriebsquellen für die Mathematik kommen. Dann wäre es ja irgendwann gar nicht mehr wichtig, und niemand würde mehr motiviert sein, sein Lebenswerk da reinzustecken, diesen Unterschied zwischen ‹als sicher angenommen› und ‹wahr› zu füllen. Aus diesem Unterschied ist gerade bei der Fermatschen Vermutung sehr, sehr viel Mathematik entstanden. Damit würde also sozusagen eine Triebfeder der Mathematik zerstört. Und das darf nicht sein. Soweit darf das nicht gehen. Also, so eine halb-rigorose Kultur kann richtig sein, wenn sie von klugen und differenzierten Leuten verantwortungsvoll benutzt wird. Aber wenn so was allgemein wird, dann geht sicher was verloren und dann geht das vielleicht doch auch an den Grundpfeiler der Mathematik.*»

(2) Der Beweis hat für die Mathematik nicht nur eine identitätssichernde, sondern auch eine wichtige *explanative* Funktion. Würde man auf ihn verzichten, dann verkäme die Mathematik, so ein oft geäussertes Argument, zu einer blossen Ansammlung von Fakten. Experimentelle Mathematik ist, pointiert formuliert, Faktenhuberei ohne Anspruch, die erzeugten Daten auch zu erklären. Der Beweis liefert dagegen nicht nur die Sicherheit, dass ein Satz wahr ist, sondern auch eine Erklärung dafür, *weshalb* dies so ist. In vielen Reaktionen auf Horgans Artikel wurde diese Funktion des Beweises hervorgehoben: «I still had a need to deductively prove them, not because I doubted their validity, but because I wanted to try and understand *why* they were true. There is a world of difference between merely knowing something is true and knowing why it is true» (de Villiers 1995: 221; vgl. ähnlich auch Andrews 1994). Genau darin liegt auch der Unterschied zwischen der quasi-empirischen Plausibilisierung von Fermats Vermutung und Andrew Wiles' Beweis. Die experimentelle Mathematik erzeugt die Fakten, der Beweis liefert die Theorie dazu. Computerexperimente mögen einer Vermutung zwar eine hohe Plausibilität verleihen, sie erklären sie aber nicht.

(3) Die Mathematik ist, wie es Hermann Weyl formulierte, die «Wissenschaft vom Unendlichen» (Weyl 1966: 89), und dies ist ein weiterer Grund, weshalb experimentelle Validierungsmethoden in der Mathematik zwangsläufig an eine Grenze stossen. Im Rahmen von Computerexperimenten sind nur jene Beispiele erzeugbar, die im Bereich des Endlichen liegen, d.h. die mit Hilfe einer endlichen Maschine in endlicher Zeit berechenbar sind (vgl. dazu auch Silverman 1991). Angesichts der ‹Grösse› des Unendlichen sind die computererzeugten Fälle immer nur ein verschwindend kleiner Ausschnitt aus dem Bereich des Möglichen. Die Frage, ob die Fermatsche Vermutung wahr ist, ist mit keinem noch so leistungsstarken Computer abschliessend zu beantworten.

(4) Mit dem Einsatz des Computers sieht sich die Mathematik vor ein Problem gestellt, das den empirischen Naturwissenschaften schon lange vertraut ist: die Sicherheit der Resultate ist abhängig von der Funktionstüchtigkeit einer technischen Apparatur. Ähnlich wie es nach der Einführung des Teleskops nicht mehr möglich war, die gemachten Beobachtungen ausschliesslich über die eigenen Sinne zu verifizieren, sind auch die Mathematiker heute nicht mehr in der Lage, Computerberechnungen persönlich – über ihren eigenen Verstand – zu kontrollieren. Sie sehen sich damit vor ein ähnliches Problem gestellt wie die Naturforscher vor dreihundert Jahren. Anstatt den eigenen Sinnesorganen hat man dem Teleskop zu vertrauen, anstatt dem eigenen Verstand einem Programm. Die Tatsache, dass die Sicherheit der mathematischen Resultate von empirischen Faktoren – von ‹Erfahrungswahrheiten› – abhängig wird, ist ein wesentlicher Grund dafür, weshalb Mathematiker experimentellen Validierungsmethoden in der Regel skeptisch gegenüberstehen. Dies gilt erst recht für Computerbeweise (vgl. 5.1.).

Obschon die überwiegende Mehrheit der Mathematiker an der Monopol-stellung des Beweises festhält und alle Liberalisierungsversuche entschieden abwehrt, sind doch auch gewisse Irritationen festzustellen. Dies macht sich, wie ich bereits ausgeführt habe, in subtilen sprachlichen Verschiebungen be-merkbar, indem nun dem Beweis immer häufiger das Attribut «theoretisch» beigefügt wird, aber auch im Vorschlag, in der Mathematik eine ähnliche Funktionsteilung einzuführen wie in der Physik (5.3.). «We will have», so Do-ron Zeilberger mit einiger Polemik, «(both human and machine) professional *theoretical* mathematicians, who will develop conceptual paradigms to make sense out of the empirical data and who will reap Fields medals along with (hu-man and machine) *experimental* mathematicians. Will there still be a place for *mathematical* mathematicians?» (Zeilberger 1993: 978). Die Relativierung des Beweises rückt ins Bewusstsein, dass sich die Rechtfertigungsverfahren wandeln können. Nicht in jeder Phase ihrer Geschichte setzte die Mathematik ausschliesslich auf den Beweis. Was heute, wenn auch nur an den Rändern der Mathematik, gefordert wird, nämlich den Bereich der «accepted reasonings» (Kitcher) um quasi-empirische und teilweise auch anschauliche Argumente zu erweitern, war noch im 18. Jahrhundert eine verbreitete mathematische Praxis. Die Inthronisierung des Beweises als alleinige Validierungsinstanz ist ein Pro-dukt des 19. Jahrhunderts. Auch wenn diese Entwicklung kaum reversibel ist, zeigt die Debatte um den Status des Beweises doch deutlich, dass auch die Ma-thematik historisch wandelbar ist (vgl. Kap. 7).

6.2. Der Beweis als Kommunikationsmedium

> Man könnte sagen: der Beweis dient der Verständigung. Ein Experiment setzt sie voraus.
>
> *Ludwig Wittgenstein*[10]

Der Beweis wird in der Mathematik in verschiedenen Kontexten und zu ver-schiedenen Zwecken eingesetzt. Er garantiert nicht nur die Sicherheit des ma-thematischen Wissens, sondern besitzt gleichzeitig eine soziale – «*You have to give a proof. Otherwise it won't be mathematics*» – und eine wichtige explana-tive Funktion: «Good proofs not only serve to establish truth they also explain to the understanding reader *why* the result is true» (Hermann Karcher, zit. in Hildebrandt 1995: 51).[11] In diesem Abschnitt möchte ich auf eine weitere Funktion des Beweises eingehen – auf seine *Kommunikationsfunktion*. Der

---

10. Wittgenstein 1956: 196.
11. Almeida (1996) unterscheidet zwischen fünf Funktionen des Beweises: Validierung, Erklä-rung, Kommunikation, Entdeckung und Systematisierung.

Beweis ist, so meine These, ein hochgradig normiertes Kommunikationsver-
fahren, das die spezifischen Verständigungsprobleme der Mathematik zu lösen
verhilft. Es sind vor allem zwei Arten von Kommunikationsproblemen, mit
denen die Mathematik konfrontiert ist und zu deren Lösung die Institution des
Beweises beiträgt.

(1) Im Gegensatz zu den empirischen Wissenschaften lassen sich in der
Mathematik Unklarheiten nicht über einen Appell an die Sinne reduzieren. Es
gibt keinen gemeinsamen, sinnlich erfahrbaren Gegenstand, auf den man sich
bei Unklarheiten oder Verständigungsschwierigkeiten beziehen könnte, im
Sinne eines «Schau doch!» oder eines «Hör doch!». Als aufgeklärte Post-Em-
piristen wissen wir natürlich, dass solche sinnlichen Verweise auch in den empirischen Wissenschaften nicht immer möglich sind und auch nicht automatisch eindeutige Resultate liefern. Galileos Versuch, seine Gegner durch einen
Blick durchs Fernrohr von der Existenz der Jupitermonde zu überzeugen, ist
bekanntlich zunächst einmal gescheitert. Die «edlen Doktoren», die sich in
Bologna versammelten, vermochten nicht zu sehen, was Galileo sah (Feyerabend 1991: 145ff.). Zudem, und das ist das gewichtigere Argument, sind unmittelbare Sinneseindrücke nicht intersubjektiv. Moritz Schlicks «Konstatierungen» – «Hier jetzt gelb!» –, mit denen er die Wissenschaft auf eine sichere
Basis zu stellen suchte, mögen für ihn selbst zwar absolut gewiss gewesen
sein, nur, und das war der Haupteinwand von Otto Neurath, werden wir nie
wissen, ob ein anderer dasselbe sieht (3.1.).

Trotz dieser Einschränkungen und Vorbehalte ist *ein* Unterschied festzu-
halten. Auch wenn die Bezugnahme problematisch ist und oft nur indirekt erfolgt, gibt es in den empirischen Wissenschaften doch einen Gegenstandsbereich, der den Sinnen im Prinzip zugänglich ist.[12] Dies ist in der Mathematik
nicht der Fall. Mathematische Objekte – Zahlen, Funktionen oder Galois-
Gruppen – können wir nicht sehen. Im Gegensatz zu den Gegenständen der Er-
fahrungswelt sind sie nur über symbolische Repräsentationen zugänglich –
über Zeichen, Diagramme oder Figuren – und darauf *zeigen* Mathematiker und
Mathematikerinnen auch, wenn sie sich über ein Problem unterhalten.[13] Der
Umstand, dass Mathematiker keinen gemeinsamen, sinnlich wahrnehmbaren
Referenzbereich haben, macht Verständigung zu einem Problem. Wie ist an-
gesichts der Tatsache, dass mathematische Objekte nicht wahrnehmbar sind,

---

12. Die Objekte des subatomaren Bereichs sind zwar dem Auge nicht zugänglich, im Gegen-
    satz zu mathematischen Objekten lassen sie sich jedoch mit entsprechend konstruierten
    Apparaturen (z.B. Elektronenrastermikroskopen) messen und damit indirekt sichtbar
    machen.
13. Mit dieser Formulierung soll nicht ein klassischer Repräsentationsbegriff unterstellt wer-
    den (vgl. 3.3.1.). Zudem herrscht unter Mathematikern keineswegs Einigkeit darüber, wie
    man sich die Beziehung zwischen Symbol und mathematischem Gegenstand vorzustellen
    hat (4.3.).

eine Verständigung über sie überhaupt möglich? Wie ist zu erklären, dass sich Mathematiker über die Beschaffenheit ihrer Objekte relativ problemlos einigen können, obwohl sie ihnen erfahrungsmässig nicht zugänglich sind? Genau an dieser Stelle kommt der Beweis ins Spiel. Mit der Institution des Beweises hat die Mathematik ein hoch elaboriertes Normengebäude aufgestellt mit dem Zweck, die mathematische Kommunikation zu erleichtern. «A deeper idea may be almost impossible to communicate and so may be recognized only after it has been embodied in some formalization» (Mac Lane 1986: 415). Oder wie es Hermann Karcher formuliert: «Mathematical arguments, usually dressed as proofs (…) are still the fastest, most convincing form of communication» (zit. in Hildebrandt 1995: 51).

Beweisen heisst zunächst einmal, sich beim Mitteilen von Gedanken an klare Vorgaben zu halten: Begriffe müssen definiert, Notationen müssen geklärt werden, und jeder Argumentationsschritt ist im Prinzip zu belegen. Im Idealfall ist das Vorgehen sequentiell und deduktiv. Die auf diese Weise festgelegten Regeln und Konventionen haben für Mathematiker verbindlichen Charakter. Auf sie kann man sich im Falle von Unklarheiten beziehen, ähnlich wie es eine Biologin mit ihrem «Sieh doch!» tut. Nur, und das macht die spezifische Leistung dieser Lösung aus, ist die Bezugnahme auf *Regeln* ungleich effizienter als die Bezugnahme auf Gegenstände. Die Aufforderung «rechne doch!» führt zu sehr viel eindeutigeren Resultaten als der Appell an die Sinne: «Schau doch!».[14] Während Sinneswahrnehmungen grundsätzlich subjektiven Charakter haben, ist die Befolgung einer Regel prinzipiell reproduzierbar und damit intersubjektiv nachprüfbar (vgl. Heintz 1993a: Kap. 2). In der Mathematik können zwar Meinungsverschiedenheiten darüber entstehen, ob eine Regel zulässig ist. Man denke etwa an die Kontroverse zwischen Formalisten und Intuitionisten hinsichtlich der uneingeschränkten Anwendung des *tertium non datur* (2.2.2.). Ist die Regel aber einmal akzeptiert, so führt ihre Anwendung im Prinzip immer zum gleichen Resultat, und sollte sich eine Abweichung ergeben, so ist sie relativ leicht zu korrigieren, leichter jedenfalls, als es bei Beobachtungsdifferenzen in den empirischen Wissenschaften der Fall ist.

(2) Das zweite Kommunikationsproblem, mit dem die Mathematik konfrontiert ist, ist eines, das nicht nur in der Mathematik auftritt, hier aber besonders virulent ist. Es betrifft das Verhältnis von Denken und Mitteilen, von «Bewusstsein» und «Kommunikation» (vgl. u.a. Luhmann 1988).[15] Die Klage, es gebe eine praktisch unüberbrückbare Kluft zwischen der persönlichen Gedankenwelt und dem, was sich mitteilen lässt, ist in der Mathematik häufig zu hören. «It is hard to communicate understanding because that is something you

---

14. Dies zeigt sich unter anderem darin, dass es offensichtlich um einiges einfacher ist, einen Computer etwas rechnen oder sogar beweisen zu lassen, als ihm das Sehen beizubringen.
15. Vgl. zu dieser Differenz auch Otte 1994: Kap. 15.

get by living with a problem for a long time. You study it, perhaps for years, you get the feel of it and it is in your bones. You can't convey that to anybody else» (Atiyah 1984: 17). Die Tatache, dass sich dieses Vermittlungsproblem in der Mathematik in besonderem Masse stellt, hängt auch mit der dort herrschenden Arbeitsweise zusammen. Mathematiker arbeiten oft alleine und sehr lange an einem Problem. Sie sind nur selten in einen stabilen Kommunikationszusammenhang eingebettet, der ihnen einen kontinuierlichen Gedankenaustausch ermöglichen würde. Die Kooperationen sind punktuell und enden in der Regel, sobald das (Teil-)Problem gelöst ist (5.2.). Die Kluft zwischen der privaten Gedankenwelt und der öffentlichen Kommunikation kann sich unter Umständen so weit vertiefen, dass die Mitteilung der Gedanken als kaum mehr möglich erachtet wird. «*Ich publiziere nur selten etwas. Ich erzähle über meine Arbeit, ich trage sie vor, mündlich. Wenn ich es aufschreibe, habe ich das Gefühl, es hat mit dem, was ich denke, was in mir drin ist, überhaupt nichts mehr zu tun. Es gibt meine Gedanken nicht wieder. Und dann lasse ich es lieber bleiben. Manchmal ist sogar auch das Reden schwierig. Für sich selber weiss man zwar ganz genau, dass da etwas ist – dass zum Beispiel zwei Dinge zusammengehören, von denen alle anderen meinen, dass sie nichts miteinander zu tun haben. Aber wenn man dann zu den Kollegen geht und ihnen davon erzählt, und dann schauen sie einen bloss an und denken wahrscheinlich, man sei verrückt. Du hast deine Ideen, deine Gedanken, aber du kannst sie nicht mitteilen, niemand teilt sie mit dir. Man ist alleine damit. Manchmal denke ich, es ist vielleicht ganz ähnlich wie bei einer mystischen Erfahrung. Mystische Erfahrungen kann man auch nicht teilen, weil sie nicht mitteilbar sind .*»

Diese Passage ist deshalb besonders aufschlussreich, weil sie das Problem – die Diskrepanz zwischen «Bewusstsein» und «Kommunikation» – genau benennt und gleichzeitig in ihrer negativen Radikalität deutlich macht, wo die Lösung zu finden wäre: nicht in der (hoch ideologischen) Umpolung von Mathematik in Mystik, sondern im Versuch, die private Gedankenwelt zu übersetzen, d.h. sie mit Hilfe des Beweises in eine intersubjektiv zugängliche Form zu bringen. «Um einen Gedanken recht rein darzustellen, dazu gehört sehr vieles Abwaschen und Absüssen», empfahl bereits Lichtenberg (Lichtenberg 1789: 418). Genau dies leistet der Beweis. Die Übersetzung selbst geschieht in der Regel beim «Aufschreiben» (4.3.). Im Rahmen dieser Übersetzungsarbeit kommt dem Beweis eine wichtige Aufgabe zu, indem er das Sprechverhalten regelt. Der Beweis ist gewissermassen das Scharnier, das zwischen Bewusstsein und Kommunikation, zwischen «psychischem System» und «sozialem System» vermittelt. Keine andere Disziplin hat dermassen detaillierte Kommunikationsregeln aufgestellt wie die Mathematik mit ihrer Institution des Beweises. Beweisen heisst, eine Argumentation in einzelne Schritte zu zerlegen und sie in Termini einer gemeinsamen, hoch präzisen Sprache zu formulieren. Die Beweisanforderung zwingt die Mathematiker dazu, ihre privaten Ideen Schritt für Schritt in eine Form zu bringen, die sich an den expliziten Vorgaben und Standards der mathematischen Gemeinschaft orientiert. Oder, wie man in Anlehnung an Emile Durkheims berühmter Definition der sozialen Norm sagen könnte: der Beweis ist eine universale «Gussform», in die die privaten Gedanken zu giessen sind (Durkheim 1895: 126). Demgegenüber gibt es in anderen Disziplinen keine oder höchstens informelle Vorschriften, in welche *Form* die Gedanken zu bringen sind.

Wie die Geschichte der Mathematik zeigt, können sich die Kommunikationsregeln über die Zeit hinweg ändern. Was im 18. Jahrhundert als zulässiger Beweis gegolten hat, würde heute nicht mehr akzeptiert werden. Geändert hat sich insbesondere der Normierungsgrad. Im Gegensatz zum informellen Beweis des 18. Jahrhunderts, der noch sehr viel stärker auf Anschauung und intuitiven Argumenten beruhte, zeichnet sich der ‹moderne› Beweis durch grössere «*Strenge*» aus, d.h. durch Axiomatisierung, weitgehende Formalisierung, Präzision der Notation und Explizitheit der verwendeten Begriffe und Definitionen (vgl. zu dieser Verschiebung 7.3.).

Beweise haben zwar eine wichtige Funktion für die innermathematische Kommunikation, sie können diese Funktion aber nur erfüllen, wenn sie auch *verstanden* werden, und dazu braucht es ein Hintergrundwissen, das im Beweis selbst nicht explizit formuliert ist. Publizierte Beweise sind niemals vollständig, sondern enthalten Lücken, die vom Leser selbst ergänzt werden müssen (vgl. 4.3.). Um einen Beweis zu verstehen, muss man folglich *zwischen* den Zeilen lesen. So gesehen funktioniert das Verstehen eines Beweises ganz ähnlich wie das Verstehen einer alltagssprachlichen Äusserung: es setzt Hintergrundwissen und Deutung voraus. In beiden Fällen wird dasselbe Interpretationsverfahren eingesetzt – die «dokumentarische Methode der Interpretation». Der Begriff stammt ursprünglich von Karl Mannheim und wurde später von Harold Garfinkel auf den Bereich des Alltagshandelns übertragen (Garfinkel 1967; 1973).[16] Die dokumentarische Methode der Interpretation ist der Grundmechanismus, der eingesetzt wird, um die oft lückenhaften und hoch indexalischen alltagssprachlichen Äusserungen mit Sinn zu füllen. Bei der dokumentarischen Methode der Interpretation wird ein sichtbares Zeichen, eine Äusserung zum Beispiel, als Hinweis auf eine ihm zugrundeliegende Struktur interpretiert, und diese (supponierte) Struktur wird ihrerseits beigezogen, um das Zeichen mit Bedeutung zu versehen. «The method consists of treating an actual appearance as the ‹document of›, as ‹pointing to›, as ‹standing on behalf of› a presupposed underlying pattern. Not only is the underlying

---

16. Garfinkel bezieht sich auf Karl Mannheim (1921), der diesen Begriff im Zusammenhang mit seiner Interpretationstheorie eingeführt hat, ohne jedoch Mannheims Unterscheidung von den drei Sinnschichten zu übernehmen, vgl. dazu die Anmerkungen der Herausgeber zu Garfinkel 1973: 236ff.

pattern derived from its individual documentary evidences, but the individual documentary evidences, in their turn, are interpreted on the basis of ‹what is known› about the underlying pattern. Each is used to elaborate the other» (Garfinkel 1967: 78).

Das Prinzip der dokumentarischen Methode der Interpretation hilft den Mechanismus zu verstehen, mit dessen Hilfe wir den oft lückenhaften Äusserungen unserer Gesprächspartner Sinn verleihen. Etwas Ähnliches geschieht auch beim Lesen eines Beweises. Um einen Beweis zu verstehen, müssen die in jedem Beweis vorhandenen Lücken durch den Leser selbst ergänzt werden. Der mathematische Text – diese Mischung von Zeichenfolgen und alltagssprachlichen Erläuterungen – wird in diesem Sinne ganz ähnlich ‹interpretiert› wie ein literarisches Dokument oder eine alltagssprachliche Äusserung. Text und Kontext sind m.a.W. in der Mathematik auf vergleichbare Weise zusammengeschlossen wie in den sog. «verstehenden» Wissenschaften. Aus dem Beweis wird auf den zugrundeliegenden Kontext geschlossen, und dieser wird beigezogen, um den Text zu interpretieren (vgl. Breger 1990).

Dies macht deutlich, dass Beweisen und Verstehen nicht deckungsgleich sind. Es ist durchaus möglich, etwas verstanden zu haben, ohne es beweisen zu können, oder umgekehrt, etwas beweisen zu können, ohne es wirklich verstanden zu haben. «I think that there are two acts in mathematics. There is the ability to prove and the ability to understand. Now the actions of understanding and proving are not identical. In fact, it is quite often that you understand something without being able to prove it. Now of course, the height of happiness is that you understand and you can prove it. The next stage is that you don't understand it, but you can prove it. That happens over and over again, and mathematics journals are full of such stuff. Then there is the opposite, that is, where you understand it, but you can't prove it. Fortunately, it then may get into a physics journal. Finally comes the ultimate of disalmness, which is in fact the usual situation, when you neither understand it nor can you prove it» (Marc Kac, zit. in Markowitsch 1997).

Dieses Zitat ist in mehrerer Hinsicht instruktiv. Zum einen beschreibt es die Differenz zwischen Verstehen und Beweisen, zum anderen verweist es auf den Unterschied zwischen Mathematik und Physik, so wie er von vielen Mathematikern wahrgenommen wird (5.3.). Während es für die Korrektheit eines Beweises klare Testkriterien gibt, ist das Verstehen ein offener und unabgeschlossener Prozess, der dem Verstehen in sozialen Situationen nicht unähnlich ist (vgl. ausführlich Markowitsch 1997). Bei der Vermittlung von Mathematik kann dieser Unterschied besonders spürbar werden, denn die korrekte Lösung einer Aufgabe indiziert noch keineswegs, dass das Problem auch verstanden wurde. Während es relativ einfach ist zu überprüfen, ob jemand die Abfolge der einzelnen Argumentationsschritte nachvollziehen kann, ist es sehr viel schwieriger einzuschätzen, ob auch die zugrundeliegende Beweisidee verstanden wurde.[17] Das Verstehen eines mathematischen Textes ist eine anspruchsvolle und zeitraubende Aufgabe, die nur dann gelingt, wenn Leser und Autorin über ein hinreichend gemeinsames Hintergrundwissen verfügen. Auch in der Mathematik funktionieren Verstehen und Verständigung m.a.W. nur dann, wenn beide – Sprecher und Hörer – über einen gemeinsamen kulturellen Fundus verfügen. Insbesondere in neuen Gebieten kann ein solches gemeinsames Wissen nicht immer vorausgesetzt werden. Der Beweis bleibt unverständlich und ähnlich unzugänglich wie ein Kunstwerk, das mit tradierten Wahrnehmungsformen bricht.[18] Genau an dieser Stelle kommt auch in der Mathematik das Gespräch ins Spiel. Der bekannte Geometer William Thurston, Direktor des *Mathematical Science Research Institute MSRI*, spricht in diesem Zusammenhang von der Notwendigkeit, eine gemeinsame «mentale Infrastruktur» aufzubauen (Thurston 1994). Thurstons Argumentation ist für das vorliegende Thema instruktiv. Ich möchte sie deshalb etwas ausführlicher vorstellen.

Mit seinem Aufsatz *On Proof and Progress in Mathematics* hat Thurston auf den häufig geäusserten Vorwurf reagiert, er stelle zwar wichtige Vermutungen auf, mache sich aber nicht die Mühe, sie auch «*sauber*» zu beweisen. «A grand insight delivered with beautiful but insufficient hints, the proof was never fully published» – so etwa der Kommentar von Jaffe und Quinn zu Thurstons berühmtem Geometrisierungstheorem (Jaffe/Quinn 1993: 8).[19] Thurstons Geometrisierungstheorem und seine Art, Mathematik zu betreiben, wurden in den Interviews, die ich geführt habe, häufig angesprochen. «*Thurston denkt in Figuren, manche sagen, dass er sogar vier-dimensional sehen kann. Er sieht die Mathematik, aber er schreibt nicht auf. Er beweist seine Vermutungen nicht. Er schreibt einfach nicht auf. Er hat der Gemeinschaft gegenüber kein Gewissen.*» Der Aufsatz von Thurston ist eine Verteidigung und gleichzeitig ein vehementer Angriff auf das «definition-theorem-proof (DTP) model of mathematics», d.h. auf die Vorstellung, dass die Mathematik eine ausschliesslich deduktive Wissenschaft ist und das Ziel der mathematischen Arbeit darin besteht, einen formalen Beweis zu finden (Thurston 1994: 163).[20]

---

17. Es herrscht allerdings keine Einigkeit darüber, was wichtiger ist. Während William Thurston ähnlich wie Marc Kac das Verstehen betont, hat für andere der Beweis Priorität: «The question remains at what level of communication the essence has been captured. For most mathematicians, I believe that the ability to communicate with ‹logical definitions› remains the fundamental test of understanding» (Jaffe 1997).

18. Die Rezeption von Gödels Unvollständigkeitsbeweis ist dafür ein gutes Beispiel. Es hat Jahre und teilweise lange Auseinandersetzungen gebraucht, bis Gödels Beweis für die Mathematiker tatsächlich Beweiskraft hatte (Dawson 1988).

19. Als eine auch für Laien nachvollziehbare knappe Einführung in die Bedeutung von Thurstons Geometrisierungstheorem vgl. Lang 1989: 136ff.

Thurston verteidigt sich mit zwei Argumenten. Zum einen stellt er die of-fizielle Beweisnorm in Frage und stellt ihr eine andere, sehr viel informellere Auffassung entgegen. Um als Beweis anerkannt zu werden, braucht es, so Thurston, nicht unbedingt eine formale und deduktive Argumentation. Ein Satz sollte auch dann als bewiesen gelten, wenn es gelingt, eine Reihe von überzeugenden Argumenten beizubringen, auch wenn diese unter Umständen informeller Natur sind. «I'd like to spell out more what I mean when I say I proved this theorem. It meant that I had a clear and complete flow of ideas, in-cluding details, that withstood a great deal of scrutiny by myself and by oth-ers» (Thurston 1994: 174). Daran schliesst Thurston die (etwas seltsam anmu-tende) Empfehlung an, anstatt auf die Wahrheit des Beweises auf die Wahrhaftigkeit seiner Person zu setzen: «Mathematicians have many different styles of thought. My style is not one of making broad sweeping but careless generalities, which are merely hints or inspirations: I make clear mental mod-els, and I think things through. My proofs have turned out to be quite reliable. I have not had trouble backing up claims or producing details for things I have proven. I am good in detecting flaws in my own reasoning as well as in the rea-soning of others» (Thurston 1994: 174).

Zum anderen, und dies ist im vorliegenden Zusammenhang wichtiger, versucht Thurston am Beispiel der Rezeption seines Geometrisierungstheo-rems zu zeigen, dass zu einem Beweis auch ein gemeinsames Hintergrundwis-sen gehört. Mit seinem Geometrisierungstheorem hatte Thurston ein neues und für seine Kollegen und Kolleginnen zunächst weitgehend unbekanntes Gebiet erschlossen. «It was hard to communicate – the infrastructure was in my head, not in the mathematical community. (…) There was practically no infrastructure and practically no context for this theorem, so the expansion from how an idea was keyed in my head to what I had to say to get it across, not to mention how much energy the audience had to devote to understand it, was very dramatic» (Thurston 1994: 175). Ein Beweis, sei er auch noch so stringent, wird erst dann etwas beweisen, wenn man ihn auch *versteht*. Dazu braucht es jedoch ein gemeinsames Hintergrundwissen, eine «mentale Infra-struktur», die über den Beweis selbst nicht vermittelt werden kann, sondern zusätzliche Massnahmen erfordert, und zwar Massnahmen *informeller* Art – Gespräche, Vorträge, Seminare. Aus diesem Grund habe er sich, so Thurstons Rechtfertigung, auf die Vermittlung der notwendigen Infrastruktur konzen-

---

20. «In caricature, the popular model holds that **D.** mathematicians start from a few basic mathematical structures and a collection of axioms ‹given› about these structures, that **T.** there are various important questions to be answered about these structures that can be stated as formal mathematical propositions, and that **P.** the task of the mathematician is to seek a deductive pathway from the axioms to the propositions or to their denials» (Thurston 1994: 163).

triert, anstatt weiterhin Sätze zu beweisen, die zu verstehen praktisch niemand in der Lage war. «The result has been that now quite a number of mathematicians have what was dramatically lacking in the beginning: a working understanding of the concepts and the infrastructure that are natural for this subject. (…) By concentrating on building the infrastructure and explaining and publishing definitions and ways of thinking but being slow in stating or in publishing proofs of all the ‹theorems› I knew how to prove, I left room for many other people to pick up credit» (Thurston 1994: 175, 176).

Folgt man Thurstons Argumentation, so sind Formalisierung und Kommunikation, Beweis und Gespräch auf paradoxe Weise miteinander verknüpft. Auf der einen Seite hat der Beweis eine wichtige Kommunikationsfunktion, indem er eine präzis gearbeitete «Gussform» bereitstellt, in die die privaten Gedanken zu giessen sind. Gleichzeitig kann er diese Funktion aber nur dann erfüllen, wenn Autor und Leserin über ein hinreichend gemeinsames Hintergrundwissen verfügen – und dazu gehört auch jenes Wissen, das über den Beweis an sich vermittelt werden sollte, das aber nur verstanden wird, wenn genügend Anknüpfungspunkte vorhanden sind. Ist dies nicht der Fall, dann braucht es Gespräche, informelle Kommunikation, um die «Infrastruktur», den Wissensvorrat, aufzubauen, der gegeben sein muss, damit der Beweis seine Kommunikationsfunktion tatsächlich auch erfüllen kann. Diese paradoxe Beziehung liesse sich nur dann auflösen, wenn der Beweis *vollständig* wäre, d.h. keine Lücken mehr enthielte. Aber damit stiesse man bloss auf ein neues Paradox – auf das Paradox der Formalisierung. «*Wenn man etwas ganz genau sagen will, dann tötet das jedes Verstehen.*» Diese Argumentation legt es nahe, Formalisierung und informelle Interaktion bis zu einem gewissen Grade als Alternativen zu betrachten. Wie ich im Schlusskapitel dieses Buches zeigen werde, wurde der (formale) Beweis erst dann zu einem wichtigen Kommunikationsmedium, als der institutionelle Ausbau der Mathematik der informellen Vermittlung mathematischen Wissens Grenzen setzte.

6.3. Kommunikation als Ressource

> Bei dem studio der Mathematik kann wohl nichts stärkeren Trost bei Unverständlichkeiten gewähren, als dass es sehr viel schwerer ist, eines anderen Meditata zu verstehen, als selbst zu meditieren.
> *Georg Christoph Lichtenberg*[21]

Obschon die Mathematik den Ruf einer ausgesprochen unkommunikativen Wissenschaft hat, haben Gespräche in der Mathematik eine zentrale Funktion

---

21. Lichtenberg 1789: 418.

(5.2.). «*Wir Mathematiker brauchen keine Apparaturen, keine Technik wie die anderen Wissenschaften. Wir kommen ohne das aus. Unsere Werkzeuge sind in unserem Gehirn. Aber das wichtigste Werkzeug, das sind für mich die Gespräche. Reisen und mit anderen Mathematikern reden – das ist unser wichtigstes research tool.*» In der Mathematik sind Beweis und Gespräch, formale und informelle Kommunikation komplementär aufeinander bezogen. Während bislang der Beweis im Zentrum stand, geht es in diesem Abschnitt um die informelle Kommunikation und die Bedeutung, die sie für die Entwicklung und Diffusion mathematischen Wissens besitzt.

(1) Die Institution des Beweises dient dazu, die privaten Gedanken in eine intersubjektive Sprache zu übersetzen. Gleichzeitig geht bei dieser Übersetzung aber auch vieles verloren. Während man bei einem Gespräch auf verschiedene Medien zurückgreifen kann – auf die Alltagssprache, auf Zeichnungen, Gesten, Blicke und Intonationen –, ist der (schriftliche) Beweis auf *ein* Medium reduziert: auf die formale Sprache. Dies macht verständlich, weshalb publizierte Beweise schwer zu verstehen sind, viel schwerer jedenfalls, als wenn dasselbe in einem Gespräch erklärt wird. Aus diesem Grund vollzieht sich das Lernen in der Mathematik oft über Gespräche. Von David Hilbert wird berichtet, dass er sich sein Wissen praktisch ausschliesslich über Gespräche mit Kollegen und Assistenten angeeignet hat (Reid 1989: 150).[22] Vorträge haben eine ähnliche Funktion. Sie laufen in der Mathematik in der Regel nicht monologisch ab, sondern werden durch Fragen und Nachfragen unterbrochen. «After all», so Andrew Odlyzko, «we do have advanced seminars instead of handling out copies of paper and telling everybody to read them. The reason is that the speaker is expected, by neglecting details, by intonation, and body language, to convey an impression of the real essence of the argument, which is hard to acquire from the paper. The medium of paper journals and the standards enforced by editors and referees limit what can be done» (Odlyzko 1993: 16).

Die kommunikative Kompaktheit des schriftlichen Beweises ist mit ein Grund, weshalb einige Mathematiker für eine radikale Elektronisierung der Informationsvermittlung plädieren. Für Andrew Odlyzko ist es nur eine Frage der Zeit, bis die traditionellen Zeitschriften durch ein elektronisches und interaktives Kommunikationssystem ersetzt werden. In der Hochenergiephysik ist dies bis zu einem gewissen Grade bereits geschehen. Die Hauptinformationsquelle sind nicht mehr Zeitschriftenaufsätze, sondern auf einem zentralen Server gespeicherte Preprints, die über Internet allen Interessenten zugänglich sind. Odlyzko geht aber noch einen Schritt weiter, indem er dafür plädiert, die traditionelle Zeitschriftenpublikation nicht nur zu elektronisieren, sondern gleichzeitig durch andere Darstellungsformen zu ergänzen. Konkret schlägt er

---

22. Vgl. ähnlich Arnold'd 1987: 30; Atiyah 1984: 10; Serre 1986: 11.

vor, einen Beweis nicht nur, wie bisher üblich, auf möglichst knappem Raum und in einer möglichst formalen Sprache zu präsentieren, sondern ihn zusätzlich in anderen Medien und auf der Basis anderer Kommunikationsformen darzustellen. Zu jedem publizierten Beweis gäbe es – als eine Art Interpretationshilfe – eine Videoaufnahme des Vortrages, in dem die Autorin ihren Beweis mit Hilfe der in informellen Gesprächen üblichen Kommunikationsmittel (Zeichnungen, Körpersprache, Betonungen etc.) noch einmal erzählt.

Die durch die neuen elektronischen Medien möglich gewordene (oder zumindest möglich werdende) Veränderung der Publikationspolitik ist in der Mathematik ein heftig diskutiertes Thema. Während die einen für eine radikale Elektronisierung der Informationsvermittlung unter Beiziehung sämtlicher Medien plädieren, stehen andere dieser Entwicklung skeptisch gegenüber (exemplarisch Quinn 1995). Im Mittelpunkt der Debatte steht die Frage, ob das bislang durch das Referee-System gewährleistete Kontrollsystem beibehalten werden kann bzw. welche anderen Kontrollsysteme gegebenenfalls an dessen Stelle treten könnten. Die Befürchtung, dass die Elektronisierung zu einer Aufweichung des etablierten Kontrollsystems führen und damit die Zuverlässigkeit der mathematischen Resultate radikal untergraben könnte, ist das Hauptargument, das insbesondere gegen die Verlagerung der einschlägigen Information von Zeitschriften auf Preprint-Server vorgebracht wird. Im Vergleich zu anderen Disziplinen zeichnet sich die Mathematik durch eine besonders hohe Zuverlässigkeit ihrer Resultate aus. Der Grund dafür liegt unter anderem in der Institution des Referee-Systems, das in der Mathematik besonders sorgfältig gehandhabt wird (5.1.). Die Mathematik ist benutzer-, nicht produzentenorientiert. Die Tatsache, dass der Publikationsdruck in der Mathematik (noch) relativ gering ist und die mündliche Kultur weiterhin eine grosse Bedeutung besitzt, ist auch in diesem Kontext zu sehen. Schiebt man der Elektronisierung nicht einen Riegel vor, werden sich, so Quinn, in der Mathematik gefährliche – «semi-rigorose» – Tendenzen breitmachen, mit Konsequenzen für die Einheit und den inneren Zusammenhalt der Mathematik.[23]

---

23. Das ist nicht das einzige Problem, das die neuen Informationsmedien aufwerfen. Ein anderes Problem betrifft die Auswirkungen der Elektronisierung auf die innermathematische Kommunikationsstruktur. Zum einen sind nun ‹virtuelle›, über e-mail vermittelte Kooperationen möglich, die nicht mehr an face-to-face-Kontakte gebunden sind (vgl. dazu den instruktiven Aufsatz von Babai 1990). Zum anderen könnte die zunehmende Popularität von *usenet*-Gruppen zu einer offeneren Kommunikationskultur führen – «de-stratify mathematics», wie es in einer Ankündigung zu einer vom *Mathematical Science Research Institute* organisierten Konferenz über *Die Zukunft der mathematischen Kommunikation* hiess (MSRI 1994: 2). Zu den im Zusammenhang mit der Elektronisierung auftauchenden Fragen vgl. neben der bereits zitierten Literatur den Bericht von Jackson 1995 über die MSRI-Tagung sowie Grötschel/Lügger 1995.

(2) Es ist aber nicht nur die Vielfalt der Kommunikationsmedien, die miterklärt, weshalb es einfacher ist, einen gesprächsweise vermittelten Beweis zu verstehen als einen publizierten. Gleichzeitig verhelfen Gespräche dazu, explizit zu machen, was in einem publizierten Beweis implizit vorausgesetzt wird. Dazu gehört beispielsweise jenes Wissen, das aus der Sicht des Autors zu informell, zu subjektiv oder zu trivial ist, um explizit erwähnt zu werden. *«In den publizierten Arbeiten sieht man ganz viele Sachen nicht mehr, die ich für mich durchgearbeitet und aufgeschrieben habe. Entweder kommen sie nicht mehr vor, oder ich stecke sie in den Anhang. Aber im Grunde genommen ist das nur technisches Zeug, das das Resultat irgendwie verfälschen würde. Es würde es verdecken. Es schreckt die Leute auch ab. Und darum lasse ich es entweder weg oder tue es in den Anhang.»*[24] Nicht erwähnt wird aber auch jenes Wissen, das so selbstverständlich ist, dass man sich seiner gar nicht bewusst ist. Oder wie es Herbert Breger formuliert: «Know-how cannot be written on the blackboard» (Breger 1992: 81). Wie H.M. Collins in seiner instruktiven Studie über den Nachbau eines Lasergerätes zeigt, sind informelle Gespräche eine unabdingbare Voraussetzung für die Vermittlung von Wissen, d.h. für Lernen (Collins 1985: 51ff.). Der Nachbau des Lasergerätes gelang nur jenen Forschergruppen, die zu den Experten persönlichen Kontakt hatten, während die Wissenschaftler, die die Konstruktionsdetails bloss von Publikationen her kannten, keinen Erfolg hatten. Für eine erfolgreiche Nachkonstruktion war offensichtlich mehr Wissen erforderlich als in der Dokumentation enthalten war – Wissen, wie es nur in informellen Gesprächen, durch Fragen und Nachfragen, vermittelt werden kann. Collins Laserstudie ist ein aufschlussreiches Beispiel für die Relevanz impliziten Wissens und für die Bedeutung, die informelle Gespräche für den Wissenstransfer besitzen. Genau dasselbe gilt auch für die Mathematik. Vorträge und Gespräche verhelfen dazu, einen Teil des in Beweisen vorausgesetzten Wissens explizit zu machen.

(3) Gespräche sind schliesslich auch deshalb wichtig, weil längst nicht alles mathematische Wissen in schriftlicher Form vorliegt. «Many of the things that are generally known are things for which there may be no known written source. As long as people in the field are comfortable that the idea works, it doesn't need to have a formal written source» (Thurston 1994: 168). McShane spricht in diesem Zusammenhang von «folk theorems». «Folk theorems» sind mathematische Resultate, die nur mündlich, in Gesprächen oder Vorträgen, wiedergegeben werden und die niemand mehr zu publizieren wagt, da sie schon bekannt sind (McShane 1957: 316).[25] Während McShane diese

---

24. Zu diesen *«nicht erwähnenswerten»* Komponenten gehören vor allem auch die in Kap. 4 beschriebenen induktiven und experimentellen Methoden.

25. Das Problem solcher «folk theorems» liegt natürlich darin, dass sie nur beschränkt kontrollierbar sind. Sie sind in der Formulierung zu vage, um sie genau zu überprüfen.

Form von kollektivem mündlichem Wissen kategorisch ablehnt – «there is not mere uncommunicativeness; it is active opposition to communication» (S. 316) –, gibt es andere Mathematiker, für die die Tradition der mündlichen Kultur gerade umgekehrt ein besonders positives Merkmal ist. *« Ich finde, das ist eine Form von Grosszügigkeit, ja, von Grosszügigkeit. Seine Ideen den Kollegen zur Verfügung zu stellen, in Vorträgen und Gesprächen, anstatt das Wissen für sich zu behalten, um es dann irgendwann einmal zu publizieren. Ich habe aber das Gefühl, dass diese Grosszügigkeit langsam verschwindet. Das ist schade. Heute muss man alles publizieren. Und publizieren heisst nichts anderes, als zu sagen: das gehört mir, das ist ist mein Besitz. Dies wird mit der Zeit dazu führen, dass die Leute ihre Ideen für sich behalten, sie nicht mehr mitteilen. Genauso wie das Wiles getan hat. Das ist sehr traurig. »*

Die Kommunikationsformen, die durch e-mail möglich werden, sind in gewissem Sinn das Gegenstück zu Wiles' Geheimhaltungspolitik. «Can mathematics survive the Web» – räsonniert Arthur Jaffe (1997) in einem instruktiven Aufsatz, der das Verhalten von Wiles mit dem Wettlauf um einen Beweis vergleicht, der durch eine Vermutung von Edward Witten ausgelöst und primär über Internet-Kanäle ausgetragen wurde. Während Wiles seine Arbeit erst öffentlich machte, als er überzeugt war, den Beweis gefunden zu haben, wurde im zweiten Fall jede Vorüberlegung sofort über e-mail oder Bulletin-Boards zugänglich gemacht in der Hoffnung, auf diese Weise den Konkurrenten zuvorzukommen.[26] Bei beiden Beispielen geht es um die Sicherung von Prioritätsansprüchen, die Strategien sind aber grundlegend verschieden. Im einen Fall wurde Information zurückgehalten, im anderen Fall über eine Umgehung der etablierten Kommunikationskanäle (vor)schnell öffentlich gemacht. Für Jaffe liegt die Gefahr weniger in der Geheimhaltung als vielmehr im «publishing by Internet», weil dadurch die etablierten Kontrollinstanzen unterlaufen werden. Aus seiner Sicht könnte sich ein solcher Wandel der Kommunikationsformen für den Beweis und die Qualitätsstandards der Mathematik als sehr viel folgenreicher erweisen als die quasi-empiristischen Häresien mit ih-

---

26. Die Bedeutung, die die mündliche Kultur in der Mathematik besitzt, ist mit ein Grund, weshalb der Zugang zu wichtigen Gesprächszirkeln ein entscheidender Faktor für die eigene Arbeit ist. Mathematiker und Mathematikerinnen aus Ländern, die über eine geringe mathematische Tradition verfügen, sind aus diesem Grunde systematisch benachteiligt. Das Internet hat hier eine kompensatorische Funktion, angesichts seiner unterschiedlichen Zugänglichkeit allerdings nur bis zu einem gewissen Grade. Dies illustriert László Babai am Beispiel eines anderen ‹virtuellen› Wettrennens um einen Beweis: «Such a mailing may give unprecedented information advantage to a well chosen, sizable, and consequently extremely powerful elite group. The group of recipients (…) may be fully capable of making rapid advances before others would even find out that something was happening. (…) Among those who did not receive any mailings were Toda, Razborov, all of East Europe …» (Babai 1990: 41).

rer Forderung nach einer «semi-rigorosen» Mathematik: «Perhaps the greatest change in the way we view mathematical proof over the next few years will arise from a change in the way we communicate» (Jaffe 1997: 143). Ich werde im folgenden Kapitel diese These aufgreifen und am Beispiel der Geschichte der Mathematik zeigen, in welchem Ausmass die Durchsetzung des «definition-theorem-proof model of mathematics» (Thurston) durch eine Änderung der Kommunikationsformen und Kommunikationsbedingungen beeinflusst war.

Kapitel 7

Konsens und Kohärenz. Überlegungen zu einer Soziologie der Mathematik

> Es bricht kein Streit darüber aus (etwa zwischen Mathematikern), ob der Regel gemäss vorgegangen wurde oder nicht. Es kommt darüber z.B. nicht zu Tätlichkeiten.
>
> *Ludwig Wittgenstein*[1]

Wie ich in den vorangehenden Kapiteln ausgeführt habe, zeichnet sich die Mathematik durch Besonderheiten aus, die es als fraglich erscheinen lassen, ob sie sich dem konstruktivistischen Programm tatsächlich nahtlos fügt. Im Gegensatz zu anderen Disziplinen scheint es in der Mathematik weder interpretative Flexibilität noch unentscheidbare Kontroversen zu geben. Die Schlussfolgerungen der Mathematik sind zwingend. Wer sich an die Regeln hält, wird unweigerlich zum selben Resultat gelangen. Mir ist nur ein Beispiel bekannt, bei dem sich Mathematiker nicht über das Vorhandensein einer Beweislücke einigen konnten.[2] Während eine internalistische Sicht die epistemischen Besonderheiten auf die Tatsache zurückführt, dass die Mathematik eine beweisende Wissenschaft ist und mit der axiomatisierten Mengenlehre über

---

1. Wittgenstein 1953: §240.
2. Es handelt sich um den umstrittenen Beweis der Keplerschen Vermutung durch Wu-Yi Hsiang (Hales 1994; Hsiang 1995). Hsiang legte 1990 eine Arbeit von mehr als hundert Seiten vor, mit der er beanspruchte, die Keplersche Vermutung bewiesen zu haben. Der Beweis enthielt offenbar etliche Fehler und war zudem in einer Sprache formuliert, die nur schwer nachvollziehbar war. Es gibt heute eine Reihe von Mathematikern, die Hsiangs Beweis nicht anerkennen, und umgekehrt akzeptiert Hsiang die an seinem Beweis geäusserte Kritik nicht. Vor kurzem hat Thomas Hales, einer der schärfsten Kritiker von Hsiang, einen alternativen Beweis vorgelegt, der nun offensichtlich breit akzeptiert ist. Es ist wichtig zu sehen, dass sich in diesem Fall die Kontroverse *innerhalb* der Mathematik abgespielt hat, und nicht, wie z.B. im Falle des Vier-Farben-Beweises oder Thurstons Geometrisierungstheorem, auf der Metaebene der Beweisanforderungen. Es ist allerdings durchaus möglich, dass solche innermathematischen Kontroversen mit dem zunehmenden Technisierungs- und Komplexitätsgrad von Beweisen häufiger werden.

eine verbindende formale Sprache verfügt, wird eine soziologische Erklärung zuerst nach sozialen Prozessen Ausschau halten. Zwei Erklärungsprogramme habe ich in Kapitel 1 vorgestellt. Meiner Ansicht nach sind beide unzureichend. Während David Bloor die epistemische Besonderheit der Mathematik infrage stellt, wird sie von David Livingston zwar akzeptiert, er verzichtet aber darauf, sie zu erklären. Ich möchte im folgenden ein Erklärungsschema vorstellen, das einen dritten Weg vorschlägt. Es ist keine ausgefeilte Theorie, sondern ein Programm, das empirisch noch systematisch zu untermauern wäre, eine «Beweisskizze», wie die Mathematiker sagen würden, kein Beweis.

Die Argumentation umfasst fünf Teile. Der erste Teil hat vorbereitenden Charakter. Am Beispiel der Frage, ob sich Kuhns Modell wissenschaftlicher Entwicklung auf die Mathematik übertragen lässt, soll die These einer epistemischen Besonderheit der Mathematik präzisiert und vertieft werden. Diese These bildet den Ausgangspunkt für die anschliessende Erklärungsskizze. In einem ersten Schritt argumentiere ich auf der Basis von Wittgensteins Ausführungen zum Regelbegriff, dass die Befolgung einer Regel eine kollektive Praxis ist, die an eine bestimmte «Lebensform» gebunden ist (7.2.). In einem zweiten Schritt formuliere ich Wittgensteins Überlegungen in eine differenzierungs- bzw. integrationstheoretische Fragestellung um: welcher Art sind die Integrationsmechanismen, die dafür sorgen, dass es in der Mathematik – im Gegensatz etwa zur Kunst – keine konkurrierenden epistemischen Gemeinschaften gibt? Im Anschluss an David Lockwood unterscheide ich zwischen sozial- und systemintegrativen Mechanismen und verknüpfte sie mit Luhmanns Theorie der symbolisch generalisierten Kommunikationsmedien (7.3.1). Entsprechend stellt sich die Frage, welche Form diese Mechanismen in der Mathematik annehmen. Die Geschichte des Objektivitätsbegriffs zeigt, dass sich die Vorstellungen von Objektivität im Verlaufe der Wissenschaftsgeschichte gewandelt haben. Wurde Objektivität zu Beginn der modernen Wissenschaft an sozialen Merkmalen festgemacht, so wurde später Standardisierung zum Garanten von Objektivität: objektive Wissenschaft erfordert die Durchsetzung von sprachlichen und messtechnischen Konventionen (7.3.2.) Diese Überlegungen, die am Beispiel der empirischen Wissenschaften entwickelt wurden, lassen sich auch auf die Mathematik übertragen. Mit dem Wandel der Objektivitätskriterien verändern sich auch die Integrationsmechanismen: es kommt zu einer Umstellung von Sozial- zu Systemintegration oder systemtheoretisch formuliert: die Anschlussfähigkeit von Kommunikation wird in zunehmendem Masse durch symbolisch generalisierte Kommunikationsmedien gesichert, die in der Mathematik die spezifische Form der Formalisierung annehmen (7.3.3.). In einem Schlusskapitel werde ich die Argumentation noch einmal zusammenfassen (7.4.).

7.1. Gibt es in der Mathematik Revolutionen?

> Brouwer – das ist die Revolution!
>
> *Hermann Weyl*[3]

Thomas Kuhn (1962) hat sein Modell wissenschaftlicher Entwicklung am Beispiel der Naturwissenschaften, insbesondere der Physik, entwickelt. Seine Inkommensurabilitätsthese gilt folglich zunächst einmal nur für sie. Im Falle der Naturwissenschaften gibt es, so Kuhn, keine unabhängige Letztinstanz, um konkurrierende Paradigmen miteinander zu vergleichen. Aus diesem Grund erfolgt die Theoriewahl nicht nur aufgrund rationaler Kriterien, sondern ist auch durch soziale Faktoren bestimmt. Als Reaktion auf die Kritik, er gebe den Anspruch auf wissenschaftliche Rationalität auf und ersetze Wissenschaftsphilosophie durch «mob psychology» (Lakatos), hat Kuhn seine Inkommensurabilitätsthese später abgeschwächt, an der Behauptung, dass die Beobachtungssprachen konkurrierender Paradigmen nicht vollständig ineinander übersetzbar sind und wissenschaftliche Entwicklung folglich in revolutionären Schüben erfolgt, hielt er aber nach wie vor fest (Kuhn 1969). Wie sieht dies nun im Falle der Mathematik aus?

Im Gegensatz zur Wissenschaftsgeschichte wurde Kuhns Modell wissenschaftlicher Revolutionen für die Mathematikgeschichte nur mit Vorbehalten akzeptiert. Michael Crowe hat diesen Vorbehalt in seinem berühmten 10. Gesetz formuliert: «Revolutions never occur in mathematics. (…) The stress in Law 10 on the preposition ‹in› is crucial, for, as a number of earlier laws make clear, revolutions may occur in mathematical nomenclature, symbolism, metamathematics (e.g. the metaphysics of mathematics), methodology (e.g. standards of rigour), and perhaps even in the historiography of mathematics» (Crowe 1975: 19). Trotz dieser Präzisierung ist Crowes 10. Gesetz nicht unbestritten geblieben. Kontrovers ist weniger die These, dass Revolutionen (wenn überhaupt) auf der Metaebene stattfinden, als vielmehr die Behauptung, dass man zwischen ‹Meta›-Mathematik[4] und ‹richtiger› Mathematik eine klare Grenze ziehen kann: Umbrüche auf der Metaebene lassen die Praxis der Mathematik nicht unberührt (vgl. u.a. Dauben 1996; Gray 1992; Mehrtens 1976). Obschon Crowes These sicher differenziert werden muss, und die Grenze zwischen Objekt- und Metaebene durchlässiger ist, als Crowe ursprünglich unterstellte[5], belegen Fallstudien, dass die grossen Kontroversen und Umbrüche nicht *in* der Mathematik stattgefunden haben, sondern auf der Metaebene

---

3. Weyl 1921: 158.
4. Mit «Meta-Mathematik» ist in diesem Zusammenhang natürlich nicht Hilberts Metamathematik gemeint (2.2.2.), sondern die allgemeinen Vorstellungen *über* die Mathematik insgesamt: die Beweisanforderungen, die Mathematikphilosophien und die als relevant geltenden Probleme.

(vgl. als Überblick Gillies 1992 sowie Ausejo/Hormigón 1996). Das bekannteste Beispiel ist der Streit zwischen Formalisten und Intuitionisten (2.2.2.). Die Grundlagedebatte war nicht ein Streit *in* der Mathematik, sondern ein Streit *über* die Mathematik (Mehrtens 1990). Der Dissens zwischen Hilbert und Brouwer bezog sich auf die Zulässigkeit bestimmter mathematischer Regeln, nicht auf deren konkrete Anwendung. Hätte man Brouwer und Hilbert gebeten, eine mathematische Argumentation auf ihre Korrektheit hin zu prüfen, so wären wohl beide, hätten sie sich über die zulässigen Verfahren einigen können, zum selben Schluss gelangt.

Leo Corry (1989) unterscheidet im Anschluss an Yehuda Elkana (1986) zwischen «Wissensvorstellungen» (images of knowledge) und «Wissenskorpus» (body of knowlege). Zur Metaebene der «Wissensvorstellungen» gehören zum Beispiel die jeweils geltenden Beweisanforderungen, als wichtig erachtete Fragen, die mathematikphilosophischen Doktrinen oder auch spezifische Forschungsprogramme. Während die Beweisanforderungen auf der Ebene der Wissensvorstellungen angesiedelt sind, gehört der Beweis selbst zum «Wissenskorpus». Ähnlich wie Crowe (1975) vertritt Corry die Auffassung, dass es nur auf der Metaebene der Wissensvorstellungen zu Kontroversen und Umbrüchen kommt, während die Entwicklung der Mathematik selbst durch Kumulativität und Kontinuität gekennzeichnet ist. «A new mathematical theory may lead to the abandonment of an older by making it appear uninteresting or perhaps superfluous, but never wrong» (Corry 1989: 424). [6] Aus Corrys Sicht ist es die Kumulativität der mathematischen Entwicklung, die Tatsache, dass es innerhalb des «Wissenskorpus» nicht zu «Revolutionen» und Spaltungen kommt, die den Sonderstatus der Mathematik ausmacht.

Die Fallstudien belegen, dass es zwar auch in der Mathematik zu epistemischen Umbrüchen kommt, diese sich dem Kuhnschen Modell jedoch nicht nahtlos fügen. Es sind Umbrüche auf der Metaebene und nicht auf der Ebene des Wissenskorpus, und sie sind nicht das Ergebnis einer kurzen ‹revolutionären› Phase, sondern vollziehen sich langsam. Bereits vorhandenes Wissen wird nicht ausgewechselt, sondern gerät in Vergessenheit oder wird in seinem Gültigkeitsbereich eingeschränkt. Insofern verläuft die Entwicklung der Mathematik kumulativ – «formational» und nicht «transformational», um Crowes Begriffspaar zu verwenden (Crowe 1975). Das bekannteste Beispiel sind die nicht-euklidischen Geometrien, deren Entdeckung nicht zu einer Verwerfung der euklidischen Geometrie führte, sondern zur Präzisierung ihres Geltungs-

---

5. Crowe hat seine Auffassung später relativiert und in Richtung einer quasi-empiristischen Position weiterentwicklt, vgl. Crowe 1988; 1992.
6. Vgl. die Studie von Fisher (1974) als anschauliches Beispiel für das ‹Verschwinden› einer mathematischen Theorie. Die These, dass mathematische Theorien revidiert, aber nicht widerlegt werden, schliesst freilich weder Wandel noch Irrtum aus (vgl. 2.3.1.).

bereichs. Oder wie es Teun Koetsier formuliert: «Mathematical theories are weakly fallible in the sense that one can never exclude the occurrence of unintended possible interpretations of fundamental notions that require a restriction of universality claims by means of conceptual refinement. Because only the *range* of validity of theories is restricted weak fallibility implies far going continuity» (Koetsier 1991: 278; Hervorhebung B.H.).

Wie Kuhn am Beispiel der Naturwissenschaften ausführt, schlagen Anomalien nicht sofort in wissenschaftliche Krisen um. Erst von einem bestimmten Punkt an, dessen genaue Bestimmung allerdings bei Kuhn wie auch bei Lakatos im Dunkeln bleibt, wird der Konsens erschüttert und es kommt zu einer Krise bzw. zu einer Ablösung des «Forschungsprogrammes» (Lakatos) durch ein anderes. Im Gegensatz zu den Naturwissenschaften, in denen Anomalien früher oder später in wissenschaftliche Krisen münden, kann dies in der Mathematik im Regelfall verhindert werden. Inkohärenz führt m.a.W. nicht zwingend zu Dissens. Obschon Kuhns Unterscheidung zwischen Anomalie und Krise es nahelegen würde, zwischen Kohärenz und Konsens explizit zu unterscheiden, werden beide Ebenen oft vermengt. Während Anomalien die *Kohärenz* eines Wissensgebäudes in Frage stellen, ist bei wissenschaftlichen Krisen der *Konsens* tangiert. Die hier verwendete Unterscheidung orientiert sich an Margaret S. Archers fulminanter Kritik am «Mythos der kulturellen Integration», d.h. an der Definition von Kultur als kohärentes *und* geteiltes Deutungssystem (Archer 1985; 1988). Demgegenüber fordert Archer, zwischen zwei Ebenen streng zu unterscheiden: zwischen Integration auf der Ebene des kulturellen Systems («cultural system integration») und Integration auf der Ebene der Individuen («socio-cultural integration»). [7] Während kulturelle Integration auf Systemniveau eine Relation zwischen Ideen ist (Kohärenz), bezieht sich die soziokulturelle Integration auf die Beziehungen zwischen Individuen (Konsens). Im einen Fall ist der Nexus logischer Art, im anderen Fall kausaler Natur. Beide Ebenen sind analytisch zu trennen. Im Gegensatz zum «Mythos kultureller Integration», der unterstellt, dass Konsens und Kohärenz einander notwendig bedingen, zeigt Archer, dass Inkohärenz und Konsens bzw. Kohärenz und Dissens durchaus koexistieren können. Es ist denkbar, dass inkohärente kulturelle Systeme von den Individuen konsensual geteilt werden, und umgekehrt ist Dissens auch bei hoher Kohärenz möglich.

Entsprechend begreift Archer kulturellen Wandel als *endogenen* Prozess, d.h. als Resultat der Dynamik zwischen und innerhalb dieser beiden Ebenen (vgl. dazu ausführlich Archer 1988). Indem Archer kulturelle Inkohärenz als *logischen* Widerspruch interpretiert, ist ihr morphogenetisches Modell der wissenschaftlichen Entwicklung – als Sonderfall kulturellen Wandels – besonders angepasst. Es gibt eine Heuristik an die Hand, um Kuhns Unterscheidung

---

7. Vgl. Smelser (1992) zu einer ähnlichen Unterscheidung.

zwischen Anomalie und Krise neu zu dimensionieren und Naturwissenschaft und Mathematik deutlicher voneinander abzugrenzen. Während Normalphasen durch die Gleichzeitigkeit von Kohärenz und Konsens gekennzeichnet sind (und insofern dem «Integrationsmythos» entsprechen), indizieren Anomalien Inkohärenz, die jedoch erst im Falle wissenschaftlicher Krisen zu einem Dissens führen. Die Mathematik nimmt gegenüber den Naturwissenschaften eine Sonderstellung ein, indem Inkohärenzen seltener sind (aber auch schneller entdeckt werden) und nur in Ausnahmefällen in einen «kompetitiven Widerspruch» (Archer 1988: 229ff.) umschlagen. Grund dafür sind die Gegenmassnahmen der Individuen, die mit ihren Anpassungsleistungen auf der Systemebene gleichzeitig auch die sozialintegrative Ebene vor Desintegration schützen. Wie diese Gegenstrategien aussehen, hat Lakatos (1963) anschaulich beschrieben und ihnen in seiner «Methodologie wissenschaftlicher Forschungsprogramme» einen wichtigen theoretischen Platz zugewiesen (Lakatos 1970).

7.2. Regelbefolgung

> Wie man sieht, fehlt bei Wittgenstein nicht das Spasshafte im Ausdruck, und in den mannigfachen dialoghaft gestalteten Partien liebt er es oft, sich als Schelm zu gebärden. (...) Andrerseits mangelt es ihm auch nicht an *esprit de finesse*, und seine Ausführungen enthalten neben dem ausdrücklich Gesagten auch vielerlei implizite Anregungen.
>
> *Paul Bernays*[8]

Kontroversen sind in der Mathematik nicht nur seltener als in den empirischen Wissenschaften, sie haben auch einen anderen Gegenstand. Im einen Fall geht es um die Interpretation von *Sachverhalten*, im anderen Fall um die Anwendung von *Regeln*. Hans Hahn hat in seinem bereits zitierten Aufsatz *Logik, Mathematik und Naturerkennen* diese Differenz anschaulich dargestellt: «Es (das logische Schliessen, B.H.) beruht also keineswegs darauf, dass zwischen Sachverhalten ein realer Zusammenhang besteht, den wir durch das Denken erfassen, es hat vielmehr mit dem Verhalten der Gegenstände überhaupt nichts zu tun, sondern fliesst aus der Art, wie wir über Gegenstände sprechen. Wer das logische Schliessen nicht anerkennen wollte, hat nicht etwa eine andere Meinung über das Verhalten der Gegenstände als ich, sondern er weigert sich, über die Gegenstände nach denselben Regeln zu sprechen wie ich; ich kann ihn nicht überzeugen, sondern ich muss mich weigern, mit ihm weiter zu sprechen, so wie ich mich weigern werde, weiter mit einem Partner Tarock zu spie-

---

8. Bernays 1957: 120.

len, der darauf beharrt, meinem Skiess mit dem Mond zu stechen» (Hahn 1932: 156).

Differenzen über Regeln sind offensichtlich leichter zu beheben als Differenzen über Sachverhalte. Weshalb dies so ist, gehört zu den wichtigen Fragen, die eine Philosophie (und Soziologie) der Mathematik zu beantworten hat. Eine mögliche Antwort setzt bei Wittgensteins Überlegungen zur Regelbefolgung an. Ohne mich im Gestrüpp der verschiedenen Wittgenstein-Interpretationen verfangen zu wollen (und zu können), möchte ich im folgenden Wittgensteins Konzeption der Regelbefolgung kurz (und in meiner Lesart) vorstellen und von dort aus überlegen, welches die Mechanismen sind, die in der Mathematik für Zusammenhalt sorgen.

Weshalb also sind Differenzen über Regeln seltener und leichter beizulegen als Differenzen über Sachverhalte? Um diese Frage zu beantworten, muss zunächst geklärt werden, worauf man sich bezieht, wenn von Regeln und Dissens die Rede ist. Geht es um die *Akzeptanz* von Regeln oder um deren korrekte *Anwendung*? Spielt Hahns Tarock-Partner ein anderes Spiel oder hat er die Regel falsch angewandt? Und vor allem: macht es überhaupt Sinn, zwischen der Akzeptanz einer Regel und ihrer Anwendung zu unterscheiden? Genau an diesem Punkt scheiden sich die Wittgenstein-Interpretationen auch innerhalb der Soziologie.[9] Ich möchte die Differenz zwischen diesen beiden Interpretationen an einem Beispiel deutlich machen und gleich vorausschicken, dass ich mich bei dieser (unentscheidbaren) Kontroverse in der liberalen Mitte zwischen den «Left and Right Wittgensteinians» (Bloor 1992: 281) bewege.[10]

Gewöhnlich, und das gilt nicht zuletzt auch für die Soziologie, wird zwischen der *Regel* und ihrer *Anwendung* unterschieden: die Regel ist ihrem Gebrauch äusserlich. Regeln haben dabei eine Doppelfunktion. Sie bestimmen einerseits das Handeln und geben gleichzeitig ein Kriterium dafür ab, ob ein Individuum korrekt gehandelt hat oder nicht. Ein Beispiel dafür sind mathematische Regeln, der Additionsalgorithmus beispielsweise, von dem angenommen wird, dass er das Handeln leitet, und der gleichzeitig die Beurteilungsinstanz dafür ist, ob jemand richtig gerechnet hat oder nicht. Unterstellt wird dabei, dass die Bestimmung einer Handlung durch eine Regel problemlos ist und Regeln tatsächlich als Beurteilungskriterien fungieren können. In

9. Vgl. dazu die Kontroverse zwischen David Bloor (1992) und Michael Lynch (1992a; 1992b), wobei der eine die wissenssoziologische, der andere die ethnomethodologische Lesart von Wittgenstein repräsentiert.

10. Als «rechte» Wittgensteinianer bezeichnet David Bloor (1992) Gordon P. Baker und Peter M. Hacker, Stuart G. Shanker und Michael Lynch. Sich selbst zählt Bloor zu den «linken» Wittgensteinianern. Die Differenz zwischen den «linken» Wittgensteinianern und den «rechten» besteht in den Augen Bloors darin, dass die Linken Wittgenstein soziologisch lesen, während die Rechten sich auf philosophische Etüden kaprizieren.

seinen Ausführungen zum Regelbegriff hat Wittgenstein beide Annahmen in Frage gestellt. Regeln sind keine quasi-kausalen Grössen, die ihre Anwendung von vornherein festlegen «like infinitively long rails which compel us to move in a certain way» (Shanker 1987: 18). Um das Handeln anzuleiten, müssen sie interpretiert werden, und diese Interpretationen sind im Prinzip kontingent und setzen ihrerseits Regeln voraus, die wiederum gedeutet werden müssen usw. Das ist das berühmte Regress-Argument, und es impliziert, dass Regeln ihre Anwendung nicht determinieren können.[11] Dies lässt sich an einem einfachen Beispiel verdeutlichen. Man stelle sich vor, ein Schüler habe die Aufgabe, bei 0 anzufangen und die Zahl 2 zu addieren. Als er bei 10 angelangt ist, wird ihm gesagt, er solle so weiterfahren. Anstatt, wie erwartet, 12, 14, 16 ... zu schreiben, schreibt er 0, 2, 4, 6, 8, 10, 0, 2, 4, 6, 8, 10 usw. «Wir sagen ihm: ‹Schau, was du machst!› – Er versteht uns nicht. Wir sagen: ‹Du solltest doch *zwei* addieren; schau, wie du die Reihe begonnen hast!› – Er antwortet: ‹Ja! Ist es denn nicht richtig? Ich dachte, so *soll* ich's machen.› – Oder nimm an, er sagte, auf die Reihe weisend: ‹Ich bin doch auf die gleiche Weise fortgefahren!› – Es würde uns nichts nützen, zu sagen ‹Aber siehst du denn nicht ... ?› – und ihm die alten Erklärungen und Beispiele zu wiederholen» (Wittgenstein 1953: §185).

Dieses Beispiel verweist auf das zweite Problem: wie können wir beurteilen, ob eine Regel korrekt angewendet wurde? Wer hat recht – der Lehrer, der die Fortsetzung 12, 14, 16 ... erwartet, oder der Schüler, der die Zahlenfolge noch einmal von Neuem aufschreibt? Aus konventioneller Sicht ist die Regel die Entscheidungsinstanz. Aber welche – jene des Schülers oder jene des Lehrers? Wie können wir beurteilen, welche Regel korrekt ist? «Unser Paradox war dies: eine Regel könnte keine Handlungsweise bestimmen, da jede Handlungsweise mit der Regel in Übereinstimmung zu bringen sei. Die Antwort war: Ist jede mit der Regel in Übereinstimmung zu bringen, dann auch zum Widerspruch. Daher gäbe es hier weder Übereinstimmung noch Widerspruch» (Wittgenstein 1953: §201). Meredith Williams bezeichnet dies als «Paradox of Interpretation». Das Interpretationsparadox wirft ein gravierendes Problem auf: wenn Regeln ihre Anwendung nicht bestimmen und es kein Kriterium gibt, um die Korrektheit von Handlungen zu beurteilen, wie ist Intersubjektivität und soziale Ordnung dann noch denkbar? «The *Regress Argument* shows that the view of objectified meaning as embodied in decision, formula, or any other candidate for the role cannot account for the necessity of rules, for the fact that rules constrain the behavior of the agent. The *Paradox* shows that the view cannot account for the normativity of rules, for

---

11. Wie ich in Kap. 1 gezeigt habe, leitet Bloor aus diesem Argument seine Unterdeterminiertheitsthese für die Mathematik ab.

the fact that there is a substantive distinction between correct and incorrect»
(Williams 1991: 97f.; Hervorhebung B.H.).

Dennoch, obschon Regeln Handeln nicht determinieren und auch nicht
als normative Instanz fungieren, ist Verständigung offensichtlich möglich und
wird der Schüler irgendwann einmal die Reihe so fortsetzen, wie es der Lehrer
will. Es braucht offensichtlich eine andere Erklärung, und genau an diesem
Punkt scheiden sich die Wittgenstein-Interpretationen. In dieser Diskussion
lassen sich zwei Hauptpositionen unterscheiden. In der Soziologie sind sie
durch David Bloor bzw. Michael Lynch repräsentiert, in der Philosophie durch
Saul A. Kripke bzw. durch Gordon P. Baker und Peter M.S. Hacker. [12]

Kripke vertritt eine «skeptische» Position: es gibt keine rationalen Kriterien, um richtiges von falschem Verhalten abzugrenzen. Die Addition des
Schülers hat die gleiche Berechtigung wie die des Lehrers. Obschon Wittgensteins Argumentation aus Kripkes Sicht darauf hinausläuft, dass im Prinzip
«jegliche Sprache und alle Begriffsbildung unmöglich ist» (Kripke 1987: 82),
ist dies offensichtlich nicht der Fall. Es muss folglich eine andere normative
Instanz geben, um richtiges von falschem Handeln zu unterscheiden. Für Kripke ist diese normative Instanz die *Gemeinschaft*. «Die Lösung beruht auf der
Vorstellung, dass jeder, der einer Regel zu folgen behauptet, der Kontrolle
durch andere ausgesetzt ist. Andere Angehörige der Gemeinschaft können
überprüfen, ob der vermeintlich der Regel Folgende Reaktionen an den Tag
legt, die sie billigen und die mit ihren eigenen Reaktionen übereinstimmen»
(Kripke 1987: 127f.). Es ist nicht die Regel selbst und auch nicht der Einzelne,
sondern es ist die Gemeinschaft, die über die Korrektheit eines Handelns
entscheidet. Sie beurteilt, ob jemand, der einer Regel folgt, ihr auch wirklich
folgt, oder nur glaubt, es zu tun. Diese Position wird als «community view»
bezeichnet. [13] Kripkes Lösung birgt allerdings zwei Probleme in sich. Zum einen interpretiert Kripke Wittgensteins Paradox als epistemologisches Problem: wie kann man *wissen*, ob jemand einer Regel folgt? Zum anderen unterscheidet er nach wie vor zwischen Regel und Anwendung, und weil er dies tut,
braucht er eine dritte Instanz – die Gemeinschaft –, die darüber entscheidet, ob
eine Handlung korrekt ist oder nicht (Williams 1991: 100).

Aus der Sicht von Baker und Hacker widersprechen beide Annahmen –
die epistemologische Interpretation wie auch die Trennung von Regel und An-

12. Ich orientiere mich im folgenden an der Darstellung von Rust 1996: Kap. 4, der die Kontroverse zwischen Kripke und Baker/Hacker im Kontext von Wittgensteins Philosophie
des Psychischen diskutiert.

13. Die Gemeinschaftsthese richtet sich gegen individualistische Konzeptionen der Regelbefolgung, wie sie im Rahmen der Privatsprachendiskussion formuliert wurden. In Kripkes
Version der Gemeinschaftsthese spielt es keine Rolle, ob die Gemeinschaft aktuell gegenwärtig ist oder nicht (Kripke 1987: 138). Robinson Crusoe wird auch in seiner Inselein-
samkeit korrekt Englisch sprechen und ist in der Lage, dies zu beurteilen.

wendung – Wittgensteins Intentionen. Das Paradox ist nur solange ein Paradox, als zwischen Regel und Anwendung unterschieden wird. Folglich besteht die Lösung darin, die Trennung von Regel und Anwendung aufzugeben, d.h. ihre Beziehung als eine *interne* zu sehen. «‹*How* does the rule determine this as its application?› makes no more sense than: ‹How does this side of the coin determine the other side as its obverse?›» (Baker/Hacker 1984: 96). Betrachtet man die Beziehung zwischen Regel und Anwendung aus dieser Perspektive, dann löst sich die traditionelle Frage nach den (externen) Ursachen von Regelkonformität (bzw. Devianz) auf. Die Regel ist das, was wir *tun*, und was wir tun, ist das Kriterium dafür, ob die Regel richtig angewandt wurde. Es ist nicht die Gemeinschaft, die über die Korrektheit einer Handlung gewissermassen im Abstimmungsverfahren entscheidet, sondern es ist die kollektive Praxis, die das Kriterium dafür abgibt, ob eine Regel befolgt wurde oder nicht. Oder anders formuliert: es ist nicht die Gemeinsamkeit des *Urteilens*, sondern jene des *Handelns*, an der eine Handlung gemessen wird. «In this sense community agreement is constitutive of practices, and that agreement must be displayed in action» (Williams 1991: 113).

Baker und Hackers Betonung der kollektiven Praxis richtet sich gegen Kripkes epistemologische Interpretation und gegen seine Trennung von Regel und Anwendung. Wie Meredith Williams zeigt, und damit komme ich zur oben angekündigten ‹mittleren› Position, bleiben Baker und Hacker aber letztlich einer individualistischen Perspektive verhaftet, die Wittgensteins Betonung des *sozialen* Charakters der Regelbefolgung nicht gerecht wird (vgl. ähnlich auch Malcolm 1989). «According to these authors (Baker und Hacker, B.H.), the communal or social aspect of meaning, the conformity or agreement in judgment among members of the practice, is not an essential aspect of meaningfulness. (…) Wittgenstein's use of ‹practice›, they maintain, has nothing to do with its being a *social* practice; rather the significance of the term is to show that rule-governed activity is a form of action, not a form of thought. In other words, rule following must be public, but not necessarily social» (Williams 1991: 109f.; Hervorhebung B.H.).

Demgegenüber betont Williams die soziale Dimension von Wittgensteins Regelbegriff. Gegen Kripke einzuwenden, dass es um ein *Tun* geht (und nicht um Wissen), ist eine Sache. Ein anderer, zusätzlicher Punkt ist aber, dass dieses Tun ein *soziales* Tun ist. Um überhaupt sinnvoll von Regelbefolgung sprechen zu können, muss der Einzelne in eine kollektive Praxis eingebettet sein, die mehr ist als Baker und Hackers «regularities of action». «It seems clear to me (…) that Wittgenstein *is* saying that the concept of following a rule is ‹essentially social› – in the sense that it can have its roots only in a setting where there is a people, with common life and a common language» (Malcolm 1989: 23). Nur in Relation zu diesem stillschweigenden «consensus of action» kann eine Einzelhandlung als richtig oder falsch beurteilt werden. Diese

Übereinstimmung im Handeln ist, wie es Rust formuliert, «ein Handeln ohne Gründe. Die Übereinstimmung ist nicht eine Übereinstimmung der Meinungen, sondern der Lebensform» (Rust 1996: 123). Dies ist der Grund dafür, weshalb man die Frage, ob der Schüler oder der Lehrer «recht» hat, eindeutig beantworten kann. Lehrer und Schüler sind nicht gleichberechtigte Partner. Der Lehrer vertritt die kollektive Praxis, die «Gepflogenheit», den «ständigen Gebrauch» (Wittgenstein 1953: § 198), der Schüler wird erst in sie eingeführt. Dass die Reihe mit 12, 14, 16 … fortgesetzt werden muss, bedarf m.a.W. keiner weiteren Begründung. «In being acculturated into this community, this form of life, I am enabled to speak for the community without justification for what I do and without being checked by others in the community» (Williams 1991: 118).[14]

Welche Folgerungen sind daraus für die Soziologie zu ziehen? Die Kontroverse zwischen Bloor und Lynch um die ‹korrekte› Wittgenstein-Interpretation und ihre Konsequenzen für eine Soziologie der Mathematik folgt den beiden skizzierten Argumentationslinien und verknüpft sie mit soziologischen Theorien. Bloor vertritt eine epistemologische Lesart des Interpretationsparadox und gewinnt daraus Argumente für seine wissenssoziologische Perspektive, Lynch orientiert sich an Baker und Hackers Betonung der Praxis und verbindet sie mit der Ethnomethodologie. Ausgangspunkt ist die oben beschriebene Lernsituation, und die Kontroverse dreht sich um die Frage, wie zu erklären ist, dass sich irgendwann die Praxis des Lehrers durchsetzt. Bloor vertritt ähnlich wie Kripke (auf den er sich allerdings nicht explizit bezieht) eine skeptische Position und erweitert sie, insbesondere in seinen früheren Arbeiten, um soziologische Zusatzerklärungen wie Macht, Sozialisation, Interessen etc. (vgl. Kap. 1 sowie 2.3.1.). Regeln sind nicht in der Lage, das Handeln zu leiten, noch reichen sie als normative Instanz aus. Es braucht deshalb eine dritte Grösse – das Urteil der Gemeinschaft –, die darüber entscheidet, welches Handeln das richtige ist. «It brings home (…) that something more and different is needed to define the accepted institution of arithmetic. (…) Such factor would be consensus, the very thing rejected by Baker and Hacker. Ultimately it is collective support for one internal relation rather than another that makes the teacher's rule correct and the other deviant and incorrect» (Bloor 1992: 274).

Es ist das Urteil der Gemeinschaft, die Dominanz der herrschenden Meinung, die erklärt, weshalb sich das Handeln des Lehrers durchsetzt. Damit stellt sich die Frage, wie diese Mehrheitsmeinung zustande kommt und ab-

---

14. Zudem stellt die Situation des Lernens eine Ausnahme dar, denn gewöhnlich beherrschen wir unsere Alltagspraxis und müssen nicht dauernd kontrolliert werden: «checking, whether by others or oneself, simply doesn't feature prominently in the exercise of a practice, except in the case of the learner» (Williams 1991: 113).

gestützt wird. Es ist genau diese Frage, an die die Soziologie anschliessen kann. Wie ich in Kapitel 1 gezeigt habe, trifft die skeptische Argumentation aus der Sicht von Bloor für die Mathematik insgesamt zu. Es gibt, das ist die zentrale Ausgangsthese, nicht nur eine Mathematik, sondern mehrere. Die Tatsache, dass wir es heute de facto nur mit *einer* Mathematik zu tun haben, hat seinen Grund weder im Konsistenzgebot der Mathematik noch in der Praxis des Mathematikbetreibens, sondern es sind externe soziale Faktoren, die dafür verantwortlich sind. «A number of cases have now been presented which can be read as examples of alternative forms of mathematical thought to our own (…) These variations in mathematical thought are often rendered invisible. One tactic for achieving this end has already been remarked upon. This is the knife-edge insistence that a style of thinking only deserves to be called mathematics in as far as it approximates to our own» (Bloor 1991: 129).

Aus der Perspektive einer praxisorientierten Soziologie, für die nicht nur Wittgenstein, sondern auch Mead steht (vgl. 3.3.4.), ist Bloors Auffassung in zweierlei Hinsicht problematisch. Zum einen stellt er das Denken in den Mittelpunkt, und nicht das Handeln, den Konsens, und nicht die Praxis; zum anderen verortet er die Ursache für die Übereinstimmung der Praktiken *ausserhalb* dieser Praktiken. Das ist der Vorwurf, der sich aus der zweiten Lesart von Wittgensteins Paradox ergibt und der in der Soziologie vor allem von Michael Lynch vertreten wird. «The sceptic follows Wittgenstein's *reductio ad absurdum* to the point that abandonment of the quasi-causal picture is warranted but then concludes that rules provide an insufficient account of actions. Taken into the realm of sociology of knowledge, this conclusion motivates a search for alternative explanations of how orderly actions are possible. Social conventions and interests fill the void vacated by rational compulsion» (Lynch 1993: 171). Was aber ist die Alternative? Wie lässt sich die Übereinstimmung der Praktiken – das «agreement in action» (Williams) – erklären, ohne auf eine dritte Grösse zurückgreifen zu müssen?

Für Michael Lynch liegt die Alternative in einem anderen Verständnis der Beziehung zwischen Regel und Anwendung. Seine Referenzfiguren sind auf der einen Seite Baker und Hacker, die ihm die theoretische Argumentation vorgeben, und auf der anderen Seite Eric Livingston, der aus der Sicht von Lynch dieses Programm empirisch umgesetzt hat (vgl. Kap. 1). Der Erfolg des Lehrers erklärt sich weder aus der kausalen Macht der Regeln, wie es die konventionelle Sicht unterstellt, noch aus der Macht der herrschenden Meinung, sondern aus der Tatsache, dass Mathematik eine kollektive Praxis ist. Die Übereinstimmung im Handeln – und nicht die Übereinstimmung im Denken – entscheidet darüber, ob die Regel richtig angewandt wurde oder nicht. «The problem for sociology is that the rule for counting by twos is embedded in the practice of counting (…). Similarly for the more complex practices in mathematics. The consensual culture of mathematics is expressed and described mathematically; that is, it is available in the actions of doing intelligible mathematics» (Lynch 1992: 230).

Welche Lehre ist daraus nun für die Mathematik zu ziehen? Inwieweit verhelfen uns Wittgensteins Überlegungen zu einem besseren Verständnis der epistemischen Besonderheiten der Mathematik? Weshalb kommt es in der Mathematik nur selten zu einem Streit und weshalb ist er, wenn es doch einmal dazu kommt, «mit Sicherheit zu entscheiden» – im Gegensatz etwa zu Kontroversen in der Philosophie oder Soziologie, die, wie die Diskussion um die ‹richtige› Wittgenstein-Interpretation aufs Schönste belegt, mit Sicherheit nicht entscheidbar sind. Die Argumentation, die Meredith Williams und Michael Lynch gegen das überzogene Kontingenzdenken von Bloor (und Kripke) entwickeln, ist zwar wichtig, hilft aber bei dieser Frage nicht viel weiter. Auch wenn wir einsehen, dass es um Handeln geht (und nicht um Wissen), um Soziales (und nicht um Öffentliches), so ist damit noch nicht erklärt, weshalb die Mathematik, im Gegensatz zu allen anderen Disziplinen, nicht – und auch nicht temporär – in verschiedene «Gemeinschaften» bzw. epistemische Subkulturen zerfällt (vgl. 7.1.). Weder Michael Lynch noch Meredith Williams geben auf diese Frage eine Antwort. Meredith Williams bindet die Regelbefolgung zwar an den sozialen Kontext – die «Gemeinschaft» – zurück, sie macht aber keine Aussagen darüber, wie Gemeinschaften ihre Grenzen ziehen und weshalb es im einen Fall, z.B. in der Kunst oder der Soziologie, verschiedene epistemische Gemeinschaften gibt, im Falle der Mathematik aber nur eine.

Wittgenstein hat in diesem Zusammenhang von «Lebensform» gesprochen.[15] Die an Wittgensteins Regelbegriff anschliessende Frage ist folglich die, weshalb es in der Mathematik nur *eine* Lebensform gibt, und diese Frage ist mit Wittgenstein allein nicht zu beantworten, mit welcher Brille man ihn auch immer liest. Es ist zwar richtig, sich dem Phänomen der Mathematik von innen her, über die Praxis der Mathematik, anzunähern. Ob dazu aber die von Lynch propagierte und von Livingston realisierte Methode ausreicht, ist fraglich. Zum einen ist offen, inwieweit Livingston mit seiner Rekonstruktion

---

15. Etwa in seinem berühmten Paragraphen 241, der wie so viele andere Wittgensteinsche Aperçus zur Grundausstattung des akademischen Normalarbeiters gehört: «‹So sagst du also, dass die Übereinstimmung der Menschen entscheide, was richtig und was falsch ist?› – Richtig und falsch ist, was Menschen *sagen*; und in der *Sprache* stimmen die Menschen überein. Dies ist keine Übereinstimmung der Meinungen, sondern der Lebensform» (Wittgenstein 1953: §241). Oder, etwas weniger bekannt, in seinen *Bemerkungen über die Grundlagen der Mathematik*: «Aber wie deutet denn also der Lehrer dem Schüler die Regel? (…) – Nun, wie anders, als durch Worte und Abrichtung? Und der Schüler hat die Regel (*so* gedeutet) inne, wenn er so und so auf sie reagiert. *Das* aber ist wichtig, dass diese Reaktion, die uns das Verständnis verbürgt, bestimmte Umstände, bestimmte Lebens- und Sprachformen als Umgebung, voraussetzt. (Wie es keinen Gesichtsausdruck gibt ohne Gesicht.)» (Wittgenstein 1956: 414).

des Gödelschen Beweises die Praxis der Mathematik in ihrer Vielfalt tatsächlich wiedergibt; zum anderen ist der Blick auf die mathematische Arbeitspraxis – «of the lived work of actually proving» (Lynch 1992: 245) – zu eng, um die soziale Welt der Mathematik tatsächlich zu verstehen. Wittgensteins Überlegungen zum Regelbegriff sind m.a.W. erst ein erster Schritt. Der zweite Schritt besteht darin zu beschreiben, welcher Art die Mechanismen sind, die dafür sorgen, dass es in der Mathematik nur eine «Lebensform» gibt.

7.3. Kommunikation und Formalisierung

> Die ungeheure Ausdehnung des objektiv vorliegenden Wissensstoffes gestattet, ja erzwingt den Gebrauch von Ausdrücken, die eigentlich wie verschlossene Gefässe von Hand zu Hand gehen, ohne dass der tatsächlich darin verdichtete Gedankeninhalt sich für die einzelnen Gebraucher entfaltet.
>
> *Georg Simmel*[16]

Was also sind die Mechanismen, die dazu beitragen, dass die Mathematik nicht in verschiedene epistemische Gemeinschaften zerfällt? Wie ist es der Mathematik trotz zunehmender Spezialisierung gelungen, ihre Einheit aufrechtzuerhalten, d.h. wie und worüber vollzieht sich *Integration* in der Mathematik? So formuliert, lässt sich die Frage nach den Gründen für den spezifischen Charakter der Mathematik in eine differenzierungs- bzw. integrationstheoretische Problemstellung übersetzen: welcher Art sind die Integrationsmechanismen, die dafür sorgen, dass die Mathematik trotz zunehmender Differenzierung nicht auseinanderfällt? Ich werde zunächst einige theoretische Grundlagen bereitstellen (7.3.1) und sie anschliessend anhand der Geschichte des Objektivitätsbegriffs (7.3.2.) auf die Mathematik übertragen (7.3.3.).

7.3.1. Differenzierung und Integration

Der Zusammenhang zwischen Differenzierung und Integration gehört seit Emile Durkheims «Arbeitsteilung» zu den klassischen Fragen der Soziologie (Durkheim 1893). Durkheim selbst hat zwischen zwei Integrationsformen unterschieden, die er in einer entwicklungshistorischen Perspektive zwei Typen von Gesellschaften zuordnete. Während Integration in einfachen, segmentär differenzierten Gesellschaften auf gemeinsamen Wertüberzeugungen beruht (dem «Kollektivbewusstsein»), ist eine Integration über einen Wertekonsens in funktional differenzierten Gesellschaften nicht mehr möglich. An die Stelle

---

16. Simmel 1907: 621.

einer Integration über eine gemeinsame Kultur tritt, so Durkheims entscheidende These, die Integration über Tausch. Der Differenzierungsprozess schafft sich mithin seine Lösung selbst: Arbeitsteilung führt zu Spezialisierung und zwingt insofern zu Kooperation. Durkheims These ist auf breite Kritik gestossen und wurde auch von ihm selbst später abgeschwächt (u.a. Alexander 1993; Parsons 1993; Tyrell 1985). Das Problem allerdings blieb bestehen und hat eine Vielzahl von Weiterentwicklungen nach sich gezogen.

Eine wichtige Grundlage hat Talcott Parsons gelegt. Im Zuge seiner systemtheoretischen Fundierung der allgemeinen Handlungstheorie erhielt die Frage nach den Mechanismen gesellschaftlicher Integration für Parsons eine neue Bedeutung: wie lässt sich der Zusammenhalt zwischen den ausdifferenzierten Teilsystemen erklären? An diese Frage schliesst Parsons Medientheorie an (vgl. Künzler 1986; Parsons 1980; Schimank 1996: 103ff.). Aus Parsons Sicht wird der Austauch zwischen den einzelnen Teilsystemen über symbolisch generalisierte Medien vermittelt, die er als «Tauschmedien» bezeichnet. Im Falle des Sozialsystems, um nur das ausgearbeitetste Beispiel zu erwähnen, bestehen zwischen den einzelnen Subsystemen (ökonomisches System, politisches System, Treuhändersystem und gesellschaftliche Gemeinschaft) im ganzen zwölf Austauschbeziehungen. Jedes Teilsystem hat ein spezifisches Medium ausgebildet (Geld, Macht, Wertbindung (commitments) und Einfluss), das den Austausch mit den drei anderen Teilsystemen steuert. Medien können diese Vermittlungsfunktion deshalb erfüllen, weil sie zum einen symbolischen Charakter haben, d.h. keinen intrinsischen Wert besitzen, und zum andern generalisiert sind, d.h. kontext- und situationsunabhängig eingesetzt werden können. Geld ist dafür das augenfälligste Beispiel. Im Vergleich zur Sprache operieren Tauschmedien, so Parsons, in einem «imperativen Modus» und sind dadurch besser in der Lage, das Handeln in die gewünschte Richtung zu lenken: «Sie führen zu Resultaten, statt bloss Informationen zu übertragen» (Parsons 1963: 144). Ihre Steuerungsfähigkeit erreichen sie, indem sie entweder auf die Intentionen (Einfluss und Wertbindung) oder auf die Handlungssituation des Gegenübers (Geld und Macht) einwirken und diese Steuerung durch negative (Macht und Wertbindung) oder positive Sanktionen (Geld und Einfluss) absichern (Parsons 1968: 192ff.).

In der neueren Soziologie haben vor allem Jürgen Habermas und Niklas Luhmann Parsons medientheoretische Überlegungen aufgegriffen, ihnen aber eine andere Interpretation gegeben. Im Anschluss an das Begriffspaar von David Lockwood (1969) unterscheidet Habermas (1981) zwischen Sozial- und Systemintegration. *Sozial*integration meint bei Habermas eine Form der Integration, die bei den Handlungsorientierungen der Individuen ansetzt und auf normativem Konsens oder verständigungsorientierter Kommunikation beruht. *System*integration bezeichnet eine Integrationsform, die sich hinter dem Rükken der Beteiligten vollzieht und über Medien gesteuert ist. Mit dieser Unterscheidung schliesst Habermas einerseits an die verbreitete Vorstellung an, dass gesellschaftliche Ordnung gemeinsame (normative und kognitive) Orientierungen voraussetzt, er modifiziert dieses «Konsenspostulat» (Schimank 1992) aber dahingehend, dass Integration im Falle moderner, differenzierter Gesellschaften nicht mehr ausschliesslich auf Konsens beruhen kann, sondern zusätzlich über systemische Integrationsmechanismen hergestellt werden muss. «Die Analyse dieser Zusammenhänge ist nur möglich, wenn wir die Mechanismen der Handlungskoordinierung, die die Handlungsorientierungen der Beteiligten aufeinander abstimmen, von Mechanismen unterscheiden, die nicht-intendierte Handlungszusammenhänge über die funktionale Vernetzung von Handlungsfolgen stabilisieren. Die Integration eines Handlungssystems wird im einen Fall durch einen normativ gesicherten oder kommunikativ erzielten Konsens, im anderen Fall durch eine über das Bewusstsein der Aktoren hinausreichende nicht-normative Regelung von Einzelentscheidungen hergestellt» (Habermas 1981/II: 179). Diese «nicht-normative Regelung» wird aus der Sicht von Habermas über symbolisch generalisierte Medien vermittelt, die er im Unterschied zu Parsons «Steuerungsmedien» nennt.

Steuerungsmedien haben eine Entlastungsfunktion, indem sie eine Integration ermöglichen, die nicht mehr auf normativen Konsens oder kommunikativ erzielte Verständigung angewiesen ist. Kommunikation sichert Zusammenhalt, weil sie «Einsicht» stimuliert, Geld und Macht, weil sie durch Sanktionen «gedeckt» sind und auf «empirisch motiviertem Gehorsam» beruhen (Habermas 1981/II: 269ff.). Die mit den Steuerungsmedien gekoppelten gesellschaftlichen Teilsysteme (Bürokratie und Wirtschaft) bilden Bereiche einer «normfreien Sozialität» (Habermas 1981/II: 455), in denen losgelöst von normativen Gesichtspunkten und indifferent gegenüber Kultur, Gesellschaft und Persönlichkeit gehandelt wird. Während das Konzept der Sozialintegration einigermassen klar ist, bleibt Habermas' Explizierung der Systemintegration relativ diffus (vgl. dazu auch Giegel 1992b). Zum einen beruht die Integrations- und Koordinationsfunktion von Medien darauf, dass sie – gestützt durch ein spezifisches Sanktionspotential – bei den Individuen das Motiv erzeugen, den Erwartungen entsprechend zu handeln. Andererseits liegt ihr Integrationsbeitrag darin, dass sie «über die funktionale Vernetzung von Handlungsfolgen nicht-intendierte Handlungszusammenhänge» schaffen (Habermas 1981/II: 179). Während die erste Explikation bei den Individuen und ihren Handlungsorientierungen ansetzt und sich damit an die Vorgaben von Parsons hält, löst sich die zweite von der Bezugnahme auf intendiertes Handeln und definiert medienvermittelte Integration als einen funktionalen Mechanismus, der die Binnenperspektive transzendiert und sich gewissermassen «hinter dem Rükken» der Beteiligten vollzieht.

Auch Niklas Luhmann schliesst an Parsons Medientheorie an, entwickelt sie jedoch in eine ganz andere Richtung als Habermas (Luhmann 1975; 1997:

Kap. 2). Anstatt von Tauschmedien spricht Luhmann von symbolisch generalisierten Kommunikationsmedien. Kommunikationsmedien sind für Luhmann Einrichtungen, die das Problem der dreifachen Unwahrscheinlichkeit von Kommunikation zu lösen helfen: Verstehen, Erreichen von Empfängern, Erfolg (Luhmann 1981). Entsprechend unterscheidet Luhmann zwischen drei Typen von Kommunikationsmedien, die er in eine historische Abfolge bringt: *Sprache* ist das historisch primäre Kommunikationsmedium. Ihre Entwicklung erleichtert das Verstehen einer Kommunikation. *Verbreitungsmedien* (Schrift, Buchdruck etc.) schliessen daran an und erweitern den Adressatenkreis. *Symbolisch generalisierte Kommunikationsmedien* (Geld, Macht, Wahrheit etc.) sind die historisch letzte Entwicklung. Sie orientieren die Kommunikation in Richtung Zustimmung, d.h. erhöhen ihre Erfolgswahrscheinlichkeit. Symbolisch generalisierte Kommunikationsmedien braucht es erst dann, wenn mit der Erfindung von Verbreitungsmedien indirekte Kommunikation möglich wird, deren Verlauf nicht mehr über persönliche Verhaltenskontrollen gesteuert werden kann (Luhmann 1972). Symbolisch generalisierte Kommunikationsmedien sind, so Luhmann, «semantische Einrichtungen, die es ermöglichen, an sich unwahrscheinlichen Kommunikationen trotzdem Erfolg zu verschaffen. ‹Erfolg verschaffen› heisst dabei: die Annahmebereitschaft für Kommunikationen so zu erhöhen, dass die Kommunikation gewagt werden kann und nicht von vornherein als hoffnungslos unterlassen wird» (Luhmann 1982: 21). Luhmann (1997) bezeichnet die symbolisch generalisierten Kommunikationsmedien deshalb auch als «Erfolgsmedien».

Es ist wichtig zu sehen, dass symbolisch generalisierte Kommunikationsmedien – wie etwa Macht, Liebe oder Wahrheit – keine Sachverhalte sind, sondern es sind Kommunikationsanweisungen und Interpretationsvorschriften, die relativ unabhängig davon, ob solche Sachverhalte vorliegen oder nicht, eingesetzt werden können. Die Liebessemantik ist dafür ein bekanntlich exzellentes Beispiel (vgl. Luhmann 1982). Von «*sym*bolisch» spricht Luhmann deshalb, um ähnlich wie Parsons auszudrücken, dass Kommunikationsmedien eine Differenz überbrücken: Sprecher und Rezipient beziehen sich auf dasselbe Symbol. Im Falle des Kommunikationsmediums «Wahrheit» ist Wahrheit dieses Symbol. Wahrheit ist kein Sachverhalt, keine Eigenschaft von Sätzen, sondern ein Symbol, das indiziert, dass die Kommunikation unter bestimmten Bedingungen zustande kam (Luhmann 1990: 173). Kommunikationsmedien sind abstrakte semantische Einrichtungen, d.h. sie sind auf unterschiedlichste Situationen anwendbar. Diese Fähigkeit der Kommunikationsmedien, in verschiedenen Kontexten und Situationen wieder verwendbar zu sein, bezeichnet Luhmann in Anschluss an Parsons als «generalisiert».

Mit seinem Begriff des symbolisch generalisierten Kommunikationsmediums schliesst Luhmann an Parsons an, er verortet den Medienbegriff jedoch im Kontext seiner Kommunikationstheorie. Während Medien bei Parsons primär die Funktion haben, die Austauschbeziehungen zwischen den Teilsystemen zu regeln, ist das Bezugsproblem bei Luhmann die Unwahrscheinlichkeit der Kommunikation. Symbolisch generalisierte Kommunikationsmedien haben die Funktion, die Akzeptanz von Kommunikationen zu fördern, und sie tun dies, indem die «Konditionierung der Selektion zu einem Motivationsfaktor» gemacht wird (Luhmann 1997: 321), d.h. indem sie signalisieren, dass sie unter spezifischen Bedingungen zustande kamen. Ein Beispiel dafür ist die Wissenschaft bzw. das ihr zugehörige Kommunikationsmedium «Wahrheit». Wissenschaftliche Kommunikationen rekurieren auf das Kommunikationsmedium Wahrheit und signalisieren damit, dass sie Ergebnis wissenschaftlicher Verfahren sind und nicht bloss Meinungen oder Wertungen wiedergeben. Dies blockiert Gegenfragen und erhöht damit die Akzeptanz von Aussagen, und zwar auch dann, wenn sie Intuition und Erfahrung zuwiderlaufen.

Im Gegensatz zu Habermas, der Kommunikation und Medien strikt auseinanderhält und sie im Rahmen seines dualen Gesellschaftsmodells unterschiedlichen gesellschaftlichen Bereichen zuweist – der «Lebenswelt» im einen Fall, dem «System» im anderen – integriert Luhmann die Medien in seine Kommunikationstheorie und versteht sie als Ergänzung und historische Fortsetzung direkter Kommunikation. Sprache allein legt nicht fest, wie auf eine Kommunikation reagiert wird, ob mit Zustimmung oder Ablehnung. Solange die Kommunikation jedoch im Rahmen von face-to-face-Interaktionen stattfindet, stehen eine Reihe von aussersprachlichen Mitteln zur Verfügung, um Zustimmung zu sichern (Luhmann 1972). Erving Goffman hat diesen «korrektiven Austausch» minutiös beschrieben (Goffman 1982). Sobald durch die Entstehung von Verbreitungsmedien der unmittelbare Zusammenhang von Mitteilung/Information und Verstehen auseinandergerissen wird, braucht es andere Einrichtungen, um die Akzeptanz von Kommunikationen zu erhöhen. Genau hier kommen für Luhmann die symbolisch generalisierten Kommunikationsmedien ins Spiel.[17]

Symbolisch generalisierte Kommunikationsmedien sind an einen je spezifischen binären Code gekoppelt (wahr/falsch; recht/unrecht etc.), und ihre Funktionsweise besteht darin, dass sie den positiven Wert des Codes stärken (Präferenzcode). Diese binäre Codierung ermöglicht eine enorme Komplexitätsreduktion: alles, was der Fall ist, ist – z.B. im Falle des Wahrheitsmediums – entweder wahr oder falsch (und nicht noch zusätzlich halbwahr oder schön). Während Generalisierung, Symbolisierung und binäre Codierung

---

17. Eine weitere Bedingung für die Entwicklung symbolisch generalisierter Kommunikationsmedien ist die Zunahme gesellschaftlicher Komplexität. Im Unterschied zu Parsons, der die Entwicklung von Medien als Folgeerscheinung gesellschaftlicher Differenzierung interpretiert, betrachtet sie Luhmann gerade umgekehrt als deren Voraussetzung, vgl. u.a. Luhmann 1997: 332ff.

allen symbolisch generalisierten Kommunikationsmedien gemeinsam ist, unterscheiden sie sich danach, wem eine Kommunikation zugerechnet wird – dem Handelnden oder der Umwelt. Bei einer Zurechnung auf die Umwelt spricht Luhmann von «Erleben», im umgekehrten Fall von «Handeln» (Luhmann 1997: 333ff.). Auch hier handelt es sich nicht um Sachverhalte – Handelnde sind immer beides: erlebend und handelnd –, sondern um Zuschreibungen. Im Falle des Kommunikationsmediums Wahrheit wird die Selektion der Information der Umwelt und nicht den Beteiligten zugerechnet, denn als semantische Einrichtung zeichnet sich Wahrheit gerade dadurch aus, dass sie nicht auf die Interessen oder Wünsche der Handelnden zurückgeführt wird: «Man kann schliesslich nicht sagen: es ist wahr, weil ich es so will oder weil ich es vorschlage» (Luhmann 1990: 221). Es ist diese Zurechnung auf Erleben, die wissenschaftlichen Aussagen ihre Überzeugungskraft verleiht. [18]

Die Frage nach den Formen und Mechanismen von Integration wird je nach theoretischer Perspektive unterschiedlich beantwortet. Habermas unterscheidet, wie ausgeführt, zwischen Sozial- und Systemintegration. Während Sozialintegration auf normativem Konsens oder Kommunikation beruht, wird Systemintegration über Steuerungsmedien hergestellt. Luhmann, der Integrationsvorstellungen gegenüber äusserst skeptisch eingestellt ist, übersetzt das Integrationsproblem in die Frage nach den Bedingungen, die die Fortsetzung von Kommunikation, d.h. Systembildung ermöglichen. Während dies in einfachen Gesellschaften über aussersprachliche Kontrollmittel geschieht, sind es in komplexen Gesellschaften, in denen der raumzeitliche Zusammenhang von Mitteilung/Information und Verstehen auseinandergerissen wird, symbolisch generalisierte Kommunikationsmedien, die die Fortsetzung der Kommunikation entgegen aller Wahrscheinlichkeit möglich machen. [19]

Inwieweit sind diese Überlegungen auf die Wissenschaft und speziell auf die Mathematik übertragbar? Lassen sich die epistemischen Besonderheiten

---

18. Dass es sich bei dieser Zuschreibung auf «Erleben» nicht um einen Sachverhalt handelt, sondern um eine höchst komplexe Konstruktion, hat die konstruktivistische Wissenschaftssoziologie an verschiedenen Beispielen gezeigt, vgl. dazu 3.3. sowie die folgenden Ausführungen zur Geschichte des Objektivitätsbegriffs.

19. Gesellschaftliche Integration ist damit allerdings nicht gewährleistet. Kommunikationsmedien sind teilsystemspezifische Medien, d.h. erklären die Fortsetzung der Kommunikation innerhalb der Funktionssysteme, aber nicht zwischen ihnen. Gesellschaftliche Integration, ob über Medien wie bei Habermas oder über gemeinsame Werte vermittelt (vgl. zu dieser Position Nunner-Winkler 1997), ist für Luhmann im Falle moderner Gesellschaften ausgeschlossen. Systemintegration ist nur in Form struktureller Kopplung denkbar, d.h. als wechselseitige Einschränkung der Freiheitsgrade von Funktionssystemen. Ähnlich verfährt er mit dem Begriff der Sozialintegration, den er seiner ursprünglichen Bedeutung entkleidet und neu über das Begriffspaar Inklusion/Exklusion definiert, vgl. u.a. Luhmann 1995; 1997: 618ff. sowie Nassehi 1997 zur Beziehung zwischen Sozialintegration und Inklusion.

der Mathematik damit erklären, dass sie besondere effektive Integrationsmechanismen ausgebildet hat, und wenn ja, welche? Ich möchte im folgenden
ein historisches Argument vorschlagen. Parsons, Habermas und Luhmann
postulieren eine historische Abfolge von Integrationsmechanismen: die Integration über Medien ist eine historische neuere Erscheinung, die die frühere
Integration über gemeinsame Normen und Kommunikation ergänzt.[20] Dieser
Gedanke lässt sich auch auf die Mathematik übertragen. Während sozialintegrative Mechanismen lange Zeit ausreichten, um Konsens und Kohärenz
zu sichern, geschieht dies seit Ende des 18. Jahrhunderts zunehmend medien-
vermittelt. Ich interpretiere dabei Formalisierung als symbolisch generalisiertes Kommunikationsmedium, das erst dann entwickelt wurde, als tiefgreifende
institutionelle Veränderungen die früheren sozialintegrativen Mechanismen
unzulänglich machten. Dies soll im folgenden anhand der Geschichte des Objektivitätsbegriffs in den Naturwissenschaften plausibilisiert (7.3.2.) und anschliessend am Beispiel der Mathematikgeschichte weiter vertieft werden
(7.3.3.).

7.3.2. Zur Geschichte des Objektivitätsbegriffs

Der Begriff der Objektivität, so wie er heute verwendet wird, ist ein Amalgam
aus verschiedenen Bedeutungskomponenten. In der Regel wird zwischen einer ontologischen und einer epistemischen Bedeutung von Objektivität unterschieden. In einem ontologischen Sinn meint «objektiv» das Vorhandensein
einer bewusstseinsunabhängigen Wirklichkeit, in einem epistemischen Sinn
bedeutet «objektiv» die Befreiung von persönlichen Idionsynkrasien und subjektiven Interventionen. Objektiv ist ein Urteil, eine Aussage dann, wenn es
mit der Wirklichkeit übereinstimmt und «keine Spuren menschlicher Herkunft» (Mannheim) mehr trägt, d.h. nicht verzerrt ist durch subjektive Faktoren. Damit ist allerdings noch nichts darüber ausgesagt, wie dieser Prozess der
Entsubjektivierung zu erfolgen hat. Die Antworten auf diese Frage repräsentieren verschiedene Auffassungen von (epistemischer) Objektivität, wie sie im
Verlaufe der Wissenschaftsgeschichte entwickelt wurden.
  Die moderne Wissenschaft, so wie sie sich im 16. und 17. Jahrhundert
langsam und durchaus widersprüchlich entfaltete, inthronisierte die Empirie
und das Experiment als grundlegendes Erkenntnisinstrument (vgl. u.a. Rossi

---

20. Durkheim hat in seiner «Religionssoziologie» (1912) gezeigt, welche Bedeutung kollek-
    tive Praktiken für die Herstellung und die Reproduktion des «Kollektivbewusstseins»
    besitzen. Nicht durch einen im Geiste verborgenen Konsens, sondern im gemeinsamen Tun
    wird Übereinstimmung zum Ausdruck gebracht und vergewissert sich die Gesellschaft
    ihrer selbst. Durkheims «praxisorientierter» Ansatz, d.h. seine Betonung der Bedeutung
    gemeinsamen Handelns – des «agreement in action» (vgl. 7.2.) – wurde weder von Luh-
    mann noch von Habermas aufgegriffen.

1997; Shapin 1996). Anstatt Autoritäten und Bücherwissen zu vertrauen, werden die Augen zur ultimativen Erkenntnisinstanz. «Rely not on the testimony of humans but on the testimony of nature; favor things over words as sources of knowledge; prefer the evidence of your own eyes and your own reason to what others tell you» (Shapin 1996: 69). Nur was mit eigenen Augen gesehen wurde, d.h. empirisch erfahrbar und intersubjektiv überprüfbar ist, kann zu einer wissenschaftlichen Tatsache werden.[21] Damit stellt sich jedoch ein Problem, dessen Lösung in unterschiedliche Verfahren zur Herstellung von Objektivität mündet. Beobachtungen sind raumzeitlich fixierte, d.h. *lokale* Ereignisse. Es ist ein konkretes Individuum mit all seinen Idiosynkrasien, das an einem bestimmten Ort und unter bestimmten Bedingungen seine Beobachtungen macht.[22] Unter welchen Voraussetzungen bekommt dieses notwendig subjektgebundene Wissen den Status einer objektiven Tatsache? Welche Bedingungen müssen erfüllt sein, damit der «view from somewhere» (Porter 1992: 646) zu einem «Blick von nirgendwo» (Nagel 1992) wird? Das war das Problem, das sich den wissenschaftlichen Neuerern des 16. und 17. Jahrhunderts stellte und zu dessen Lösung sie zwei Strategien entwickelten. Die eine Strategie setzt bei der Beobachtung an, die andere bezieht sich auf die wissenschaftliche Kommunikation – den *context of persuasion* (vgl. 3.3.2.).

Wie Werner Kutschmann (1986) in seiner informativen Studie zeigt, avancierte methodische (Selbst-)Disziplinierung seit dem 16. Jahrhundert zum wichtigsten Garanten von Objektivität. Um zu Wissen über die Natur zu gelangen, braucht es den Wissenschaftler als «Aufzeichnungsgerät», gleichzeitig muss dessen Subjektivität und Körperlichkeit aber weitgehend ausgeschaltet werden, damit die Natur tatsächlich «für sich selbst sprechen kann». Das «leibliche Apriori» jeglicher Naturerkenntnis führt zu einem Grunddilemma, das die moderne Naturwissenschaft zu lösen hat: «Der Erforscher der Natur vermag sich zum ‹Subjekt› der Naturerkenntnis nur zu machen, indem er seiner eigenen Natur strengste Fesselungen und Regelungen auferlegt» (Kutschmann 1986: 95). Das Ideal ist die «leibfreie Erkenntnis», das reine Denken, wie es exemplarisch die Mathematik realisiert. Ich bezeichne dies als *methodische* Objektivität.[23] Methodische Objektivität ist dann gegeben, wenn alles Individuelle und Subjektive, alles Emotionale und Körperliche ausgeschaltet

---

21. Das heisst nicht, dass die frühere Wissenschaft völlig unempirisch gewesen wäre. Die Empirie hatte in den klassischen Wissenschaften jedoch einen anderen Status als in den neu entstehenden experimentellen Wissenschaften: sie war der Theorie untergeordnet und wurde nicht unter ‹künstlichen›, d.h. Laborbedingungen systematisch erzeugt. Zur Veränderung des Empiriebegriffs vgl. u.a. Daston 1992b; Dear 1995; Kuhn 1976; Kutschmann 1986.

22. Dieses Problem, das jeder Beobachtung – und auch jedem Test (vgl. dazu aufschlussreich MacKenzie 1990: Kap. 7) – inhärent ist, wird in der konstruktivistischen Wissenschaftssoziologie unter dem Begriff der «Kontextualität» des Wissens diskutiert (vgl. 3.3.).

ist. Es geht darum, wie es George Lakoff formuliert, «to rule out (…) perception, which can fool us; the body, which has its frailties; society which has its pressures and special interests; memories which can fade; mental images, which can differ from person to person; and imagination (…) which cannot fit the objectively given external world» (Lakoff 1987: 183). Was sich im 16. und 17. Jahrhundert langsam herauskristallisierte, wird im Verlaufe des 19. Jahrhunderts perfektioniert. Lorraine Daston und Peter Galison (1992) sprechen in diesem Zusammenhang von «mechanischer» Objektivität. Mechanische Objektivität zielt auf eine vollständige Ausschaltung des «Apriori des Leibes» (Kutschmann), indem Apparaturen den Körper als Beobachtungs- und Messinstrument ersetzen. Die wissenschaftliche Photographie und die selbstregistrierenden Instrumente in der Biologie sind dafür anschauliche Beispiele (vgl. zur Biologie Chadarevian 1994).

Methodisch kontrollierte Beobachtung allein reicht nicht aus, um individuell und lokal erzeugtem Wissen den Status unzweifelhafter Objektivität zu verleihen. Denn Beobachtung ist erst ein erster Schritt. Um zu einem wissenschaftlichen Faktum zu werden, müssen Beobachtungen kommuniziert und von der wissenschaftlichen Gemeinschaft akzeptiert werden. Wie kann man die Fachkollegen von der Gültigkeit eines Resultats überzeugen? Wie vollzieht sich der Übergang von der individuellen Beobachtung zur allgemein akzeptierten Tatsache? Wie Steven Shapin und Simon Schaffer in ihren Studien zum frühen englischen Empirismus zeigen, wurde dieses Problem im 17. Jahrhundert vor allem als ein Problem der Glaubwürdigkeit interpretiert (Shapin/Schaffer 1985; Shapin 1994). Damit ein experimentelles Resultat den Status einer wissenschaftlichen Tatsache erhält, muss es öffentlich validiert, und das hiess in dieser Zeit: durch vertrauenswürdige Zeugen beglaubigt werden. Vertrauenswürdigkeit wurde damals vor allem sozial, d.h. über die gesellschaftliche Position definiert. Nur das unvoreingenommene Urteil des Gentleman, der einem moralischen Code verpflichtet über materiellen Interessen steht, kann die Glaubwürdigkeit eines Forschungsresultats bezeugen. Bezahlte Experimentatoren waren aufgrund ihrer sozialen Position nicht in der Lage, ihre Resultate mit Glaubwürdigkeit zu versehen: «They made the machines work, but they could not make knowledge» (Shapin 1988a: 395; vgl. auch Shapin 1994: 378ff.).[24]

---

23. Die herrschende(n) Auffassung(en) von Objektivität wurden vor allem im Rahmen der feministischen Wissenschaftsphilosophie kritisiert. Während Autorinnen wie etwa Evelyn Fox Keller und Sandra Harding vor allem die methodische Objektivität, d.h. die Forderung nach Selbstdisziplinierung und Ausschaltung von Subjektivität infrage stellen und stattdessen für eine «dynamische» (Keller 1986: 80ff.) bzw. «strenge» Objektivität (Harding 1994: 155ff.) plädieren, richtet sich die Kritik von Helen Longino (1993) vor allem gegen den individualistischen Erkenntnisbegriff der konventionellen Wissenschaftstheorie, vgl. ähnlich auch Nelson 1993.

Praktisch zerfiel der Forschungsprozess in drei Phasen, die Shapin (1988a) als «trying», «showing» und «discoursing» bezeichnet. Die Durchführung des Experimentes allein («trying») konnte keine Glaubwürdigkeit vermitteln. Um die individuelle Beobachtung in ein allgemein akzeptiertes Faktum zu transformieren, musste die Versuchsanlage von der «back stage» (den privaten Räumen von Boyles technischen Assistenten) auf die «Vorderbühne», d.h. in die öffentlichen Räume der *Royal Society* gebracht und dort glaubwürdigen Zeugen vorgeführt («showing») und von diesen kritisch diskutiert werden («discoursing»). Experimente waren – und sind (vgl. dazu Crease 1994) – Vorführungen, die Phänomene in einem genau definierten Raum und unter Verwendung der verfügbaren Techniken für ein ausgewähltes Publikum sichtbar machen. Erst über die öffentliche Beglaubigung durch glaubwürdige und «bescheidene» Zeugen wird aus einer individuellen Beobachtung ein wissenschaftliches Faktum, das kommuniziert und weiter verbreitet werden kann.[25] Zeugenschaft war nicht auf Anwesenheit beschränkt. Auch «virtuelle» Zeugen konnten ein Experiment validieren (Shapin/Schaffer 1985: 60ff.). Dazu war es allerdings notwendig, das Experiment im Detail zu beschreiben, so dass es im Geiste, als Gedankenexperiment, nachvollziehbar war.[26] «Matters of fact» sind, so Shapin und Schaffer, «an artifact of communication» – Resultat eines kommunikativen Geschehens, das spezifische Diskursregeln und eine bestimmte Darstellung erfordert (Shapin/Schaffer 1985: 25). Dazu gehörte an erster Stelle, dass sich der Autor sozial kenntlich macht: wissenschaftliche Berichte sind in der 1. Person verfasst und enthalten Hinweise auf die Person des Experimentators und den sozialen Hintergrund seiner direkten Zeugen. D.h. in einer Gesellschaft, die auf stratifikatorischer Differenzierung beruht und in der sich die Wissenschaft noch nicht als Funktionssystem ausdifferenziert hat, ist es primär die soziale und erst sekundär die wissenschaftliche Reputation, die ein Resultat mit Glaubwürdigkeit versieht.[27] Ich bezeichne diese Form von Objektivität deshalb als *soziale* Objektivität.

---

24. Glaubwürdigkeit war allerdings nicht nur eine Sache der sozialen Position, sondern auch eine des Geschlechts: als Zeugen kamen ausschliesslich Männer in Frage, vgl. dazu Haraway 1996.

25. Boyles «mechanics of fact-making» (Shapin) beruhte auf einer strikten Trennung von Tatsache und Interpretation, Empirie und Theorie. Dahinter stand die Vorstellung, dass sich theoriefreie «nuggets of pure experience» (Daston 1998) herausschälen lassen, die dann das sichere Fundament der Wissenschaft bilden. Die Vorstellung, Wissenschaft auf «nackte» Tatsachen zu fundieren, war bis ins 20. Jahrhundert der zentrale Programmpunkt des Empirismus. Die «mechanische» Objektivität des 19. Jahrhunderts war ein Versuch zur methodischen Einlösung dieses Programms, der logische Empirismus des Wiener Kreises seine philosophische Systematisierung (vgl. 3.1.).

26. Diese Ausweitung der Zeugenschaft war eine Alternative zur Replikation, die in einer Zeit, in der wissenschaftliche Verfahren noch nicht standardisiert und Apparaturen Unikate waren, schwierig zu realisieren war, vgl. dazu ausführlicher Shapin/Schaffer 1985: 225ff.

In dieser Phase wird kognitive Glaubwürdigkeit über soziale Vertrauens-würdigkeit hergestellt und noch nicht über unpersönliche, standardisierte Ver-fahren. Die Tatsache, dass die Wissenschaftler einem sozial homogenen Kreis angehörten und sich mehrheitlich persönlich kannten, zumindest über inten-siven Briefkontakt, macht die wissenschaftliche Kommunikation relativ unproblematisch. Dies ändert sich im Verlaufe des 18. und vor allem im 19. Jahrhundert. Die Publikationsaktivität nimmt explosionsartig zu und mit ihr die Anzahl wissenschaftlicher Zeitschriften, es entstehen internationale Ko-operationen und Kommissionen, und die Institutionalisierung der Wissen-schaft an den neu gegründeten Universitäten führt zu einer massiven Erweite-rung des Adressatenkreises. Angesichts dieser institutionellen Veränderungen versagen Kontrollmechanismen und Überzeugungsstrategien, die auf persön-lichem Vertrauen und direktem Kontakt beruhen. Es müssen m.a.W. Verfahren entwickelt werden, die Kommunikation und Vertrauen auch dann ermög-lichen, wenn sich die Teilnehmer nicht persönlich kennen. Die wichtigsten Verfahren waren Professionalisierung und Standardisierung. Beide Strategien sind vor dem Hintergrund der Differenzierung von Kunst und Wissenschaft zu sehen. Während Wissenschaft neu über Arbeit und die Befolgung nachvoll-ziehbarer Regeln definiert wird, wird Kunst zum Hort von Individualität und Genialität. Kommunizierbarkeit wird zum entscheidenden Abgrenzungskrite-rium. Wissenschaft kann gelernt werden, für die Ausübung von Kunst braucht es individuelle Begabung, die nicht vermittelbar ist (Daston 1998). Diese Entheroisierung der Wissenschaft gilt vor allem für die arbeitsteilig operieren-den Naturwissenschaften, weniger für die Geistes- und die neu entstehenden Sozialwissenschaften.[28]

Die universitäre Institutionalisierung der Wissenschaft ging einher mit ihrer *Professionalisierung*, d.h. mit einer Normierung der Qualifizierungs-wege und der Schaffung spezialisierter Berufsrollen (Stichweh 1994b; Ben-David 1972, 1971: Kap. 7; Schmeiser 1994: Teil 1). Der Zugang zur Wissen-schaft wird nicht mehr über den sozialen Stand geregelt, sondern ist an den Er-werb wissenschaftsinterner formaler Qualifikationen gebunden, die seit dem

27. Zu dieser Koexistenz von stratifikatorischen und funktionalen Reputationskriterien vgl. ausführlicher Shapin 1994.
28. Schmeiser (1994) vertritt in seiner Studie über die Karrierewege der deutschen Professo-renschaft in der zweiten Hälfte des 19. Jahrhunderts die Auffassung, dass wissenschaftli-che Leistung bis ins 20. Jahrhundert als «charismatischer Akt», d.h. als nicht erlernbare Begabung definiert wurde. Dies widerspricht Dastons These, dass sich Kunst und Wissen-schaft über die Entgegensetzung von Berufung und Beruf, Genialität und Erlernbarkeit dif-ferenzierten. Die Differenz wird kleiner, wenn man deutlicher zwischen Natur- und Geisteswissenschaften unterscheidet. Während die Naturwissenschaften zunehmend ver-beruflicht wurden, hielt sich die charismatische Definition wissenschaftlicher Leistung in den Geistes- und Sozialwissenschaften sehr viel länger.

19. Jahrhundert zunehmend innerdisziplinär geregelt werden (Stichweh 1984). Wissenschaft wird m.a.W. zu einem Beruf, der nach bestimmten Verfahren gelernt wird und dessen Ausübung die Befolgung anerkannter Forschungstechniken und Methoden voraussetzt. Die Standardisierung von Messverfahren und Masseinheiten wird zu einem wichtigen Instrument, um individuelles wissenschaftliches Handeln in disziplinierte kollektive Arbeit zu überführen (s. unten).[29] Entsprechend wird Glaubwürdigkeit nicht mehr über Zeugen mit hoher ausserwissenschaftlicher Reputation garantiert wie im Falle der *gentlemen*-Wissenschaft, sondern über eine professionelle Ausbildung in spezialisierten Institutionen: der Berufswissenschaftler ersetzt den Amateur, Systemvertrauen tritt an die Stelle des persönlichen Vertrauens.[30]

Mindestens ebenso wichtig wie die Professionalisierung der Wissenschaft war die *Standardisierung* und Normierung der experimentellen und sprachlichen Praktiken. Wie Lorraine Daston in ihren Arbeiten zur Geschichte des Objektivitätsbegriffs zeigt, nimmt wissenschaftliche Objektivität im Verlaufe des 19. Jahrhunderts die Bedeutung von Kommunizierbarkeit an. «Aperspectival objectivity became a scientific value when science came to consist in large part of communications that crossed boundaries of nationality, training and skill. Indeed, the essence of aperspectival objectivity is communicability, narrowing the range of genuine knowledge to coincide with that of public knowledge. In the extreme case, aperspectival objectivity may even sacrifice deeper or more accurate knowledge to the demands of communicability» (Daston 1992a: 600). Objektives Wissen wird neu als *kommunizierbares* Wissen definiert, und es stellt die Wissenschaftler vor die Anforderung, ihre Messverfahren zu standardisieren und die Kommunikation zu normieren. Ich bezeichne diese Form von Objektivität als *prozedurale* Objektivität.

Heute ist es für uns selbstverständlich, dass 1 Meter 100 cm entspricht und der Luftdruck an jedem Ort der Welt auf dieselbe Weise gemessen wird. Historisch gesehen ist diese Vereinheitlichung aber ein relativ neues Phäno-

---

29. Vgl. zu diesem Arbeits- und Disziplinierungsaspekt u.a. Olesko 1995; Schaffer 1992. Olesko weist darauf hin, dass insbesondere in Deutschland die Verbindung von Standardisierung und Disziplinierung stark männlich konnotiert war und insofern für Frauen eine erhebliche kulturelle Barriere darstellte.

30. Die Chemie hatte bei dieser Verberuflichung der Wissenschaft eine Vorreiterrolle inne. Das Labor von Justus Liebig, das zunächst noch in seinen Privaträumen domiziliert war und erst in den 30er Jahren von der Universität übernommen wurde, besitzt für diese Entwicklung exemplarischen Charakter. Liebig organisierte sein Labor im Stile einer Fabrik: standardisierte Verfahren, leicht bedienbare Apparate und hohe Arbeitsteilung. Die Folge war ein enormer Effizienzgewinn in Ausbildung wie Forschung, vgl. Holmes 1989; Fruton 1990: 16ff. In den anderen Disziplinen (Physik, Botanik) entstanden Laboratorien, die ausserhalb der privaten Räume der Forscher angesiedelt waren, erst in der zweiten Hälfte des 19. Jahrhunderts, setzten jedoch von diesem Zeitpunkt an die Standards für ‹professionelle› wissenschaftliche Arbeit, vgl. dazu Chadarevian 1996.

men (vgl. Kula 1986). Viele der heute gebräuchlichen Masseinheiten und Messverfahren wurden erst im Laufe des 19. Jahrhunderts festgelegt und nach teilweise langen Auseinandersetzungen international für verbindlich erklärt (u.a. Cahan 1989; O'Connell 1993; Schaffer 1988 sowie diverse Aufsätze in Wise 1995a). Während die Messapparaturen in der Frühzeit der empirischen Wissenschaft fast immer Unikate waren, deren Zuverlässigkeit abhängig war von der Geschicklichkeit des Experimentors, war die Instrumentenentwicklung im 19. Jahrhundert auf Standardisierung ausgerichtet: im Idealfall brauchen die Messergebnisse auf einer Skala bloss noch abgelesen werden. Damit wurde nicht nur «mechanische Objektivität» erzielt (s. oben), sondern gleichzeitig auch die Kommunikation erleichtert, indem die Verfügbarkeit von solchermassen ‹objektivierten› Informationen Voraussetzung war für die Anwendung quantifizierender mathematischer Verfahren (vgl. zu diesem Zusammenhang Swijtink 1987). Die Entwicklung von replizierbaren Messapparaturen und die Festsetzung von Masseinheiten und Messverfahren trug m.a.W. massgeblich dazu bei, den wissenschaftlichen Austausch auch über soziale und geographische Distanzen hinweg zu sichern (Daston 1995a; Schofer 1999).

Ebenso wichtig wie die Standardisierung des Messvorganges war die Normierung der Kommunikation, d.h. die Entwicklung einer spezifisch wissenschaftlichen Sprache, die auf Eindeutigkeit und Präzision ausgerichtet ist.[31] Begriffe müssen definiert werden und die Argumentation hat nach präzisen Regeln zu erfolgen unter Ausblendung von persönlichen Einschätzungen und unter Absehung der menschlichen «agency» im Forschungsprozess (vgl. 3.3.2.). Der Verfasser einer wissenschaftlichen Arbeit macht sich nicht mehr als Person kenntlich, sondern zieht sich als Subjekt aus dem Text zurück. Die wichtigsten Strategien sprachlicher Normierung sind Quantifizierung und Formalisierung, und sie haben den Effekt, Kommunikation auch dann sicher zu stellen, wenn ein gemeinsamer Hintergrund nicht mehr vorausgesetzt werden kann. Indem Erfahrungen und Erkenntnisse in Form von Graphiken, Zahlen und Formeln zusammengefasst und komprimiert werden, werden sie kommunizierbar und gleichzeitig transportierbar. Es sind, um Bruno Latours Begriff zu verwenden, «immutable mobiles» – Repräsentationen, die immer und überall verfügbar sind und von einem Kontext zum anderen transportiert werden können (Latour 1988b). Oder wie es Theodore Porter formuliert: «Since the rules for collecting and manipulating numbers are widely shared,

---

31. Ein prominentes Beispiel sprachlicher Standardisierung ist die Forderung nach einer Einheitssprache. Was im 17. Jahrhundert mit Leibniz' *characteristica universalis* begann, wurde im 19. Jahrhundert zu einem wesentlichen Programmpunkt der modernen Wissenschaft und gipfelte in der Einheitssprachenbewegung des Wiener Kreises, vgl. dazu Neuraths Modell einer physikalistischen (nicht: physikalischen) Einheitssprache (u.a. Neurath 1931a).

they can easily be transported across oceans and continents and used to coordinate activities or settle disputes» (Porter 1995: ix).

Wie Porter in seiner Studie zur Geschichte der Quantifizierung zeigt, wird die Festlegung von verbindlichen Sprachkonventionen dann nötig, wenn die Zusammenarbeit nicht mehr auf persönlichem Vertrauen beruht und Konsens nicht mehr über direkten Kontakt hergestellt werden kann, «Methodological strictness serves as an alternative to shared beliefs» (Porter 1995: 228). So gesehen lassen sich die Verfahren prozeduraler Objektivität als Kommunikationsmedium interpretieren – als Strategie, um Verstehen und Verständigung auch unter anonymen und sozial heterogenen Bedingungen zu ermöglichen. Im Zuge der Ausweitung und Internationalisierung der Wissenschaft reichen sozialintegrative Mechanismen nicht mehr aus, sondern werden durch Medien ergänzt, die dafür sorgen, dass trotz Anonymität und sozialer Heterogenität Konsens möglich wird. «One of the remarkable, and much envied, achievements of modern science is the ability of scientists to achieve something like consensus. But this did not simply come naturally once scientists began experimenting and calculating. It was an achievement. It resulted partly from the adoption of standard techniques, instruments and modes of communication» (Porter 1992: 646). Ein augenfälliges Beispiel sprachlicher Standardisierung ist die Formalisierung in der Mathematik.

7.3.3. *Technologies of trust* in der Mathematik

Die Mathematik des 17. und 18. Jahrhunderts war ein fachlich heterogenes Gebilde. Neben Geometrie und Algebra umfasste sie Gebiete, die wir heute der Physik zurechnen (Optik, Statik, Astronomie, Bewegungslehre). Im Vergleich zur ‹reinen› Mathematik, wie sie sich im 19. Jahrhundert herausbildete, war sie stark anwendungsorientiert und bis zu einem gewissen Grade empirisch, d.h. der Unterschied zu den damals neu entstehenden experimentellen Wissenschaften lässt sich nicht einfach auf die Differenz formal vs. empirisch reduzieren.[32] ‹Empirisch› war die Mathematik in zweifacher Hinsicht: zum einen wurde sie, und das gilt insbesondere für die Geometrie, als Wissenschaft der physikalischen Quantitäten aufgefasst, zum andern wurde die Notwendig-

---

32. Die Beziehung zwischen den mathematischen und den neu entstehenden experimentellen Wissenschaften gestaltete sich allerdings keineswegs reibungslos. Die Kontroverse drehte sich insbesondere um die Frage, inwieweit mathematische Deduktion eine Alternative sein kann zum experimentellen Programm der neuen Naturwissenschaften. Während die eine Seite, prominent vertreten durch Thomas Hobbes, die empirischen Wissenschaften deduktiv begründen wollte, vertraten die Experimentalisten die Auffassung, dass allein minutiöse Beobachtung das Fundament der Wissenschaft bilden könne und mathematische Demonstration als Rechtfertigung nicht ausreiche (vgl. dazu u.a. Dear 1995; Kuhn 1976; Shapin 1988b).

keit empirischer Beobachtungen durchaus konzediert, nur hatten diese der Theoriebildung untergeordnet zu sein und wurden nicht systematisch erzeugt. Die Unterscheidung zwischen formalen (Mathematik und theoretische Physik) und empirischen Wissenschaften ist eine Erscheinung erst des 19. Jahrhunderts.

Im Gegensatz zu den experimentellen Wissenschaften, die sich ausserhalb der Universitäten formierten, hatte die Mathematik als «klassische Wissenschaft» (Kuhn 1976) eine universitäre Tradition. Die im 17. Jahrhundert entstehenden Akademien und wissenschaftlichen Gesellschaften waren jedoch bis ins 19. Jahrhundert für die Entwicklung der Mathematik mindestens ebenso wichtig (Tobies 1989; Mehrtens 1976: 37). Zudem war nur ein verhältnismässig kleiner Anteil an Mathematikern langfristig über eine universitäre Position finanziert: um 1800 waren von den deutschen Mathematikern nur etwa die Hälfte an Universitäten beschäftigt und in vielen Fällen nur während einer kurzen Periode (Mehrtens 1981; Grabiner 1981: 315). Bis ins 19. Jahrhundert war die mathematische Gemeinschaft auf einen kleinen Kreis von Personen beschränkt, die über direkte Kontakte oder intensiven Briefwechsel miteinander verbunden waren (Daston 1992a: 608; Stichweh 1988: 62f.). Persönliche Beziehungen hatten für die Diffusion von Forschungsresultaten eine entsprechend grosse Bedeutung. Im 17. Jahrhundert erschienen zwar die ersten wissenschaftlichen Zeitschriften, in der Regel als Mitteilungsblätter der Akademien und wissenschaftlichen Gesellschaften, sie waren jedoch noch nicht disziplinär ausgerichtet (Rossi 1997: 308; Stichweh 1984: Kap. 6). Diese Struktur änderte sich im 19. Jahrhundert. Es kam zu grundlegenden institutionellen Veränderungen mit der Folge, dass der ursprünglich homogene Kommunikationszusammenhang auseinandergerissen wurde. Zu den wichtigsten institutionellen Veränderungen gehörte die disziplinäre Ausdifferenzierung der Mathematik, die sich von der Physik und Astronomie abgrenzte und sich an den Universitäten als autonome Disziplin etablierte, und ihre damit einhergehende Professionalisierung. Diese institutionellen Veränderungen sind nicht unabhängig voneinander zu sehen, sondern verstärkten sich gegenseitig und führten auf der epistemischen Ebene zu einer zunehmendem Beschäftigung mit den Grundlagen der Mathematik und dem Problem ihrer Kommunizierbarkeit.

Die Mathematik, die früher zu einem nicht unerheblichen Masse von Autodikaten betrieben wurde in regem Austausch mit anderen Disziplinen und wissenschaftsexternen Fragestellungen (Mehrtens 1981: 409; Schneider 1981), wird im Verlaufe des 19. Jahrhunderts professionalisiert.[33] Wichtigster

---

33. In Deutschland setzte diese Professionalisierung, die man allerdings genau genommen als «Proto-Professionalisierung» bezeichnen müsste (vgl. Schmeiser 1994: Teil 1), früher ein als in anderen Ländern.

Auslöser dieser Professionalisierung war der Funktionswandel der Universitäten und die Gründung von technischen (Hoch-)Schulen, die gegen Ende des 19. Jahrhunderts den Status von Universitäten erlangten und für die Mathematikausbildung eine zentrale Bedeutung bekamen (Hensel 1989; Schubring 1990). Im Zuge der Institutionalisierung der Wissenschaft an den Universitäten entstehen spezialisierte Lehrgänge für die Ausbildung von Mathematikern, gleichzeitig kommt es zur Ausdifferenzierung von wissenschaftlichen Rollen und Statussequenzen, die systematisch in disziplinenspezifische Karrierewege eingebaut sind: Mathematik wird zu einem Beruf. Mit der Institutionalisierung der Mathematik an Universitäten und technischen Hochschulen verändert und erweitert sich der Adressatenkreis. Das Publikum besteht nicht mehr ausschliesslich aus Kollegen mit ähnlichem Hintergrund, sondern in zunehmendem Masse aus Studenten.

Parallel dazu kommt es zu einem Wachstum der Mathematik, gemessen an Personal und Publikationen. An der 1810 gegründeten Berliner Universität, die sich im Verlaufe des 19. Jahrhunderts zur grössten deutschen Universität entwickelte, wurde bereits 1824 eine Zweitprofessur für Mathematik eingerichtet, 1839 und 1883 kamen zwei weitere dazu (Baumgarten 1997: 77ff.). 1914 gab es an den deutschen Universitäten und Technischen Hochschulen insgesamt 82 Lehrstühle für Mathematik (Schubring 1989: 183) [34] Diesem personellen Ausbau entspricht eine starke Zunahme an Publikationen. Zwischen 1800 und 1900 nimmt die Publikationsrate der Mathematik von circa 20 Publikationen pro Jahr auf annähernd 1.000 zu. Von den gut 36.000 Publikationen, die zwischen 1800 und 1900 erschienen, entfallen über 40 Prozent auf die Zeit zwischen 1884 und 1900 (Wagner-Döbler/Berg 1996: 293ff.). [35] Die Gründung von Fachzeitschriften hat hier eine wesentliche Rolle gespielt. Wissenschaftliche Zeitschriften gab es schon lange – die erste, die *Philosophical Transactions* der Royal Society, wurde 1665 gegründet (Rossi 1997: 308) –, sie waren jedoch nicht disziplinär ausgerichtet und ihre Funktion bestand vorwiegend darin, den Inhalt der schwer zugänglichen und teuren Bücher in knapper Form wiederzugeben. Das Buch war nach wie vor das primäre Verbreitungsmedium für die wissenschaftliche Forschung. Dies änderte sich zu Beginn des 19. Jahrhunderts. Von 1810 verlieren Bücher in der Mathematik rapide an Bedeutung und werden durch Zeitschriftenaufsätze ersetzt (Wagner-Döbler/Berg 1996: 292). In Deutschland wird 1826 mit Crelles «Journal für

34. Genaue Angaben über das personelle Wachstum in der Mathematik sind schwierig zu ermitteln, da die disziplinäre Ausdifferenzierung an den einzelnen Universitäten in unterschiedlichem Tempo erfolgte. Vgl. zum personellen Ausbau in Deutschland das Grundlagenwerk von Lorey (1916) sowie die Zusammenstellungen in Scharlau (1990).

35. Der Anstieg der Publikationen vollzieht sich allerdings nicht kontinuierlich, sondern ist im Gegensatz zur Zahl der aktiven, d.h. publizierenden Mathematiker, die stetig ansteigt, Schwankungen ausgesetzt (vgl. dazu ausführlicher Wagner-Döbler 1997: insb. Kap. 4).

die reine und angewandte Mathematik» die erste Fachzeitschrift für Mathematik gegründet.[36]

Die Grundlagenorientierung der Mathematik im 19. Jahrhundert und ihre Forderung nach mehr «Strenge» wird in der Regel als *innermathematische* Entwicklung beschrieben, d.h. als Reaktion auf die Mathematik des 18. Jahrhunderts, die zwar neue Gebiete erschlossen und wichtige Resultate entwickelt hatte, sie aber teilweise nur ungenügend begründet und untereinander nur wenig verbunden hatte (vgl. u.a. Scharlau 1981: 339ff.). Die Mathematik des 18. Jahrhunderts war durch grosses Wachstum und Innovativität gekennzeichnet, wesentliche mathematische Entwicklungen verdanken sich diesem Jahrhundert. Dazu gehört insbesondere die Weiterentwicklung der Differential- und Integralrechnung, die zur Erschliessung neuer Gebiete führte (Differentialgeometrie, unendliche Reihen, Funktionen einer komplexen Variable etc.). Die Analysis war die Leitdisziplin, die sich sowohl für die Mathematik selbst wie auch für ihre Anwendungsgebiete als ausserordentlich fruchtbar erwies. Die Innovativität der Mathematik ging allerdings auf Kosten ihrer Strenge. Im Mittelpunkt standen die Resultate, nicht deren systematische Begründung. «The primary emphasis was on getting results. (…) The end justified the means» (Grabiner 1985: 202, 203). Die neue Mathematik ‹funktionierte›, man stiess nicht auf gravierende Widersprüche, und das genügte, um Resultate auch ohne strenge Beweise zu akzeptieren. «In place of reason it was intuition, geometrical diagrams, physical arguments, ad hoc principles such as the principle of permanence of form, and the recourse to metaphysics that justified what had been accepted» (Kline 1980: 170f.).

Gegen Ende des 18. Jahrhunderts war den meisten Mathematikern bewusst, dass weite Gebiete der Mathematik dringend einer Fundierung bedurften – die Mathematik, wie es der Mathematiker B.F. Thibaut formulierte, «endlich den Übergang in das männliche Alter machen muss» (zit. in Mehrtens 1981: 407). Dies galt nicht nur für die Analysis, sondern auch für andere Bereiche der Mathematik, für die Algebra und sogar für die Geometrie, wie die Entdeckung der nicht-euklidischen Geometrien schockhaft demonstrierte. Das Operieren mit Begriffen, die nicht definiert waren (z.B. der Begriff des Unendlichen) und die Verwendung von Resultaten, die nicht streng bewiesen waren, erschien als zunehmend problematisch. «The divergent series are the invention of the devil, and it is a shame to base on them any demonstration whatsoever (…) The things which are most important in mathematics are also those which have the least foundation. That most of these things are correct in spite of that is extraordinarily surprising» (Berndt Holmböe, 1826, zit. in Kline

---

36. Zu den Gründungsdaten mathematischer Zeitschriften in Deutschland insbesondere auch im Vergleich zu den USA vgl. Siegmund-Schulze 1997.

1980: 170). Die Mathematik schien zu funktionieren, aber man wusste nicht genau weshalb.[37]

Die zunehmende Hinwendung der Mathematik auf sich selbst ist schon oft beschrieben worden (vgl. umfassend Mehrtens 1990). Ihr entspricht auf institutioneller Ebene die Institutionalisierung der Mathematik als autonome Disziplin. Ich möchte im folgenden zwei Grundlinien dieser epistemischen Veränderung aufzeigen, die eng miteinander verbunden sind: die zunehmende Reflexion der mathematischen Begriffe und die Forderung nach grösserer «Strenge».

(1) Im Verlaufe des 19. Jahrhunderts wurde der «naive abstractionism» (Gray 1992) der früheren Mathematik überwunden und durch Objekte ersetzt, die ausschliesslich mathematikintern definiert sind. Diese «Arbeit an den Begriffen» war auch deshalb dringlich geworden, weil die Mathematiker in zunehmendem Masse Begriffe verwendeten, die nicht mehr als Idealisierungen bzw. Abstraktionen aus empirischen Erfahrungen verstanden werden konnten, sondern ausschliesslich «fiktiven» Charakter hatten. Das bekannteste Beispiel sind die imaginären Zahlen, die von Leonhard Euler treffend als «ohnmögliche», «eingebildete» oder eben «imaginäre» Zahlen bezeichnet wurden, «weil sie blos allein in der Einbildung statt finden» (zit. in Toth 1987: 115). Diese «eingebildeten» Zahlen erwiesen sich zwar als ausgesprochen nützlich, ihre mathematische Rechtfertigung liess aber bis ins 19. Jahrhundert auf sich warten (vgl. u.a. Volkert 1986: 33ff.).[38] Im Zuge dieser «Theoretisierung» (Jahnke 1990) bzw. «De-Ontologisierung» (Bekemeier 1987: 220) der Mathematik wurden Begriffe, die man bis dahin als selbstverständlich vorausgesetzt hatte, sukzessiv hinterfragt und in ein explizites System übergeführt. Dies gilt, um nur einige Beispiele zu erwähnen, für den Begriff des Raumes (Riemann), den Funktionsbegriff (Weierstraß) und den Begriff der Zahl (Dedekind). Dass man Mathematik nicht mehr bloss einfach betrieb, sondern ihre Gegenstände und Grundlagen einer systematischen Reflexion unterzog, war neu und macht ein wesentliches Merkmal der modernen Mathematik aus.

---

37. Dass die fehlende Fundierung der Analysis zunehmend als Problem empfunden wurde, belegt auch die von der *Berliner Akademie der Wissenschaften* 1784 ausgeschriebene Preisfrage, die Louis Lagrange formuliert hatte: «The utility derived from mathematics, the esteem it is held in, and the honorable name of ‹exact science› par excellence justly given it, are all the due of the clarity of its principles, the rigor of its proofs, and the precision of its theorems. In order to ensure the perpetuation of these valuable advantages in this elegant part of knowledge, there is needed a clear and precise theory of what is called Infinite in Mathematics. (…) The Academy desires an explanation of how it is that so many correct theorems have been deduced from a contradictory supposition («unendliche Grösse», B.H.). (…) It is required that the subject be treated in all possible generality and with all possible rigor, clarity, and simplicity» (zit. in Kline 1980: 150).

Im Zuge dieser begrifflichen Reflexion und Rekonstruktion verloren wesentliche Teile der Mathematik den Charakter des Natürlichen und Anschaulichen. Den Mathematikern, die damals mit der Tradition brachen und an die Stelle des «natürlich» Gegebenen theoretische Konstrukte setzten, «künstliche», wie von orthodoxer Seite oft moniert wurde, war der Bruch, den sie vollzogen, noch deutlich bewusst. «Ich weiss sehr wohl», schrieb etwa Richard Dedekind entschuldigend, «dass gar Mancher in den schattenhaften Gestalten, die ich ihm vorführe, seine Zahlen, die ihn als treue und vertraute Freunde durch das ganze Leben begleitet haben, kaum wiederzuerkennen vermag; er wird durch die lange, der Beschaffenheit unseres Treppen-Verstandes entsprechende Reihe von einfachen Schlüssen, durch die nüchterne Zergliederung der Gedankenreihen, auf denen die Gesetze der Zahlen beruhen, abgeschreckt und ungeduldig darüber werden, Beweise für Wahrheiten verfolgen zu sollen, die ihm nach seiner vermeintlichen inneren Anschauung von vornherein einleuchtend und gewiss erscheinen» (Dedekind 1888: IVf.).

Wofür Dedekind noch meinte, sich entschuldigen zu müssen, hat David Hilbert zehn Jahre später in seiner formalen Axiomatisierung der Geometrie ohne Umschweife praktiziert: «Wir denken drei verschiedene Systeme von Dingen: die Dinge des ersten Systems nennen wir Punkte und bezeichnen sie mit A, B, C, ... ; die Dinge des zweiten Systems nennen wir Gerade und bezeichnen sie mit a, b, c, ... ; die Dinge des dritten Systems nennen wir Ebenen und bezeichnen sie mit α, β, γ, ...» (Hilbert 1899: 2). Die Begriffe, die Hilbert einführt, seine «Punkte» und seine «Geraden», haben mit den vertrauten Geraden, Punkten und Ebenen nichts mehr zu tun. Sie werden eingeführt über die Axiome und haben wie diese keine inhaltliche Bedeutung mehr. Im Falle einer vollständigen Axiomatisierung der Geometrie könne man ebensogut von «Tischen», «Stühlen» und «Bierseideln» sprechen, befand Hilbert schon einige Jahre früher (zit. in Blumenthal 1935: 403). Was «Punkte», «Gerade» oder «Ebenen» sind und Wörter wie «zwischen», «kongruent» oder «liegen auf»

---

38. Imaginäre Zahlen sind Wurzeln negativer Zahlen. Zusammen mit den reellen Zahlen bilden sie die komplexen Zahlen. Die Akzeptanz imaginärer und negativer Zahlen erforderte einen grundlegenden Wandel des Zahlbegriffs. Solange Zahlen als Mass- und Zähleinheiten verstanden wurden, war die Vorstellung negativer oder imaginärer Zahlen tatsächlich «ohnmöglich». Man konnte zwar mit ihnen rechnen, aber es war undenkbar, ihnen den Status legitimer mathematischer Objekte zuzuschreiben: «It was easy for the community to discover that these numbers were somewhere implicit in what it had accepted so far about its number system and the theory of equation, but it was difficult for the community to confer upon them the status of legitimate mathematical entities» (Dauben 1992: 218). Damit negative und imaginäre Zahlen zu legitimen Objekten der Mathematik werden konnten, musste der «naive abstractionism» überwunden werden, der den Zahlbegriff an den empirischen Vorgang des Messens und Zählens gebunden hatte.

bedeuten, wird implizit durch die Axiome festgelegt – «wie durch Spielregeln, die sagen, wie man mit den Dingen spielen darf» (Freudenthal 1957: 112).

Im Gegensatz zur inhaltlichen Axiomatik verzichtet die formale Axiomatik auf eine inhaltliche Qualifizierung der Axiome (vgl. 2.1.2). Axiome sind Annahmen hypothetischer Art, deren inhaltliche Wahrheit nicht zur Debatte steht. Wahr sind die Axiome dann, wenn aus ihnen kein Widerspruch resultiert, und das gleiche gilt für die Existenz mathematischer Objekte: «In der Philosophie der Mathematik ist es eine geläufige These (…), dass Existenz im mathematischen Sinne nichts anderes bedeute als Widerspruchsfreiheit. Hiermit ist gemeint, dass für die Mathematik keine philosophische Existenzfrage bestehe» (Bernays 1950: 92). Wahrheit und Existenz haben keinen äusseren Bezugspunkt mehr, sondern sind ausschliesslich intern definiert. Die Mathematik erzeugt sich damit gewissermassen selbst. Sie wird in Hinblick auf eine wie auch immer geartete ‹äussere› Wirklichkeit referenzlos und gleichzeitig selbstreferentiell.

(2) Die zweite Veränderung bezieht sich auf das Verständnis des Beweises. Wie verschiedene historische Studien insbesondere zur Analysis zeigen (vgl. u.a. Grabiner 1981; Kline 1980: Kap. 6) war es im 18. Jahrhundert durchaus üblich, Resultate zu verwenden, die nicht im strengen Sinn bewiesen waren, sondern über Plausibilitätsüberlegungen, induktiv-empirisch oder auch bloss pragmatisch über das Argument gerechtfertigt wurden, dass sie ‹funktionieren›. War ein Beweis für einen eingeschränkten Bereich von Spezialfällen gefunden, so wurde daraus in vielen Fällen auf dessen allgemeine Gültigkeit geschlossen (Grabiner 1985: 210). Insbesondere Argumente, die intuitiv evident erschienen, erforderten aus der Sicht der meisten Mathematiker keinen strengen Beweis. Es war plausibel und evident, dass sie richtig waren. Die Tatsache, dass viele Ergebnisse der Mathematik des 17. und 18. Jahrhunderts nicht durch Beweise ‹gedeckt› waren, wurde im 19. Jahrhundert zunehmend als Problem erkannt.

Obschon die Forderung nach strengeren – und das heisst gleichzeitig: formaleren – Beweisen von Mitte des 19. Jahrhunderts an weitgehend akzeptiert war, zeigen verschiedene Beispiele, dass sie unterschiedlich realisiert (und auch unterschiedlich verstanden) wurde. Kline zufolge herrschte noch bis Mitte des 19. Jahrhunderts bei einer beträchtlichen Anzahl von Mathematikern die Meinung vor, dass evidente Resultate keines ausgeklügelten Beweises bedürfen: «For Gaussian rigor we have no time» (Jacobi zit. in Kline 1980: 166). Gauß selbst machte in seinem Beweis des Fundamentalsatzes der Algebra auf eine Lücke aufmerksam, die zu füllen er aber nicht als notwendig erachtete, da das Resultat genügend gut belegt und noch nie jemand an ihm gezweifelt habe. Obschon die Lücke erst 1920 geschlossen werden konnte, wurde Gauß' Beweis akzeptiert. Sogar Cantor verzichtete auf einen Beweis der Annahme, dass es immer möglich ist, jede wohldefinierte Menge in die Form einer wohlgeordneten Menge zu bringen. Es handle sich dabei um ein «Denkgesetz», das keiner mathematischen Begründung bedürfe. Erst Hilbert (1900a) machte in seinem Pariser Vortrag darauf aufmerksam, dass es sich hier nicht um einen aussermathematischen Sachverhalt, sondern um eine mathematische Aussage handle, die bewiesen werden müsse. Der Beweis wurde einige Jahre später von Ernst Zermelo unter Verwendung des damals höchst umstrittenen Auswahlprinzips erbracht (Radbruch 1993: 17f.).

Um der Forderung nach strengeren Beweisen nachzukommen, mussten neue Sprachkonventionen entwickelt und durchgesetzt werden. Ein «strenger» Beweis ist ein Beweis, in dem die verwendeten Begriffe explizit definiert sind, das vorausgesetzte Wissen explizit gemacht wird, die Argumentation deduktiv und möglichst lückenlos erfolgt und die Alltagssprache weitgehend durch eine formale Sprache ersetzt wird. Wie ich in Kapitel 6 ausgeführt habe, haben diese Anforderungen neben ihrer epistemischen auch eine wichtige kommunikative Funktion: unter der Bedingung eines anonymen und heterogenen Publikums kann nicht mehr problemlos auf ein gemeinsames Vorwissen rekuriert und können Unklarheiten nicht mehr durch direkte Gespräche beseitigt werden. Die Forderung nach strengeren Beweisen zwingt die Mathematiker dazu, ihre Kommunikation zu disziplinieren und ihre Überlegungen Schritt für Schritt in eine Form zu bringen, die sich an den expliziten Vorgaben und Standards der mathematischen Gemeinschaft orientiert. Die kommunikative Bedeutung strenger Beweisen wurde von den Mathematiker dieser Zeit auch explizit vermerkt: «Bei meinem Gegenstande aber, bei der Ihnen ja so genau bekannten Natur der zahlentheoretischen Deduction, scheint mir die wirkliche Begründung durch vollständige Beweise unerlässlich zu sein; ohne diese würde die Mittheilung der Hauptresultate allein schwerlich in verständlicher Weise möglich sein, und jedenfalls würde sie kein Interesse erregen» (Dedekind an R. Lipschitz 1876, in: Dedekind 1932: 466).

Die Etablierung rigoroser Beweiskonventionen bedeutete eine Normierung der Sprache, ähnlich wie ich sie im Hinblick auf den Objektivitätswandel in den Naturwissenschaften des 19. Jahrhunderts beschrieben habe, allerdings in sehr viel radikalerer Form. Der entscheidende Schritt war die zunehmende Formalisierung, die in Hilberts Beweistheorie ihren vorläufigen Höhepunkt fand. Ich möchte den Begriff der Formalisierung deshalb an diesem Beispiel kurz erläutern. Hilberts beweistheoretisches Programm erfordert, dass die klassische Mathematik von Grund auf axiomatisch aufgebaut und unter Verwendung der mathematischen Logik vollständig formalisiert wird (2.2.2.). Die Mathematik nimmt damit die Gestalt eines kalkülisierten Axiomensystems an, innerhalb dessen, so die Annahme Hilberts, sich alle wahren Sätze der klassischen Mathematik durch rein syntaktische Operationen erzeugen lassen. Ein formalisiertes axiomatisches System besteht, vereinfacht ausgedrückt, aus logischen und nicht-logischen Axiomen sowie aus einer Reihe von Schlussregeln, und sein Aufbau setzt eine Zeichensprache voraus, d.h. ein Medium, in dem die Bestandteile des Systems, die Axiome, Schlussregeln und Theoreme, formal, d.h. in Termini von Zeichen und Zeichenkonfigurationen ausgedrückt werden können. Die Bausteine dieser Sprache bestehen aus einem Grundbestand von (bedeutungslosen) Zeichen, aus einem sog. «Alphabet», und einer beschränkten Anzahl von Regeln, die festlegen, auf welche Weise die Zeichen zu Termen (= «Wörter») bzw. Formeln (= «Sätze») kombiniert werden dürfen. Gewisse Formeln werden als Axiome deklariert. Zusammen mit den Schlussregeln legen sie implizit fest, welche Folgerungen abgeleitet werden können. Ein mathematischer Satz gilt dann als bewiesen, wenn es gelingt, ihn gemäss der Schlussregeln aus den Axiomen abzuleiten, und zwar über eine schrittweise und im Prinzip rein mechanische Umformung der Zeichenketten. «An die Stelle der inhaltlichen mathematischen Wissenschaft, welche durch die gewöhnliche Sprache mitgeteilt wird, (erhalten) wir nunmehr einen Bestand von Formeln mit mathematischen und logischen Zeichen, welche sich nach bestimmten Regeln aneinander reihen. Den mathematischen Axiomen entsprechen gewisse unter den Formeln und dem inhaltlichen Schliessen entsprechen die Regeln, nach denen die Formeln aufeinander folgen: das inhaltliche Schliessen wird also durch ein äusseres Handeln nach Regeln ersetzt» (Hilbert 1925: 95).[39]

Vollständige Formalisierung, so wie sie Hilbert für seine metamathematischen Untersuchungen voraussetzen musste, ist nicht das Ziel der praktischen Mathematik. Ein noch so strenger Beweis wird nie ein vollständig formalisierter Beweis sein – er wäre nicht verständlich (vgl. 6.2.). Dennoch zeichnet sich die Mathematik seit Mitte des 19. Jahrhunderts durch zunehmende Formalisierung aus, d.h. durch einen axiomatischen Aufbau (im Sinne Hilberts formaler Axiomatik), eine explizite und rein immanente Definition der Begriffe und die Verwendung einer formalen Sprache, die alltagssprachliche Formulierungen so weit als möglich (aber nie vollständig) ersetzt.[40] Diese Entwicklung, die zu einer zunehmenden Normierung der mathematischen Kommunikation führt, ist die mathematische Version der prozeduralen Objektivität, wie ich sie im Zusammenhang mit der Geschichte des Objektivitätsbegriffs in den Naturwissenschaften beschrieben habe. Zum Teil waren diese Veränderungen innermathematisch motiviert, zum Teil sind sie jedoch auch eine Antwort auf die skizzierten institutionellen Veränderungen.

---

39. Alan Turing hat mit seinem Modell der Turingmaschine dem Begriff des formalen Systems eine präzise Definition gegeben, vgl. dazu ausführlicher Heintz 1993a: Kap. 2.

40. Diese Entwicklung war nicht auf die formalistische Mathematik beschränkt, sondern galt ebenso für den Intuitionismus (2.2.2.). Die Differenz zwischen Hilbert und Brouwer bezog sich nicht auf die Relevanz strenger Beweise und die Notwendigkeit einer Theoretisierung der Mathematik, sondern auf die Frage, welcher Typus von Beweisen zugelassen ist und worüber die Mathematik begründet werden kann.

Mit der Institutionalisierung der Mathematik an den Universitäten und der damit einhergehenden zunehmenden Bedeutung der Lehre wurde die Vermittlung von Mathematik zu einem Problem. Die Aufbereitung und Darstellung des Wissensstoffes stellte die Mathematik vor neue Anforderungen und zwang zu einer Präzisierung der Sprache und zu einer Explizierung dort, wo früher gemeinsames Wissen vorausgesetzt werden konnte. Der Zusammenhang zwischen Lehre, Kommunikation und zunehmender Strenge wurde von vielen Mathematikhistorikern und Mathematikern konstatiert.[41] Um den neuen Lehranforderungen zu genügen, musste der Wissensstoff so aufgearbeitet werden, dass er einem Publikum zugänglich war, bei dem kein gemeinsamer Hintergrund vorausgesetzt werden konnte. «In the 19th century foundational questions became increasingly of interest and importance, in part for a reason that concerns the sociology of mathematics involving both matters of institutionalization and professionalization. As many mathematicians were faced with teaching the calculus, questions about how to define and justify limits, derivatives, and infinite sums, for example, became unavoidable» (Dauben 1992: 218). Oder wie es der Mathematiker Richard Courant formulierte: «Genialer Instinkt, der schliesslich auch über logische Lücken zu richtigen Zielen führt, ist kein lehrbares und lernbares Massengut» (Courant 1928: 90).

Einen ähnlichen Effekt hatte auch die Entstehung von Fachzeitschriften.[42] Die Ausdifferenzierung der Mathematik als autonome Disziplin löste die Kommunikationsnetzwerke auf, die sich rund um die Akademien gebildet hatten, und führte zu neuen Kommunikationskreisen, die zwar fachlich homogener, sozial und geographisch aber weiter gestreut waren. Da man nicht mehr davon ausgehen konnte, dass man die Kollegen persönlich kannte und sich mit ihnen in direkten Gesprächen austauschen konnte, mussten neue Mechanismen entwickelt werden, um das Problem der «Distanzüberbrückung» (Stichweh 1984: 426) zu lösen. Die Entwicklung von Fachzeitschriften, die eine überregionale und teilweise sogar transnationale Ausstrahlung hatten, ist in diesem Zusammenhang zu sehen. Gleichzeitig setzt sich auch ein neuer Kom-

---

41. Vgl. u.a. Courant 1928: 90; Dauben 1992; Dieudonne 1973: 404; Grabiner 1981; 1985; Mehrtens 1976; Peiffer/Dahan-Dalmedico 1994: 220f.

42. Die These, dass die neuen Lehranforderungen wesentlich zur Formalisierung der Mathematik beigetragen haben, wurde vor allem am Beispiel der französischen Situation aufgestellt. Die zentralen Figuren sind Louis Lagrange und Augustin-Louis Cauchy, die auf der Basis ihrer Vorlesungen an der *Ecole Polytechnique* die ersten Lehrbücher zur Analysis verfassten. Stichweh vertritt die Auffassung, dass sich diese These nicht umstandslos auf die deutsche Mathematik übertragen lässt. In Deutschland scheint die Institutionalisierung der Forschung einen grösseren Einfluss gehabt zu haben als die Lehre. Dies zeigt sich auch darin, dass die Lehrmittelproduktion in Deutschland relativ spät einsetzte, dafür aber schon sehr früh Fachzeitschriften gegründet wurden, die zur Diffusion von Forschungsresultaten dienten (Stichweh 1984: 196).

munikationsstil durch. Bis Ende des 18. Jahrhundert wurden wissenschaftliche Beiträge häufig in Briefform publiziert. Der Autor machte sich als Subjekt kenntlich und sprach ein ihm bekanntes Publikum an (Daston 1991: 371; Stichweh 1984: 401). Die Fachpublikation richtet sich dagegen an ein anonymes und im Prinzip universelles Publikum. Entsprechend wird die persönliche Anrede durch Sprachformen ersetzt, die den Autor und seine Adressaten zurücktreten lassen zugunsten einer entpersonalisierten Beschreibung von Sachverhalten. Wissenschaft wird endgültig auf «Erleben» umgestellt (vgl. 7.3.1.). Mit der Gründung von Fachzeitschriften entwickelt die Mathematik ein eigenes und äusserst effizientes Verbreitungsmedium mit dem von Luhmann beschriebenen Effekt allerdings, dass dadurch die Kommunikation problematischer wird. Unter der Bedingung anonymer und indirekter Kommunikation reichen persönliches Ansehen und informelle Argumentationen nicht mehr aus, um Konsens zu sichern. Es braucht eine präzise Sprache, um Argumentationen mitteilbar, und «strenge» Methoden, um sie überzeugend zu machen. «Es ist der Character der Mathematik der neueren Zeit», so Carl Friedrich Gauß 1850, «dass durch unsere Zeichensprache und Namengebungen wir einen Hebel besitzen, wodurch die verwickeltsten Argumentationen auf einen gewissen Mechanismus reduciert werden» (zit. in Mehrtens 1990: 32).

Ähnlich wie die empirischen Wissenschaften auf die Anonymisierung und Heterogenisierung des Adressatenkreises mit Standardisierung reagiert haben (7.3.2.), entwickelt auch die Mathematik Vorkehrungen, um die Kommunikation unter diesen neuen Bedingungen sicherzustellen. Objektivität nimmt m.a.W. auch in der Mathematik die Bedeutung von Kommunizierbarkeit an.[43] «Was uns», so Henri Poincaré 1905, «die Objektivität der Welt, in der wir leben, verbürgt, ist, dass wir diese Welt mit anderen denkenden Wesen gemein haben. (…) Das also ist die erste Bedingung der Objektivität: Was objektiv ist, muss mehreren Geistern gemein sein und folglich von einem dem anderen übermittelt werden können, und da diese Übermittlung nur durch die Rede vor sich gehen kann (…), sind wir gezwungen, zu schliessen: Ohne Rede keine Objektivität» (Poincaré 1905: 197). Die im 19. Jahrhundert einsetzende «Theoretisierung» der Mathematik und die Forderung nach grösserer «Strenge», ist m.a.W. eine Antwort auf das sich verschärfende Problem der «Unwahrscheinlichkeit der Kommunikation» (Luhmann). Soziologisch gesehen lässt sich diese Entwicklung als eine Umstellung von sozialintegrativen Mechanismen auf symbolisch generalisierte Kommunikationsmedien interpretieren. Symbolisch generalisierte Kommunikationsmedien sind aus der

---

43. Die zunehmende Beschäftigung mit dem Problem der Kommunizierbarkeit zeigt sich auch am Boom der Kunstsprachen um die Jahrhundertwende, an deren Entwicklung und Propagierung Mathematiker überdurchschnittlich häufig beteiligt waren (Mehrtens 1990: 527ff.).

Sicht von Luhmann Einrichtungen, die die Akzeptanz einer Aussage wahrscheinlicher machen. Sie werden dann entwickelt, wenn die Kommunikation über die Interaktion unter Anwesenden hinausgreift und traditionelle Mittel der Konsenserzeugung nicht mehr greifen. Sie verschaffen Kommunikationen Erfolg, indem sie signalisieren, dass sie unter spezifischen Bedingungen und unter Beachtung der zulässigen Verfahren zustande kamen (7.3.1.). In der Mathematik nehmen diese Verfahren die Form von strengen Beweisen an, die auf explizit definierten Begriffen beruhen und sich einer formalen Sprache bedienen.[44]

Die Bemerkungen Luhmanns zur Mathematik sind spärlich und reichlich vage. Die Mathematik gilt ihm als «Paradefall der modernen Wissenschaften», da sie die besten Verfahren ausgebildet habe, um «Anschlussfähigkeit» zu organisieren. Das Kommunikationsmedium Wahrheit werde von ihr besonders erfolgreich eingesetzt, «weil sie die beste interne Operationalisierung des Symbols der Wahrheit erreicht – eine Funktion, die durch Kalkülisierung dann nochmals erweitert werden kann» (Luhmann 1990: 201f.). Spezifischeres ist bei Luhmann nicht zu finden. Dies hängt mit der differenzierungstheoretischen Basis seiner Argumentation zusammen, die ihn dazu zwingt, Wissenschaft zunächst einmal als funktionale Einheit zu betrachten, anstatt ihrer disziplinären Heterogenität Rechnung zu tragen. Doch auch als «Symbol» bedeutet Wahrheit in den verschiedenen Disziplinen verschiedenes, und die Art und Weise, wie die Selektion «konditioniert» wird (Luhmann 1997: 321), differiert zwischen den einzelnen Disziplinen. Ein wesentliches Unterscheidungsmerkmal ist der Formalisierungsgrad. Sozial- und Geisteswissenschaften verwenden andere Verfahren als die formalisierten Wissenschaften, um die Wahrheit einer Argumentation zu signalisieren. Objektivität wird zwar auch über Quantifizierung demonstriert, vorwiegend jedoch, so Garfinkels unfreundlicher Kommentar, «by shoving words around» (Garfinkel u.a. 1981: 133). Wenn, wie Luhmann bissig bemerkt, die Zitation von Klassikern in der Soziologie tatsächlich wahrheitsverbürgend ist (vgl. exemplarisch Barrelmeier 1992), dann unterscheidet sie sich darin ganz offensichtlich von den Naturwissenschaften und der Mathematik, in denen ganz andere Verfahren verwendet werden, um Argumentationen «wahr» zu machen. Dies wirft die Frage auf, ob sich innerhalb des Kommunikationsmediums Wahrheit nicht Sondermedien ausgebildet haben, die disziplinenspezifisch zugeordnet sind und die die wissenschaftsinterne Differenzierung verstärken, ähnlich wie es die ‹klassischen› Medien (Macht, Wahrheit, Geld etc.) für die Ausdifferenzie-

---

44. Vgl. dazu auch Maaß (1988; 1993), der die Durchsetzung des Hilbertprogramms systemtheoretisch, aber ohne präzisen Bezug zu Luhmanns Medientheorie zu interpretieren versucht.

rung der Funktionssysteme tun. Aus meiner Sicht ist Formalisierung ein solches Sondermedium.

«Formalisierung» ist hier nicht im engen Sinn der Hilbertschen Beweistheorie zu verstehen, sondern als Bezeichnung für die epistemischen Veränderungen in der Mathematik des 19. Jahrhunderts, die ich unter den Begriffen «Theoretisierung» und «Strenge» beschrieben habe und deren gemeinsames Merkmal die Entwicklung einer spezifisch mathematischen Sprache ist, in der die verwendeten Begriffe von ihren intuitiven Bezügen gereinigt sind und die Argumentation keinen Raum mehr offen lässt für Mehrdeutigkeiten und implizite Vorannahmen. Auslöser dieser Entwicklung sind institutionelle Veränderungen, die das Problem der «Unwahrscheinlichkeit der Kommunikation» drastisch verschärfen. Dazu gehört insbesondere die universitäre Professionalisierung der Mathematik und ihre Ausdifferenzierung als autonome Disziplin mit der Folge, dass die mathematische Gemeinschaft sich fachlich zwar homogenisiert, gleichzeitig aber grösser, anonymer und sozial heterogener wird. Diese Entwicklung löst die traditionellen Überzeugungsstrategien auf und zwingt zur Etablierung von neuen Verfahren der Konsenserzeugung. In der Mathematik geschieht dies über die Forderung nach Formalisierung im oben ausgeführten Sinn.

In bezug auf das allgemeine Kommunikationsmedium Wahrheit nimmt Formalisierung die Form einer «Zweitcodierung» an ähnlich wie Recht in Bezug auf Macht oder Geld in Hinblick auf Eigentum (vgl. dazu Luhmann 1997: 347ff., 367f.). Im Falle von Zweitcodierungen wird der positive Wert eines Codes nochmals dupliziert, indem man z.B. Macht rechtmässig oder unrechtmässig gebrauchen kann. Zweitcodierungen erleichtern den Wechsel vom positiven (Bsp. wahr) zum negativen Wert (Bsp. falsch), indem sie die «informationsverarbeitenden Prozesse von der Aufnahme und Mitberücksichtigung aller konkreten Sinnbezüge» entlasten, d.h. mit grösseren Abstraktionsleistungen verbunden sind (Luhmann 1997: 367). Genau dies geschieht im Zuge der Formalisierung, in deren Verlauf anschauliche und inhaltliche Bezüge aus der Mathematik sukzessiv entfernt werden. Im einzelnen: Wahrheit nimmt die präzisere Bedeutung von Widerspruchsfreiheit an, die beiden Codewerte sind folglich widerspruchsfrei vs. widersprüchlich. Im Unterschied zur Mathematik des 18. Jahrhunderts, in denen auch Aussagen als wahr akzeptiert wurden, die nicht streng bewiesen waren, wird nun der Beweis zum einzig legitimen Verfahren, d.h. zum allein akzeptierten «Programm», um den Codewert festzulegen. Nur was streng bewiesen ist, darf in den Korpus des mathematischen Wissens integriert werden. Die gegenwärtige Diskussion um eine «theoretische» bzw. «semi-rigorose» Mathematik dreht sich so gesehen um die Frage, inwieweit alternative «Programme» in der Mathematik zulässig sind (vgl. 6.1.).

Die zunehmende Strenge der Mathematik im 19. Jahrhundert hat so gesehen nicht bloss innermathematische Gründe, sondern ist auch eine Antwort auf den massiven institutionellen Ausbau der Mathematik zu dieser Zeit. Solange der Kreis der Wissenschaftler klein ist und jeder jeden kennt, kann Wissen und Vertrauen über informelle Gespräche vermittelt werden. Sobald aber die wissenschaftliche Gemeinschaft eine gewisse Grösse überschreitet, müssen andere Verfahren entwickelt werden, um Wissen weiterzugeben und mit Glaubwürdigkeit zu versehen. Niklas Luhmann spricht in diesem Zusammenhang von symbolisch generalisierten Kommunikationsmedien, Theodore Porter von «technologies of trust»: «Objective rules (…) serve as an alternative to trust» (Porter 1995: 228).

7.4. Noch einmal: Ist eine Soziologie der Mathematik möglich?

> Ich habe den Weg zur Wissenschaft gemacht wie Hunde, die mit ihren Herren spazieren gehen, hundertmal dasselbe vorwärts und rückwärts, und als ich ankam, war ich müde.
>
> *Georg Christoph Lichtenberg*[45]

Der Mathematik ihre Eigenart zu belassen, d.h. anzuerkennen, dass das mathematische Wissen weitgehend universellen und kumulativen Charakter hat, muss nicht notwendigerweise bedeuten, dass eine soziologische Erklärung ausgeschlossen ist. Ich habe in diesem Kapitel ein Erklärungsschema vorgestellt – eine «Beweisskizze» –, die in ausgebauter Form vielleicht eine Alternative sein könnte zu einem überzogenen Kontingenzdenken auf der einen Seite und einem unterwürfigen Soziologieverzicht auf der anderen (vgl. Kap. 1). Ich möchte die Argumentationslinie noch einmal kurz zusammenfassen.

Ausgangspunkt war die Feststellung, dass es *in* der Mathematik keine Revolutionen gibt (7.1.). Mathematisches Wissen ist kumulativ und Meinungsverschiedenheiten werden in der Regel rational entschieden. Dies unterscheidet die Mathematik von den empirischen Wissenschaften und erst recht von den Sozialwissenschaften, wo Kontroversen in der Regel nicht diskursiv beigelegt, sondern «geschlossen» werden. Inwieweit lässt sich die epistemische Besonderheit der Mathematik soziologisch erklären? Der erste Argumentationsschritt setzte bei Wittgensteins Ausführungen zum Regelbegriff an (7.2.). Für Wittgenstein ist die Befolgung einer Regel eine kollektive Praxis, die an eine bestimmte «Lebensform» gebunden ist. Die an Wittgenstein anschliessende Frage ist folglich die, weshalb es in der Mathematik nur *eine* Le-

---

45. Lichtenberg 1789: 450.

bensform gibt – die Mathematik nicht in konkurrierende epistemische Gemeinschaften zerfällt. Diese Frage lässt sich in ein differenzierungs- bzw. integrationstheoretisches Problem umformulieren: welcher Art sind die Integrationsmechanismen, die in der Mathematik für sozialen (Konsens) und kognitiven Zusammenhalt (Kohärenz) sorgen. Der Zusammenhang zwischen Differenzierung und Integration ist eine Frage, die die Soziologie seit ihren Anfängen begleitet und zu deren Beantwortung sie verschiedene Konzepte entwickelt hat. Die ursprünglich von Parsons formulierte Medientheorie, die später von Habermas und Luhmann aufgenommen und weiterentwickelt wurde, gehört dabei zu den theoretisch wichtigsten Einsichten. In Luhmanns Version sind symbolisch generalisierte Kommunikationsmedien Zusatzeinrichtungen zur Sprache, die die Anschlussfähigkeit von Kommunikationen zu sichern helfen, wenn die klassischen sozialintegrativen Mechanismen nicht mehr ausreichen. Sie sind eine historisch relativ neue Erscheinung, die die Integration über gemeinsame Normen und direkte Kommunikation ergänzt (7.3.1.).

Anhand der Geschichte des Objektivitätsbegriffs in den Naturwissenschaften lässt sich zeigen, dass sich die Integrationsmechanismen über die Zeit hinweg geändert haben. Im Verlaufe des 19. Jahrhunderts nimmt Objektivität zunehmend die Bedeutung von Kommunizierbarkeit an und signalisiert damit, dass Kommunikation zu einem Problem geworden ist. Die Naturwissenschaften reagieren auf dieses Problem mit einer Standardisierung der sprachlichen und empirischen Praktiken. Theoretisch gesehen lässt sich diese Entwicklung als Umstellung von sozialintegrativen Mechanismen der Konsenserzeugung auf symbolisch generalisierte Kommunikationsmedien interpretieren (7.3.2.). Ähnlich kommt es auch in der Mathematik zu einer schrittweisen Normierung der mathematischen Sprache, beginnend mit der systematischen Rekonstruktion der Grundbegriffe in der zweiten Hälfte des Jahrhunderts bis hin zu Hilberts zweistufigem Formalisierungsprogramm. Das Grundlagenprogramm von Bourbaki ist der vorläufige Endpunkt dieser Entwicklung.

Im Zuge des institutionellen Ausbaus der Mathematik reichen sozialintegrative Verfahren nicht mehr aus, um Konsens und Vertrauen sicherzustellen. Mit der zunehmenden Bedeutung der Lehre und der Entwicklung von Fachzeitschriften als primäres Verbreitungsmedium vergrössert sich das mathematische Publikum und wird gleichzeitig anonymer. Damit wird die Vermittlung von Mathematik zu einem Problem. Parallel dazu kommt es zu einer Verschiebung des Objektivitätsbegriffs, der ähnlich wie in den Naturwissenschaften die Bedeutung von Kommunizierbarkeit annimmt. Es müssen neue Verfahren entwickelt werden, um die Anschlussfähigkeit von Kommunikation zu sichern, d.h. um Konsens auch unter anonymen Bedingungen sicherzustellen. Aus Luhmanns Sicht erfüllen Kommunikationsmedien diese Funktion, und die hier vertretene These ist die, dass es in der Mathematik zur Entwicklung eines eigenständigen Kommunikationsmediums kommt, das gegenüber dem Kommunikationsmedium Wahrheit die Form einer Zweitcodierung annimmt und für die Mathematik (auch) die Funktion hat, die Anschlussfähigkeit von Kommunikationen zu sichern, d.h. die Zustimmung zu einer Aussage wahrscheinlicher zu machen. Ich habe dieses Kommunikationsmedium als «Formalisierung» bezeichnet.

Auch wenn sie deduktiv aufgebaut sind und mit Hilfe logischer Regeln argumentieren, sind Argumente, die ein gemeinsames Vorwissen unterstellen und an Intuition und Anschaulichkeit appellieren, dissensgefährdeter als eine formale Argumentation, der man sich auch dann kaum entziehen kann, wenn sie Intuition und Erfahrung zuwiderläuft. Genau diesen Mechanismus beschreibt Luhmann mit dem Begriff des symbolisch generalisierten Kommunikationsmediums. Zu einer Umstellung auf Kommunikationsmedien kommt es dann, wenn sozialintegrative Mechanismen – direkte Kommunikation und gemeinsamer normativer Hintergrund – nicht mehr ausreichen, um Vertrauen herzustellen und die Anschlussfähigkeit der wissenschaftlichen Kommunikation zu garantieren. Diese Argumentation legt es nahe, Formalisierung und informelle Interaktion bis zu einem gewissen Grade als historische Alternativen zu betrachten. Der formalisierte Beweis wird erst dann zu einem wichtigen Kommunikationsmedium, wenn die informelle Vermittlung des mathematischen Wissens nicht mehr möglich ist (6.2.). So gesehen sind Konsens und Kohärenz keine invarianten Merkmale der Mathematik, sondern zeichnen als epistemische Besonderheit vor allem die moderne Mathematik aus.

Mit dieser Argumentationslinie wird ein dritter Weg eingeschlagen, der zwischen einer klassisch soziologischen und einer konventionell mathematikphilosophischen Erklärung vermittelt. Während eine soziologische Erklärung à la Bloor die epistemischen Besonderheiten der Mathematik wegzudefinieren versucht, werden sie von der Mathematikphilosophie in den Mittelpunkt gerückt: der zwingende Charakter der Mathematik verdankt sich dem Umstand, dass die Mathematik eine beweisende Disziplin ist und über eine gemeinsame formale Sprache verfügt. Mit Hilfe der Formalisierung, d.h. der Reduktion von inhaltlichen Aussagen auf rein syntaktische können Gedankenschritte auf logische Grundprinzipien reduziert werden, deren Wahrheit (verstanden als Widerspruchsfreiheit) unmittelbar einsichtig ist. Demgegenüber habe ich dafür plädiert, die epistemischen Besonderheiten der Mathematik in einen historischen Zusammenhang zu stellen. Die moderne Mathematik zeichnet sich durch Merkmale aus, die für eine soziologische Analyse tatsächlich kaum Raum mehr lassen. Dies bedeutet aber nicht, dass ein soziologischer Blick auf die Mathematik von vornherein ausgeschlossen ist. Eine soziologische Perspektive ist dort legitim und angebracht, wo es um die Rekonstruktion des Entwicklungsweges geht, der zu jener epistemischen Struktur führte, die für die moderne Mathematik typisch und mit ihrer Kohärenz und argumentativen Rationalität einzigartig ist. Auch wenn die konstruktivistische Wissenschaftssoziologie im Falle der modernen Mathematik auf eine Grenze stösst, verhilft die Soziologie doch besser zu verstehen, wie es dazu kam und weshalb dies so ist.

«*Ja, das ist schon eine Frage, warum das Ganze nicht auseinanderfällt. Weshalb wir diese Einheit haben. Es ist schwierig zu sagen Vielleicht – nicht wahr, Sachen müssen bewiesen werden. Aber* wir *müssen auch damit einverstanden sind. Und ich glaube, das ist die Garantie. Man kann nicht irgendetwas behaupten ohne Beweis, und den Beweis kann man beurteilen. Und das tun wir. Natürlich, jeder kann irgendwas einführen, aber wir haben doch allerlei Kriterien, strenge Kriterien, ob es wirklich legitim ist, ob es kohärent ist mit den anderen Sachen, und so. Nicht wahr, die Freiheit ist doch sehr begrenzt. Cantor hat gesagt, dass die Mathematik frei sei. Ja, aber nur bis einem gewissen Punkt. Die Freiheit geht genau bis zu dem Punkt, wo es logisch kohärent ist, konsistent mit dem Vorhergehenden. Dann ist es in Ordnung. Natürlich gibt es immer auch Fehler. Aber das bedroht nicht das ganze Gebäude. Das Gebäude ist solid. Das wird allem widerstehen. Da bin ich mir sicher, aber ich kann das natürlich nicht beweisen. Das ist psychologisch. Das beruht auf Erfahrung. Man* glaubt *an die Kohärenz der ganzen Geschichte.*»

Literaturverzeichnis

Abir-Am, Pnina (1992), From Multidisciplinary Collaboration to Transnational Objectivity: International Space as Constitutive of Molecular Biology, 1930-1970, in: Sociology of Sciences, 1, S. 153-186

Alexander, Jeffrey C. (1993), Durkheims Problem und die Theorie der Differenzierung heute, in: Ders., Soziale Differenzierung und kultureller Wandel. Studien zur neofunktionalistischen Gesellschaftstheorie, Frankfurt/M.: Campus, S. 84-115

Almeida, Denis (1996), The Dynamics of Mathematical Proof, in: Journal of Natural Geometry, 11, 2, S. 115-128

Amann, Klaus (1990), Natürliche Expertise und Künstliche Intelligenz. Eine empirische Untersuchung naturwissenschaftlicher Laborarbeit, Dissertation, Bielefeld

Amann, Klaus (1994), Menschen, Mäuse und Fliegen. Eine wissenssoziologische Analyse der Transformation von Organismen in epistemische Objekte, in: Zeitschrift für Soziologie, 23, 1, S. 22-40

Amann, Klaus, Karin Knorr Cetina (1991), Qualitative Wissenschaftssoziologie, in: Uwe Flick u.a. (Hrsg.), Handbuch qualitative Sozialforschung, München: Psychologie Verlagsunion, S. 419-423

Amann, Klaus, Stefan Hirschauer (1997), Die Befremdung der eigenen Kultur. Ein Programm, in: Stefan Hirschauer, Klaus Amann (Hrsg.), Die Befremdung der eigenen Kultur. Zur ethnographischen Herausforderung soziologischer Empirie, Frankfurt/M.: Suhrkamp, S. 7-52

Andersson, Gunnar (1988), Kritik und Wissenschaftsgeschichte. Kuhns, Lakatos' und Feyerabends Kritik des Kritischen Rationalismus, Tübingen: J.C.B. Mohr

Andrews, George E. (1994), The Death of Proof? Semi-Rigorous Mathematics? You've Got to Be Kidding! in: Mathematical Intelligencer, 16, 4, S. 16-18

Appel, Kenneth, Wolfgang Haken (1979), The Four-Color Problem, in: Lynn Arthur Steen (Hrsg.), Mathematics Today. Twelve Informal Essays, New York: Springer, S. 153-180

Appel, Kenneth, Wolfgang Haken (1986), The Four Color Proof Suffices, in: Mathematical Intelligencer, 9, 1, S. 10-20

Archer, Margaret S. (1985), The Myth of Cultural Integration, in: British Journal of Sociology, 36, S. 333-353

Archer, Margaret S. (1988), Culture and Agency. The Place of Culture in Social Theory, Cambridge: Cambridge University Press

Arnold'd, Vladimir Igorevich (1987), Interview, in: Mathematical Intelligencer, 9, 4, S. 28-32

Aschbacher, Michael (1980), The Classification of the Finite Simple Groups, in: Mathematical Intelligencer, 3, 1, S. 59-65

Ascher, Marcia (1991), Ethnomathematics. A Multicultural View of Mathematical Ideas, Pacific Grove: Brooks/Cole

Aspray, William, Philip Kitcher (Hrsg.) (1988), History and Philosophy of Modern Mathematics, Minneapolis: University of Minnesota Press

Atiyah, Michael (1984), An Interview with Michael Atiyah, in: Mathematical Intelligencer, 6, 1, S. 9-19

278

Aubin, David (1997), The Withering Immortality of Nicolas Bourbaki: A Cultural Connector at the Confluence of Mathematics, Structuralism, and the Oulipo in France, in: Science in Context, 10, 2, S. 297-342

Aubrey, John (1958), Aubrey's Brief Lives, hrsg. von Oliver Lawson Dick, London: Secker and Warburg

Ausejo, Elena, Mariano Hormigón (Hrsg.) (1996), Paradigms and Mathematics, Madrid: Siglo

Ayer, Alfred Jules (1936), Sprache, Wahrheit und Logik, Stuttgart: Reclam 1987

Babai, László (1994), Probably True Theorems, Cry Wolf? in: Notices of the American Mathematical Society, 41, S. 453-454

Babai, László (1990), E-mail and the Unexpected Power of Interaction, in: Proceedings of 5th IEEE Structures in Complexity Theory Conference, Barcelona, S. 30-44

Baker, Gordon P., Peter M.S. Hacker (1984), Scepticism, Rules and Language, Oxford: Blackwell

Barnes, Barry, Donald MacKenzie (1979), On the Role of Interests in Scientific Change, in: Roy Wallis (Hrsg.), On the Margins of Science: The Social Construction of Rejected Knowledge, Keele: University of Keele Press, S. 49-66

Barnes, Barry, David Bloor, John Henry (1996), Scientific Knowledge. A Sociological Approach, London: Athlone

Barrelmeyer, Uwe (1992), Wozu Klassiker? Eine Zitationsanalyse zur soziologischen Rezeption Georg Simmels, in: Zeitschrift für Soziologie, 21, S. 296-306

Barrow, John D. (1993), Warum die Welt mathematisch ist, Frankfurt/M.: Campus

Barwise, Jon, John Etchemendy (1991), Visual Information and Valid Reasoning, in: Walter Zimmermann, Steve Cunningham (Hrsg.), Visualization in Teaching and Learning Mathematics, Mathematical Association of America (MAA) Notes 19, S. 9-24

Baumgarten, Marita (1997), Professoren und Universitäten im 19. Jahrhundert. Zur Sozialgeschichte deutscher Geistes- und Naturwissenschaftler, Göttingen: Vandenhoeck & Ruprecht

Bayertz, Kurt (1980), Wissenschaft als historischer Prozeß. Die antipositivistische Wende in der Wissenschaftstheorie, München: Wilhelm Fink

Beaulieu, Liliane (1993), A Parisian Café and Ten Proto-Bourbaki Meetings (1934-1935), in: Mathematical Intelligencer, 15, 1, S. 27-36

Becher, Tony (1981) Towards a Definition of Disciplinary Cultures, in: Studies in Higher Education, 6, 2, S. 109-122

Becher, Tony (1989), Academic Tribes and Territories: Intellectual Enquiry and the Cultures of Disciplines, Milton Keynes: Open University Press

Bechtel, William (1993), Integrating Sciences by Creating New Disciplines: The Case of Cell Biology, in: Michael Buse (Hrsg.), Biology and Philosophy, 3, S. 277-299

Beer, Gillian (1998), Writing Darwin's Islands: England and the Insular Condition, in: Timothy Lenoir (Hrsg.), Inscribing Science. Scientific Texts and the Materiality of Communication, Stanford: Stanford University Press, S. 119-139

Bekemeier, Bernd (1987), Martin Ohm (1792-1872). Universitäts- und Schulmathematik in der neuhumanistischen Bildungsreform, Göttingen: Vandenhoeck & Ruprecht

Beller, Mara (1988), Experimental Accuracy, Operationalism, and Limits of Knowledge: 1925 to 1935, in: Science in Context, 2, 1, S. 147-162

Ben-David, Joseph (1971), The Scientist's Role in Society. A Comparative Study, Englewood Cliffs: Prentice Hall

Ben-David, Joseph (1972), The Profession of Science and Its Powers, in: Ders., Scientific Growth: Essays on the Social Organization and Ethos of Science, Berkeley: University of California Press 1991, S. 187-210

Ben-David, Joseph (1981), Sociology of Scientific Knowledge, in: Ders., Scientific Growth: Essays on the Social Organization and Ethos of Science, Berkeley: University of California Press 1991, S. 451-468

Ben-David, Joseph, Randall Collins (1966), Social Factors in the Origins of a New Science: The Case of Psychology, in: American Sociological Review, 31, S. 451-465

Benaceraff, Paul (1973), Mathematical Truth, in: Paul Benaceraff, Hilary Putnam (Hrsg.), Philosophy of Mathematics, Cambridge: Cambridge University Press 1983, S. 403-421

Bendegem, Jean Paul van (Hrsg.) (1988), Recent Issues in the Philosophy of Mathematics I, Philosophica, 42, 2

Bendegem, Jean Paul van (Hrsg.) (1989), Recent Issues in the Philosophy of Mathematics II, Philosophica, 43, 1

Bense, Max (1946), Konturen einer Geistesgeschichte der Mathematik, Bd. 2: Die Mathematik in der Kunst, Hamburg: Claaßen & Goverts

Berger, Peter L., Thomas Luckmann (1970), Die gesellschaftliche Konstruktion der Wirklichkeit, Frankfurt/M.: Fischer

Bernays, Paul (1930), Die Philosophie der Mathematik und die Hilbertsche Beweistheorie, in: Ders., Abhandlungen zur Philosophie der Mathematik, Darmstadt: Wissenschaftliche Buchgesellschaft 1976, S. 17-61

Bernays, Paul (1950), Mathematische Existenz und Widerspruchsfreiheit, in: Ders., Abhandlungen zur Philosophie der Mathematik, Darmstadt: Wissenschaftliche Buchgesellschaft 1976, S. 92-106

Bernays, Paul (1957), Betrachtungen zu Ludwig Wittgensteins «Bemerkungen über die Grundlagen der Mathematik», in: Ders., Abhandlungen zur Philosophie der Mathematik, Darmstadt 1976, S. 119-141

Bloor, David (1973), Wittgenstein and Mannheim on the Sociology of Mathematics, in: Studies in History and Philosophy of Science, 4, 2, S. 173-191

Bloor, David (1978), Polyhedra and the Abominations of Leviticus, in: British Journal for the History of Science, 11, S. 243-272

Bloor, David (1980), Klassifikation und Wissenssoziologie: Durkheim und Mauss neu betrachtet, in: Nico Stehr, Volker Meja (Hrsg.), Wissenssoziologie, Kölner Zeitschrift für Soziologie und Sozialpsychologie, Sonderheft 22, Opladen, S. 20-51

Bloor, David (1983), Wittgenstein. A Social Theory of Knowledge, London: Macmillan Press

Bloor, David (1987), The Living Foundations of Mathematics, in: Social Studies of Science, 17, 337-358

Bloor, David (1991), Knowledge and Social Imagery (1976), Chicago: University of Chicago Press

Bloor, David (1992), Left and Right Wittgensteinians, in: Andrew Pickering (Hrsg.): Science as Practice and Culture, Chicago: University of Chicago Press, S. 266-282

Bloor, David (1999), Anti-Latour, in: Studies in the History and Philosophy of Science, 30, 1, S. 81-112

Blume, Stuart S., Ruth Sinclair (1974), Aspects of the Structure of a Scientific Discipline, in: Richard Whitley (Hrsg.), Social Processes of Scientific Development, London: Routledge, S. 224-241

Blumenthal, Otto (1935), Lebensgeschichte, in: David Hilbert, Gesammelte Abhandlungen, Bd. 3, Berlin: Springer, S. 388-429

Blumer, Herbert (1973), Der methodologische Standort des Symbolischen Interaktionismus, in: Arbeitsgruppe Bielefelder Soziologen (Hrsg.), Alltagswissen, Interaktion und gesellschaftliche Wirklichkeit, Bd. 1, Reinbek b. Hamburg, S. 80-147

Bohr, Niels (1929), Wirkungsquantum und Naturbeschreibung, in: Ders., Collected Works, Vol. 6, hrsg. von Jorgen Kalckar, Amsterdam-New York: North-Holland 1985, S. 203-206

Borel, Armand (1981), Mathematik: Kunst und Wissenschaft, in: Ders. Collected Papers, Vol. 3, Berlin u.a.: Springer 1983, S. 685-701

Borel, Armand (1994), On the Place of Mathematics in Culture, Manuskript, Princeton

Borel, Armand, Friedrich Hirzebruch (1959), Characteristic Classes and Homogeneous Spaces II, in: Armand Borel, Collected Papers, Vol. 2, Berlin u.a.: Springer 1983, S. 1-68

Borwein, Jonathan u.a. (1996), Making Sense of Experimental Mathematics, in: Mathematical Intelligencer, 18, 4, S. 12-18

Bourbaki, Nicolas (1939), Théorie des ensembles, Paris: Diffusion C.C.L.S. 1977

Bourbaki, Nicolas (1948), Die Architektur der Mathematik, in: Michael Otte (Hrsg.), Mathematiker über die Mathematik, Berlin u.a. 1974: Springer, S. 140-160

Brecht, Gerhard (1994), Bezeichnungen in der Mathematik, in: Mitteilungen der Deuschen Mathematiker Vereinigung, 3, S. 24-27

Breger, Herbert (1990), Know-how in der Mathematik. Mit einer Nutzanwendung auf die unendlich kleinen Grössen, in: Detlef Spalt (Hrsg.), Rechnen mit dem Unendlichen, Basel: Birkhäuser, S. 43-57

Breger, Herbert (1992), Tacit Knowledge in Mathematical Theory, in: Javier Echeverria, Andoni Ibarra, Thomas Mormann (Hrsg.), The Space of Mathematics. Philosophical, Epistemological and Historical Explorations, Berlin u.a.: de Gruyter, S. 79-90

Brouwer, L.E.J. (1905), Life, Art and Mysticism, auszugweise repr. in: Ders., Collected Works, Bd. 1, hrsg. von Arend Heyting, Amsterdam u.a.: North Holland 1975, S. 1-10

Brouwer, L.E.J. (1907), On the Foundations of Mathematics, in: Ders., Collected Works, Bd. 1, hrsg. von Arend Heyting, Amsterdam u.a.: North Holland 1975, S. 11-101

Brouwer, L.E.J. (1912), Intuitionism and Formalism, in: Ders., Collected Works, Bd. 1, hrsg. von Arend Heyting, Amsterdam u.a.: North Holland 1975, S. 123-138

Brouwer, L.E.J. (1928), Mathematik, Wissenschaft und Sprache, in: Ders., Collected Works, Bd. 1, hrsg. von Arend Heyting, Amsterdam u.a.: North Holland 1975, S. 417-428

Brown, James Robert (1990), π in the Sky, in: A. D. Irvine (Hrsg.), Physicalism in Mathematics, Dordrecht: Kluwer, S. 95-120

Brown, James Robert (1991), The Laboratory of the Mind. Thought Experiments in the Natural Sciences, London: Routledge

Bunge, Mario (1992), A Critical Examination of the New Sociology of Science. Part II, in: Philosophy of the Social Sciences, 22, 1, S. 46-76

Burri, Alex (1994), Hilary Putnam, Frankfurt/M.: Campus

Buschlinger, Wolfgang (1993), Denk-Kapriolen? Gedankenexperimente in Naturwissenschaften, Ethik und Philosophy of Mind, Würzburg: Königshausen und Neumann

Cahan, David (1989), An Institute for an Empire: The Physikalisch-Technische Reichsanstalt 1871-1918, Cambridge: Cambrige University Press

Callon, Michel (1983), Die Kreation einer Technik. Der Kampf um das Elektroauto, in: Technik und Gesellschaft, Jahrbuch 2, Frankfurt/M.: Campus, S. 140-160

Callon, Michel (1986), Some Elements of a Sociology of Translation: Domestication of the Scallops and the Fishermen of St. Brieuc Bay, in: John Law (Hrsg.), Power, Action, and Belief: A New Sociology of Knowledge? London: Routledge, S. 196-233

Callon, Michel, Bruno Latour (1992), Don't Throw the Baby Out with the Bath School! A Reply to Collins and Yearley, in: Andrew Pickering (Hrsg.), Science as Practice and Culture, Chicago: Chicago University Press, S. 343-368

Capshew, James H., Karen A. Rader (1992), Big Science: Price to the Present, in: Osiris, 7, S. 3-25

Carnap, Rudolf (1963), Mein Weg in die Philosophie, Stuttgart: Reclam 1993

Cartwright, Nancy (1996), Otto Neurath. Philosophy Between Science and Politics, Cambridge: Cambridge University Press

Cerutti, Elsie, Philip J. Davis (1969), Formac Meets Pappus. Some Observations on Elementary Analytic Geometry by Computer, in: American Mathematical Monthly, 76, S. 895-905

Chadarevian, Soraya de (1994), Sehen und Aufzeichnen in der Botanik des 19. Jahrhunderts, in: Michael Wetzel, Herta Wolf (Hrsg.), Der Entzug der Bilder. Visuelle Realitäten, München: Walter Fink, S. 121-144

Chadarevian, Soraya de (1996), Laboratory Science versus Country-House Experiments: The Controversy Between Julian Sachs and Charles Darwin, in: British Journal for the History of Science, 29, S. 17-412

Chaitin, Gregory (1988), Randomness in Arithmetic, in: Scientific American, Nr. 259, July, S. 52-57

Chaitin, Gregory (1990), A Random Walk in Arithmetic, in: New Scientist, 24. March, S. 44-46

Chaitin, Gregory (1992), Randomness in Arithmetic and the Decline and Fall of Reductionism in Pure Mathematics, IBM Research Report RC-18532

Changeux, Jean-Pierre, Alain Connes (1992), Gedanken-Materie, Berlin u.a.: Springer

Chihara, Charles (1982), A Gödelian Thesis Regarding Mathematical Objects: Do They Exist? And Can We Perceive Them? in: Philosophical Review, 91, 2, S. 211-227

Cipra, Barry (1993), New Computer Insights From «Transparent» Proofs, in: American Mathematical Society (Hrsg.), What's Happening in the Mathematical Sciences, Vol. 1, S. 7 -11

Cipra, Barry (1995), Princeton Mathematician Looks Back on Fermat, in: Science, 268, 26. Mai, S. 1133-1134

Clarke, Adele (1990), A Social Worlds Research Adventure. The Case of Reproductive Science, in: Susan F. Cozzens, Thomas F. Gieryn (Hrsg.), Theories of Science in Society, Bloomington: Indiana University Press, S. 15-42

Clarke, Adele (1991), Social Worlds/Arena Theory as Organizational Theory, in: David R. Maines (Hrsg.), Social Organization and Social Process, New York u.a.: de Gruyter, S. 119-158

Clarke, Adele E., Joan H. Fujimura (Hrsg.) (1993), The Right Tools for the Job. At Work in Twentieth-Century Life Sciences, Princeton: Princeton University Press

Clarke, Adele, Elihu Gerson (1990), Symbolic Interactionism in Social Studies of Science, in: Howard S. Becker, Michael McCall (Hrsg.), Symbolic Interactionism and Cultural Studies, Chicago: Chicago University Press, S. 179-214

Cohen, Robert S., Paul K. Feyerabend, Marx W. Wartofsky (Hrsg.) (1976), Essays in the Memory of Imre Lakatos, Dordrecht: Reidel

Colburn, Timothy, James Fetzer, Terry Rankin (Hrsg.) (1993), Program Verification, Dordrecht: Kluwer

Cole, Stephen (1983), The Hierarchy of the Sciences? in: American Journal of Sociology, 89, 1, S. 111-139

Cole, Stephen (1992), Making Science. Between Nature and Society, Cambridge, Mass.: Harvard University Press

Collins, H.M. (Hrsg.) (1981), Knowledge and Controversy: Studies of Modern Natural Science, Social Studies of Science, 11, 1

Collins, H.M. (1983), An Empirical Relativist Programme in the Sociology of Scientific Knowledge, in: Karin Knorr Cetina, Michael Mulkay (Hrsg), Science Observed. Perspectives on the Study of Science, London: Sage, S. 85-114

Collins, H.M. (1985), Changing Order. Replication and Induction in Scientific Practice, Chicago: University of Chicago Press

282

Collins, H.M, Trevor Pinch (1982), Frames of Meaning: The Social Construction of Extraordinary Science, London: Routledge

Connes, Alain, Gerd Faltings, Vaughan Jones, Stephen Smale, René Thom (1992), Round-Table Discussion, in: C. Casacuberta, M. Castellet (Hrsg.), Mathematical Research Today and Tomorrow, Berlin u.a.: Springer, S. 87-108

Corry, Leo (1989), Linearity and Reflexivity in the Growth of Mathematical Knowledge, in: Science in Context, 3, 2, S. 409-440

Corry, Leo (1997), The Origins of Eternal Truth in Modern Mathematics: Hilbert to Bourbaki and Beyond, in: Science in Context, 10, 2, S. 253-296

Courant, Richard (1928) Über die allgemeine Bedeutung des mathematischen Denkens, in: Die Naturwissenschaften, 16, S. 89-94

Courant, Richard (1964), Die Mathematik in der modernen Welt, in: Michael Otte (Hrsg.), Mathematiker über die Mathematik, Berlin u.a. 1974: Springer, S. 181-201

Courant, Richard, Herbert Robbins (1973), Was ist Mathematik?, Berlin u.a.: Springer

Crease, Robert P. (1994), Das Spiel der Natur: Experimentieren als Vorführung, in: Deutsche Zeitschrift für Philosophie, 42, S. 419-437

Crowe, Michael (1975), Ten «Laws» Concerning Patterns of Change in the History of Mathematics, in: Donald Gillies (Hrsg.), Revolutions in Mathematics, Oxford: Oxford University Press 1992, S. 15-20

Crowe, Michael (1988), Ten Misconceptions about Mathematics and Its History, in: William Aspray, Philip Kitcher (Hrsg.), History and Philosophy of Modern Mathematics, Minneapolis: University of Minnesota Press, S. 260-277

Crowe, Michael (1992), Afterword: A Revolution in the Historiography of Mathematics? in: Donald Gillies (Hrsg.), Revolutions in Mathematics, Oxford: Oxford University Press, S. 306-316

Dalen, Dirk van (1978), Brouwer: The Genesis of his Intuitionism, in: Dialectica, 32, 3/4, S. 291-303

Damerow, Peter (1994) Vorüberlegungen zu einer historischen Epistemologie der Zahlbegriffsentwicklung, in: Günter Dux, Ulrich Wenzel (Hrsg.), Der Prozess der Geistesgeschichte. Studien zur ontogenetischen und historischen Entwicklung des Geistes, Frankfurt/M.: Suhrkamp, S. 248-322

Daston, Lorraine (1991), The Ideal and Reality of the Republic of Letters in the Enlightenment, in: Science in Context, 4, 2, S. 367-386

Daston, Lorraine (1992a), Objectivity and the Escape from Perspective, in: Social Studies of Science, 22, S. 597-618

Daston, Lorraine (1992b), Baconian Facts, Academic Civility, and the Prehistory of Objectivity, in: Annals of Scholarship, 8, S. 337-363

Daston, Lorraine (1995), Scientific Objectivity and the Ineffable, in: Lorenz Krüger, Brigitte Falkenburg (Hrsg.), Physik, Philosophie und die Einheit der Wissenschaften, Heidelberg: Spektrum, S. 306-331

Daston, Lorraine (1998), Fear and Loathing of the Imagination in Science, in: Daedalus, Winter, S. 73-93

Daston, Lorraine, Peter Galison (1992), The Image of Objectivity, in: Representations, 40, S. 81-128

Dauben, Joseph W. (1992), Are There Revolutions in Mathematics? in: Javier Echeverria, Andoni Ibarra, Thomas Mormann (Hrsg.), The Space of Mathematics. Philosophical, Epistemological and Historical Explorations, Berlin u.a.: De Gruyter, S. 205-229

Dauben, Joseph W. (1996), Paradigms and Proofs: How Revolutions Transform Mathematics, in: Elena Ausejo, Mariano Hormigón (Hrsg.), Paradigms and Mathematics, Madrid: Siglo, S. 117-148

Davis, Philip J. (1972), Fidelity in Mathematical Discourse: Is One and One Really Two? in: Thomas Tymoczko (Hrsg.), New Directions in the Philosophy of Mathematics, Boston u.a.: Birkhäuser 1985, S. 163-176

Davis, Philip J. (1974), Visual Geometry, Computer Graphics, and Theorems of the Perceived Type, in: The Influence of Computing on Mathematical Research and Education, Proceedings of Symposia in Applied Mathematics, 20, Providence, S. 113-127

Davis, Philip J. (1993), Applied Mathematics as Social Contract, in: Sal Restivo, Jean Paul van Bendegem, Roland Fischer (Hrsg.), Math Worlds. Philosophical and Social Studies of Mathematics and Mathematics Education, New York: State University of New York Press, S. 182-194

Davis, Philip J. (1993), Visual Theorems, in: Educational Studies in Mathematics, 24, S. 333-344

Davis, Philip J., Reuben Hersh (1985), Erfahrung Mathematik, Basel u.a.: Birkhäuser

Dawson, John W. (1988), The Reception of Gödel's Incompleteness Theorem, in: Stuart Shanker (Hrsg.), Gödel's Theorem in Focus, London: Croom Helm, S. 74-95

Dear, Peter (1995), Discipline and Experience. The Mathematical Way in the Scientific Revolution, Chicago: University of Chicago Press

Dedekind, Richard (1888), Was sind und was sollen die Zahlen?, Braunschweig: Vieweg 1918

Dedekind, Richard (1932), Gesammelte Mathematische Werke, Bd. 3, Braunschweig: Vieweg

Dehn, Max (1928), Über die geistige Eigenart des Mathematikers, Frankfurter Universitätsreden, Nr. 28, Frankfurt/M.

Delahaye, Jean-Paul (1989), Chaitins' Equation: An Extension of Gödel's Theorem, in: Notices of the American Mathematical Society, 36, 8, S. 984-987

Detlefsen, Michael, Mark Luker (1980), The Four-Colour Problem and Mathematical Proof, in: Journal of Philosophy, 77, S. 803-824

Devlin, Keith (1993), The Death of Proof, in: Notices of the American Mathematical Society, 40, 12, S. 1352

Dieudonné, Jean (1973), Sollen wir «Moderne Mathematik» lehren? in: Michael Otte (Hrsg.), Mathematiker über die Mathematik, Berlin u.a.: Springer 1974, S. 403-418

Döbert, Rainer (1992), Konsensustheorie als deutsche Ideologie, in: Hans-Joachim Giegel (Hrsg.), Kommunikation und Konsens in modernen Gesellschaften, Frankfurt/M.: Suhrkamp, S. 276-309

Dostojewski, Fjodor M. (1864), Aufzeichnungen aus dem Untergrund, in: Ders., Der Spieler. Späte Romane und Novellen, München: Piper 1980, S. S. 429-576

Douglas, Mary (1966), Reinheit und Gefährdung. Eine Studie zu Vorstellungen von Verunreinigung und Tabu, Berlin: Dietrich Reimer 1985

Douglas, Mary (1973), Ritual, Tabu und Körpersymbolik, Frankfurt/M.: Fischer 1986

Du Bois-Reymond, Paul (1874), Was will die Mathematik und was will der Mathematiker? in: Jahresbericht der Deutschen Mathematiker-Vereinigung, 1910, 19, S. 190-198

Dubbey, J.M. (1978), The Mathematical Work of Charles Babbage, Cambridge: Cambridge University Press, S. 154-172

Duhem, Pierre (1906), Ziel und Struktur der physikalischen Theorien, Hamburg: Felix Meiner 1978

Dummett, Michael (1988), Ursprünge der analytischen Philosophie, Frankfurt/M.: Suhrkamp

Dunmore, Caroline (1992), Meta-level Revolutions in Mathematics, in: Donald Gillies (Hrsg.), Revolutions in Mathematics, Oxford: Oxford University Press, S. 208-225

Durkheim, Emile (1893), Über soziale Arbeitsteilung, Frankfurt/M.: Suhrkamp 1988

Durkheim, Emile (1895), Die Regeln der soziologischen Methode, Frankfurt/M.: Suhrkamp 1984

Durkheim, Emile (1912), Die elementaren Formen des religiösen Lebens, Frankfurt/M.: Suhrkamp 1981

Durkheim, Emile, Marcel Mauss (1903), Über einige primitive Formen von Klassifikation. Ein Beitrag zur Erforschung der kollektiven Vorstellungen, in: Emile Durkheim, Schriften zur Soziologie der Erkenntnis, hrsg. von Hans Joas, Frankfurt/M.: Suhrkamp 1987, S. 161-256

Dyck, Walther von (1908), Die Enzyklopädie der Mathematischen Wissenschaften, in: Jahresbericht der Deutschen Mathematiker-Vereinigung, 17, S. 213-227

Echeverria Javier, Andoni Ibarra, Thomas Mormann (Hrsg.) (1992), The Space of Mathematics. Philosophical, Epistemological and Historical Explorations, Berlin u.a.: de Gruyter

Eisenberg, Theodore, Tommy Dreyfus (1991), On the Reluctance to Visualize in Mathematics, in: Walter Zimmermann, Steve Cunningham (Hrsg.): Visualization in Teaching and Learning Mathematics, Mathematical Association of America (MAA) Notes Nr. 19, S. 25-37

Elkana, Yehuda (1986), Anthropologie der Erkenntnis. Die Entwicklung des Wissens als episches Theater einer listigen Vernunft, Frankfurt/M.: Suhrkamp

Emödy, Marianne (1994), Empirismus und die Bedeutung mathematischer Zeichen, in: Brigitte Falkenburg (Hrsg.), Naturalismus in der Philosophie der Mathematik? Dialektik, 3, Hamburg: Felix Meiner, S. 45-58

Engelhardt, Tristram, Arthur L. Caplan (Hrsg.) (1987), Scientific Controversies: Case Studies in the Resolution and Closure of Disputes in Science and Technology, Cambridge: Cambridge University Press

Enquête sur la méthode de travail des mathématiciens, in: L'Enseignement Mathématiques, 1902-1908

Epstein, David, Silvio Levy (1995), Experimentation and Proof in Mathematics, in: Notices of the American Mathematical Society, 42, 6, S. 670-674

Ernest, John (1991), The Philosophy of Mathematics Education, New York: Falmer

Falkenburg, Brigitte (Hrsg.) (1994), Naturalismus in der Philosophie der Mathematik? Dialektik, 3, Hamburg: Felix Meiner

Fetzer, James F. (1988), Program Verification: The Very Idea, in: Communications of the ACM, 31, S. 1948-1963

Feyerabend, Paul (1991), Wider den Methodenzwang, Frankfurt/M.: Suhrkamp

Field, Hartry (1989), Fictionalism, Epistemology and Modality, in: Ders., Mathematics and Modality, Oxford: Blackwell, S. 1-52

Fisher, Charles S. (1972), Some Social Characteristics of Mathematicians and Their Work, in: American Journal of Sociology, 78, 5, S. 1094-1118

Fisher, Charles S. (1974), Die letzten Invariantentheoretiker, in: Peter Weingart (Hrsg.), Wissenschaftssoziologie 2: Determinanten wissenschaftlicher Entwicklung, Frankfurt/M.: Athenäum, S. 153-183

Fleck, Ludwik (1935a), Enstehung und Entwicklung einer wissenschaftlichen Tatsache, Frankfurt/M.: Suhrkamp 1980

Fleck, Ludwik (1935b), Über die wissenschaftliche Beobachtung und die Wahrnehmung im allgemeinen, in: Ders., Erfahrung und Tatsache, Frankfurt/M.: Suhrkamp 1983, S. 59-83

Fleck, Ludwik (1960), Krise in der Wissenschaft, in: Ders., Erfahrung und Tatsache, Frankfurt/M.: Suhrkamp 1983, S. 175-181

Forman, Paul (1971), Weimarer Kultur, Kausalität und Quantentheorie 1918-1927, in: Karl von Meyenn (Hrsg.), Quantenmechanik und Weimarer Republik, Braunschweig: Vieweg 1994, S. 61-179

Fraenkel, Abraham A. (1924), Über die gegenwärtige Grundlagenkrise der Mathematik, in: Sitzungsberichte der Gesellschaft zur Beförderung der gesamten Naturwissenschaften, 5, Juni, S. 83-98

Fraenkel, Abraham A. (1967), Lebenskreise. Aus den Erinnerungen eines jüdischen Mathematikers, Stuttgart

Franklin, James (1987), Non-deductive Logic in Mathematics, in: The British Journal for the Philosophy of Science, 38, S. 1-18

Franzen, Winfried (1992), Totgesagte leben länger. Beyond Realism and Anti-Realism: Realism, in: Forum für Philosophie, Bad Homburg (Hrsg.), Realismus und Antirealismus, Frankfurt/M.: Suhrkamp, S. 20-65

Fréchet, René Maurice (1928), Les espaces abstraits, Paris: Gaulthier Villars

Frege, Gottlob (1879), Begriffsschrift. Eine der arithmetischen nachgebildete Formelsprache des reinen Denkens, Halle: Louis Nebert

Frege, Gottlob (1882), Über die wissenschaftliche Berechtigung einer Begriffschrift, in: Ders., Funktion, Begriff, Bedeutung, hrsg. von Günther Patzig. Göttingen: Vandenhoeck & Ruprecht 1986, S. 91-97

Frege, Gottlob (1884), Die Grundlagen der Arithmetik, Stuttgart: Reclam 1987

Frege, Gottlob (1976), Wissenschaftlicher Briefwechsel, hrsg. von Gottfried Gabriel u.a., Hamburg: Felix Meiner

Freudenthal, Hans (1957), Zur Geschichte der Grundlagen der Geometrie, in: Nieuw Archief voor Wiskunde, 4, 5, S. 105-142

Fruton, Joseph S. (1990), Contrasts in Scientific Style: Research Groups in the Chemical and Biochemical Sciences, Philadelphia: American Philosophical Society

Fujimura, Joan (1987), Constructing «Do-able» Problems in Cancer Research: Articulating Alignment, in: Social Studies of Science, 17, S. 257-293

Fujimura, Joan (1988), The Molecular Biological Bandwagon in Cancer Research: Where Social Worlds Meet, in: Social Problems, 35, 3, S. 261-283

Fujimura, Joan (1992), Crafting Science: Standardized Packages, Boundary Objects, and «Translation», in: Andrew Pickering (Hrsg.): Science as Practice and Culture, Chicago: University of Chicago Press, S. 168-211

Furger, Franco, Bettina Heintz (1997), Technologische Paradigmen und lokaler Kontext. Das Beispiel der ERMETH, in: Schweizerische Zeitschrift für Soziologie, 23, 3, S. 533-566

Galison, Peter (1987), How Experiments End, Chicago: Chicago University Press

Galison, Peter (1988), History, Philosophy, and the Central Metaphor, in: Science in Context, 2, S. 197-212

Galison, Peter (1995), Context and Constraints, in: Jed Z. Buchwald (Hrsg.), Scientific Practice: Theories and Stories of Doing Physics, Chicago: Chicago University Press, S. 13-41

Galison, Peter (1996), Computer Simulations and the Trading Zone, in: Peter Galison, David J. Stump (Hrsg.), The Disunity of Science. Boundaries, Contexts, and Power, Stanford: Stanford University Press, S. 118-157

Galison, Peter (1997), Image and Logic. A Material Culture of Microphysics, Chicago: Chicago University Press

Garciadiego, Alejandro R. (1986), On Rewriting the History of the Foundations of Mathematics at the Turn of the Century, in: Historia Mathematica, 13, S. 39-41

Garfinkel, Harold (1967), Studies in Ethnomethodology, Cambridge: Polity Press 1990

Garfinkel, Harold (1973), Das Alltagswissen über soziale und innerhalb sozialer Strukturen, in: Arbeitsgruppe Bielefelder Soziologen (Hrsg.), Alltagswissen, Interaktion und gesellschaftliche Wirklichkeit, Bd. 1, Reinbek b. Hamburg: Rowohlt, S. 189-262

Garfinkel, Harold, Harvey Sacks (1976), Über formale Strukturen praktischer Handlungen, in: Elmar Weingarten, Fritz Sack, Jim Schenkein (Hrsg.), Ethnomethodologie, Frankfurt/M.: Suhrkamp, S. 130-176

Garfinkel, Harold, Michael Lynch, Eric Livingston (1981), The Work of a Discovering Science Construed with Materials from the Optically Discovered Pulsar, in: Philosophy of the Social Sciences, 11, S. 131-158

Geser, Hans (1977), Forschungsinfrastruktur und Organisationsform von Universitätsinstituten, in: Zeitschrift für Soziologie, 6, 2, S. 150-173

Gibbons, Michael, Camille Limoges, Helga Nowotny, Simon Schwartzman, Peter Scott, Martin Trow (1994), The New Production of Knowledge. The Dynamics of Science and Research in Contemporary Societies, London: Sage

Giegel, Hans-Joachim (1992a), Kommunikation und Konsens in modernen Gesellschaften, in: Ders. (Hrsg.), Kommunikation und Konsens in modernen Gesellschaften, Frankfurt/M.: Suhrkamp, S. 7-17

Giegel, Hans-Joachim (1992b), Diskursive Verständigung und systemische Selbststeuerung, in: Ders. (Hrsg.), Kommunikation und Konsens in modernen Gesellschaften, Frankfurt/M.: Suhrkamp, S. 59-112

Gieryn, Thomas F. (1994), Boundaries of Science, in: Sheila Jasanoff, Gerald E. Markle, James C. Petersen, Trevor Pinch (Hrsg.), Handbook of Science and Technology Studies, London: Sage, S. 393-443

Gilbert, Nigel G., Michael Mulkay (1984), Opening Pandora's Box: A Sociological Account of Scientist's Discourse, Cambridge: Cambridge University Press

Gillies, Donald (Hrsg.) (1992), Revolutions in Mathematics, Oxford: Oxford University Press

Gingras Yves (1995), Following Scientists Through Society? Yes, But at Arm's Length, in: Jed Z. Buchwald (Hrsg.) Scientific Practice. Theories and Stories of Doing Physics, Chicago: University of Chicago Press, 123-150

Glas, Eduard (1995), Kuhn, Lakatos, and the Image of Mathematics, in: Philosophia Mathematica, 3, 3, S. 225-247

Gödel, Kurt (1931), Diskussion zur Grundlegung der Mathematik, in: Ders., Collected Works, Vol. 1, hrsg. von Solomon Feferman u.a., Oxford: Oxford University Press 1986, S. 200-204

Gödel, Kurt (1947/63) What is Cantor's Continuum Problem? in: Paul Benaceraff, Hilary Putnam (Hrsg.), Philosophy of Mathematics, Cambridge: Cambridge University Press 1983, S. 470-485

Goffman, Erving (1982), Der korrektive Austausch, in: Ders., Das Individuum im öffentlichen Austausch, Frankfurt/M.: Suhrkamp, S. 138-255

Goldfarb, Warren (1988), Poincaré against the Logicists, in: William Aspray, Philip Kitcher (Hrsg.), History and Philosophy of Modern Mathematics, Minneapolis: University of Minnesota Press, S. 61-81

Gooding, David (1990), Experiment and the Making of Meaning, Dordrecht: Kluwer

Gooding, David (1992), Putting Agency Back into Experiment, in: Andrew Pickering (Hrsg.), Science as Practice and Culture, Chicago: Chicago University Press, S. 65-112

Gooding, David, Trevor Pinch, Simon Schaffer (Hrsg.) (1989), The Uses of Experiment, Cambridge: Cambridge University Press

Goodman, Nicolas (1990), Mathematics as Natural Science, in: The Journal of Symbolic Logic, 55, 1, S. 182-193

Goodman, Nicolas (1991), Modernizing the Philosophy of Mathematics, in: Reuben Hersh (Hrsg.), New Directions in the Philosophy of Mathematics, Synthese, 88, 2, S. 119-126

Gorenstein, Daniel (1979), The Classification of Finite Simple Groups, in: Bulletin of the American Mathematical Society, New Series 1, S. 43-199

Gorenstein, Daniel (1986), Die Klassifikation der endlichen einfachen Gruppen, in: Spektrum der Wissenschaft, Februar, S. 98-110

Grabiner, Judith V. (1981), Changing Attitudes Toward Mathematical Rigor: Lagrange and Analysis in the Eighteenth and Nineteenth Centuries, in: Hans Niels Jahnke, Michael Otte (Hrsg.), Epistemological and Social Problems of the Sciences in the Early Nineteenth Century, Dordrecht: Reidel, S. 311-330

Grabiner, Judith V. (1985), Is Mathematical Truth Time-Dependent? (1974), in: Thomas Tymoczko (Hrsg.), New Directions in the Philosophy of Mathematics, Boston u.a.: Birkhäuser, S. 201-213

Gray, Jeremy (1987), The Discovery of Non-Euclidean Geometry, in: Esther R. Phillips (Hrsg.), Studies in the History of Mathematics, MAA Studies in Mathematics, Vol. 26, Washington, S. 37-60

Gray, Jeremy (1992), The Nineteenth-Century Revolution in Mathematical Ontology, in: Donald Gillies (Hrsg.), Revolutions in Mathematics, Oxford: Oxford University Press, S. 226-248

Grosholz, Emily (1985), A New View of Mathematical Knowlege, in: British Journal for the Philosophy of Science, 36, S. 71-78

Grothendieck, Alexandre (1985), Récoltes et Semailles. Réflexions et témoignage sur un passé de mathématicien, 4 Bände, Montpellier, unveröffentlichtes Manuskript

Grötschel, Martin, Joachim Lügger (1995), Die Zukunft wissenschaftlicher Kommunikation aus der Sicht der Mathematik, in: Spektrum der Wissenschaft, März, S. 39-43

Guedj, Denis (1985), Nicolas Bourbaki, Collective Mathematician. An Interview with Claude Chevalley, in: Mathematical Intelligencer, 7, 2, S. 18-22

Guillaume, Marcel (1985), Axiomatik und Logik, in: Jean Dieudonné (Hrsg.), Geschichte der Mathematik. 1700-1900, Braunschweig: Vieweg, S. 748-882

Habermas, Jürgen (1973), Wahrheitstheorien, in: Ders., Vorstudien und Ergänzungen zur Theorie des kommunikativen Handelns, Frankfurt/M.: Suhrkamp 1984, S. 126-182

Habermas, Jürgen (1981), Theorie kommunikativen Handelns, Frankfurt/M.: Suhrkamp

Hacking, Jan (1983), Representing and Intervening, Cambridge: Cambridge University Press

Hacking, Jan (1992), The Self-Vindication of the Laboratory Sciences, in: Andrew Pickering (Hrsg.), Science as Practice and Culture, Chicago: Chicago University Press, S. 29-64

Hadamard, Jacques (1944), The Psychology of Invention in the Mathematical Field, Princeton: Princeton University Press 1949

Hagstrom, Warren O. (1966), The Scientific Community, New York: Basic Books

Hagstrom, Warren O. (1974), Competition in Science, in: American Sociological Review, 39, 1, S. 1-18

Hahn, Hans (1930/31), Die Bedeutung der wissenschaftlichen Weltauffassung, insbesondere für Mathematik und Physik, in: Ders., Empirismus, Logik, Mathematik, Frankfurt/M.: Suhrkamp 1988, S. 38-47

Hahn, Hans (1932), Logik, Mathematik und Naturerkennen, in: Ders., Empirismus, Logik, Mathematik, Frankfurt/M.: Suhrkamp 1988, S. 141-172

Hahn, Hans (1933), Die Krise der Anschauung, in: Ders., Empirismus, Logik, Mathematik, Frankfurt/M.: Suhrkamp 1988, S. 86-114

Hahn, Hans (1934), Gibt es Unendliches? in: Ders., Empirismus, Logik, Mathematik, Frankfurt/M.: Suhrkamp 1988, S. 115-140

Hales, Thomas C. (1994), The Status of the Kepler Conjecture, in: Mathematical Intelligencer, 16, 3, S. 47-58

Haller, Rudolf (Hrsg.) (1982), Schlick und Neurath. Ein Symposium, Amsterdam: Rodopi

Haller, Rudolf (1993), Neopositivismus. Eine historische Einführung in die Philosophie des Wiener Kreises, Darmstadt: Wissenschaftliche Buchgesellschaft

Halmos, Paul (1985), I Want to be a Mathematician: An Automathography, New York u.a.: Springer

Halmos, Paul (1990), Has Progress in Mathematics Slowed Down? in: American Mathematical Monthly, 97, 7, S. 561-588

Haraway, Donna (1996), Anspruchsloser Zeuge@Zweites Jahrtausend. FrauMann@ trifft OncoMouse™. Leviathan und die vier Jots: Die Tatsachen verdrehen, in: Elvira Scheich (Hrsg.), Vermittelte Weiblichkeit. Feministische Wissenschafts- und Gesellschaftstheorie, Hamburg: Hamburger Edition HIS, S. 347-389

Harding, Sandra (1994), Das Geschlecht des Wissens, Frankfurt/M.: Campus

Hardy, G.H. (1929), Mathematical Proof, in: Ders., Collected Papers, Vol. VII, Oxford: Clarendon Press 1979 , S. 1-25

Hardy, G.H. (1940), A Mathematician's Apology, Cambridge: Cambridge University Press

Hargens, Lowell L. (1975), Anomie und Dissens in wissenschaftlichen Gemeinschaften, in: Nico Stehr, René König (Hrsg.), Wissenschaftssoziologie, Sonderheft der Kölner Zeitschrift für Soziologie und Sozialpsychologie, Bd. 18, Westdeutscher Verlag: Opladen, S. 375-392

Hargens, Lowell L., Warren O. Hagstrom (1982), Scientific Consensus and Academic Status Attainment Patterns, in: Sociology of Education, 55, S. 183-196

Hasse, Raimund, Georg Krücken, Peter Weingart (1994), Laborkonstruktivismus: Eine wissenschaftssoziologische Reflexion, in: Gebhard Rusch, Siegfried J. Schmidt (Hrsg.), Konstruktivismus und Sozialtheorie, Frankfurt/M.: Suhrkamp, S. 220-262

Hege, Hans Christian, Konrad Polthier (Hrsg.) (1998), VideoMath Festival at ICM 98, Berlin u.a.: Springer

Heidelberger, Michael, Friedrich Steinle (Hrsg.) (1998), Experimental Essays – Versuche zum Experiment, Baden-Baden: Nomos

Heintz, Bettina (1993a), Die Herrschaft der Regel. Zur Grundlagengeschichte des Computers, Frankfurt/M.: Campus

Heintz, Bettina (1993b), Wissenschaft im Kontext. Neuere Entwicklungstendenzen in der Wissenschaftssoziologie, in: Kölner Zeitschrift für Soziologie und Sozialpsychologie, 45, 3, S. 528-552

Heintz, Bettina (1995), Zeichen, die Bilder schaffen, in: Johanna Hofbauer, Gerald Prabitz, Josef Wallmannsberger (Hrsg.), Bilder – Symbole – Metaphern. Visualisierung und Informierung in der Moderne, Wien: Passagen Verlag, S. 47-82

Heintz, Bettina (1997), Die Intransparenz der Zeichen – Mathematik, Kunst und Kommunikation, in: Jörg Huber (Hrsg.), Konturen des Unentschiedenen, Basel: Stroemfeld/Roter Stern, S. 109-128

Heintz, Bettina (1998), Die soziale Welt der Wissenschaft. Entwicklungen, Ansätze und Ergebnisse der Wissenschaftsforschung, in: Bettina Heintz, Bernhard Nievergelt (Hrsg.), Wissenschafts- und Technikforschung in der Schweiz. Sondierungen einer neuen Disziplin, Zürich: Seismo, S. 55-94

Heintz, Bettina (1999), Disziplinäre Unterschiede und geschlechtsspezifische Karrieren, Mainz/Zürich, unveröffentlichtes Manuskript

Heintz, Bettina, Ursula Streckeisen (1996), Die Vielfalt der Wissenschaft. Disziplinäre Unterschiede im Vergleich, Gesuch an den Schweizerischen Nationalfonds, Zürich/Bern

Heisenberg, Werner (1928), Erkenntnistheoretische Probleme in der modernen Physik, in: Ders., Gesammelte Werke, Abt. C, Bd. 1, hrsg. von Walter Blum u.a., München/ Zürich: Piper 1984, S. 22-28

Hempel, Carl (1945a), Geometry and Empirical Science, in: American Mathematical Monthly, 52, S. 7-17

Hempel, Carl (1945b), On the Nature of Mathematical Truth, in: Paul Benaceraff, Hilary Putnam (Hrsg.), Philosophy of Mathematics, Cambridge: Cambridge University Press 1983, S. 377-393

Henderson, Kathryn (1995), The Visual Culture of Engineers, in: Susan Leigh Star (Hrsg.), The Cultures of Computing, Oxford: Blackwell, S. S. 196-218

Hensel, Susann (1989), Die Auseinandersetzungen um die mathematische Ausbildung der Ingenieure an den Technischen Hochschulen in Deutschland Ende des 19. Jahrhunderts, in: Susann Hensel, Karl-Norbert Ihmig, Michael Otte, Mathematik und Technik im 19. Jahrhundert in Deutschland: Soziale Auseinandersetzung und Problematik, Göttingen: Vandenhoeck & Ruprecht, S. 1-111

Hersh, Reuben (1978), Introducing Imre Lakatos, in: Mathematical Intelligencer, 1, S. 148-151

Hersh, Reuben (1979), Some Proposals for Reviving the Philosophy of Mathematics, in: Thomas Tymoczko (Hrsg.), New Directions in the Philosophy of Mathematics, Boston u.a.: Birkhäuser 1985, S. 9-28

Hersh, Reuben (1991a), Mathematics has a Front and a Back, in: Ders. (Hrsg.), New Directions in the Philosophy of Mathematics, Synthese, 88, 2, S. 127-133

Hersh, Reuben (Hrsg.) (1991b), New Directions in the Philosophy of Mathematics, Synthese, 88, 2

Hersh, Reuben (1993), Proving is Convincing and Explaining, in: Educational Studies in Mathematics, 24, S. 389-399

Hersh, Reuben (1995), Fresh Breezes in the Philosophy of Mathematics, in: The American Mathematical Monthly, 102, 7, S. 589-594

Hersh, Reuben (1997), What Is Mathematics, Really? Oxford: Oxford University Press

Hess, David J. (1992), The New Ethnography and the Anthropology of Science and Technology, in: Knowledge and Society: The Anthropology of Science and Technology, 9, S. 1-26

Hesse, Mary (1980), The Strong Thesis in the Sociology of Science, in: Dies., Revolutions and Reconstructions in the Philosophy of Science, Brighton: Harvester, S. 29-60

Heuberger, Frank (1992), Problemlösendes Handeln. Zur Handlungs- und Erkenntnistheorie von G.H. Mead, A. Schütz und Ch. S. Peirce, Frankfurt/M.: Campus

Hilbert, David (1899), Grundlagen der Geometrie, Leipzig: Teubner 1909

Hilbert, David (1900a), Mathematische Probleme, in: Ders., Gesammelte Abhandlungen, Bd. 3, Berlin: Springer 1935, S. 290-329

Hilbert, David (1900b), Über den Zahlbegriff, in Ders., Grundlagen der Geometrie, Anhang VI, Leipzig: Teubner 1909, S. 256-262

Hilbert, David (1905), Über die Grundlagen der Logik und der Arithmetik, in: Ders., Grundlagen der Geometrie, Anhang VII, Leipzig: Teubner 1909, S. 263-279

Hilbert, David (1918), Axiomatisches Denken, in: Ders., Hilbertiana, Darmstadt: Wissenschaftliche Buchgesellschaft 1964, S. 1-11

Hilbert, David (1922), Neubegründung der Mathematik. Erste Mitteilung, in: Ders., Hilbertiana, Darmstadt: Wissenschaftliche Buchgesellschaft, 1964, S. 12-32

Hilbert, David (1923), Die logischen Grundlagen der Mathematik, in: Ders., Hilbertiana, Darmstadt: Wissenschaftliche Buchgesellschaft 1964, S. 33-48

Hilbert, David (1925), Über das Unendliche, in: Ders., Hilbertiana, Darmstadt: Wissenschaftliche Buchgesellschaft 1964, S. 79-108

Hilbert, David (1930), Naturerkennen und Logik, in: Ders., Gesammelte Abhandlungen, Bd. 3, Berlin: Springer 1935, S. 378-387

Hilbert, David, Paul Bernays (1934), Grundlagen der Mathematik, Bd. 1, Berlin: Springer

Hildebrandt, Stefan (1995), Wahrheit und Wert mathematischer Erkenntnis, hrsg. von der Carl Friedrich von Siemens Stiftung, München

Höflechner, Walter (1994), Ludwig Boltzmann. Leben und Briefe, Graz: Akademische Druck- und Verlagsanstalt

Holmes, Fredric L. (1989), The Complementarity of Teaching and Research in Liebig's Laboratory, in: Osiris, 5, S. 121-164

Horgan, John (1993), The Death of Proof, in: Scientific American,10, S. 74-82

Horowitz, Tamara, Gerald J. Massey (Hrsg.) (1991), Thought Experiments in Science and Philosophy, Savage: Rowman & Littlefield

Hoyningen-Huene, Paul (1987), Context of Discovery and Context of Justification, in: Studies in History and Philosophy of Science, 18, S. 501-515

Hoyningen-Huene, Paul (1989), Die Wissenschaftsphilosophie Thomas S. Kuhns, Braunschweig: Vieweg

Hsiang, Wu-Hi (1995), A Rejoinder of Hales's Article, in: Mathematical Intelligencer, 17, 1, S. 35-42

Huizenga, John R. (1993), Cold Fusion. The Scientific Fiasco of the Century, Oxford: Oxford University Press

Hume, David (1759), Eine Untersuchung über den menschlichen Verstand, Stuttgart: Reclam 1982

Hyman, Anthony (1987), Charles Babbage (1791-1871), Stuttgart: Klett-Cotta

Ifrah, Georges (1991), Universalgeschichte der Zahlen, Frankfurt/M.: Campus

Irvine, A.D. (1990), Nominalism, Realism & Physicalism in Mathematics, in: A. D. Irvine (Hrsg.), Physicalism in Mathematics, Dordrecht: Kluwer, S. ix-xxvi

Isaacson, Daniel (1993), Mathematical Intuition and Objectivity, in: George Alexander (Hrsg.), Mathematics and the Mind, Oxford: Oxford University Press, S. 118-140

Jackson, Allyn (1993), Fermat Fest Draws a Crowd, in: Notices of the American Mathematical Society, 40, 8, S. 982-984

Jackson, Allyn (1994), Update on Proof of Fermat's Last Theorem, in: Notices of the American Mathematical Society, 41, 3, S. 185

Jackson, Allyn (1995), MSRI Workshop, in: Notices of the American Mathematical Society, 42, 4, S. 445-449

Jackson, Allyn (1997), Chinese Acrobatics, an Old-Time Brewery, and the «Much Needed Gap»: The Life of «Mathematical Reviews», in: Notices of the American Mathematical Society, 44, 3, S. 330-337

Jaffe, Arthur (1997), Proof and the Evolution of Mathematics, in: Synthese, 111, 2, S. 133-146

Jaffe, Arthur, Frank Quinn (1993), Theoretical Mathematics: Toward a Cultural Synthesis of Mathematics and Theoretical Physics, in: Bulletin of the American Mathematical Society, 29, 1, S. 1-13

Jahnke, Hans Niels, J.F. Herbart (1990), Nach-Kantische Philosophie und Theoretisierung der Mathematik, in: Gert König (Hrsg.), Konzepte des mathematisch Unendlichen im 19. Jahrhundert, Göttingen: Vandenhoeck&Ruprecht, S. 165-188

James, Frank A. (Hrsg.) (1989), The Development of the Laboratory: Essays on the Place of Experiment in Industrial Civilization, Basingstoke: Macmillan Press

Joas, Hans (1980), Praktische Intersubjektivität. Die Entwicklung des Werkes von G.H. Mead, Frankfurt/M.: Suhrkamp 1989

Joas, Hans (1986), Die unglückliche Ehe von Hermeneutik und Funktionalismus, in: Axel Honneth, Hans Joas (Hrsg.), Kommunikatives Handeln, Frankfurt/M.: Suhrkamp, S. 144-176

Joas, Hans (1992a), Die Kreativität des Handelns, Frankfurt/M.: Suhrkamp

Joas, Hans (1992b), Die Kreativität des Handelns und die Intersubjektivität der Vernunft. Meads Pragmatismus und die Gesellschaftstheorie, in: Ders., Pragmatismus und Gesellschaftstheorie, Frankfurt/M.: Suhrkamp, S. 281-308

Joerges, Bernward (1989), Technische Normen – soziale Normen? in: Soziale Welt, 40, 1/2, S. 242-258

Jones, Caroline A., Peter Galison (Hrsg.) (1998), Picturing Science, Producing Art, London: Routledge

Kac, Marc (1987), Enigmas of Chance. An Autobiography, Berkeley: University of California Press

Kalmár, László (1967), Foundations of Mathematics – Wither Now? in: Imre Lakatos (Hrsg.), Problems in the Philosophy of Mathematics, Amsterdam: North-Holland, S. 187-194

Kandinsky, Wassily (1937), Zugang zur Kunst, in: Ders., Essays über Kunst und Künstler, hrsg. von Max Bill, Bern: Benteli 1973, S. 203-211

Keller, Evelyn Fox (1983), A Feeling for the Organism: The Life and Work of Barbara McClintock, New York: W.H. Freeman

Keller, Evelyn Fox (1986), Liebe, Macht und Erkenntnis. Männliche oder weibliche Wissenschaft? München: Hanser

Kitcher, Philip (1980), Arithemetic for the Millian, in: Philosophical Studies, 37, S. 215-236

Kitcher, Philip (1983), The Nature of Mathematical Knowledge, Oxford: Oxford University Press

Kitcher, Philip (1988), Mathematical Naturalism, in: William Aspray, Philip Kitcher (Hrsg.), History and Philosophy of Modern Mathematics, Minneapolis: University of Minnesota Press, S. 293-325

Kleiner, Israel, Nitsa Movshovitz-Hadar (1997), Proof: A Many-Splendored Thing, in: Mathematical Intelligencer, 19, 3, S. 16-26

Kline Morris (1980), Mathematics: The Loss of Certainty, Oxford: Oxford University Press

Knobloch, Eberhard (1980), Einfluss der Symbolik und des Formalismus auf die Entwicklung des mathematischen Denkens, in: Berichte zur Wissenschaftsgeschichte, 3, S. 77-94

Knobloch, Eberhard (1981), Symbolik und Formalismus im mathematischen Denken des 19. und beginnenden 20. Jahrhunderts, in: Joseph W. Dauben (Hrsg.), Mathematical Perspectives. Essays on Mathematics and Its Historical Development, New York: Academic Press, S. 139 165

Knopp, Konrad (1928), Mathematik und Kultur, Sonderdruck, Berlin u.a.: Walter de Gruyter

Knorr Cetina, Karin (1981), The Micro-Sociological Challenge of Macro-Sociology: Towards a Reconstruction of Social Theory and Methodology, in: Karin Knorr Cetina, Aaron V. Cicourel (Hrsg.), Advances in Social Theory and Methodology. Toward an Integration of Micro- and Macro-Sociologies, London : Routledge, S. 1-48

Knorr Cetina, Karin (1983), The Ethnographic Study of Scientific Work: Towards a Constructivist Interpretation of Science, in: Karin Knorr Cetina, Michael Mulkay (Hrsg.), Science Observed. Perspectives on the Social Study of Science, London: Sage, S. 115-140

Knorr Cetina, Karin (1984), Die Fabrikation von Erkenntnis, Frankfurt/M.: Suhrkamp

Knorr Cetina, Karin (1988), Das naturwissenschaftliche Labor als Ort der «Verdichtung» von Gesellschaft, in: Zeitschrift für Soziologie 17, S. 85-101

Knorr Cetina, Karin (1989), Spielarten des Konstruktivismus. Einige Notizen und Anmerkungen, in: Soziale Welt, 40, 1/2, S. 86-96

Knorr Cetina, Karin (1992), The Couch, the Cathedral and the Laboratory: On the Relationship between Experiment and Laboratory in Science, in: Andrew Pickering (Hrsg.), Science as Practice and Culture, Chicago: Chicago University Press, S. 113-138

Knorr Cetina, Karin (1994), Laboratory Studies: The Cultural Approach to the Study of Science, in: Sheila Jasanoff, Gerald E. Markle, James C. Petersen, Trevor Pinch (Hrsg.), Handbook of Science and Technology Studies, London: Sage, S. 140-166

Knorr Cetina, Karin (1995), How Superorganisms Change: Consensus Formation and the Social Ontology of High-Energy Physics Experiments, in: Social Studies of Science, 25, S. 119-147

Knorr Cetina, Karin (1996), The Care of the Self and Blind Variation: The Disunity of Two Leading Sciences, in: Peter Galison, David J. Stump (Hrsg.), The Disunity of Science. Boundaries, Contexts, and Power, Stanford: Stanford University Press , S. 297-310

Knorr Cetina, Karin (1998), Sozialität mit Objekten. Soziale Beziehungen in post-traditionalen Wissensgesellschaften, in: Werner Rammert (Hrsg.), Technik und Sozialtheorie, Frankfurt/M.: Campus, S. 83-120

Knorr Cetina, Karin (1999), Epistemic Cultures. How the Sciences Make Knowledge, Cambridge, Mass.: Harvard University Press

Knorr Cetina, Karin, Klaus Amann (1992), Konsensprozesse in der Wissenschaft, in: Hans-Joachim Giegel (Hrsg.), Kommunikation und Konsens in modernen Gesellschaften, Frankfurt/M.: Suhrkamp, S. 212-235

Knorr Cetina, Karin, Michael Mulkay (1983), Emerging Principles in Social Studies of Science, in: Dies. (Hrsg.), Science Observed. Perspectives on the Social Study of Science, London: Sage, S. 1-18

Koertge, Noretta (Hrsg.) (1997), A House Built on Sand: Exposing Postmodern Myths about Science, Oxford: Oxford University Press

Koetsier, Teun (1991), Lakatos' Philosophy of Mathematics. A Historical Approach, Amsterdam-London: North-Holland

Koppelberg, Dirk (1987), Die Aufhebung der analytischen Philosophie. Quine als Synthese von Carnap und Neurath, Frankfurt/M.: Suhrkamp

Körner, Stephan (1968), Philosophie der Mathematik. Eine Einführung, München: Nymphenburger

Krakowski, Israel (1980), The Four-Colour-Problem Reconsidered, in: Philosophical Studies, 38, S. 91-96

Krämer, Sybille (1988), Symbolische Maschinen. Die Idee der Formalisierung im geschichtlichen Abriss, Darmstadt: Wissenschaftliche Buchgesellschaft

Krantz, Steven G. (1994), The Immortality of Proof, in: Notices of the American Mathematical Society, 41, S. 10-13

Krieger, Martin H. (1992), Doing Physics: How Physicists Take Hold of the World, Bloomington: Indiana University Press

Kripke, Saul A. (1987), Wittgenstein über Regeln und Privatsprache, Frankfurt/M.: Suhrkamp

Krohn, Wolfgang, Johannes Weyer (1989), Gesellschaft als Labor, in: Soziale Welt, 40, 3, S. 349-373

Krull, Wolfgang (1930), Über die ästhetische Betrachtungsweise in der Mathematik, in: Sitzungsberichte der Physikalisch-Medizinischen Sozietät Erlangen, 61, S. 207-220

Kuhn, Thomas S. (1962), Die Struktur wissenschaftlicher Revolutionen, Frankfurt/M.: Suhrkamp 1976

Kuhn, Thomas S. (1969), Neue Überlegungen zum Begriff des Paradigma, in: Ders., Die Entstehung des Neuen. Studien zur Struktur der Wissenschaftsgeschichte, Frankfurt/M.: Suhrkamp 1977, S. 389-420

Kuhn, Thomas S. (1976), Mathematische versus experimentelle Traditionen in der Entwicklung der physikalischen Wissenschaften, in: Ders., Die Entstehung des Neuen. Studien zur Struktur der Wissenschaftsgeschichte, Frankfurt/M.: Suhrkamp, S. 84-124

Kula, Witold (1986), Measures and Men, Princeton: Princeton University Press

Künzler, Jan, (1986), Talcott Parsons' Theorie der symbolisch generalisierten Medien in ihrem Verhältnis zu Sprache und Kommunikation, in: Zeitschrift für Soziologie, 15, 6, S. 422-437

Kutschmann, Werner (1986), Der Naturwissenschaftler und sein Körper. Die Rolle der «inneren Natur» in der experimentellen Naturwissenschaft der frühen Neuzeit, Frankfurt/M.: Suhrkamp

LaFollette, Marcel C. (1992), Stealing Into Print. Fraud, Plagiarism, and Misconduct in Scientific Publishing, Berkeley: University of California Press

Lakatos, Imre (1961), What Does a Mathematical Proof Prove? in: Ders., Mathematics, Science and Epistemology. Philosophical Papers, Bd. 2, Cambridge: Cambridge University Press 1978

Lakatos, Imre (1963), Beweise und Widerlegungen, hrsg. von John Worrall und Elie Zahar, Braunschweig: Vieweg 1979

Lakatos, Imre (1970), Falsifikation und die Methodologie wissenschaftlicher Forschungsprogramme, in: Ders., Die Methodologie der wissenschaftlichen Forschungsprogramme. Philosophische Schriften, Bd. 1, Braunschweig: Vieweg 1982, S. 7-107

Lakatos, Imre (1971), Die Geschichte der Wissenschaft und ihre rationalen Rekonstruktionen, in: Ders., Die Methodologie der wissenschaftlichen Forschungsprogramme. Philosophische Schriften, Bd. 1, Braunschweig: Vieweg 1982, S. 108-148

Lakatos, Imre (1974), Introduction: Science and Pseudoscience, in: Ders., The Methodology of Scientific Research Programmes, Cambridge: Cambridge University Press 1978, S. 1-7

Lakatos, Imre (1978), Renaissance des Empirismus in der neueren Philosophie der Mathematik, in: Ders., Mathematik, empirische Wissenschaft und Erkenntnistheorie. Philosophische Schriften, Bd. 2, Braunschweig: Vieweg 1982, S. 23-41

Lakoff, George (1987), Women, Fire, and Dangerous Things. What Categories Reveal about the Mind, Chicago: University of Chicago Press

Lamport, Leslie (1995), How To Write a Proof? in: The American Mathematical Monthly, 102, 7, S. 600-608

Landau, Susan (1988), Zero Knowledge and the Department of Defense, in: Notices of the American Mathematical Society, 35, 1, S. 5-12

Lang, Serge (1989), Faszination Mathematik, Braunschweig: Vieweg

Lang, Serge (1995), Mordell's Review, Siegel's Letter to Mordell, Diophantine Geometry, and 20th Century Mathematics, in: Notices of the American Mathematical Society, 42, 3, S. 339-350

Latour, Bruno (1983), Give Me a Laboratory and I Will Rise the World, in: Karin Knorr Cetina, Michael Mulkay (Hrsg.), Science Observed. Perspectives on the Social Study of Science, London: Sage, S. 141-170

Latour, Bruno (1987), Science in Action, Cambridge, Mass.: Harvard University Press

Latour, Bruno (1988a), The Pasteurization of France, Cambridge, Mass.: Harvard University Press

Latour, Bruno (1988b) Drawing Things Together, in: Michael Lynch, Steve Woolgar (Hrsg.), Representation in Scientific Practice, Cambridge, Mass.: MIT Press, S. 19-68

Latour, Bruno (1992), Where are the Missing Masses? The Sociology of a Few Mundane Artifacts, in: Wiebe E. Bijker, John Law (Hrsg.), Shaping Technology/Building Society. Studies in Sociotechnical Change, Cambridge, Mass.: MIT Press, S. 225-258

Latour, Bruno (1996), On Actor-Network Theory. A Few Clarifications, in: Soziale Welt, 47, S. 369-381

Latour, Bruno (1997), Der Pedologenfaden von Boa Vista. Eine photo-philosophische Montage, in: Hans-Jörg Rheinberger, Michael Hagner, Bettina Wahrig-Schmidt (Hrsg.), Räume des Wissens. Repräsentation, Codierung, Spur, Berlin: Akademie Verlag, S. 213-264

Latour, Bruno, Steve Woolgar (1979), Laboratory Life: The Social Construction of Scientific Facts, Princeton: Princeton University Press 1986

Laudan, Larry (1977), Progress and Its Problems. Toward a Theory of Scientific Growth, Berkeley: University of California Press

Laudan, Larry (1981), The Pseudo-Science of Science? in: Philosophy of the Social Sciences, 11, S. 173-198

Law John (1987), Technology and Heterogeneous Engineering: The Case of Portuguese Expansion, in: Wiebe E. Bijker, Thomas P. Hughes, Trevor Pinch (Hrsg.), The Social Construction of Technological Systems, Cambridge, Mass.: MIT Press, S. 111-134

LeLionnais, Francois (1962), La beauté en mathématiques, in: Ders. (Hrsg.), Les grand courants de la pensée mathématique, Paris: Blanchard, S. 437-465

Lehman, Hugh (1979), Introduction to the Philosophy of Mathematics, Oxford: Blackwell

Lemaine, Gerard, Roy Mac Leod, Michael Mulkay, Peter Weingart (Hrsg.) (1976), Perspectives on the Emergence of Scientific Disciplines, Chicago: Aldine

Lenoir, Timothy (1997), The Discipline of Nature and the Nature of Disciplines, in: Ders., Instituting Science: The Cultural Production of Scientific Disciplines, Stanford: Stanford University Press, S. 45-74

Lenoir, Timothy, Yehuda Elkana (Hrsg.) (1988), Practice, Context, and the Dialogue Between Theory and Experiment, Science in Context, 2, 1

Levin, Margarita R. (1981), On Tymoczko's Argument for Mathematical Empirism, in: Philosophical Studies, 39, S. 79-86

Lewy, Hans (1988), Krisen in der Mathematik, in: Stefan Hildebrandt, Friedrich Hirzebruch u.a., Mathematische Betrachtungen, Bonn: Bouvier, S. 27-32

Lichtenberg, Georg Christoph (1789), Sudelbücher, in: Schriften und Briefe, Bd. 1, Frankfurt/M.: Insel 1992

Livingston, Eric (1986), The Ethnomethodological Foundations of Mathematics, London: Routledge

Livingston, Eric (1987), Making Sense of Ethnomethodology, London: Routledge

Livingston, Eric (1993), The Disciplinarity of Knowledge at the Mathematics-Physics Interface, in: Ellen Messer-Davidow, David R. Shumway, David J. Sylvan (Hrsg.), Knowledges. Historical and Critical Studies in Disciplinarity, Charlottesville: University Press of Virginia, S. 368-393

Lockwood, David (1969), Soziale Integration und Systemintegration, in: Wolfgang Zapf (Hrsg.), Theorien des sozialen Wandels, Köln: Kiepenheuer & Witsch, S. 124-137

Lodahl, Janice Beyer, Gerald Gordon (1972), The Structure of Scientific Fields and the Function of University Graduate Departments, in: American Sociological Review, 37, S. 57-72

Long, J. Scott, Paul D. Allison, Robert McGinnis (1979), Entrance Into the Academic Career, in: American Sociological Review, 44, S. 816-139

Longino, Helen E. (1990), Science as Social Knowledge. Values and Objectivity in Scientific Inquiry, Princeton: Princeton University Press

Longino, Helen E. (1993), Essential Tensions – Phase Two: Feminist, Philosophical, and Social Studies of Science, in: Louise M. Antony, Charlotte Witt (Hrsg.), A Mind of One's Own: Feminist Essays on Reason and Objectivity, Boulder: Westview Press, S. 257-272

Lorey, Wilhelm (1916), Das Studium der Mathematik an den deutschen Universitäten seit Anfang des 19. Jahrhunderts, IMUK-Abhandlungen, Bd. III, 9, Leipzig/Berlin: Teubner

Löwy, Ilona (1992), The Strength of Loose Concepts – Boundary Concepts, Federative Experimental Strategies and Disciplinary Growth: The Case of Immunology, in: History of Science, 30, S. 371-396

Löwy, Ilona (1995), On Hybridizations, Networks and New Disciplines: the Pasteur Institute and the Development of Microbiology in France, in: Studies in the History and Philosophy of Science, 25, 5, S. 655-688

Luhmann, Niklas (1970), Selbststeuerung der Wissenschaft, in: Ders., Soziologische Aufklärung, Bd. 1, Opladen: Westdeutscher Verlag 1995, S. 232-252

Luhmann, Niklas (1972), Einfache Sozialsysteme, in: Ders., Soziologische Aufklärung, Bd. 2, Westdeutscher Verlag: Opladen 1995, S. 21-38

Luhmann, Niklas (1975), Einführende Bemerkungen zu einer Theorie symbolisch generalisierter Kommunikationsmedien, in: Ders., Soziologische Aufklärung, Bd. 2, Westdeutscher Verlag: Opladen 1995, S. 170-192

Luhmann, Niklas (1981), Die Unwahrscheinlichkeit der Kommunikation, in: Ders., Soziologische Aufklärung, Bd. 3, Westdeutscher Verlag: Opladen 1995, S. 25-34

Luhmann, Niklas (1982), Liebe als Passion, Frankfurt/M.: Suhrkamp

Luhmann, Niklas (1984), Soziale Systeme, Frankfurt/M.: Suhrkamp

Luhmann, Niklas (1988), Wie ist Bewusstsein an Kommunikation beteiligt? in: Ders., Soziologische Aufklärung, Bd. 6, Westdeutscher Verlag: Opladen 1995, S. 37-54

Luhmann, Niklas (1989), Vertrauen. Ein Mechanismus der Reduktion sozialer Komplexität, Stuttgart: Enke

Luhmann, Niklas (1990), Die Wissenschaft der Gesellschaft, Frankfurt/M.: Suhrkamp

Luhmann, Niklas (1995), Inklusion und Exklusion, in: Ders., Soziologische Aufklärung, Bd. 6, Westdeutscher Verlag: Opladen, S. 237-264

Luhmann, Niklas (1997), Die Gesellschaft der Gesellschaft, Frankfurt/M.: Suhrkamp

Luukkonen, Terttu, Olle Persson, Gunnar Sivertsen (1992), Understanding Patterns of International Scientific Collaboration, in: Science, Technology & Human Values, 17, 1, S. 101-126

Lynch, Michael (1985), Art and Artifact in Laboratory Science: A Study of Shop Work and Shop Talk in a Research Laboratory, London: Routledge

Lynch, Michael (1992a), Extending Wittgenstein: The Pivotal Move from Epistemology to the Sociology of Science, in: Andrew Pickering (Hrsg.): Science as Practice and Culture, Chicago: University of Chicago Press, S. 215-265

Lynch, Michael (1992b), From the «Will to Theory» to the Discursive Collage: A Reply to Bloor's «Left and Right Wittgensteinians», in: Andrew Pickering (Hrsg.): Science as Practice and Culture, Chicago: University of Chicago Press, S. 283-300

Lynch, Michael (1993), Scientific Practice and Ordinary Action, Cambridge: Cambridge University Press

Lynch, Michael (1998), Towards a Constructivist Genealogy of Social Constructivism, in: Irving Velody, Robin Williams (Hrsg.), The Politics of Constructivism, London: Sage, S. 13-32

Lynch, Michael, Eric Livingston, Harold Garfinkel (1985), Zeitliche Ordnung in der Arbeit des Labors, in: Wolfgang Bonß, Heinz Hartmann (Hrsg.), Entzauberte Wissenschaft. Zur Relativität und Geltung soziologischer Forschung, Soziale Welt, Sonderband 3, Göttingen, S. 179-206

Lyotard, Jean-François (1986), Grundlagenkrise, in: Neue Hefte für Philosophie, 26, S. 1-33

Maaß, Jürgen (1988), Mathematik als soziales System: Geschichte und Perspektiven der Mathematik aus systemtheoretischer Sicht, Weinheim: Deutscher Studienverlag

Maaß, Jürgen (1993), Mathematikgeschichte aus wissenschaftssoziologischer Sicht, in: Österreichische Zeitschrift für Soziologie, 18, 1, S. 3-17

Mac Lane, Saunders (1981), Mathematical Models: A Sketch for the Philosophy of Mathematics, in: The American Mathematical Monthly, 88, S. 461-472

Mac Lane, Saunders (1986), Mathematics. Form and Function, New York u.a.: Springer

Mac Lane, Saunders (1992), The Protean Character of Mathematics, in: Javier Echeverria, Andoni Ibarra, Thomas Mormann (Hrsg.), The Space of Mathematics. Philosophical, Epistemological and Historical Explorations, Berlin u.a.: de Gruyter, S. 3-13

Mac Lane, Saunders (1994a), Will Fermat Last? in: Mathematical Intelligencer, 16, 3, S. 65

Mac Lane, Saunders (1994b), Responses to «Theoretical Mathematics: Toward a Cultural Synthesis of Mathematics and Theoretical Physics» by A. Jaffe and F. Quinn, in: Bulletin of the American Mathematical Society, 30, 2, S. 191-194

MacKenzie, Donald (1981), Statistics in Britain, 1865-1930: The Social Construction of Scientific Knowledge, Edinburgh: Edinburgh University Press

MacKenzie, Donald (1990), Inventing Accuracy. A Historical Sociology of Nuclear Missile Guidance, Cambridge, Mass.: MIT Press

MacKenzie, Donald (1992), Computers, Formal Proofs, and the Law Courts, in: Notices of the American Mathematical Society, 39, 9, S. 1066-1069

MacKenzie, Donald (1993), Negotiating Arithmetic, Constructing Proof: The Sociology of Mathematics and Information Technology, in: Social Studies of Science, 23, S. 37-65

MacKenzie, Donald (1995), The Automation of Proofs: A Historical and Sociological Exploration, in: IEEE Annals of the History of Computing, 17, 3, S. 7-29

Maddy, Penelope (1990a), Realism in Mathematics, Oxford: Oxford University Press

Maddy, Penelope (1990b, Physicalistic Platonism, in: A. D. Irvine (Hrsg.), Physicalism in Mathematics, Dordrecht: Kluwer, S. 259-291

Malcolm, Norman (1989), Wittgenstein on Language and Rules, in: Philosophy, 64, S. 5-28

Mandelbrot, Benoit B. (1994), Responses to «Theoretical Mathematics: Toward a Cultural Synthesis of Mathematics and Theoretical Physics» by A. Jaffe and F. Quinn, in: Bulletin of the American Mathematical Society, 30, 2, S. 194-197

Manin, Yuri I. (1977), A Course in Mathematical Logic, New York u.a.: Springer

Mannheim, Karl (1921), Beiträge zur Theorie der Weltanschauungs-Interpretation, in: Ders., Wissenssoziologie, hrsg. von Kurt H. Wolff, Berlin und Neuwied: Luchterhand 1964, S. 91-154

Mannheim, Karl (1931), Wissenssoziologie, in: Ders., Ideologie und Utopie, Frankfurt/M.: Klostermann 1969, S. 227-267

Markowitsch, Jörg F. (1997), Metaphysik und Mathematik. Über implizites Wissen, Verstehen und die Praxis in der Mathematik, unveröffentlichte Dissertation, Wien

Max-Planck-Gesellschaft (1987), Max-Planck-Institut für Mathematik, München

Max-Planck-Institut für Mathematik (1993), in: Max-Planck-Gesellschaft (Hrsg), Jahrbuch 1993, Göttingen: Vandenhoeck & Ruprecht 1994, S. 461-459

Max-Planck-Institut für Mathematik (Hrsg.) (1992), Berichtsband 1.10.1988-30.9.1991, Bonn

Mazur, Barry (1997), Conjecture, in: Synthese, 111, 2, S. 197-210

McShane, E.J. (1957), Maintaining Communication, in: American Mathematical Monthly, 64, S. 309-317

Mead, George H. (1903), Die Definition des Psychischen, in: Ders., Gesammelte Aufsätze, Bd. 1, hrsg. von Hans Joas, Frankfurt/M.: Suhrkamp 1980, S. 83-148

Mead, George H. (1917), Wissenschaftliche Methode und individueller Denker, in: Ders., Gesammelte Aufsätze, Bd. 2, hrsg. von Hans Joas, Frankfurt/M.: Suhrkamp 1983, S. 296-336

Mead, George H. (1938), Fragments in the Process of Reflection, in: Ders., The Philosophy of the Act, hrsg. von Charles W. Morris, Chicago: University of Chicago Press, S. 79-91

Mead, George H. (1969a), Der soziale Faktor in der Wahrnehmung, in: Ders., Philosophie der Sozialität, hrsg. von Hansfried Kellner, Frankfurt/M.: Suhrkamp, S. 130-146

Mead, George H. (1969b), Die einzelnen Phasen der Handlung, in: Ders., Philosophie der Sozialität, hrsg. von Hansfried Kellner, Frankfurt/M.: Suhrkamp, S. 102-129

Mead, George H. (1983a), Wissenschaft und Lebenswelt, in: Ders., Gesammelte Aufsätze, Bd. 2, hrsg. von Hans Joas, Frankfurt/M.: Suhrkamp, S. 14-87

Mead, George H. (1983b), Das physische Ding, in: Ders., Gesammelte Aufsätze, Bd. 2, hrsg. von Hans Joas, Frankfurt/M.: Suhrkamp, S. 225-243

Mehrtens, Herbert (1976), T.S. Kuhn's Theories and Mathematics: A Discussion Paper on the «New Historiography» of Mathematics, in: Donald Gillies (Hrsg.), Revolutions in Mathematics, Oxford: Oxford University Press 1992, S. 21-41

Mehrtens, Herbert (1981), Mathematicians in Germany Circa 1800, in: Hans Niels Jahnke, Michael Otte (Hrsg.), Epistemological and Social Problems of the Sciences in the Early Nineteenth Century, Dordrecht: Reidel, S. 401-420

Mehrtens, Herbert (1984), Anschauungswelt versus Papierwelt. Zur historischen Interpretation der Grundlagenkrise der Mathematik, in: Hans Poser, Hans-Werner Schütt (Hrsg.), Ontologie und Wissenschaft, Berlin: Technische Universität, S. 231-276

Mehrtens, Herbert (1985), Die «Gleichschaltung» der mathematischen Gesellschaften im nationalsozialistischen Deutschland, in: Jahrbuch Überblicke Mathematik, S. 83-103

Mehrtens, Herbert (1990), Moderne – Sprache – Mathematik. Eine Geschichte des Streits um die Grundlagen der Disziplin und des Subjekts formaler Systeme, Frankfurt/M.: Suhrkamp

Merton, Robert (1942), Die normative Struktur der Wissenschaft, in: Ders., Entwicklung und Wandel von Forschungsinteressen. Aufsätze zur Wissenschaftssoziologie, Frankfurt/M.: Suhrkamp 1985, S. 86-99

Merton, Robert (1945), Zur Wissenssoziologie, in: Ders., Entwicklung und Wandel von Forschungsinteressen. Aufsätze zur Wissenschaftssoziologie, Frankfurt/M.: Suhrkamp 1985, S. 217-257

Merton, Robert (1957), Prioritätsstreitigkeiten in der Wissenschaft, in: Ders., Entwicklung und Wandel von Forschungsinteressen. Aufsätze zur Wissenschaftssoziologie, Frankfurt/M.: Suhrkamp 1985, S. 258-300

Merz, Martina (1998), Der Ereignisgenerator als Objekt des Wissens: Computersimulation in der Teilchenphysik, in: Bettina Heintz, Bernhard Nievergelt (Hrsg.), Wissenschafts- und Technikforschung in der Schweiz. Sondierungen einer neuen Disziplin, Zürich: Seismo, S. 131-146

Merz, Martina, Karin Knorr Cetina (1997), Deconstruction in a «Thinking» Science: Theoretical Physicists at Work, in: Social Studies of Science, 27, S. 73-111

Messer-Davidow, Ellen, David R. Shumway, David J. Sylvan (Hrsg.) (1993), Knowledges. Historical and Critical Studies in Disciplinarity, Charlottesville: University Press of Virginia

Meyenn, Karl von (Hrsg.) (1994), Quantenmechanik und Weimarer Republik, Braunschweig: Vieweg

Miller, Max (1992), Rationaler Dissens. Zur gesellschaftlichen Funktion sozialer Konflikte, in: Hans-Joachim Giegel (Hrsg.), Kommunikation und Konsens in modernen Gesellschaften, Frankfurt/M.: Suhrkamp, S. 31-58

Millo, Richard de, Richard J. Lipton, Alan J. Perlis (1979), Social Processes and Proof of Theorems and Programs, in: Thomas Tymoczko (Hrsg.), New Directions in the Philosophy of Mathematics, Boston u.a.: Birkhäuser 1985, S. 267-285

Mittelstraß, Jürgen (1988), Philosophische Grundlagen der Wissenschaften. Über wissenschaftstheoretischen Historismus, Konstruktivismus und die Mythen des wissenschaftlichen Geistes, in: Paul Hoyningen-Huene, Gertrude Hirsch (Hrsg.), Wozu Wissenschaftsphilosophie? Berlin u.a.: de Gruyter, S. 179-212

Moore, Gregory H., Alejandro R. Garciadiego (1981), Burali-Forti's Paradox: A Reappraisal of its Origins, in: Historia Mathematica, 8, S. 319-350

Mormann, Thomas (1993), Neuraths Enzyklopädismus: Eine naturalistische Version des logischen Empirismus, in: Dialektik, 1, S. 99-112

MSRI (1994), Proposal for a Conference on «The Future of Mathematical Communication», www.msri.org./fmc/fmc-refs.html

Mulkay, Michael (1979), Science and the Sociology of Knowledge, London: George Allen and Unwin

Mulkay, Michael (1980), Wissen und Nutzen. Implikationen für die Wissenssoziologie, in: Nico Stehr, Volker Meja (Hrsg.), Wissenssoziologie, Kölner Zeitschrift für Soziologie und Sozialpsychlogie, Sonderheft 22, Opladen, S. 52-72

Mulkay, Michael, Jonathan Potter, Stephen Yearley (1983), Why an Analysis of Scientific Discourse is Needed, in: Karin Knorr Cetina, Michael Mulkay (Hrsg.), Science Observed. Perspectives on the Social Study of Science, London: Sage, S. 171-203

Musgrave, Alan (1993), Alltagswissen, Wissenschaft und Skeptizismus, Tübingen: J.C.B. Mohr

Myers, Greg (1993), The Social Construction of Two Biologists Articles, in: Ellen Messer-Davidow, David R. Shumway, David J. Sylvan (Hrsg.), Knowledges. Historical and Critical Studies in Disciplinarity, Charlottesville: University Press of Virginia, S. 327-367

Nagel, Ernest, James R. Newman (1958), Der Gödelsche Beweis, Wien und München: Oldenbourg

Nagel, Thomas (1992), Der Blick von nirgendwo, Frankfurt/M.: Suhrkamp

Nassehi, Armin (1997), Inklusion, Exklusion-Integration, Desintegration. Die Theorie funktionaler Differenzierung und die Desintegrationsthese, in: Wilhelm Heitmeyer (Hrsg.), Was hält die Gesellschaft zusammen? Frankfurt/M.: Suhrkamp, S. 113-148

Nelson, Lynn Hankinson (1993), Epistemological Communities, in: Linda Alcoff, Elizabeth Potter (Hrsg.), Feminist Epistemologies, London: Routledge, S. 121-159

Neumann, John von (1947), The Mathematician, in: Ders., Collected Works, Bd. 1, hrsg. von A.H.Taub, Oxford: Pergamon Press 1961, S. 1-9

Neurath, Otto (1931a), Soziologie im Physikalismus, in: Ders., Gesammelte philosophische und methodologische Schriften, Bd. 2, hrsg. von Rudolf Haller und Heiner Rutte, Wien: Hölder–Pichler–Tempsky 1981, S. 533-562

Neurath, Otto (1931b), Empirische Soziologie, in: Ders., Wissenschaftliche Weltauffassung, Sozialismus und Logischer Empirismus, hrsg. von Rainer Hegselmann, Frankfurt/M.: Suhrkamp 1983, S. 145-234

Neurath, Otto (1932/33), Protokollsätze, in: Ders., Gesammelte philosophische und methodologische Schriften, Bd. 2, hrsg. von Rudolf Haller und Heiner Rutte, Wien: Hölder–Pichler–Tempsky 1981, S. 577-585

Neurath, Otto (1933), Einheitswissenschaft und Psychologie, in: Joachim Schulte, Brian McGuiness (Hrsg.), Einheitswissenschaft, Frankfurt/M.: Suhrkamp 1992, S. 24-57

Neurath, Otto (1934), Radikaler Physikalismus und «Wirkliche Welt», in: Ders., Gesammelte philosophische und methodologische Schriften, Bd. 2, hrsg. von Rudolf Haller und Heiner Rutte, Wien: Hölder–Pichler–Tempsky 1981, S. 611-624

Neurath, Otto (1935), Pseudorationalismus der Falsifikation, in: Ders., Gesammelte philosophische und methodologische Schriften, Bd. 2, hrsg. von Rudolf Haller und Heiner Rutte, Wien: Hölder–Pichler–Tempsky 1981, S. 635-644

Neurath, Otto (1936a), Die Enzyklopädie als «Modell», in: Ders., Gesammelte philosophische und methodologische Schriften, Bd. 2, hrsg. von Rudolf Haller und Heiner Rutte, Wien: Hölder–Pichler–Tempsky 1981, S. 725-738

Neurath, Otto (1936b), Physikalismus und Erkenntnisforschung I, in: Ders., Gesammelte philosophische und methodologische Schriften, Bd. 2, hrsg. von Rudolf Haller und Heiner Rutte, Wien: Hölder–Pichler–Tempsky 1981, S. 749-756

Neurath, Otto (1936c), Einzelwissenschaften, Einheitswissenschaft, Pseudorationalismus, in: Ders., Gesammelte philosophische und methodologische Schriften, Bd. 2, hrsg. von Rudolf Haller und Reiner Rutte, Wien: Hölder-Pichler-Tempsky 1981, S. 703-710

Niiniluoto, Ilkka (1992), Reality, Truth and Confirmation in Mathematics – Reflections on the Quasi-empirist Programme, in: Javier Echeverria, Andoni Ibarra, Thomas Mormann (Hrsg.), The Space of Mathematics. Philosophical, Epistemological and Historical Explorations, Berlin u.a.: de Gruyter, S. 60-78

Nowotny, Helga (1990), Actor-Networks versus Science as Self-Organizing System: A Comparative View of Two Constructionist Approaches, in: Wolfgang Krohn, Günter Küppers, Helga Nowotny (Hrsg.), Selforganization. Portrait of a Scientific Revolution, Dordrecht: Kluwer, S. 223-239

Nunner-Winkler, Gertrud (1997), Zurück zu Durkheim? Geteilte Werte als Basis gesellschaftlichen Zusammenhalts, in: Wilhelm Heitmeyer (Hrsg.), Was hält die Gesellschaft zusammen? Frankfurt/M.: Suhrkamp, S. 360-402

O'Connell, Joseph (1993), Metrology: The Creation of Universality by the Circulation of Particulars, in: Social Studies of Science, 23, S. 129-173

Odlyzko, Andrew M., (1995) Tragic Loss or Good Riddance? The Impending Demise of Traditional Scholarly Journals, in: Notices of the American Mathematical Society, 42, 1, S. 49-53, erweiterter Preprint (1993): netlib@research.att.com

Olesko, Kathryn M. (1995), The Meaning of Precision: The Exact Sensibility in Early Nineteenth-Century Germany, in: Norton M. Wise (Hrsg.), The Values of Precision, Princeton: Princeton University Press, S. 103-134

Otte, Michael (1974) (Hrsg.), Mathematiker über die Mathematik, Berlin u.a.: Springer

Otte, Michael (1992), Constructivism and Objects of Mathematical Theory, in: Javier Echeverria, Andoni Ibarra, Thomas Mormann (Hrsg.), The Space of Mathematics. Philosophical, Epistemological and Historical Explorations, Berlin u.a.: de Gruyter, S. 296-313

Otte, Michael (1994), Das Formale, das Soziale und das Subjektive. Eine Einführung in die Philosophie und Didaktik der Mathematik, Frankfurt/M.: Suhrkamp

Overington, Michael A. (1985), Einfach der Vernunft folgen: Neuere Entwicklungstendenzen in der Metatheorie, in: Wolfgang Bonß, Heinz Hartmann (Hrsg.), Entzauberte Wissenschaft. Zur Relativität und Geltung soziologischer Forschung, Soziale Welt, Sonderband 3, Göttingen, S. 113-127

Owens, Larry (1989), Mathematicians at War: Warren Weaver and the Applied Mathematics Panel, 1942-1945, in: David E. Rowe, David, John McCleary (Hrsg.), The History of Modern Mathematics, Vol. II: Institutions and Applications, Boston u.a.: Academic Press, S. 287-306

Parsons, Charles (1986), Philip Kitcher's Nature of Mathematical Knowledge, in: The Philosophical Review, XCV, S. 129-137

Parsons, Charles (1990), The Structuralist View of Mathematical Objects, in: Synthese, 84, S. 303-346

Parsons, Talcott (1963), Über den Begriff «Einfluss», in: Ders., Zur Theorie der sozialen Inter-aktionsmedien, Opladen: Westdeutscher Verlag 1980, S. 138-182

Parsons, Talcott (1968), Über den Begriff «Commitments», in: Ders., Zur Theorie der sozialen Interaktionsmedien, Opladen: Westdeutscher Verlag 1980, S. 183-228

Parsons, Talcott (1980), Zur Theorie der sozialen Interaktionsmedien, Opladen: Westdeutscher Verlag

Parsons, Talcott (1993), Durkheims Beitrag zur Theorie der Integration sozialer Systeme, in: Berliner Journal für Soziologie, 4, S. 447-468

Peckhaus, Volker (1990), Hilbertprogramm und Kritische Philosophie, Göttingen: Vanden-hoeck & Ruprecht

Peckhaus, Volker (1995), Hilberts Logik. Von der Axiomatik zur Beweistheorie, in: NTM. Internationale Zeitschrift für die Geschichte und Ethik der Naturwissenschaften, Technik und Medizin, N.F. 3, S. 65-86

Peiffer, Jeanne, Amy Dahan-Dalmedico (1994), Wege und Irrwege: eine Geschichte der Mathematik, Darmstadt: Wissenschaftliche Buchgesellschaft

Peirce, Charles S. (1877), Die Festlegung einer Überzeugung, in: Ders., Schriften zum Pragmatismus und Pragmatizismus, hrsg. von Karl-Otto Apel, Frankfurt/M.: Suhrkamp 1991, S. 149-182

Peirce, Charles S. (1903), Aus den Pragmatismus-Vorlesungen, in: Ders., Schriften zum Pragmatismus und Pragmatizismus, hrsg. von Karl-Otto Apel, Frankfurt/M.: Suhrkamp 1991, S. 337-426

Peters, Bernhard (1993), Die Integration moderner Gesellschaften, Frankfurt/M.: Suhrkamp

Pickering, Andrew (1981), The Role of Interests in High Energy Physics: The Choice Between Charm and Colour, in: Karin Knorr Cetina, Roger D. Krohn, Richard Whitley (Hrsg.), The Social Process of Scientific Investigation, Dordrecht: Reidel, S. 107-136_

Pickering, Andrew (1989), Living in the Material World: On Realism and Experimental Practice, in: David Gooding, Trevor Pinch, Simon Schaffer (Hrsg.), The Uses of Experiment. Studies in the Natural Sciences, Cambridge: Cambridge University Press, S. 275-297

Pickering, Andrew (1990), Knowledge, Practice, and Mere Construction, in: Social Studies of Science, 20, S. 682-729

Pickering, Andrew (Hrsg.) (1992), Science as Practice and Culture, Chicago: Chicago University Press

Pickering, Andrew (1992), From Science as Knowledge to Science as Practice, in: Ders. (Hrsg.), Science as Practice and Culture, Chicago: Chicago University Press, S. 1-26

Pickering, Andrew (1993), The Mangle of Practice: Agency and Emergence in the Sociology of Science, in: American Journal of Sociology, 99, 3, S. 559-589

Pickering, Andrew, Adam Stephanides (1992), Constructing Quaternions: On the Analysis of Conceptual Practice, in: Andrew Pickering (Hrsg.), Science as Practice and Culture, Chicago: Chicago University Press, S. 139-167

Plessner, Helmuth (1924), Zur Soziologie der modernen Forschung und ihrer Organisation in der deutschen Universität – Tradition und Ideologie, in: Ders., Diesseits der Utopie, Düsseldorf: Eugen Diederichs 1966, S. 121-142

Poincaré, Henri (1902), Wissenschaft und Hypothese, Leipzig: Teubner 1904

Poincaré, Henri (1905), Der Wert der Wissenschaft, Leipzig: Teubner 1910

Poincaré, Henri (1908), Wissenschaft und Methode, Leipzig: Teubner 1914

Pólya, Georg (1945), Schule des Denkens. Vom Lösen mathematischer Probleme, Bern/München: Francke 1967

Pólya, Georg (1954a), Mathematik und plausibles Schliessen, Bd. 1: Induktion und Analogie in der Mathematik, Basel u.a.: Birkhäuser 1969

Pólya, Georg (1954b), Mathematik und plausibles Schliessen, Bd. 2: Typen und Strukturen plausibler Folgerung, Basel u.a.: Birkhäuser 1969

Pólya, Georg (1959), Heuristic Reasoning in the Theory of Numbers, in: American Mathematical Monthly, 66, 5, S. 375-384

Pomian, Krzysztof (1998), Vision and Cognition, in: Caroline A. Jones, Peter Galison (Hrsg.), Picturing Science, Producing Art, London: Routledge, S. 211-231

Popper, Karl R. (1935), Logik der Forschung, Tübingen: J.C.B. Mohr 1989

Popper, Karl R. (1950), Indeterminism in Quantum Physics and in Classical Physics, Part II, in: The British Journal for the Philosophy of Science, 1, 3, S. 173-195

Popper, Karl R. (1994), Objektive Erkenntnis. Ein evolutionärer Entwurf, Hamburg: Hoffmann und Campe

Porter, Theodore (1992), Quantification and the Accounting Ideal in Science, in: Social Studies of Science, 22, S. 633-652

Porter, Theodore (1995), Trust in Numbers. The Pursuit of Objectivity in Science and Public Life, Princeton: Princeton University Press

Poser, Hans (1988), Mathematische Weltbilder. Begründungen mathematischer Rationalität, in: Paul Hoyningen-Huene, Gertrude Hirsch (Hrsg.), Wozu Wissenschaftsphilosophie? Berlin u.a.: de Gruyter, S. 289-309

Prodger, Phillip (1998), Illustration as Strategy in Charles Darwin's The Expression of Emotions in Man and Animals, in: Timothy Lenoir (Hrsg.), Inscribing Science. Scientific Texts and the Materiality of Communication, Stanford: Stanford University Press, S. 140-181

Purkert, Walter, Hans Joachim Ilgauds (1987), Georg Cantor, Basel u.a.: Birkhäuser

Putnam, Hilary (1968), The Logic of Quantum Mechanics, in: Ders., Mathematics, Matter and Method. Philosophical Papers, Vol. 1, Cambridge: Cambridge University Press 1979

Putnam, Hilary (1975a), Philosophy and our Mental Life, in: Ders., Mind, Language, and Reality. Philosophical Papers, Vol. 2, Cambridge: Cambridge University Press, S. 291-303

Putnam, Hilary (1975b), What Is Mathematical Truth? in: Thomas Tymoczko (Hrsg.), New Directions in the Philosophy of Mathematics, Boston u.a.: Birkhäuser 1985, S. 49-65

Putnam, Hilary (1988/90), Realimus mit menschlichem Antlitz, in: Ders., Von einem realistischen Standpunkt. Schriften zu Sprache und Wirklichkeit, Reinbek b. Hamburg: Rowohlt 1993, S. 221-252

Putnam, Hilary (1990), Vernunft, Wahrheit, Geschichte, Frankfurt/M.: Suhrkamp

Putnam, Hilary (1993), Von einem realistischen Standpunkt. Schriften zu Sprache und Wirklichkeit, Reinbek b. Hamburg: Rowohlt

Quine, W.V.O. (1951), Two Dogmas of Empiricism, in: Ders., From a Logical Point of View, Cambridge, Mass.: Harvard University Press 1980, S. 20-46

Quine, W.V.O. (1954), Carnap and Logical Truth, in: Paul Benaceraff, Hilary Putnam (Hrsg.), Philosophy of Mathematics, Cambridge: Cambridge University Press 1983, S. 355-376

Quine, W.V.O. (1969), Naturalisierte Erkenntnistheorie, in: Ders., Ontologische Relativität und andere Schriften, Stuttgart: Reclam 1975, S. 97-126

Quinn, Frank (1995), Roadkill on the Electronic Highway? The Threat to the Mathematical Literature, in: Notices of the American Mathematical Society, 42, 1, S. 53-56

Radbruch, Knut (1993), Philosophische Spuren in der Geschichte und Didaktik der Mathematik, Mathematische Semesterberichte, 40, S. 1-27

Rang, B., W. Thomas (1981), Zermelo's Discovery of the «Russell Paradox», in: Historia Mathematica, 8, S. 15-22

Reid, Constance (1989), Hilbert. Courant, Berlin u.a.: Springer

Reisch, George A. (1991), Did Kuhn Kill Logical Empiricism? in: Philosophy of Science, 58, S. 264-277

Resnik, Michael D. (1988), Mathematics from the Structural Point of View, in: Revue Internationale de Philosophie, 42, 167, S. 400-424

Resnik, Michael D. (1990), Beliefs About Mathematical Objects, in: A. D. Irvine (Hrsg.), Physicalism in Mathematics, Dordrecht: Kluwer, S. 41-72

Resnik, Michael D. (1992), Proof as a Source of Truth, in: Michael Detlefsen (Hrsg.), Proof and Knowledge in Mathematics, London: Routledge, S. 6-32

Restivo, Sal (1988), The Social Life of Mathematics, in: Philosophica, 42, 2, S. 5-20

Restivo, Sal (1992), Mathematics in Society and History, Dordrecht: Kluwer

Rheinberger, Hans-Jörg (1992), Experiment, Differenz, Schrift, Marburg an der Lahn: Basilisken-Presse

Rheinberger, Hans-Jörg (1994), Experimentalsysteme, Epistemische Dinge, Experimentalkulturen. Zu einer Epistemologie des Experiments, in: Deutsche Zeitschrift für Philosophie, 42, S. 405-417

Rheinberger, Hans-Jörg (1997), Von der Zelle zum Gen. Repräsentationen der Molekularbiologie, in: Hans-Jörg Rheinberger, Michael Hagner, Bettina Wahrig-Schmidt (Hrsg.), Räume des Wissens. Repräsentation, Codierung, Spur, Berlin: Akademie Verlag, S. 265-279

Rheinberger, Hans-Jörg, Michael Hagner (Hrsg.) (1993), Die Experimentalisierung des Lebens. Experimentalsysteme in den biologischen Wissenschaften 1850/1950, Berlin: Akademie Verlag

Rheinwald, Rosemarie (1984), Der Formalismus und seine Grenzen, Königstein/Ts.: Hain

Richardson, Laurel (1984), A Sociologist's View of Pure Mathematics, 1939-1957, in: Mathematical Intelligencer, 6, 1, S. 77-78

Rorty Richard (1987), Der Spiegel der Natur. Eine Kritik der Philosophie, Frankfurt/M.: Suhrkamp

Rossi, Paolo (1997), Die Geburt der modernen Wissenschaft in Europa, München: C.H. Beck

Rotman, Brian (1988), Towards a Semiotics of Mathematics, in: Semiotics, 72, S. 1-35

Rotman, Brian (1998), The Technology of Mathematical Persuasion, in: Timothy Lenoir (Hrsg.), Inscribing Science. Scientific Texts and the Materiality of Communication, Stanford: Stanford University Press, S. 55-69

Ruelle, David (1992), Zufall und Chaos, Berlin u.a.: Springer

Russell, Bertrand (1903), The Principles of Mathematics, London: George Allen & Unwin 1937

Russell, Bertrand (1958), Reflections on my Eightieth Birthday, in: Ders., Portraits from Memory, London: George Allen & Unwin

Rust, Alois (1996), Wittgensteins Philosophie der Psychologie, Frankfurt/M.: Klostermann

Schaffer, Simon (1988), Astronomers Mark Time: Discipline and the Personal Equation, in: Science in Context, 2, S. 115-146

Schaffer, Simon (1991), The Eighteenth Brumaire of Bruno Latour, in: Studies in History and Philosophy of Science, 22, S. 174-192

Schaffer, Simon (1992), Late Victorian Metrology and its Instrumentation: A Manufactory of Ohms, in: Robert Bud, Susan E. Cozzens (Hrsg.), Invisible Connections: Instruments, Institutions, and Science, Bellingham: SPIE Optical Engineering Press, S. 23-56

Schaffer, Simon (1995), Accurate Measurement is an English Science, in: Norton M. Wise (Hrsg.), The Values of Precision, Princeton: Princeton University Press, S. 135-172

Schaffer, Simon (1998), The Leviathan of Parsonstown: Literary Technology and Scientific Representation, in: Timothy Lenoir (Hrsg.), Inscribing Science. Scientific Texts and the Materiality of Communication, Stanford: Stanford University Press, S. 182-223

Schappacher, Norbert (1987), Zur Geschichte des Max-Planck-Instituts für Mathematik in Bonn, in: Max-Planck-Gesellschaft. Berichte und Mitteilungen, Nr. 5, S. 15-29

Scharlau, Winfried (1981), The Origins of Pure Mathematics, in: Hans-Niels Jahnke, Michael Otte (Hrsg.), Epistemological and Social Problems of the Sciences in the Early Nineteenth Century, Dordrecht: Reidel, S. 331-347

Scharlau, Winfried (Hrsg.) (1990), Mathematische Institute in Deutschland, 1800-1945, Braunschweig: Vieweg

Schimank, Uwe (1992), Spezifische Interessenkonsense trotz generellem Orientierungsdissens. Ein Integrationsmechanismus polyzentrischer Gesellschaften, in: Hans-Joachim Giegel (Hrsg.), Kommunikation und Konsens in modernen Gesellschaften, Frankfurt/M.: Suhrkamp, S. 236-275

Schimank, Uwe (1996), Theorien gesellschaftlicher Differenzierung, Opladen: Leske und Budrich

Schlick, Moritz (1930/31), Gibt es ein materiales Apriori? in: Ders., Gesammelte Aufsätze 1926-1936, Hildesheims: Olms 1969, S. 19-30

Schlick, Moritz (1934), Über das Fundament der Erkenntnis, in: Erkenntnis, 4, S. 79-99

Schlick, Moritz (1935), Facts and Propositions, in: Analysis, 2, 5 , S. 65-70

Schmeiser, Martin (1994), Akademischer Hasard. Das Berufsschicksal des Professors und das Schicksal der deutschen Universität 1870-1920, Stuttgart: Klett-Cotta

Schneider, Ivo (1981), Forms of Professional Activity in Mathematics Before the Nineteenth-Century, in: Herbert Mehrtens, Henk Bos, Ivo Schneider (Hrsg.), Social History of Nineteenth Century Mathematics, Basel u.a.: Birkhäuser, S. 89-110

Schofer, Ivan (1999), Science Associations in the International Sphere, 1875-1990, in: John Boli, George M. Thomas (Hrsg.), Constructing World Culture, Stanford: Stanford University Press

Schrödinger, Erwin (1932), Ist die Naturwissenschaft milieubedingt? in: Karl von Meyenn (Hrsg.), Quantenmechanik und Weimarer Republik, Braunschweig: Vieweg 1994, S. 295-332

Schubring, Gert (1981), The Conception of Pure Mathematics as an Instrument in the Professionalization of Mathematics, in: Herbert Mehrtens, Henk Bos, Ivo Schneider (Hrsg.), Social History of Nineteenth-Century Mathematics, Basel u.a.: Birkhäuser, S. 111-134

Schubring, Gert (1990), Zur strukturellen Entwicklung der Mathematik an den deutschen Hochschulen, in: Winfried Scharlau (Hrsg.), Mathematische Institute in Deutschland, 1800-1945, Braunschweig: Vieweg, S. 264-276

Scott, Pam (1991), Levers and Counterweights. A Laboratory that Failed to Rise the World, in: Social Studies of Science, 21, 1, S. 7-37

Sechehaye, Marguerite A. (1967), Tagebuch einer Schizophrenen, Frankfurt/M.: Suhrkamp

Serre, Jean-Pierre (1986), Interview, in: Mathematical Intelligencer, 8, 4, S. 8-13

Shanker, Stuart G. (1987), Wittgenstein and the Turing-Point in the Philosophy of Mathematics, London: Croom Helm

Shapin, Steven (1979), The Politics of Observation: Cerebral Anatomy and Social Interests in the Edinburgh Phrenology Disputes, in: Roy Wallis (Hrsg.), On the Margins of Science: The Social Construction of Rejected Knowledge, Keele: University of Keele Press, S. 139-174

Shapin, Steven (1988a), The House of Experiment in Seventeenth-Century England, in: Isis, 79, S. 373-404

Shapin, Steven (1988b), Robert Boyle and Mathematics: Reality, Representation, and Experimental Practice, in: Science in Context, 2, 1, S. 23-58

Shapin, Steven (1994), A Social History of Truth. Civility and Society in 17th Century England, Chicago: University of Chicago Press

Shapin, Steven (1995), Here and Everywhere: Sociology of Scientific Knowledge, in: Annual Review of Sociology, 21, S. 289-321

Shapin, Steven (1996), The Scientific Revolution, Chicago: University of Chicago Press

Shapin, Steven, Simon Schaffer (1985), Leviathan and the Air-Pump: Hobbes, Boyle, and the Experimental Life, Princeton: Princeton University Press

Shapiro, Stewart (1983), Mathematics and Reality, in: Philosophy of Science, 50, S. 523-548

Shinn, Terry (1982), Scientific Disciplines and Organizational Specificity: The Social and Cognitive Configuration of Laboratory Activities, in: Norbert Elias, Herminio Martens, Richard Whitley (Hrsg.), Scientific Establishments and Hierarchies, Dordrecht: Reidel, S. 239-259

Shrum, Wesley (1984), Scientific Specialities and Technical Systems, in: Social Studies of Science, 14, S. 63-90

Siegenthaler, Hansjörg (1993), Regelvertrauen, Prosperität und Krisen. Die Ungleichmässigkeiten wirtschaftlicher und sozialer Entwicklung als Ergebnis individuellen Handelns und sozialen Lernens, Tübingen: J.C.B. Mohr

Siegmund-Schulze, Reinhard (1997), The Emancipation of Mathematical Research Publishing in the United States from German Dominance (1878-1945), in: Historia Mathematica, 24, S. 135-166

Silverberg, A., Yu. G. Uarhin (1999), Polarizations on Abelian Varieties and Self-Dual *l*-adic Representations of Inertia Groups, in: Algebraic Number Theory Archives, 26. Febr., http://MathNet.preprints.org/

Silverman, Robert D. (1991), A Perspective on Computational Number Theory, in: Notices of the American Mathematical Society, 38, 6, S. 562-567

Simmel, Georg (1907), Philosophie des Geldes, Frankfurt/Main 1989

Simons, Peter (1994), Was ist und was soll Abstraktion? in: Brigitte Falkenburg (Hrsg.), Naturalismus in der Philosophie der Mathematik? Dialektik, 3, Hamburg: Felix Meiner, S. 17-44

Singh, Simon (1998), Fermats letzter Satz, München: Hanser

Singh, Simon, Kenneth A. Ribet (1998), Die Lösung des Fermatschen Rätsels, in: Spektrum der Wissenschaft, Januar, S. 96-103

Sismondo, Sergio (1993), Some Social Constructions, in: Social Studies of Science, 23, S. 515-553

Sizer, Walter S. (1991), Mathematical Notions in Preliterate Societies, in: Mathematical Intelligencer, 13, 4, S. 53-60

Sluijs, E. van, B. Fruytier (1995), The Grass is Always Greener. Comparative Study on HRM in Five European Public Research Institutes and Universities, HRM Rapport 14, Teilburg

Smale, Stephen (1990), The Story of the Higher Dimensional Poincaré Conjecture (What Actually Happened on the Beaches of Rio), in: Mathematical Intelligencer, 12, 2, S. 44-51

Smelser, Neil J. (1992), Culture: Coherent or Incoherent, in: Richard Münch, Neil J. Smelser (Hrsg.), Theory of Culture, Berkeley: University of California Press, S. 3-28

Smorynski, Craig (1988), Hilbert's Programme, in: CWI Quarterly, 1, 4, S. 3-59

Snapper, Ernst (1988), What Do We Do When We Do Mathematics?, in: Mathematical Intelligencer, 10, 4, S. 53-58

Sokal Alan (1996a), Transgressing the Boundaries: Towards a Transformative Hermeneutics of Quantum Gravity, in: Social Text, 46/47, S. 217-252

Sokal Alan (1996b), A Physicist Experiments with Cultural Studies, in: Lingua Franca, May/June, S. 62-64

Spengler, Oswald (1923), Der Untergang des Abendlandes, München: dtv 1988

Star, Susan Leigh (1985), Scientific Work and Uncertainty, in: Social Studies of Science, 15, S. 391-427

Star, Susan Leigh (1993), Craft vs. Commodity, Mess vs. Transcendence: How the Right Tools Became the Wrong One in the Case of Taxidermy and Natural History, in: Adele E. Clarke, Joan H. Fujimura (Hrsg.), The Right Tools for the Job. At Work in Twentieth-Century Life Sciences, Princeton: Princeton University Press, S. 257-286

Star, Susan Leigh, James Griesemer (1989), Institutional Ecology, «Translations», and Boundary Objects: Amateurs and Professionals in Berkeley's Museum of Vertebrate Zoology, 1907-1993, in: Social Studies of Science, 19, S. 387-420

Steen, Lynn Arthur (1988), The Science of Patterns, in: Science, 240, April, S. 611-616

Stegmüller, Wolfgang (1956), Das Universalienproblem einst und jetzt I, in: Archiv für Philosophie, 6, S. 192-225

Stegmüller, Wolfgang (1957), Das Universalienproblem einst und jetzt II, in: Archiv für Philosophie, 7, S. 5-81

Stehr, Nico (1978), The Ethos of Science Revisited, in: Jerry Gaston (Hrsg.), Sociology of Science, San Francisco: Jossey-Bass, S. 172-196

Steiner, Mark (1973), Platonism and the Causal Theory of Knowledge, in: The Journal of Philosophy, 70, 3, S. 57-66

Steiner, Mark (1984), The Nature of Mathematical Knowledge. Book Review, in: The Journal of Philosophy, 81, S. 449-456

Stewart, Alex (1998), The Ethnographer's Method, London: Sage

Stichweh, Rudolf (1979), Differenzierung der Wissenschaft, in: Ders., Wissenschaft, Universität, Professionen. Soziologische Analysen, Frankfurt/M.: Suhrkamp 1994, S. 15-51

Stichweh, Rudolf (1984), Zur Entstehung des modernen Systems wissenschaftlicher Disziplinen: Physik in Deutschland 1740-1890, Frankfurt/M.: Suhrkamp

Stichweh, Rudolf (1987), Die Autopoiesis der Wissenschaft, in: Ders., Wissenschaft, Universität, Professionen. Soziologische Analysen, Frankfurt/M.: Suhrkamp 1994, S. 52-83

Stichweh, Rudolf (1988), Differenzierung des Wissenschaftssystems, in: Renate Mayntz, Bernd Rosewitz, Uwe Schimank, Rudolf Stichweh (Hrsg.), Differenzierung und Verselbständigung. Zur Entwicklung gesellschaftlicher Teilsysteme, Frankfurt/M.: Campus, S. 45-118

Stichweh, Rudolf (1993), Wissenschaftliche Disziplinen. Bedingungen ihrer Stabilität im 19. und 20. Jahrhundert, in: Jürgen Schriewer, Edwin Keiner, Christophe Charle (Hrsg.), Sozialer Raum und akademische Kulturen, Frankfurt/M. u.a.: Peter Lang, S. 235-250

Stichweh, Rudolf (1994a), Zur Analyse von Experimentalsystemen, in: Michael Hagner, Hans-Jörg Rheinberger, Bettina Wahrig-Schmidt (Hrsg.), Objekte, Differenzen und Konjunkturen. Experimentalsysteme im historischen Kontext, Berlin: Akademie, S. 291-296

Stichweh, Rudolf (1994b), Akademische Freiheit, Professionalisierung der Hochschullehre und Politik, in: Ders., Wissenschaft, Universität, Professionen. Soziologische Analysen, Frankfurt/M.: Suhrkamp, S. 337-361

Stigt, Walter P. van (1990), Brouwer's Intuitionism, Studies in the History and Philosophy of Mathematics, Vol. 2, Amsterdam-New York: North Holland

Strübing, Jörg (1997), Symbolischer Interaktionismus Revisited: Konzepte für die Wissenschafts- und Technikforschung, in: Zeitschrift für Soziologie, 26, 5, S. 368-386

Suchman, Lucy A. (1987), Plans and Situated Actions. The Problem of Human-Machine Communication, Cambridge: Cambridge University Press

Swijtink, Zeno (1987), The Objectivation of Observation: Measurement and Statistical Method in the Nineteenth Century, in: Lorenz Krüger, Lorraine Daston, Michael Heidelberger (Hrsg.), The Probabilistic Revolution, Vol. 1: Ideas in History, Cambridge, Mass.: MIT Press, S. 261-285

Tait, W.W. (1986), Truth and Proof: The Platonism of Mathematics, in: Synthese, 69, S. 341-370

Thiel, Christian (1972), Grundlagenkrise und Grundlagenstreit. Studie über das normative Fundament der Wissenschaften am Beispiel von Mathematik und Sozialwissenschaften, Meisenheim am Glan: Anton Hain

Thiel, Christian (1974), Grundlagenstreit, in: Historisches Wörterbuch der Philosophie, hrsg. von Joachim Ritter, Basel/Stuttgart: Schwabe & Co., Bd. 3, S. 910-918

Thiel, Christian (1981), Lakatos' Dialektik der mathematischen Vernunft, in: Hans Poser (Hrsg.), Wandel des Vernunftbegriffs, Freiburg/München: Karl Alber, S. 201-221

Thiel, Christian (1995), Philosophie und Mathematik, Darmstadt: Wissenschaftliche Buchgesellschaft

Thom, René (1971), «Moderne» Mathematik – Ein erzieherischer und philosophischer Irrtum? in: Michael Otte (Hrsg.), Mathematiker über die Mathematik, Berlin u.a.: Springer 1974, S. 371-402

Thurston, William P. (1994), On Proof and Progress in Mathematics, in: Bulletin of the American Mathematical Society, 30, 2, S. 161-177

Thurston, William P. (1994b), Death Abuse, in: Scientific American, 1, S. 5

Tobies, Renate (1989), On the Contribution of Mathematical Societies to Promoting Applications of Mathematics in Germany, in: David E. Rowe, John McCleary (Hrsg.), The History of Modern Mathematics, Vol. II: Institutions and Applications, Boston u.a.: Academic Press, S. 223-250

Toepell, Michael-Markus (1986), Über die Entstehung von Hilberts «Grundlagen der Geometrie», Göttingen: Vandenhoeck & Ruprecht

Toth, Imre (1980), Wann und von wem wurde die nichteuklidsche Geometrie begründet? in: Archives Internationales d'Histoire des Sciences, 30, S. 192-205

Toth, Imre (1987), Wissenschaft und Wissenschaftler im postmodernen Zeitalter. Wahrheit, Wert, Freiheit in Kunst und Mathematik, in: Hans Bungert (Hrsg.), Wie sieht und erfährt der Mensch seine Welt? Regensburg: Universität Regensburg, S. 85-153

Traweek, Sharon (1988), Beamtimes and Lifetimes: The World of High Energy Physicists, Cambridge, Mass.: Harvard University Press

Traweek, Sharon (1996), When Eliza Doolittle Studies 'enry 'iggins, in: Stanley Aronowitz, Barbara Martinsons, Michael Menser (Hrsg.), Technoscience and Cyberculture, London: Routledge, S. 37-55

Trettin, Käthe (1991), Die Logik und das Schweigen. Zur antiken und modernen Epistemotechnik, Weinheim: VCH Verlagsgesellschaft

Triplett, Timm (1986), Relativism and the Sociology of Mathematics: Remarks on Bloor, Flew, and Frege, in: Inquiry, 29, S. 439-450

Tymoczko, Thomas (1979), The Four-Color Problem and Its Philosophical Significance, in: The Journal of Philosophy, 76, 2, S. 57-83

Tymoczko, Thomas (Hrsg.) (1985), New Directions in the Philosophy of Mathematics, Boston u.a.: Birkhäuser

Tymoczko, Thomas (1986), Making Room for Mathematicians in the Philosophy of Mathematics, in: Mathematical Intelligencer, 9, 3, S. 44-50

Tymoczko, Thomas (1991), Mathematics, Science and Ontology, in: Reuben Hersh (Hrsg.), New Directions in the Philosophy of Mathematics, Synthese, 88, 2, S. 201-228

Tymoczko, Thomas (1993), Value Judgements in Mathematics: Can We Treat Mathematics as an Art? in: Alwin M. White (Hrsg.), Essays in Humanistic Mathematics, Mathematical Association of America, MAA Notes, Nr. 32, Washington, S. 67-77

Tyrell, Hartmann (1985), Emile Durkheim – Das Dilemma der organischen Solidarität, in: Niklas Luhmann (Hrsg.), Soziale Differenzierung. Zur Geschichte einer Idee, Opladen: Westdeutscher Verlag, S. 181-250

Uebel, Thomas (1991), Neurath's Programme for Naturalistic Epistemology, in: Studies in History and Philosophy of Science, 22, S. 623-646

Uebel, Thomas (1992), Overcoming Logical Positivism from Within. The Emergence of Neurath's Naturalism in the Vienna Circle's Protocol Sentence Debate, Amsterdam: Rodopi

Ulam, Stanislaw M. (1976), Adventures of a Mathematician, Berkeley: University of California Press 1991

Velody, Irving, Robin Williams (Hrsg.) (1998), The Politics of Constructivism, London: Sage

Villiers, de, Michael (1995), The Meaning of a Proof for a Mathematical Researcher, in: Notices of the American Mathematical Society, 42, 2, S. 221

Volkert, Klaus Thomas (1986), Die Krise der Anschauung. Eine Studie zu formalen und heuristischen Verfahren in der Mathematik seit 1850, Göttingen: Vandenhoeck & Ruprecht

Volkert, Klaus Thomas (1992), Anschauung und Formalismus in der Mathematik, in: Spektrum der Wissenschaft, März, S. 72-80

Wagner-Döbler, Roland (1997), Wachstumszyklen technisch-wissenschaftlicher Kreativität. Eine quantitative Studie unter besonderer Beachtung der Mathematik, Frankfurt/M.: Campus

Wagner-Döbler, Roland, Jan Berg (1996), Nineteenth-Century Mathematics in the Mirror of Its Literature: A Quantitative Approach, in: Historia Mathematica, 23, S. 288-318

Wang, Hao (1987), Reflections on Kurt Gödel, Cambridge, Mass.: MIT Press

Weber, Max (1919), Wissenschaft als Beruf, in: Ders., Gesammelte Aufsätze zur Wissenschaftslehre, hrsg. von Johannes Winckelmann, Tübingen: J.C.B. Mohr 1988, S. 582-613

Weil, André (1950), The Future of Mathematics, in: The American Mathematical Monthly, 57, S. 295-306

Weil, André (1993), Lehr- und Wanderjahre eines Mathematikers, Basel u.a.: Birkhäuser

Weinberg, Steven (1997), Sokals Experiment, in: Merkur, 51, 1, S. 30-40

Wells, David (1988), Which is the Most Beautiful? in: Mathematical Intelligencer, 10, 4, S. 30-31

Wells, David (1990), Are These the Most Beautiful? in: Mathematical Intelligencer, 12, 3, S. 37-41

Weyl, Hermann (1921), Über die neue Grundlagenkrise der Mathematik, in: Gesammelte Abhandlungen, Bd. 2, hrsg. von K. Chandrasekharan, Berlin u.a.: Springer 1968, S. 143-178

Weyl, Hermann (1924), Randbemerkungen zu Hauptproblemen der Mathematik, in: Gesammelte Abhandlungen, Bd. 2, hrsg. von K. Chandrasekharan, Berlin u.a.: Springer 1968, S. 433-452

Weyl, Hermann (1925), Die heutige Erkenntnislage in der Mathematik, in: Gesammelte Abhandlungen, Bd. 2, hrsg. von K. Chandrasekharan, Berlin u.a.: Springer 1968, S. 511-542

Weyl, Hermann (1928), Diskussionsbemerkungen zu dem zweiten Hilbertschen Vortrag über die Grundlagen der Mathematik, in: Gesammelte Abhandlungen, Bd. 3, hrsg. von K. Chandrasekharan, Berlin u.a.: Springer 1968, S. 147-149

Weyl, Hermann (1966), Philosophie der Mathematik und Naturwissenschaft, München: R. Oldenbourg

Weyl, Hermann (1971), Über den Symbolismus der Mathematik und mathematischen Physik, in: Kurt Reidemeister (Hrsg.), Hilbert. Gedenkband, Berlin u.a.: Springer, S. 20-38

White, Leslie (1947), The Locus of Mathematical Reality: An Anthropological Footnote, in: Philosophy of Science, 17, S. 289-303

Whitley Richard (1982), The Establishment and Structure of the Sciences as Reputational Organizations, in: Norbert Elias, Herminio Martins, Richard Whitley (Hrsg.), Scientific Establishments and Hierarchies, Dordrecht: Reidel, S. 313-357

Whitley, Richard (1984), The Intellectual and Social Organization of the Sciences, Oxford: Clarendon Press

Wiener, Norbert (1923), On the Nature of Mathematical Thinking, in: Ders., Collected Works, Bd. 1, Cambridge, Mass.: MIT Press 1976, S. 234-238

Wiener, Norbert, (1956), Mathematik – Mein Leben, Frankfurt/M.: Fischer 1965

Wigner, Eugene P. (1960), The Unreasonable Effectiveness of Mathematics in the Natural Sciences, in: Communications on Pure and Applied Mathematics, 13, S. 1-14

Wilder, Raymond L. (1944), The Nature of Mathematical Proof, in: American Mathematical Monthly, 51, S. 309-323

Wilder, Raymond L. (1967), The Role of the Axiomatic Method, in: American Mathematical Monthly, 74, S. 115-127

Wilder, Raymond L. (1981), Mathematics as a Cultural System, Oxford/New York: Pergamon Press

Williams, Meredith (1991), Blind Obedience: Rules, Community and the Individual, in: Klaus Puhl (Hrsg.), Meaning Scepticism, Berlin u.a.: de Gruyter, S. 93-125

Wise, Norton M. (1995a), Introduction, in: Ders. (Hrsg.), The Values of Precision, Princeton: Princeton University Press, S. 3-15

Wise, Norton M. (Hrsg.) (1995b), The Values of Precision, Princeton: Princeton University Press

Wittgenstein, Ludwig (1953), Philosophische Untersuchungen, in: Ders., Gesammelte Werke, Bd. 1, hrsg. von Joachim Schulte, Frankfurt/M.: Suhrkamp 1989, S. 225-579

Wittgenstein, Ludwig (1956), Bemerkungen über die Grundlagen der Mathematik, Frankfurt/M.: Suhrkamp 1984

Woolgar, Steve (1981), Interests and Explanation in the Social Study of Science, in: Social Studies of Science, 11, S. 365-394

Woolgar, Steve (1988a), Science. The Very Idea, London: Tavistock

Woolgar, Steve (Hrsg.) (1988b), Knowledge and Reflexivity. New Frontiers in the Sociology of Knowledge, London: Sage

Worrall, John (1976), Imre Lakatos (1922-1974): Philosopher of Mathematics and Philosopher of Science, in: Robert S. Cohen, Paul K. Feyerabend, Marx W. Wartofsky (Hrsg.), Essays in the Memory of Imre Lakatos, Dordrecht: Reidel, S. 1-8

Worrall, John (1979), A Reply to David Bloor, in: The British Journal for the History of Science, 40, 12, S. 71-78

Yearley, Steven (1982), The Relationship Between Epistemological and Sociological Cognitive Interest. Some Ambiguities Underlying the Use of Interest Theory in the Study of Scientific Knowledge, in: Studies in History and Philosophy of Sciences, 13, S. 353-388

Zeilberger, Doron (1993), Theorems for a Price: Tomorrow's Semi-Rigorous Mathematical Culture, in: Notices of the American Mathematical Society, 40, 8, S. 978-981

Zimmermann, Walter, Steve Cunningham (1991), Visualization in Teaching and Learning Mathematics, Mathematical Association of America (MAA) Notes, Nr. 19

Zuckerman, Harriet (1988), The Sociology of Science, in: Neil L. Smelser (Hrsg.), Handbook of Sociology, London: Sage, S. 511-576

Zuckerman, Harriet, Robert K. Merton (1973), Age, Aging, and Age Structure in Science, in: Robert K. Merton (Hrsg.), The Sociology of Science, Chicago: Chicago University Press, S. 497-559

Namensregister

Dedekind, Richard 60, 202, 216, 264
Dewey, John 127, 130
Douglas, Mary 78-79
Duhem, Pierre 100
Durkheim, Emile 102, 222, 246-247, 252

A

Appel, Kenneth 183-184
Archer, Margaret 237
Aschbacher, Michael 186
Ayer, Alfred Jules 65-66
Amann, Klaus 110

B

Babai, László 230
Babbage, Charles 35, 166
Baker, Gordon P. 241-244
Barnes, Barry 105
Benaceraff, Paul 40, 56, 58
Berger, Peter L. 111
Bernays, Paul 48, 71, 138
Bloor, David 12, 19, 23-27, 30-31, 78-81,
    103-105, 124, 243-245
Bohr, Niels 94
Borel, Armand 34-35, 134, 145, 151, 170
Bourbaki, Nicolas 37, 152, 273
Boyle, Robert 120, 255
Breger, Herbert 175
Brouwer, L.E.J. 62, 67-69, 72, 85-86, 164

C

Callon, Michael 121, 125-126
Cantor, Georg 60-61, 63, 202, 265
Carnap, Rudolf 96, 101-102
Cauchy, Augustin L. 72, 268
Chaitin, Gregory 212-213, 215
Changeux, Jean-Pierre 41
Cole, Stephen 206
Collins, H.M. 106-107, 109, 119, 185, 229
Connes, Alain 40-41, 57, 149
Corry, Leo 35, 236
Courant, Richard 49, 195, 268
Crowe, Richard 235-236

D

Daston, Lorraine 254, 256-257
Davis, Philip J. 33, 40, 173, 175, 214

F

Fetzer, James F. 179
Field, Hartry 39
Fleck, Ludwik 83, 95, 120
Forman, Paul 104-105
Frege, Gottlob 12, 54-55, 60, 63, 65-66, 86,
    165-167
Frey, Gerhard 161-162
Fujimura, Joan 121

G

Galison, Peter 122, 254
Gauß, Carl Friedrich 54, 265, 269
Garfinkel, Harold 29-30, 119, 222
Gödel, Kurt 51, 56-58, 63, 69, 212
Goffman, Erving 250
Gooding, David 117, 127
Goodman, Nicolas 45-47
Gorenstein, Daniel 186

H

Habermas, Jürgen 84, 98, 127-129, 247-
    248, 250-252
Hacker, Peter M.S. 241-244
Hacking, Jan 109, 112-113, 115, 118, 127
Hadamard, Jacques 167-168
Hagstrom, Warren O. 192, 201-206
Hahn, Hans 52, 57, 63, 65-66, 238
Haken, Wolfgang 183-184
Hales, Thomas 233
Halmos, Paul 166, 184
Hardy, G.H. 35, 146, 163
Hargens, Lowell 204, 206
Heisenberg, Werner 94
Hersh, Reuben 13, 33, 40, 92, 175
Hesse, Mary 102
Hilbert, David 47-51, 54-55, 60-63, 68-69,
    72, 76, 151-152, 164-165, 195, 227,
    264, 266-267
Hirzebruch, Friedrich 15, 140, 170
Hobbes, Thomas 54, 259
Horgan, John 180, 215-217

Hoyningen-Huene, Paul 103
Hsiang, Wu-Yi 233

J

Jaffe, Arthur 196-199, 211, 224, 230-231
Jones, Vaughan 187

K

Kalmár, László 70-71, 75
Karcher, Hermann 195, 220
Kitcher, Philip 45, 81-85, 90-91
Knorr Cetina, Karin 9, 111-112, 118, 120-
    121, 149, 153
Koetsier, Teun 77
Kripke, Saul A. 241-243
Krull, Wolfgang 146-147
Kuhn, Thomas 35, 95, 101-102, 105, 110,
    124, 127, 235-237
Kutschmann, Werner 253

L

Lakatos, Imre, 20, 25, 71-81, 89, 99-100,
    124, 175, 237-238
Lagrange, Louis 263, 268
Latour, Bruno, 9, 28, 109, 118, 121-122,
    124-126
Laudan, Larry 18, 104
Law, John 126
Lehman, Hugh 44
Lewy, Hans 187
Lichtenberg, Georg Christoph 272
Livingston, Eric 19, 23, 26, 28-31, 234,
    244-245
Lockwood, David 234, 247
Lovelace, Ada 35
Luckmann, Thomas 111
Luhmann, Niklas 15, 127, 192, 248-252,
    269-273
Lynch, Michael 23, 29, 31, 103, 241, 243-
    245
Lyotard, François 50

M

Mac Lane, Saunders 45-46, 91, 159, 215,
    220
MacKenzie, Donald 105, 179
Maddy, Penelope 41, 46, 58
Manin, Yuri 178

Mannheim, Karl 12, 18, 22, 29, 93-94, 103,
    127, 222
Mazur, Barry 211
McShane, E.J. 229
Mead, George Herbert 127-136, 148, 244
Merton, Robert 94-95, 120, 200-201, 206
Merz, Martina 149
Mill, John Stuart 65-66, 71, 82
Mulkay, Michael 106

N

Neumann, John von 70
Neurath, Otto 64, 95-102, 110, 217
Niiniluoto, Ilkka 86-87

O

Odlyzko, Andrew 227

P

Parsons, Talcott 247-248, 252
Peirce, Charles S. 84, 127, 163, 180
Pickering, Andrew 114-119, 130, 132, 147,
    149
Poincaré, Henri 33, 37, 51, 62, 147-148,
    269
Pólya, Georg 72, 144-145, 149, 151
Popper, Karl R. 72, 77, 80, 86-87, 97-98,
    176
Porter, Theodore 258-259, 272
Putnam, Hilary 42-46, 58, 84

Q

Quine, W.V.O. 42-45, 58, 67, 101, 224
Quinn, Frank 196-199, 211, 228

R

Resnik, Michael 46, 56, 58
Restivo, Sal 12, 23-24, 137
Rheinberger, Hans-Jörg 113-114, 153
Ribet, Kenneth 159, 162
Rorty, Richard 84
Rotman, Brian 170
Russell, Bertrand 60, 63-64, 72
Rust, Alois 241, 243

S

Schaffer, Simon 120-121, 254-255

Schlick, Moritz 65, 96-100, 110, 219
Schmeiser, Martin 256
Schrödinger, Erwin, 93-94, 105
Shapin, Steven, 120-121, 254-255
Shimura, Goro 160-161
Spengler, Oswald 25, 27, 105
Stephanides, Adam 149
Stichweh, Rudolf 111-112, 189, 196, 206, 268
Suchman, Lucy 131

T
Tait, W.W. 55-56, 59-60
Taniyama, Yutaka 160-161
Taylor, Richard 161
Thom, René 178
Thurston, William 180, 224-226
Turing, Alan 69, 267
Tymoczko, Thomas 90, 183

V
Volkert, Klaus 214

W
Weil, André 161
Weyl, Hermann 51, 60-61, 63, 164
White, Leslie 88
Whitehead, Alfred North 63
Whitley, Richard 204-205
Wilder, Raymond 85, 88
Wiles, Andrew 19, 149, 158-161, 178, 202-203, 230
Williams, Meredith 240, 242-245
Witten, Edward 197, 230
Wittgenstein, Ludwig 14, 20, 24, 239- 245, 272
Woolgar, Steve 28, 124
Worrall, John 71, 77, 79

Z
Zahar, Elie 77, 79
Zeilberger, Doron 198, 210-211, 213, 215-216, 218
Zermelo, Ernst 51, 60-61, 266

Sachregister

A

a posteriori 43, 53, 90, 183
a priori 43-44, 46, 53, 183
aprioristische Auffassung der Mathematik 13, 17-18, 81, 83, 90
Akademien, wissenschaftliche 260, 268
Akteur/Netzwerk-Ansatz 109, 121, 125-127
Analogie, Analogiebildung 144-145, 149
Analysis 49, 262-263, 265, 268
analytische Sätze 43, 64, 66-67
angewandte Mathematik 34, 46, 142, 146, 262
Anomalien 61, 73, 79, 118, 237-238
Anschauung 48-50, 54, 63, 166, 173, 213-215, 218, 222, 264, 271
    erkenntnisbegründende Funktion 49, 214-215
    erkenntnisleitende Funktion 214-215
Antinomie 57, 60-61, 67-68, 71, 76, 87
anti-positivistische Wende 9, 13, 18-19, 89, 91, 101, 109
Anti-Realismus, wissenschaftlicher 42-43
Anwendungsproblem 41, 119
Apparatur, geistige 148-149
Apparatur, technische 107, 110-111, 115-118, 121, 149, 185, 187-188, 192, 210, 217, 254
Arbeitsorganisation 177, 188-190, 192, 196, 204, 221
Arbeitsteilung 192, 200-201, 204, 256-257
Arithmetik 51, 63
Artefakte, kulturelle 33-34, 36, 81, 86, 88
Ästhetik 34-35, 145-146
Aufschreiben 14, 120, 162-163, 169, 178, 221
Aushandlungsprozesse 25, 105-107
Axiomatik 54, 137-139, 265
    formale 47-49, 51, 54-55, 265, 267
    inhaltliche 48, 53-55, 265
Axiomatisierung 51, 61, 70, 138, 264, 266-267

der Mengenlehre 51, 61, 70
Axiome 37, 48-49, 53-55, 57-58, 62, 74-75, 77, 267

B

Basissätze, s. auch Protokollsätze 75-76, 97-98
Begründungsproblem 53, 55, 83
Beispiele, mathematische 150-153, 213
Beobachtung 59, 98, 107, 114-117, 127, 130-131, 253-255, 259
Beweis
    explanative Funktion 217-218
    formalisierter 53, 76-77, 79, 123, 175, 224, 267, 274
    informaler 76, 173, 222
    Monopolstatus 157, 209, 215-216, 218
Beweis als Kommunikationsmedium 209, 218-219, 226
Beweisanforderungen 85, 89, 185, 187, 215, 218, 235-236, 265-267
Beweisidee 161-163, 169, 223
Beweislücken 23, 31, 159, 161, 163, 172-173, 175, 226, 233
Beweistheorie 47-48, 61-63, 69, 266
Big Science 186, 192
boundary object 122
boundary work 124-125, 196-199

C

Code, binärer, s. auch Programm 250, 271
community-Modell der Wahrheit 178, 182
Computer 14, 71, 154, 157-158, 162, 184, 210, 213, 220
Computerbeweis 23, 177, 183-185, 187, 209, 217
Computerexperiment 154-155, 213, 217
context of discovery 72, 103, 120, 145, 155, 162, 213
context of persuasion 120-122, 177, 179, 253
context of validation 66, 72, 103, 120, 179

D

deduktiv 53, 72, 170, 224-225, 259, 266
Definition-theorem-proof model of mathematics 224, 231
Denkkollektiv 83, 120

Differenzierung, gesellschaftliche 246-247, 250, 273
funktionale 246-247, 251
mathematikinterne 189, 194-195, 203, 207
stratifikatorische 255
wissenschaftsinterne 188-189, 270
Diskursmodell 105-108, 118
Dissens, rationaler 11, 20, 203
disziplinäre Unterschiede 190-193, 201-206
Dokumentarische Methode der Interpretation 222-223
Drei-Welten-Theorie 86, 91
Duhem-(Neurath)-Quine-These, s. auch epistemischer Holismus 44, 100

E

Eigentumsrechte 198-200
Einheit der Mathematik 11, 19, 40, 146, 160, 195-196, 228, 246
Empirie, s. auch Theorie 18, 23, 97, 99, 101-102, 109, 118, 252-253, 255
empirische Wissenschaften 52-53, 59, 71-73, 151, 157, 219-220, 238, 272
Empirismus 39, 46, 65-67, 71, 81, 91, 254-255,
Entdeckung 28-29, 87, 119, 146-148
epistemische Dinge 112-114, 153
epistemischer Holismus, s. auch Duhem-(Neurath)-Quine-These 100-101
Eponyme 161, 200
Erfahrung 17, 30, 44, 52-53, 65, 81
Ethnomathematik, s. auch Protomathematik 27
Ethnomethodologie 28-30, 102, 109, 132, 243
ethos of science 14, 177, 188, 200
Eulersche Polyederformel 72-74, 78, 146, 164
Evidenz 48, 53-55, 98-99, 106, 151, 265
Existenz, mathematische 50, 62, 68, 265
Experiment 107, 109-110, 115-118, 120, 129, 134-136, 252, 254-255
experimentelle Mathematik 71, 151, 154-157, 162, 169-170, 185, 209, 211-213, 217
experimentelle Wissenschaften 112-114, 141, 253

experimenteller Zirkel 106-107, 185
experimenters' regress, s. experimenteller Zirkel
Explizitheit 175, 222, 229, 263, 266, 268

F

Falsifikation 18, 36, 43f., 74, 76,
Falsifikationsmodell 75, 77, 100
Falsifikatoren 75-77
Fehler 31, 77, 149-150, 161, 179-181, 186, 197, 233
Feldwissenschaften 112
Fermatsche Vermutung 19, 151, 157-162, 186, 202, 210, 217
Fermat-Beweis, s. Fermatsche Vermutung
Fields-Medaille 191, 197
formale Sprache 23, 76, 85, 227-228, 234, 266-267, 270-271, 274
Formalisierung 63, 76-77, 175, 222, 226, 258-259, 266-268, 270-271, 273-274
Formalisierung als symbolisch generalisiertes Kommunikationsmedium 234, 252, 270-271, 274
Formalismus, Hilbertscher 38, 41, 47-52, 55, 62-64, 67, 69, 72, 76-77, 85, 90, 164
foundational approach 70-71, 77
Funktionssystem, Teilsystem 247-248, 251, 255

G

Gedankenexperiment 135-136, 255
Gegenbeispiele 72-74, 77-80, 154
Geisteswissenschaften 33, 35, 95, 256, 270
Geltungsanspruch 14, 72, 98, 120, 125, 129, 178
Gemeinschaft, s. auch mathematische Gemeinschaft 241-243
epistemische Gemeinschaft 234, 245-246, 273
wissenschaftliche Gemeinschaft 84, 97, 120, 189, 254
gentlemen-Wissenschaft 257
Geometrie 47-48, 51, 53-54, 63, 138, 214, 259, 264
nicht-euklidische Geometrie 54, 49, 236, 262
Geometrisierungstheorem 224-225, 233
Gespräch 168, 224-227, 229, 266, 268, 272,

274

Glaubwürdigkeit 145, 254-257, 272

Grundlagen der Mathematik 48, 91, 260, 262-263

Grundlagenkrise 60-62, 237

grundlagentheoretische Programme 38, 60, 62-69, 71, 90

H

Handlungsbegriff 127-128, 131, 136

Heterogenität der Wissenschaft 190, 270

Hintergrundwissen 175, 222, 224-226

Hypothese 73, 77, 97, 99-100, 148, 131-132, 151, 155-156

I

immutable mobiles 122, 258

implizites Wissen 141, 173, 175, 229

Indexalität 168

indispensability-Argument 42-46, 67

induktiv 72, 144, 155, 157, 169, 213, 265

Informatik 142, 154, 179, 209

inhaltliche Mathematik 47, 63, 72, 76-77

Inkommensurabilitätsthese 82, 235

institutionalistische Wissenschaftssoziologie 94-95, 124

Integration, Integrationsmechanismen 10, 88, 203, 234, 247-248, 251-252, 273

interaktive Stabilisierung 117, 147, 149

Interessenmodell 104-106

Interpretationsparadox 240, 243

interpretative Flexibilität 12, 20, 23-24, 30, 106, 118, 126, 233

Intersubjektivität 85, 98, 133-134, 219-221, 227, 240, 253

Intuition, mathematische 36, 56-59, 83, 138, 170

Intuitionismus 38, 41, 52, 55, 59, 67-69, 85-87, 164, 267

K

Kausaltheorie der Wahrnehmung 41, 56, 58

Keplersche Vermutung 233

Klassifizierung endlicher Gruppen 186-187

Koautorenschaft 190, 206

Kohärenz 11, 117, 147, 237-238

Kohärenz in der Mathematik 11, 19, 25, 87-88, 146, 149, 160, 163, 207, 252, 273-

274

Kollektivbewusstsein 189, 193, 246, 252

kollektive Praxis 26, 234, 242-244, 272

Kommun(al)ismus 200-203

Kommunikationsformen, Wandel der 228, 230-231, 269

Kommunikationsfunktion des Beweises 14, 123, 168, 209, 218-219, 226, 266

Kommunikationsmedien 121, 168, 234, 249-251, 159

kompetiver Widerspruch 11, 238

Konkurrenz 202-203, 230

Konsens 10-11, 29, 107, 121, 128, 180, 201-206, 237-238, 240, 259

Konsens in der Mathematik 11, 19-20, 25-26, 88, 161, 201, 203-207, 245, 252, 269, 273-274

Konstatierungen 97-99, 110, 219

konstruktivistische Wissenschaftssoziologie 9-10, 13, 17, 23, 28-29, 92, 93ff., 189, 233, 251, 253

Kontrolle 177, 183, 187, 200, 228, 230, 256

Kontroversen, mathematische 23, 26, 31, 72, 88, 233, 235-236, 238

Kontroversen, wissenschaftliche 106-109, 121

Konzeptualismus 37-38

Kooperationen 140, 191-193, 228

Kreativität 138, 143, 147, 170

Krise der Anschauung 49

Krisen, wissenschaftliche 237-238

kritischer Rationalismus 72, 80

Kunst 33-35, 51, 124, 234, 245, 256

Kunstsprachen 269

L

Labor 109-110, 112-114, 118-119, 257

Laborstudien 13, 109-112, 139-140

Laborwissenschaften 112-114, 118-119

lange Beweise 177, 183, 186-187, 209, 213

Lebensform 234, 245-246, 272

Lebenswelt 30, 133, 250

lebensweltliches Apriori 97, 134

Lebenswelt-Paar 29-30

Lehrsatz des Pythagoras 20-22, 29, 158, 214

leibliches Apriori 253-254

Linearisierung 123, 170, 172

literarische Technologien 121-122

Logik 11, 24, 26, 51, 61, 63-65, 76, 266, 274

Logischer Empirismus, s. auch Wiener Kreis 13, 63-67, 95

Logizismus 51, 63-67

lokale Praktiken 23, 30, 119-120, 122, 253-254

M

material agency 126-127, 132

materiales Apriori 65

materielle Technologien 121

Mathematik

epistemische Besonderheit 10, 18-19, 31, 233-234, 272, 274

im Internet 227-231

im Vergleich zu anderen Disziplinen 190-193, 201-206

institutioneller Ausbau 199, 226, 261-262, 272-273

kumulativer Charakter 35, 80, 82, 90, 236, 272

mündliche Kultur 162, 228-230

normative Struktur 160, 196, 200-201

Nützlichkeit 41, 46, 57, 215

Sicherheit 13, 17, 32-33, 36, 52-53, 60, 65-66, 70, 79, 89, 99, 197, 209-210

Spezialisierung 14, 19, 151, 160, 193, 195, 202, 246

Strenge 30, 197-198, 211, 222, 262-267, 271-272

Unfehlbarkeit 18, 70, 72, 80, 89

zwingender Charakter 12, 20, 22-23, 28, 30, 233, 275

mathematische Gemeinschaft 11, 14, 83, 90-91, 143, 160-161, 177-179, 182, 187-188, 207, 222, 260, 271

mathematische Kultur 79, 170, 188, 196-198

Max-Planck-Institut für Mathematik 13, 15, 40, 139-140, 143, 157, 192, 195

Mehrfachentdeckungen 201-203

Mengenlehre 45, 51, 60-61, 63, 70-71, 233

Metamathematik, Hilbertsche 63, 235, 267

N

naive abstractionism 263-264

naturalisierte Erkenntnistheorie 101

Naturalismus 39, 45, 81, 91

Nominalismus 37-38, 47, 58

Normierung der Kommunikation 122-123, 167, 170, 172, 220-222, 257-258, 266-267, 273

Notation 163-168, 178, 220, 222

O

Objekte, mathematische 36-52, 55-58, 62, 85-88, 113, 152-153, 164, 219-220

Objekte, wissenschaftliche 111-114

Objektivität 94 , 117, 123-124, 130, 132, 200

mechanische 254-255, 258

methodische 253-254

prozedurale 257, 259, 267

soziale 255

Objektivität als Kommunizierbarkeit 256-257, 269, 273

organisierter Skeptizismus 120, 200

P

Paarstruktur des Beweises 30

Paradigma 101, 105, 109, 235

Physik 9, 42-47, 93-94, 190-193, 216

theoretische 149, 196-199

Physikalismus 38, 41-47, 81, 85

Platonismus 18, 38-41, 55-59, 81, 83, 85, 87, 90

epistemologischer 39, 58

ontologischer 39

plausibles Schliessen 144-145

Poincaré-Vermutung 202

Positivismusstreit 13, 95

pragmatische Wende 109, 127, 136

Pragmatismus 109, 116, 118, 127, 129, 131, 136

praxisorientierter Ansatz 23, 28, 92, 104, 108-127, 244

Präzision 168, 183, 221-222, 236, 258, 268

Prioritätsansprüche 161-162, 198-199, 201, 230

Prioritätskonflikte 201-202

Professionalisierung 256-257, 260-261, 271

Programm, s. auch Code 271

Programmverifikation 179

Protokollsatzdebatte 96-101

Protokollsätze, s. auch Basissätze 44, 75, 97-101
Proto-Mathematik, s. auch Ethnomathematik 25, 81-83
Psychologismus 86
Publikation 122, 167, 168-170, 172
Publikationsrate 199, 256, 261

Q

Quantifizierung 258-259, 270
quasi-empirisch 45, 70, 75, 152-154, 158, 162-163, 169, 183, 210-211, 213, 217
Quasi-Empirismus, quasi-empiristisch 18, 47, 61, 64, 67, 70-72, 81, 89-92, 209, 230
quasi-empiristische Wende 19, 89, 91

R

Rationalität 10-11, 20, 80, 82, 102, 108, 144, 203, 235, 272, 274-275
Realismus 29, 38, 40, 42, 45, 47, 59, 99, 118
    erkenntnistheoretischer 42, 95
    interner 84
    ontologischer 42
    wissenschaftlicher 42, 45
Rechtfertigung, s. auch Validierung 25, 47, 53-55, 66, 74, 82-85, 103, 262-263
Referee-Prozess 181, 228
Regelbefolgung 24-25, 31, 220, 238-246, 272, 234
Regress-Argument 240
reine Mathematik 34, 46, 119, 140-142, 146, 154, 193, 196, 198, 202, 259
Relativismus 29, 80, 82, 98, 102, 117
Replikation 97, 107, 181, 255, 258
Repräsentation 51, 112-114, 122, 166-168, 219
Reputation 83, 159, 180, 182, 201, 204, 255, 269
Revolutionen, wissenschaftliche 35, 90, 235-236, 272
Riemannsche Vermutung 151, 160, 211
rigorose Mathematik 198-199
Russellsche Antinomie 60

S

Schönheit 14, 34, 145-146, 163, 204-205

sehen 57-58, 114, 163, 165-167, 214, 219-220, 249, 253
semi-rigorose Mathematik 198, 210-212, 215-216, 218, 228, 231, 271
sinnliche Wahrnehmung 39, 42, 56-59, 134, 217, 219-220
Sondermedien 270-271
soziale Technologien 120-121
Sozialintegration 11, 234, 247-248, 251-252, 259, 269, 273-274
Sozialphänomenologie 110-111
Sozialwissenschaften 18, 29, 95, 125, 256, 270, 272
Spezialgebiet 182, 188-189, 193-194
Standardisierung 121, 167, 234, 256-258, 269, 273
Steuerungsmedien 248, 251
strong programme 23, 103-104, 124
Strukturauffassung der Mathematik 36-37, 50
Subjektivität 123, 130-131, 135, 170, 172, 252-254, 258
Symbol, s. Zeichen
symbolisch generalisierte Kommunikationsmedien 234, 249-252, 269-274
Symbolischer Interaktionismus 106, 109, 121, 127-128
Syntax 12, 266, 274
synthetische Sätze 43, 64, 67
synthetische Urteile a priori 64
Systemintegration 234, 247-248, 251

T

Taniyama-Shimura-Vermutung 160-162, 202, 211-212
Tatsache, wissenschaftliche 114-117, 119-120, 253-255
Tauschmedien 247, 249
Team, Forschungsgruppe 190-193, 200, 204
technische Infrastruktur 10, 121, 193
Technisierung 188, 190-193, 200-201
tertium non datur 68, 220
theoretische Entitäten 42, 45
theoretische Wissenschaften 110, 141, 149
Theoretisierung der Mathematik 263, 267, 269, 271
Theorie, s. auch Empirie 10, 30, 97-104, 109, 114-118, 127, 145, 217, 255

318

trading zones 122
truth/proof problem 55-56, 58-59

U

Überprüfung 100, 158, 181-187, 217
Uneigennützigkeit 200
Universalienproblem 37-38
Universalismus 200, 206
Universalität 11-12, 27-28, 31, 272
Universität 138, 188-189, 256-257, 260-261, 268
unsicheres Wissen 17, 52-53, 157
Unsicherheit 106-107, 116, 129-130, 150, 203-205
Unterdeterminiertheitsthese 12, 23-24, 101, 106, 240
Unvollständigkeitsbeweis 28, 52, 57, 69, 161, 212, 224
Unwahrscheinlichkeit der Kommunikation 249-250, 269, 271

V

Validierung, s. auch Rechtfertigung 18, 145, 154, 214, 254-255
    Validierungsmethoden 209-211, 213, 217-218
Verbreitungsmedien 249-250, 261, 269, 273
Vermittlung von Mathematik 223, 225-226, 260, 268-269, 273-274
Vermutung, mathematische 73, 144, 151, 154-155, 198-197, 211-212, 224, 230
Verständigung 10, 20, 108, 219-220, 224, 241, 248, 259
Verstehen 113, 175, 182, 209, 222-226
Vertrauen 73, 144, 155, 180, 187, 197, 272-274
    persönliches Vertrauen 187, 192, 256-257, 259
    Systemvertrauen 187, 257
Vier-Farben-Beweis 183-184, 187, 233
Visualisierung 123, 154, 168, 214-215
Vortrag 79, 168-169, 202, 227

W

Wahrheitsbegriff 55, 59, 84, 87, 178-180
    kohärenztheoretischer 90, 100
    konsenstheoretischer 84, 90, 178-180

korrespondenztheoretischer 50, 57, 59, 83-84, 90, 99, 178-179
    prozeduraler 83-84
Wahrheitskriterien 102, 144-145, 163, 180
Wahrheit als Kommunikationsmedium 249-251, 270-271, 274
Widerspruch, s. Antinomie
Widerspruchsfreiheit 11, 47, 49-51, 54-55, 62-63, 67, 70, 265, 271
Widerspruchsfreiheitsbeweis 51, 62-63, 67, 69
    absoluter 51, 63
    relativer 51
Widerstand 80, 116-119, 126-127, 129-132, 148-149
Wiener Kreis, s. auch Logischer Empirismus 13, 52, 57, 63-65, 95, 99, 109, 255, 258
Wissenschaftssystem 27, 188-189, 200
Wissenschaftstheorie 96, 103, 114, 120, 145, 254
wissensorientierter Ansatz 23, 104-108, 110, 117, 126
Wissenssoziologie 18, 92, 94-95, 102-104, 108, 124, 126, 175, 243

Z

Zahlbegriff 25, 83, 264
Zahlentheorie 63, 140, 155, 212, 214
Zeichen, mathematische 12, 163-168, 219, 267
Zeitschrift
    mathematische 227, 261-262, 268-269, 273
    wissenschaftliche 256, 260-261
Zeugen 254-255, 257
Zuverlässigkeit 107, 181, 185, 187-188, 197, 207, 228, 258
Zweitcodierung 271, 274

Springer**Mathematik**

Christian Reder
Wörter und Zahlen.
Das Alphabet als Code

2000. Etwa 480 Seiten.
Broschiert etwa DM 68,–, öS 476,–
ISBN 3-211-83406-0
Erscheint Frühjahr 2000

Als Kriminalroman über Buchstaben lesbar, als Parabel über ein Berechnen ebenso. Oder schlicht und einfach als codiertes Wörterbuch, mit Essays zur Kulturgeschichte der Schrift kombiniert.

„Wörter und Zahlen" behandelt Buchstaben als Elementarteilchen. Schrift wird statisch betrachtet, ihr Zeichencharakter gewinnt an Kontur. Zahlen können zum Sprechen gebracht, Wortbeziehungen anders gesehen werden.

Bei Spinoza, Poe, Freud, Duchamp, Luhmann oder anderen Welterklärungsansätzen aufgespürte de-codierbare Bedeutungsebenen ergeben einen höchst intelligenten und vergnüglich irritierenden Perspektivenwechsel zwischen Codierungsverfahren, Geheimschriften, Kabbala, Mustererkennung und strukturalistischen, künstlerischen, philosophischen Zugängen.

John W. Dawson jr.
Kurt Gödel: Leben und Werk

Aus dem Amerikanischen von Jakob Kellner
1999. XIII, 294 Seiten. 16 Abb. 1 Frontispiz.
Broschiert DM 89,–, öS 625,–
ISBN 3-211-83195-9
Computerkultur, Band XI

„... Nur sehr wenige Mathematiker haben einen ähnlichen Bekanntheitsgrad wie Gödel erreicht. Dawsons neu erschienenes Werk, das den ideengeschichtlichen und biographischen Hintergrund wie kein anderes zuvor ausleuchtet, wird daher nicht nur für die zahlreichen Gödel-Forscher und Gödel-Freaks von Interesse sein ..."

FAZ

Michael L. Dertouzos, langjähriger Leiter des Informatik-Instituts am MIT (Massachusetts Institute of Technology in Cambridge, MA, USA), prognostizierte bereits in den 70er Jahren die Etablierung des Internet. Kurz vor der Jahrtausendwende entwirft er wieder ein realistisches Bild unserer Zukunft. Sein Buch „What Will Be" wurde in Amerika sofort nach Erscheinen zum Bestseller. Er beschreibt darin, wie die rasante Entwicklung der Informationstechnologie unser Leben verändern wird.

Springer**WienNewYork**

P.O.Box 89, A-1201 Wien • New York, NY 10010, 175 Fifth Avenue
D-14197 Berlin, Heidelberger Platz 3 • Tokyo 113, 3–13, Hongo 3-chome, Bunkyo-ku

Springer Mathematik

Egbert Dierker,
Karl Sigmund (Hrsg.)
Karl Menger.
Ergebnisse eines
Mathematischen Kolloquiums

Mit Beiträgen von J. W. Dawson jr., R. Engelking,
W. Hildenbrand. Geleitwort von G. Debreu.
Nachwort von F. Alt

1998. IX, 470 Seiten. 1 Frontispiz.
Gebunden DM 198,–, öS 1386,–
Text: deutsch/englisch (70/30%)
ISBN 3-211-83104-5

Die von Karl Menger und seinen Mitarbeitern (darunter Kurt Gödel) herausgegebenen „Ergebnisse eines Mathematischen Kolloquiums" zählen zu den wichtigsten Quellenwerken der Wissen-
schafts- und Geistesgeschichte der Zwi-
schenkriegszeit, mit bahnbrechenden
Beiträgen von Menger, Gödel, Tarski,
Wald, John von Neumann und vielen
anderen. In diesem Band liegt der Inhalt
erstmals gesammelt vor.
Weiters enthält der Band einen biographischen Aufsatz über Karl Menger
sowie einen von Menger verfaßten
Überblick über die wichtigsten topologischen und geometrischen Arbeiten
des Kolloquiums.

Leopold Schmetterer,
Karl Sigmund (Hrsg.)
Hans Hahn.
Gesammelte Abhandlungen /
Collected Works

Band 1
Mit einem Geleitwort von Karl Popper
1995. XII, 511 Seiten. Geb. DM 198,–, öS 1386,–
ISBN 3-211-82682-3

Band 2
1996. XIII, 545 Seiten. Ge. DM 198,–, öS 1386,–
ISBN 3-211-82750-1

Band 3
1997. XIII, 581 Seiten. Geb. DM 198,–, öS 1386,–
ISBN 3-211-82781-1

alle Bände: Text: deutsch/englisch
Vorzugspreis bei Abnahme aller 3 Bände:
DM 158,40, öS 1108,80

Hans Hahn (1879–1934) war einer der
bedeutendsten Mathematiker dieses
Jahrhunderts. Darüber hinaus hat Hahn,
als einer der Gründer des Wiener Kreises, auch die Philosophie dieses Jahrhunderts stark beeinflußt. Sowohl Kurt
Gödel als auch Karl Popper, von dem die
Einleitung zu diesem Werk stammt,
waren seine Schüler.

Springer Wien New York

P.O.Box 89, A-1201 Wien • New York, NY 10010, 175 Fifth Avenue
D-14197 Berlin, Heidelberger Platz 3 • Tokyo 113, 3–13, Hongo 3-chome, Bunkyo-ku